泡桐丛枝病发生的
表观遗传学

范国强　主编

科学出版社

北　京

内 容 简 介

　　本书紧扣学科发展前沿，以白花泡桐基因组精细图谱为基础，反映泡桐丛枝病发生过程中表观遗传学的最新研究成果，重点介绍了丛枝病发生前后，泡桐染色质三维结构的差异、丛枝病发生相关基因和 DNA 甲基化变化、组蛋白甲基化和乙酰化的异同，以及丛枝病发生相关 ceRNA 调控网络、丛枝病发生特异相关基因及其调控途径。本书对逆境条件下林木功能基因挖掘和遗传改良具有一定借鉴意义。

　　本书可供植物病理、林学等相关专业的本科生、研究生、教师和从事相关研究的科研人员参考。

图书在版编目（CIP）数据

泡桐丛枝病发生的表观遗传学/范国强主编. —北京：科学出版社，2022.12
ISBN 978-7-03-073264-4

Ⅰ．①泡…　Ⅱ．①范…　Ⅲ．①泡桐属–丛枝病–发生机制–表观遗传学–
研究　Ⅳ．①S763.724.3

中国版本图书馆 CIP 数据核字（2022）第 177409 号

责任编辑：张会格　刘　晶 / 责任校对：郑金红
责任印制：吴兆东 / 封面设计：无极书装

科 学 出 版 社 出版
北京东黄城根北街 16 号
邮政编码：100717
http://www.sciencep.com
北京建宏印刷有限公司 印刷
科学出版社发行　各地新华书店经销
＊

2022 年 12 月第 一 版　　开本：B5（720×1000）
2022 年 12 月第一次印刷　印张：22 1/2
字数：454 000
定价：328.00 元
（如有印装质量问题，我社负责调换）

前　言

　　泡桐原产中国，现分布于我国 25 个省（自治区、直辖市），是重要的速生用材和绿化树种，具有生长速度快、适应能力强和材质优良等特性，能与农作物间作形成理想的复合生态系统，深受广大民众的喜爱。因此，大力种植泡桐对缓解我国目前木材短缺局面、保障我国粮食安全、改善生态环境、助力乡村振兴等具有重要意义。

　　泡桐丛枝病（PaWB）是由一类无细胞壁，专寄于泡桐树干、枝条和叶脉韧皮部细胞的植原体引起的一种传染性林病，使泡桐出现叶片黄化、节间变短和腋芽丛生等症状。PaWB 可导致泡桐幼树死亡、大树生长量下降，给泡桐产业造成巨大的经济损失。据统计，仅河南省每年因丛枝病发生造成的损失就高达 10 亿元以上。因此，开展 PaWB 发生机理研究，创建高效的泡桐丛枝病防治方法是泡桐生产亟须解决的关键问题之一。

　　自 1991 年以来，在河南农业大学原校长蒋建平教授的关心指导下，笔者以科学问题为导向，围绕泡桐生物学开展研究工作。泡桐丛枝病课题组精诚团结、同心协力、互相帮助，结合河南省泡桐生产实际问题和产业发展需求，先后在国家自然科学基金项目（39870631、30271082、30571496）、国家重点研发计划子课题（2017YFD0600506）、国家林业公益性行业科研专项（201004022）、中央财政林业科技推广示范项目（GTH[2017]15）、河南省科技成果转化计划项目（112201610003）、河南省产学研合作项目（152107000097）和河南省中原学者项目（122101110700）等的资助下，系统开展泡桐丛枝病发生机理及其防治研究工作，并取得了一系列研究成果。本书集中反映了课题组在泡桐丛枝病发生表观遗传学方面的研究进展，记录了作者及其团队 20 余年来的工作足迹和奋斗历程，既是对过去一段时间研究工作的小结，也是对多年来给予指导和支持的各级领导、同行、朋友们的汇报。

　　本书共有 10 章内容，将寄主作为研究工作的切入点，系统、详尽地揭示了泡桐丛枝病发生与表观遗传学的关系。利用 Hi-C 技术研究泡桐基因组的三维染色质结构以及发病前后染色质三维结构的变化；采用 RNA-Seq 和全基因组甲基化测序技术，比较分析泡桐丛枝病发生不同阶段基因表达和 DNA 甲基化的变化，揭示丛枝病发病相关基因与 DNA 甲基化变化的关系，筛选出泡桐丛枝病发生关键基因；开展 N^6-甲基腺苷甲基化和转录组测序，获得泡桐 m^{6}A 修饰图谱，筛选泡桐从枝病发生特异相关基因；采用 ChIP-Seq 技术探究泡桐丛枝病发生和丛枝病苗恢复健康苗过程中组蛋白甲基化、乙酰化的动态变化，阐明组蛋白修饰对泡桐基因表达的调控作用，鉴定泡桐基因组中组蛋白甲基化和乙酰化相关的修饰酶。这些研究结果为下一步开展泡桐基因编辑、阐明丛枝病发生机理和培育新品种奠定坚实的理论基础。

随着生命科学进入后基因组时代，基因组数据呈指数增长，基因图谱解读能力不断加强，基因组学、生物信息学、蛋白质组学和表观遗传学等学科及其交叉学科的诞生，让我们能够从整体角度、不同层面认识到植物基因表达不仅依赖于 DNA 序列，而且也与植物生长的时空环境密切相关。"基因"的概念正在不断被重新定义，其内涵正在不断丰富，这种革命推动着泡桐丛枝病发生分子机理研究走向深入，为提升泡桐产业水平提供理论支撑。

本书可供从事植物病理学、森林保护学及其相关领域研究的高校教师、研究生和科研院所的同行参考。希望本书的出版可以激发同行的研究兴趣，致力于现代林业的创新发展，推动林业行业科技进步。

本书主要由范国强、翟晓巧、曹喜兵、赵振利和邓敏捷等撰写完成。河南农业大学泡桐生物学研究团队的王哲、魏振、闫丽君、曹亚兵、李冰冰、黄顺谋和徐平洛等也对本书出版给予了大力支持，在此表示衷心感谢！同时，还要感谢本研究团队中已经毕业和在读的参与泡桐丛枝病相关研究的研究生们！由于笔者水平有限，书中难免存在疏漏和不足之处，恳请有关专家、同行和朋友们随时提出宝贵意见，使之日臻完善。最后，在本书出版之际，感谢科学出版社为本书出版所做的大量工作！

范国强

2022 年 4 月 30 日于郑州

目　　录

第一章　绪　　论

第一节　植物植原体病害

一、植原体的发现及特征

植原体，原称类菌原体（mycoplasma-like organism，MLO），是日本科学家 Doi 等（1967）首次发现的，其属于原核生物界柔膜菌纲植原体属，无细胞壁，是由细胞质、核糖体、线状核酸类物质及其外面包被的 3 单位膜所组成的原核微生物（Bertamini et al.，2003）。其遗传物质为双链 DNA；其遗传形式主要以染色质和质粒为主，基因组较小（为 530～1350kb），DNA 的 G+C 含量较低（为 23%～29%），染色质为环状或者线状。

植原体专一寄生于植物韧皮部细胞，难以人工培养，其传播主要通过以植物韧皮部为食的刺吸式昆虫（飞虱、蚜虫、木虱和叶蝉等）及无性繁殖（如嫁接、扦插或离体繁殖）等（Oshima et al.，2011；宋传生，2014）进行。因介体昆虫与其所传播的植原体之间具有高度特异性，有些植原体可以由多种介体昆虫传播，单种介体昆虫也可以传播多种植原体。据报道，植原体可感染世界范围内 98 科 1000 多种植物（Seemüller et al.，1998；Lee et al.，2000），包括粮食作物、林木、蔬菜、果树和花卉等植物，仅中国报道的有关植物植原体病害就有 100 余种，主要有枣疯病（田国忠等，2002）、泡桐丛枝病（Yue et al.，2008）、苦楝丛枝病（宋传生等，2011）、桑萎缩病（蒯元璋，2012）和莴苣黄化病（Lin et al.，2014），给中国农林业生产造成了巨大的经济损失（刘仲健等，1999；赖帆等，2008）。

二、植原体的分类及检测方法

对于植原体的分类方式，早期主要依据寄主的症状（Kirkpatrick et al.，1987）或者介体昆虫的专一性（Shiomi and Sugiura，1984）等生物学特性进行分类，例如，依据寄主的症状，植原体可以分为衰退、丛枝和变绿三类；依据植原体的特点以及植原体在不同植物上所表现的症状，可将植原体划分为不同的种类。然而，植株矮化、叶片变黄、萎缩等表型特征是由多种因素造成的，不能稳定地表现其病害特点，因此，不能准确地区别植原体的不同种类。此外，由于人工接种工作也比较复杂，基于生物学特性的分类方法在植原体系统分类工作中受到极大的限制。随着分子生物学技术的快速发展，可以依据植原体基因组的 16S rRNA 序列的保守性和 RFLP 分析图谱的相似系数，分析不同植原体之间的遗传关系，从而对一些植原体进行分类（Lee et al.，1998），极大地促进了植原体分类的研究。到目前为止，世界范围内已经报道有 32 种植原体，并且随着环境的变化，一些植原体仍在不断地分化（Lee et al.，2011）。

自从植原体发现至今，其检测方法已经从传统的症状学发展到现代的分子生物学。传统检测植原体的方法主要是依据感染植原体后表现出的症状进行检测。然而，同一类别的植原体在不同植物，或者同一植物的不同组织、不同发育阶段或不同的生存环境，所表现出的症状都有可能不一样。因此，传统上依据微生物形态或生理表型特征分类方法来检测和鉴定植原体病害及其分类是不可靠的（宋晓斌等，1997）。电子显微镜的应用使人们认识到植原体完整的立体结构，并且也在多种木本植物中检测到植原体的存在（Lee and Davis，1983；陈永萱和叶旭东，1986）。随着分子生物学技术的快速发展，利用抗原抗体免疫反应的血清学可以快速准确地检测植原体存在与否、存在位置和数量（Firrao et al.，2007）。在泡桐、枣树、桑树及梨树等中均检测到了植原体（Chen and Jiang，1988；Jiang et al.，1989；Shen and Lin，1993）。

血清学检测植原体虽然操作简单，但是由于植原体难以人工培养、在寄主内的含量低、易破碎等特点，导致抗原的制备难度较大。而核酸杂交的方法具有较高的灵敏度，特别是对木本植物中植原体的检测。目前，研究人员利用核酸杂交方法分别检测了翠菊黄化病（Kuske et al.，1991）和泡桐丛枝（Ko and Lin，1994）等病害。但由于一些木本植物中的植原体浓度偏低且纯化困难，该技术的使用范围受到了一定的限制（Kollar et al.，1990）。随着 PCR 技术的出现，植原体检测的灵敏度得到了大大提升，尤其是巢式 PCR、免疫捕获 PCR 和实时荧光定量 PCR 的应用，使得植原体的检测更加准确、简洁、快速，并且成功地检测出翠菊黄化、苹果簇生、椰子致死黄化、榆树黄化等植原体（Deng and Hiruki，1991；Lee et al.，1994；Rajan and Clark，1994；廖晓兰等，2002）。

三、植原体病原研究进展

自日本学者 Doi 等（1967）发现植原体以来，人们对植原体的分类地位进行了大量研究工作。Lee 等（1993）和 Schneider 等（1993）根据植原体 16S rDNA 基因的限制性片段长度多态性（restriction fragment length polymorphism，RFLP）和全序列对植原体进行了分类，建立了植原体分子分类学的基本框架。Wei 等（2007）利用生物信息学方法对植原体的 16S rDNA 序列进行 RFLP 分析，将已报道的植原体分类单位增加到 28 个组、100 个亚组。Zhao 等（2009）开发出

iPhyClassifier 在线软件，将植原体分为 30 个组、100 多个亚组。此后，Win 和 Jung（2012）及万琼莲等（2014）利用植原体 16S rDNA 基因及核糖体蛋白（ribosomal protein，rp）基因对暂定种 *Phytoplasma aurantifolia* 和花生丛枝植原体株系进行了鉴定。植原体基因组 DNA 包括染色体 DNA 和染色体外 DNA（主要以质粒的形式存在），大小为 530~1350kb。基因组 DNA 中 A+T 含量较高，G+C 含量较低（23%~29%）。科技工作者借助于脉冲电泳使分离的植原体 DNA 片段大小达到 Mb 级（Schwartz et al.，1983），有利于植原体基因组学的研究。Neimark 和 Kirkpatrick（1993）首次从植物中分离出完整的环状植原体染色体，大小为 640~1185kb。Firrao 等（1996）完成了世界上第一张西方 X-病植原体（Western X-disease phytoplasma）基因组的物理图谱；随后，人们用 PFGE 方法、内切酶酶切和 Southern 杂交技术获得了 4 个植原体株染色体的物理图谱：苹果簇生植原体（apple proliferation phytoplasma）（Lauer and Seemüller，2000）、甜薯小叶植原体（sweet potato little leaf phytoplsma）（Padovan et al.，2000）、欧洲核果黄化植原体（European stone fruit yellows phytoplasma）（Marcone and Seemüller，2001）和葡萄金黄化植原体（flavescence dorée phytoplasma）（Malembic-Macher et al.，2008）这 5 种植原体物理图谱的成功绘制不仅加深了人们对植原体基因组的了解，而且也为植原体基因组序列拼接奠定了基础。近年来，随着 DNA 测序平台的完善和测序精度的提升，科技工作者已完成了洋葱黄化植原体（OY-M）（Oshima et al.，2004）、翠菊黄化植原体（AY-WB）（Bai et al.，2006）、澳大利亚葡萄黄化植原体（PAa）（Tran-Nguyen et al.，2008）、草莓致死黄化植原体（SLY）（Andersen et al.，2013）、苹果簇生植原体（AT）（Kube et al.，2008）、玉米丛矮病植原体（MBS）（Orlovskis et al.，2016）和枣疯病植原体（JWB）（Wang et al.，2018a）等 7 种植原体基因组的测序工作，并绘制出了它们的完成图（表 1-1）。这些图谱的绘制使人们对植原体病害病原的物理特性、DNA 碱基组成、编码蛋白质基因的特点及其依赖寄主生存的方式等有了较为清楚的了解，同时也为植原体致病机理的阐明奠定了坚实基础。

四、植原体致病机理研究

植原体入侵寄主后，病原自身的生长繁殖会引起植物的一系列变化，主要是形态、生理生化、组织和分子水平的变化。

（一）寄主植物的形态变化

植原体入侵引起的植物典型症状有：丛枝、花变叶、花变绿、矮化、黄化、红化、芽和叶片失绿、小叶化、枝条带化等。这些症状可归为丛枝类、黄化类和花器变态类 3 类。植原体病害发生后，单一寄主植株并不总同时呈现以上 3 类症状，有的植株出现其中的一类症状，而有的则会同时呈现两类症状，如泡桐丛枝病同时呈现丛枝和花器变态等症状。植物的形态变化因植原体和寄主种类、入侵时间和环境的差异而不同。

表 1-1　7 种植原体全基因组基本特征

株系	洋葱黄化植原体（OY-M）	翠菊黄化植原体（AY-WB）	苹果簇生植原体（AT）	澳大利亚葡萄黄化植原体（PAa）	草莓致死黄化植原体（SLY）	玉米丛矮病植原体（MBS）	枣疯病植原体（JWB）
引起病害	洋葱黄化	翠菊黄化	苹果丛枝	葡萄黄化	草莓致死黄化	玉米丛矮	枣树丛枝
16Sr 组	16SrI	16SrI	16SrX	16SrXII	16SrXII	16SrIB	16SrV
基因组大小/bp	860 631	706 569	601 943	879 324	959 779	576 118	750 803
染色体形态	环状	环状	线状	环状	环状	环状	环状
G+C 含量/%	28	27	21.4	27.4	27.2	28.5	23.3
编码区	73	72	78.9	74	78	—	77.7
总蛋白数	754	671	497	839	1 126	573	643
功能已知蛋白数	426	357	344	443	569	347	—
假定蛋白数	302	182	149	256	292	151	—
tRNA 基因数	32	32	32	34	34	32	32
rRNA 操纵子数	2	2	2	2	2	2	6
质粒数量	11	4	0	1	1	0	0

（二）寄主植物的生理生化变化

植原体入侵可导致寄主植物内源激素的紊乱、胼胝质积累、叶绿素和光合作用活性降低，氨基酸转运、碳水化合物代谢，以及蛋白质、多胺类物质、酚类化合物及其他次级代谢产物含量的变化。Kesumawati 等（2006）和杜绍华等（2013）研究发现，植原体入侵可使植物体内细胞分裂素含量增加，感病植株根部组织中碳水化合物含量降低、代谢能力下降，从而影响植物正常生理代谢活动，导致整个植株发育受阻。植原体入侵寄主植物后可产生多种病症相关蛋白（PR-protein），PR-protein 的积累有助于植株总蛋白含量的增加，如抗病系植株的总蛋白量要远高于感病系植株（Junqueira et al.，2004）。酚类物质在病原入侵的植株尤其是病原入侵的抗性植株中大量积累，并且对病原菌有毒害作用，如染病苹果中多酚含量是健康苹果的 3 倍，李树也有同样的现象（Musetti et al.，2000）。此外，植原体的入侵不仅使植物叶片内叶绿素酶活性升高（Bertamini et al.，2002a），而且使其光合作用相关基因表达水平降低（Bertamini et al.，2002b）。范国强和蒋建平（1997）研究表明，病叶中胱氨酸的含量较健康叶片多，而苯丙氨酸含量则相反，病叶内的碱性氨基酸含量明显低于健康叶片。植原体入侵寄主引起的生理生化变化是植原体病害发生的中下游过程，研究植原体引起寄主体内的这些变化，有利于科技工作者筛选出病害发生生理生化标志物。

（三）寄主植物的组织（细胞）变化

植原体可导致韧皮部组织坏死和筛管内胼胝质的积累（田国忠等，1994a）。泡桐患丛枝病后，枝的顶芽弱化，茎形成层和叶肉中的栅栏组织变薄，次生木质部导管变细，叶脉木质化程度降低，叶背毛刺数量减少（宋晓斌等，1993）。感染桑萎缩病的桑叶及嫩梢中的叶肉细胞，部分细胞核降解、核质部分流失；叶绿体内淀粉粒和嗜锇颗粒有不同程度积累，部分叶绿体外膜破裂、基质流失，有些基粒不规则分散并降解；线粒体及粗面内质网在数量上有不同程度增加但没有叶绿体明显，部分线粒体嵴膨胀并出现降解等现象（徐均焕和冯明光，1998）。这些变化与植原体对寄主植物的危害程度密切相关。

（四）寄主植物在分子水平上的变化

1. 寄主植物基因表达的变化

近年来，科技工作者利用高通量测序技术，研究了泡桐、莱檬等患丛枝病前后转录组、非编码 RNA（miRNA 和 lncRNA）、蛋白质组和代谢组的变化情况，从中筛选出了大量与泡桐、莱檬丛枝病发生相关的基因、非编码 RNA 等（Mardi et al.，2015；Liu et al.，2013；Fan et al.，2014；Cao et al.，2018a；Wang et al.，2018g；Dong et al.，2018b）。但由于筛选出的基因、非编码 RNA 等数量庞大，很难确定与丛枝病发生密切相关的特异基因、非编码 RNA 和代谢物等，因此以后还有大量工作需要进行。

2. 寄主植物蛋白质表达的变化

随着质谱和电泳技术的发展，国内外许多学者对植原体入侵寄主前后蛋白质组的变化开展了大量研究工作。范国强等（2003）利用单向和双向 SDS-聚丙烯酰胺凝胶电泳发现，毛泡桐和白花泡桐的健株健叶和病株健叶中存在一种 MW24KD（pI6.8）蛋白多肽，但在病株病叶中观察不到；当病株经抗生素处理后则检测不到该蛋白质（范国强等，2007）。因此，作者认为该蛋白质多与泡桐丛枝病发生特异相关。Zhong 和 Shen（2004）提取被洋葱黄化植原体入侵的茼蒿不同组织（叶片、茎和腋芽）的蛋白质，双向电泳结果表明被 OY-W 侵染后的茼蒿中能观察到特异性积累 6 个蛋白质，说明这些蛋白质与其病害发生有关。Carginale 等（2004）使用 mRNA 差异显示技术鉴定和分离了被欧洲核果黄化（ESFY）植原体入侵后的杏树叶片中发生转录改变的基因，分离并鉴定到 4 个表达显著改变的基因。其中，基因上调表达的一个基因编码热激蛋白 Hsp70，它是一种分子伴侣，对蛋白跨膜运输和结构折叠发挥重要作用。Margaria 和 Palmano（2011）发现 GroEL（分子伴侣超家族）蛋白在被植原体入侵过的组织中上调表达，表明该蛋白质在面临各种胁迫时很有可能在蛋白质的稳定和折叠中起着重要作用。众所周知,植物蛋白质是生命体中生理功能的执行者,是基因表达的最终产物,但不是植原体病害发生的直接原因。因此,要从根本上阐明该类病害发生的分子机理,还需从植原体效应蛋白入手开展研究工作。

3. 植原体效应蛋白

众所周知,植物蛋白质是生命体中生理功能的执行者,是基因表达的最终产物,但不是植原体病害发生的直接原因。因此,要从根本上阐明该类病害发生的分子机理,还需从植原体效应蛋白入手开展研究工作。植原体通过 Sec 分泌系统分泌效应蛋白直接作用于寄主细胞,调节寄主的生命活动(Hogenhout and Loria,2008)。Bai等(2009)对 AY-WB 基因组进行了分析,预测了 56 个潜在的效应蛋白(SAP)。研究发现,SAP11 蛋白包含 1 个 N 端信号肽序列和 1 个真核生物双向核定位信号,作用于宿主植物细胞的细胞核。此外,SAP11 蛋白与拟南芥 CIN-TCP 转录因子结合可导致拟南芥脂氧合酶基因表达水平降低,抑制茉莉酸的合成。SAP54 蛋白通过与 Radiation sensitive 23 蛋白家族某些成员相互作用,使含 MADS 结构域的转录因子 MTF 家族蛋白降解,导致寄主花器官叶状化,影响植物的繁殖(Maclean et al.,2011;Maclean et al.,2014)。PHYL1 蛋白是 SAP54 蛋白的同系物,通过泛素酶-蛋白酶体途径降解花器官 MADS 同源结构域蛋白 SEP3、AP1 和 CAL,也导致寄主花器官的叶状化(Maejima et al.,2014)。TENGU 是洋葱黄化植原体的一种分泌蛋白,它可以从植物的韧皮部运输到其顶端分生组织,扰乱植物的生物合成及生长素信号转导途径,导致植株呈现丛枝症状和矮小症(Hoshi et al.,2009;Minato et al.,2014)。Wang 等(2018e)用 SWP1 蛋白(一种类似的 SAP11 的蛋白质)转化烟草,结果转化植株呈现典型的丛枝症状;而另一个效应蛋白(WAP11 蛋白)可启动细胞的免疫反应,导致寄主细胞内 H_2O_2 积累和胼胝质沉积。

目前,有关细菌、真菌和线虫等病原效应蛋白与植物互作的研究已有大量文献报道(Dou and Zhou,2012;Staiger,2016),但植原体与寄主互作的研究报道较少,造成该结果的原因可能是在植原体与植物互作研究中,一直存在"有寄主基因组测序完整数据但没有病原基因组测序完整数据,或有植原体基因组测序完整数据而缺少其作用植物基因组测序数据"等现象,严重制约了其病害发生机理的阐明和有效防治方法的建立。随着越来越多的植原体株系全基因组序列的测定,以及比较基因组学、转录组学和功能基因组学研究,植原体效应蛋白分析与鉴定将进入快速发展阶段。对植原体效应蛋白的深入研究将有助于揭示植原体致病机理和病原寄主互作机理,掌握植原体病害发生规律,找出植原体病害防控对策。

自 Doi 等(1967)发现植原体以来,其相关研究取得了一定成果,但因其不能体外培养,严重阻碍了致病机理的阐明。随着科学技术的快速发展和人们对植原体病害知识的积累,特别是基因组、转录组和蛋白质组等组学数据与传统技术手段（如生物化学、分子生物学和免疫学等）等试验结果的整合分析，将有助于对植原体病害发生机理进行深入研究，在植原体致病分子机制阐明的基础上，研发高效、环境友好型植物植原体病害防治药物。同时，结合寄主多组学研究结果开展特异目的基因的编辑，可培育出满足人们需求的抗病植物新品种。

4. 表观水平变化

黎明等（2008）研究发现，泡桐丛枝病发生导致'豫杂 1 号'泡桐（*P. tomentosa* × *P. fortunei*）的总 DNA 甲基化水平下降，而一定浓度的土霉素处理可提高丛枝病苗的总 DNA 甲基化水平，并使其形态恢复正常。Cao 等（2014b）发现使用 $20mg \cdot L^{-1}$ 以上浓度甲基磺酸甲酯（MMS）试剂处理白花泡桐丛枝病苗后，其形态恢复接近于健康苗正常形态，经扩增片段长度多态性（amplified fragment length polymorphism，AFLP）与甲基化敏感扩增多态性（methylation-sensitive amplification polymorphism，MSAP）分析发现，健康苗、丛枝病苗和经 MMS 试剂处理的丛枝病苗的 DNA 序列在 AFLP 水平上相同；健康苗的 DNA 甲基化水平最高，MMS 试剂处理后的丛枝病苗 DNA 甲基化水平高于丛枝病苗，这表明虽然植原体入侵在 AFLP 水平上没有改变泡桐的 DNA 序列，但引起了其 DNA 甲基化水平和模式变化，这可能与泡桐丛枝病的发生密切相关。

第二节　泡桐丛枝病研究进展

一、泡桐丛枝病概述

泡桐为玄参科泡桐属植物，落叶乔木，原产于我国，栽培历史已有 2000 多年，广泛分布于我国 25 个省（自治区、直辖市），现有 9 种 2 变种。泡桐树形优美，叶大茂密，花开艳丽且具有香味，并且易于繁殖，常被用作观赏植物和绿化树种；具有抵御风沙和干热风等自然灾害的能力，被用作防护林树种；材质轻，纹理通直而细密，不易燃烧，易干燥，不易翘曲、开裂、变形，声音传导性好，容易加工，被广泛应用于建筑、造纸、家具、传统乐器、铅笔和工艺品等领域；叶片分泌黏液，在净化烟尘、防风固沙和改善生态环境方面也起着非常重要的作用（蒋建平，1990）。另外，因其速生、耐旱、易繁殖等特点，泡桐已成为河南地区特有树种，在农田林网建设、防风固沙、抵御干热风等自然灾害，以及改善生态系统、提高农作物产量方面起着举足轻重的作用，因此泡桐具有非常重要的生态、经济和社会价值（蒋建平，1990），近年来也被引种到世界其他地区，如韩国、日本、澳大利亚、印度和美国等。然而，由植原体感染引起的泡桐丛枝病病害，严重影响了泡桐产业化发展。

泡桐丛枝病是由泡桐丛枝植原体（paulownia witches' broom，PaWB）感染引起的，是泡桐生产中最严重的病害之一。感染泡桐的植原体属于翠菊黄化植原体的暂定种（16SrI）的 D 亚组（Lee et al.，2004），该植原体形状上多呈圆形或椭圆形，并且没有细胞壁。它主要生存在泡桐的韧皮部筛管中，通过韧皮部的筛管先下行到根部，在根部进行繁殖，然后由根部向上运行，导致植株细胞生存环境紊乱，引发并表现出泡桐丛枝病（雷启义等，2008）。泡桐丛枝植原体的致病性可通过烟草盲蝽、茶翅蝽和小绿叶蝉等介体昆虫或嫁接等无性繁殖方式进行传播（金开璇等，1981；Hiruki，1997）。袁巧平等（1994）的研究表明，患病植株组织离体培养是保存和繁殖泡桐植原体的有效方式，为进一步深入研究泡桐植原体提供了可能性。范国强等（2005a；2005b）和腰政懋等（2009）以泡桐丛枝病苗的部分器官如叶片、叶柄、茎段等为外植体，成功建立了外植体再生体系（范国强等，2005a；2005b；腰政懋等，2009）。

二、泡桐丛枝病研究概况

泡桐感染植原体后，植株体内的激素、氨基酸、蛋白质（酶）、酚类物质、DNA、无机离子含量都可能会发生明显的变化（冯志敏等，2007）。原因是植物感染植原体后会引起韧皮部产生大量的胼胝质阻碍植物体内营养物质的运输，改变植物体内物质的交换量及渗透压，进而扰乱植物体的内源激素代谢，从而导致植原体表现出病态特征。王蕤等（1981）在泡桐健康苗与丛枝病苗的研究中发现泡桐丛枝病的发生与激素水平变化相关，病苗体内过氧化氢酶、生长素氧化酶及维生素 C 氧化酶的含量都要高于健康的泡桐植株。随患病植株的发病状态不同，病、健植物中酶的种类和含量都会呈现出一定的差异。田国忠等（1994b）在泡桐丛枝病苗的组培苗中检测内源激素的含量，结果发现丛枝病苗中有生物活性的生长素含量显著下降，并且丛枝病苗的叶片中氨基酸含量比健康泡桐苗的叶片中含量低 1/5，丛枝病苗的叶片中碱性氨基酸含量比健康苗的叶片中明显降低。薛俊杰等（2000）在泡桐健康苗和丛枝病苗的研究中发现植原体入侵泡桐后会导致过氧化物酶和多酚氧化酶活性的增强，并且多酚氧化酶有新的同工酶产生。赵会杰等（1995）研究发现健康泡桐与患丛枝病的泡桐叶片内超氧化物歧化酶的活性随生长季节的变化一致，但在各个时期都低于健康苗。此外，研究发现植原体入侵泡桐后，酚类物质、无机盐离子及维生素含量也发生了显著的变化（巨关升等，1996；翟晓巧等，2000）。

随着高通量测序技术的迅速发展，科研工作者从转录表达、转录后修饰、翻译水平上研究了植原体入侵泡桐的响应机制。Mou 等（2013）利用转录组测序技术比较了豫杂泡桐感染植原体前后基因的表达变化，结果发现植原体感染后泡桐的基因表达模式发生了显著变化。Fan 等（2014）在白花泡桐丛枝病苗的转录组研究中也发现与植物病原互作相关的基因发生了显著变化，如油菜素内酯不敏感受体激酶 BAK1、WRKY29 和 MYC2 转录因子，昼夜节律、激素合成与信号转导相关基因表达量都发生了改变。Niu 等（2016）在白花泡桐中找到了参与植物防御反应和病症相关的 miRNA，如 miR159-3p、miR359-3p 和 miR172。Cao 等（2018b）对植原体感染的毛泡桐 lncRNA 的表达变化进行分析，鉴定到 748 个 lncRNA 的靶基因参与木质素生物合成途径、植物-病原互作途径和植物激素信号转导途径等。李冰冰等（2018）比较了植原体感染前后白花泡桐中 circRNA 的表达情况，发现了 circRNA414 和 circRNA58 可能参与响应植原体入侵的防御反应，并且可以靶定 ptc-miR396c_L-3。Wang 等（2017b）利用同位素标记相对和绝对定量分析了植原体感染白花泡桐过程中蛋白质组的变化，结果发现与丛枝病相关的蛋白质主要参与碳水化合物和能量代谢、蛋白质合成与降解，并且与抗逆相关。在毛泡桐中，Cao 等（2017）利用 iTRAQ 技术鉴定出了 43 个 PaWB 相关蛋白，其中也有涉及能量代谢的蛋白质。但是泡桐丛枝病的致病机理仍然没有被详细阐明。随着表观遗传学研究进一步发展，与泡桐丛枝病相关的表观遗传学特征也得到了研究。黎明等（2008）对豫杂泡桐健康苗和丛枝病苗的 DNA 甲基化水平进行研究，结果发现丛枝植原体入侵后导致豫杂泡桐的总 DNA 甲基化水平下降，用一定浓度的土霉素处理丛枝病苗，可提高其总 DNA 甲基化水平，并使其形态恢复正常。曹喜兵等（2014）和 Cao 等（2014a）通过 AFLP 和 MSAP 分析泡桐病病苗和健苗，结果发现植原体的入侵在 AFLP 水平上相同不会改变 DNA 序列，但会引起 DNA 甲基化水平和模式的变化。Yan 等（2019）通过 ChIP 测序技术研究植原体感染白花泡桐前后的 H3K4me3、H3K36me3、H3K9ac，结果发现植原体入侵后组蛋白修饰区域明显增加，修饰水平也明显增加。Cao 等（2019）利用基于质谱的高通量蛋白质组学和修饰组学对植原体入侵的毛泡桐幼苗进行了研究，揭示了植原体入侵过程中，毛泡桐体内的乙酰化与琥珀酰化修饰水平变化，以及它们在毛泡桐丛枝病中所发挥的功能，乙酰化的发生使得一些催化叶绿素和淀粉合成的酶活性受到明显抑制，揭示了发病过程中叶片黄化等表型的分子机制。此外，曹亚兵等（2017）对毛泡桐健康苗和丛枝病苗进行了代谢组分析，结果表明玉米素、赤霉素、花青素等代谢物的含量发生了明显变化。

利用分子生物学技术研究丛枝病发病机制的同时，科研工作者也在寻找可以缓解丛枝病症状的试剂。由于植原体对抗生素很敏感，并且在泡桐感染丛枝病后植株体内的 DNA 甲基化水平显著降低，因此利用一定浓度抗生素或者 DNA 甲基剂处理患病植株一定时间后，可以使丛枝病植株恢复为形态正常的健康植株（黎明等，2008；范国强等，2007）。范国强等（2007）通过利福平处理泡桐丛植病患病植株，结果发现丛枝病植株恢复健康，并且会清除植株体内植原体。翟晓巧等（2010）用甲基磺酸甲酯（MMS）处理泡桐丛枝病苗，结果发现丛枝病苗的丛枝症状减缓，逐渐恢复健康，并且也可以清除体内的植原体。曹喜兵等（2014）利用不同浓度的甲基磺酸甲酯处理毛泡桐丛枝病苗，并采用扩增片段长度多态性（AFLP）和甲基化敏感扩增多态性（MSAP）技术对处理后植株体内的 DNA 碱基序列及 DNA 甲基化进行研究，结果发现丛枝病 DNA 碱基序列没有发生变化，但 DNA 甲基化水平和模式发生变化。此外，虽然这两种试剂可以治疗植原体引起的丛枝病，但由于它们价格较高、不易获得，并且甲基磺酸甲酯有毒，所以不宜在大田中使用。

植原体感染泡桐的发病机制是一个复杂的相互作用过程，该过程既有泡桐为响应植原体入侵产生的自我防御机制，也有植原体在寄主植株体内为逃避寄主植株的防御反应而产生的适应机制。随着测序技术的发展，科研工作者们已经从寄主的角度研究了丛枝病的发病过程，但研究成果有限。由于植原体的复杂性以及技术的限制，直接从病原角度进行的研究相对较少，因此对于丛枝植原体引起的泡桐丛枝病的响应机制还不是很清楚。然而，越来越多的研究表明，泡桐丛枝病发生既涉及植原体和泡桐细胞内一系列基因表达水平的变化，又涉及泡桐 DNA 构象、DNA 甲基化、mRNA 甲基化和蛋白质翻译后修饰的变化。

第三节　表观遗传学研究进展

表观遗传学最早在 1942 年由生物学家 Waddington 提出，是细胞调控基因表达的众多方式之一，即在 DNA 分子结构不发生改变的情况下，一些修饰可以引起生物性状发生可遗传变异。任何一种异常都将造成染色质结构的改变，进而影响基因的表达调控（Goldberg et al.，2007）。目前已经发现了包括染色质重塑、DNA 甲基化、非编码 RNA、RNA 和蛋白质共价修饰等多种方式。据报道，拟南芥中一个表观遗传自发变异导致花发育基因 *SUPERMAN* 的超甲基化，致使雄蕊及心皮发育异常。由表观修饰变异造成的植物柳穿鱼（*Linaria vulgaris*）花形态变化可稳定遗传数百年。在番茄中发现的自发性表观遗传变异可导致番茄成熟相关基因 *Cnr*（colourless non-ripening）的转录改变，最终抑制番茄的成熟过程。随着分子遗传学领域研究和高通量测序手段的不断进步，表观遗传学研究已经进入了一个快速发展的新阶段，使得越来越多的表观遗传学分子机制得到阐明，同时也将表观遗传学调控机制应用到多个研究领域。

一、染色质三维构象的研究

（一）染色质三维构象概述

在真核生物细胞核中，遗传物质通常以染色质的形式存在，而染色质通常是由 DNA、组蛋白、非组蛋白以及少量的 RNA 组成的复合物。随着人类基因组调控元件计划的进行，科研工作者已经发现基因表达调控不仅受到基因启动子的影响，而且受到基因组线性距离很远的其他调控元件的影响，研究表明，这些线性距离很远的调控元件需要在三维空间中与目标基因进行近距离的接触，然后对目标基因进行调控，启动相应的生物学功能（Handoko et al.，2011；Li et al.，2012；Dekker et al.，2013）。细胞核是染色质的存储空间，是一种特有的紧闭且严格区室化、高度不均一的细胞器，与其他亚细胞在结构上相对独立，却又在功能上相互联系，形成一个精密有序的有机整体。

近些年的研究表明，在有丝分裂间期，染色质通常在细胞核中占据着相对独立又相对固定的空间位置，并且空间结构是分层级折叠。此外，染色质在生命活动过程中还是一种动态的结构，核小体的位置、DNA 甲基化、组蛋白修饰以及染色质结合蛋白等都能影响染色质的状态，而染色质的状态又决定着 DNA 可及性和 DNA 在核内的空间位置，调节蛋白质与 DNA 的结合，进而影响 DNA 重组与复制、基因的转录翻译等生物过程（Wolffe and Matzke，1999；Jaenisch and Bird，2003；Bird，2007）。

（二）染色质三维构象研究方法

越来越多的研究发现，基因组的大多数区域都是非基因区域，这些非基因区域对基因表达调控起着非常重要的作用，而这种调控往往不受基因线性距离的限制。在这种情况下，三维基因组的研究就非常重要。人们对三维基因组认知最早开始于显微镜的应用，通过对细胞核构型的观察，了解了细胞核内常染色质和异染色质的分布等亚细胞结构，进一步的研究发现细胞核内每条染色体占据特定的区域——染色体领域（Cremer et al.，1982；Cremer and Cremer，2006）。不同染色体荧光原位杂交（FISH）实验也可以观察到染色体领域的边界（Branco and Pombo，2006）。随着显微镜研究的发展及分辨率的提高，可以直接观察到染色体的各个组分（Cattoni et al.，2015）。染色质的直接观察受到技术的限制，很难在高分辨率下看到特定位点之间的相互作用及动态变化，因而使用特定的技术或者手段将细胞核内的相互作用先固定下来，然后根据生物信息技术手段推测其在特定生理条件下的真实相互作用。

Dekker 等于 2002 年首次提出利用分子生物学的方法研究染色质三维结构，称其为染色体构象捕获（chromosome conformation capture，3C），目的是为了研究细胞核中染色质结构上两个相互接触的基因位点之间的相互作用频率（Dekker，2002）。该技术之所以能够用于染色质结构的研究，主要是基于基因位点在空间中发生相互作用的频率越高，其空间位置越接近（Dekker，2002）。因此，基因组距离相距很远的两个基因位点，在空间中以环状结构的形式发生相互作用。对于人类基因组来说，最常用的限制性内切酶 *Hin*d III 的酶切片段平均为 3.7kb，*Mbo* I 酶切片段更是达到了 430bp，这样的分辨率是光学显微镜做不到的（Rao et al.，2014）。自从 2002 年染色质构象捕获（3C）技术出现，其已经成为研究细胞核中染色质三维结构的重要技术手段，为之后染色体构象捕获方法的改进提供了理论基础，同时可以利用 3C 技术和分子生物学手段解析显微水平、遗传学水平、生物化学水平、分子生物学水平以及基因组水平上得到的染色质构象信息（Sati and Cavalli，2017）。3C 技术只能观测两个特定位点之间的相互作用强度，并不能有效地对全基因组范围内的染色质三维结构进行研究。随着科技的发展，逐渐衍生出一系列的新技术，例如，一点到其他位点相互作用的 4C 技术（Zhao et al.，2006；Simonis et al.，2006）、基因组范围内多点对多点间相互作用的 5C 技术（Dostie et al.，2006）。这些技术都只能研究染色体上部分位点之间的相互作用，不能对全基因组所有位点进行无偏差的相互作用分析。近年来出现的 Hi-C 技术，突破了这些技术的局限，可以对全基因组范围内染色质相互作用进行预测（Lieberman-Aiden et al.，2009）。Hi-C 技术的建立，首次实现了全基因组范围内所有相互作用的研究。随着高通量技术的不断发展和日益普及，基于 Hi-C 技术不同版本的新技术也相继出现，如针对启动子、增强子等特定类型序列参与的所有染色质相互作用的 Capture Hi-C（Dryden et al.，2014）等。

通过染色质构象捕获技术捕获的染色质相互作用片段，绝大多数是由于近距离的随机碰撞导致的片段连接。该技术虽然对从细胞核结构的角度解析基因组三维结构有一定帮助，但是对研究有功能的相互作用片段则有一定困难。Ruan 等将染色质免疫共沉淀 ChIP、染色质构象捕获技术捕获的染色质相互作用以及配对末端标记 PET 技术相结合形成了 ChIA-PET 技术，通过高通量测序及分析，就可以在全基因组范围内对特定蛋白或者 RNA 介导的染色质相互作用以及三维结构特征进行分析，还可以研究一些疾病导致的三维结构的差异（Fullwood et al.，2010）。但是该技术是由多个技术进行合并形成的，其步骤多并且复杂，Bing Ren 等于 2016 年前后利用 Hi-C 和 ChIP 结合建立了 HiChIP 等技术（Mumbach et al.，2016）。新技术的不断发展和衍生，推动了相关研究的发展，结果使人们清晰认识染色质的三维结构。

（三）染色质三维空间结构

细胞核内染色质结构并非随机排布，而是形成特定的空间结构便于产生染色质环介导基因的精确表达，但整个细胞核内遗传物质也并不是随机分布，而是形成特定层级的结构以确保所有基因有条不紊地表达。

Branco 等在光学显微镜下可明显地观察到致密的非活性染色质和松散的活性染色质占据着相对独立的区域，即染色体领域（chromosome territory，CT），并且

FISH 技术也可以清楚地观察到染色体形成了独立的区域（Pinkel et al., 1988；Cremer et al., 1996；Bolzer et al., 2005；Branco and Pombo, 2006）。随着染色质构象捕获技术的发展，3C、4C 以及全基因组范围的 Hi-C 检测到染色体内的相互作用频率高于染色体间的相互作用，从而证明 CT 的存在（Simonis et al., 2006；Lieberman-Aiden et al., 2009）。此外，CT 在细胞核中的分布不是一成不变的，而是具有细胞特异性（Roix et al., 2003；Parada et al, 2004；Hepperger et al., 2008）。

Lieberman-Aiden 等在 2009 年利用 Hi-C 数据的主成分分析（第一特征向量）将人类基因组中的染色体分为转录活化的染色质区室 A（compartment A）和转录抑制的染色质区室 B（compartment B），并且染色质区室的特征也符合基因组区室。染色质上存在相互间隔的连续区域，通常大小为 1～10Mb。根据交互模式的差异，这些区域可以被分为两种类型，即 A 类区室和 B 类区室。相同类型的区室具有相似的全基因组交互模式，其互作频率要显著高于不同类型区室之间的交互。这同时在三维荧光原位杂交实验（three-dimensional fluorescence *in situ* hybridization，3D-FISH）中得到验证（Pinkel et al., 1988；Cremer et al., 1996；Bolzer et al., 2005）。研究表明，染色质区室通常较为保守，且染色质区室的转换与该区域中基因的表达调控密切相关。Rao 等 2014 年利用高分辨率原位 Hi-C 数据，进一步将其分为 6 类亚区室（subcompartment）。随着 Hi-C 技术的快速发展，对染色质区域的分辨率进一步提高，可以将染色质区室再划分为大小 100kb 至 1M 范围的拓扑相关结构（topologically associating domain，TAD）。TAD 在不同的物种、细胞类型和生理条件下基本保持不变，而且 TAD 内交互明显多于 TAD 间交互（Nora et al., 2012；Dixon et al., 2012；Hou et al., 2012；Sexton et al., 2012；Gibcus and Dekker, 2013）。TAD 是在线性结构上分布在很长区域内的一个或多个基因及其调控元件，它们在空间结构上相互靠近，形成一个闭合的基因表达体系，是基因表达调控的基本单元。相邻的 TAD 之间存在有边界，TAD 边界起着绝缘子的作用，维持了 TAD 的独立性，并使得基因表达不受 TAD 以外的因素影响（Dixon et al., 2012；Phillips-Cremins et al., 2013；Barutcu et al., 2015）。已有研究表明，绝缘子相关转录因子［CCCTC-binding factor（zinc finger protein），CTCF］在 TAD 的形成中可能起着至关重要的作用（Dixon et al., 2012；Gomez-Marin et al., 2015；Rudan et al., 2015）。TAD 边界的打破，往往会导致基因表达的失调，从而导致疾病的发生。

染色质环是染色质三维结构中最基础的结构层级。通过高分辨率的染色质构象捕获的数据可以检测到远距离相互作用的存在，形成的染色质环可能直接参与细胞内生物过程的调控，如转录调控等。Walter Flemming 于 1878 年在两栖类动物的卵母细胞中首次发现了"奇特精致结构（strange and delicate structures）"的存在，Ruckert 推测该结构为染色质环（chromatin loop），Gall Joseph 在 1956 年清楚地看到并证明了染色质环的存在（Callan，1986）。近些年来随着分子生物学技术的发展，通过技术手段可以鉴定到染色质环。例如，通过改变 Hi-C 实验过程中使用的限制性内切核酸酶，如从六碱基酶变为四碱基酶，可以显著提高 Hi-C 染色质交互的分辨率，从而精确地发现染色体上两个距离较远的基因之间联系的强度，也可以将一些顺式作用元件如增强子、启动子、沉默子等与靶基因联系起来（Wallis et al.，2018）。

目前普遍认为，染色质的折叠区域包含染色质领域（CT）、染色质区室（compartment）、拓扑相关结构域（TAD）、染色质环（chromatin loop）等不同层级的结构单元，是基因组序列、DNA、组蛋白修饰、染色质调控蛋白等的最终载体。基因组的复杂三维结构与组蛋白修饰、DNA 甲基化、DNase 敏感性等基因组的组学特征，以及其他组学特征、基因的复制和转录等基因组功能特征密切相关。

（四）染色质三维构象在动植物中的研究

随着分子生物信息技术的发展及相关研究的深入，很多以前未知的染色质结构特征被认识，也使得染色质结构与功能之间关系的研究成为可能。这些结构特征所在的结构层次不同，表现出的保守性和特异性等特征也不同。其中，保守的结构特征已经作为新研究方向的指导思想，而细胞特异性的特征也成为从三维基因组角度理解生物学过程的关键。

大量的 Hi-C 数据显示，三维基因组中最稳定、最保守的结构特征是：染色质内的互作显著强于染色质间的互作（Lieberman-Aiden et al.，2009；Duan et al.，2010；Sexton et al.，2012；Vietri Rudan et al.，2015）；同一条染色体内的互作强度随着距离的增加而降低（Mateos-Langerak et al.，2009；Fudenberg and Mirny，2012）。基于这些保守的结构特征，染色质构象捕获技术已经被广泛用于完善基因组的组装方面（Burton et al.，2013；Marie-Nelly et al.，2014；Burton et al.，2014；Xie et al.，2015）。王双寅（2012）利用两组酵母的三维染色质交互数据研究了基因共表达与基因在空间中的相对位置之间的关系，发现转录调控正相关的基因尤其是相关性特别强的基因，更容易有较高的染色质互作频率，从而在三维空间中靠得更近。到目前为止，很多研究已经报道了动物中的染色质三维结构特征：染色质区室、TAD 和染色质环。Barutcu 等通过对乳腺上皮细胞的处理模拟乳腺癌的发病过程，发现部分染色质区室发生改变，并与基因表达密切相关；TAD 没有显著的差异，但是癌细胞的 TAD 边界显著富集几种癌蛋白，如 GABP、ELF1、PML、SIN3A、SRF（Barutcu et al.，2015）。Li 等（2018）通过全反式维甲酸（ATRA）处理白血病细胞作为白血病分化的模型，采用多组学数据整合研究染色质构象与转绿调控之间的关系，发现 1.29% 的染色质区室发生转换而 TAD 的位置几乎没有变化，基因的表达差异与染色质的相互作用和染色质可及性的变化有关。Zhou 等（2018c）通过对北京鸭的进化和人工选择研究，发现与羽毛颜色和体重相关基因的调控元件，并可通过人工干预关键基因的染色质三维结构培育新品种。

此外，由于植物细胞核的复杂性和技术的限制等因素，植物染色质三维结构认知仅限于一些模式植物，如拟南芥、水稻（Wang et al.，2015f；Dong et al.，2018a）。作为最基本的模式植物，拟南芥的全基因组结构特征首先被揭示（Grob et al.，2013；Feng et al.，2014；Wang et al.，2015f；Liu et al.，2016）。Dong 等通过对玉米（*Zea mays*）、番茄（*Solanum lycopersicum*）、水稻（*Oryza sativa*）、高粱（*Sorghum bicolor*）、谷子（*Setaria italica*）的染色质三维结构对比中，采用单条染色体的局部分析方法，发现了局部染色质 A/B 区室的存在（Dong et al.，2017）。TAD 在细胞类型上是稳定的，在进化上是保守的，在小鼠、人类、果蝇和芽接酵母（酿酒酵母）已经报道（至少在哺乳动物中）（Dixon et al.，2012；Eser et al.，2017）。TAD 在拟南芥中是不显著的，这可能与拟南芥中不存在 CTCF 有关。但在拟南芥 Hi-C 图中发现了局部染色质堆积的特征，即阳性条带（Wang et al.，2015f）。Wang 等（2018d）在棉花的二倍体基因组及其相应的四倍体亚基因组 Hi-C 分析中发现异源多倍体化后发生了 TAD 重组。染色质环是一种常见的染色体内相互作用，并影响基因表达和转录。在动物中，增强子和启动子之间的染色质环主要发生在 TAD 中（Weber et al.，2016；Acemel et al.，2017），并且报道了一个增强子调控多个基因或多种增强子调节一个基因的能力，这在植物中几乎没有报道（Weber et al.，2016）。单基因分辨率下，在拟南芥中通过 Hi-C 分析发现了染色质环，但是对于染色质环的功能仍然未知（Liu et al.，2016）。Dong 等在 5 种植物基因组对比研究中，发现基因组较大的植物（玉米和番茄）中存在许多远距离的染色质环，并且玉米的染色质环存在于 TAD 外，但在较小基因组的植物中没有此现象（Dong et al.，2017）。Wang 等（2018d）在棉花基因组中发现了启动子、远端开放染色质区域（可能是增强子）和活性染色质标记之间的频繁染色质互作，并且大多数参与的基因可能受到多个远距离染色质相互作用的调控。由此可见，植物基因组的三维空间结构比动物的更加复杂。

二、m^6A 甲基化修饰

（一）m^6A 的发展

近年来，在转录后基因的表达调控相关研究中，RNA 修饰已经成为重要的研究领域，随着大量科研工作者对高通量测序等生物信息学技术的研发，使得 RNA 修饰的研究有了质的突破，已报道的 RNA 修饰超过 100 多种。RNA 修饰也称为表观转录组学，该修饰的位点发生在核酸碱基上（Saletore et al.，2012；Witkin et al.，2015）。其中 N^6-腺苷酸甲基化（m6A）、胞嘧啶羟基化（m5C）、N^1-腺苷酸甲基化（miA）等都是 mRNA 最广泛的内部修饰（Roundtree et al.，2017）。

m6A 修饰发现于 1974 年，近年来随着何川教授和杨运桂研究员在这方面的突破性研究，使得 m6A 修饰成为研究热点，越来越多 m6A 修饰相关的知识被人类发掘。m6A 在多种 RNA 中都有修饰行为，尤其在 mRNA 中最为常见（Jacob et al.，2017）。m6A 修饰主要发生在 mRNA 的非编码区，通过这种修饰调控基因的表达。研究发现，m6A 的甲基化和去甲基化始终处于动态平衡状态。随着研究深入，在 m6A 修饰过程中发现 3 类与修饰发生相关的 m6A 修饰酶，即甲基化酶、去甲基化酶及甲基化识别酶。这些酶类的发现又进一步促进了对 m6A 修饰的认识水平，研究表明 m6A 修饰能够调控 mRNA 的运输、降解及可变剪切等多个生理过程，m6A 修饰缺陷会造成生长发育紊乱、神经性疾病以及肿瘤等一系列疾病（Barbieri et al.，2017；Vu et al.，2017；Weng et al.，2018）。目前，植物 m6A 修饰的研究也有了突破性的进展，同源性分析找到在拟南芥中与 m6A 修饰相关的修饰酶，m6A 修饰失调导致叶和根的发育严重异常和发育时间的改变，此外，m6A 修饰在植物发育和对环境威胁的反应中发挥作用（Fray and Simpson，2015；Kramer et al.，2018）。

在早期 m6A 甲基化的研究中，发现鉴定 m6A 修饰是一个棘手问题，即不能通过常规 cDNA 测序来鉴定，与通过 RNA 编辑将碱基 C 转换为碱基 U 或碱基 A 转换为碱基 I 相比，因为甲基基团不位于 Watson-Crick 碱基对边，因此，即使发生 m6A 甲基化的腺苷仍不能阻止碱基 T 在逆转录过程中的并入（Tajaddod et al.，2016）。另外，腺苷和 N^6-甲基化腺苷的化学特征非常相似，因此以单核苷酸分辨率检测 m6A 化学修饰很难实现（Squires et al.，2012）。经过科学家的不断努力，研究出通过对 m6A 具有特异性的抗体免疫沉淀 RNA，再对共沉淀的 RNA 进行 RNA 测序的技术，即 m6A-Seq，又称为 m6A-特异性甲基化 RNA 免疫沉淀（MeRIP-Seq）（Dominissini et al.，2012）。最近研发出紫外线交联相结合的 m6A 测序技术，类似于光活性增强的核糖核苷交联和免疫共沉淀（PAR-CLIP），使抗体与 m6A 修饰的 RNA 共价结合，可以检测到 RNA-蛋白质互作位点。

（二）m6A 修饰与其三类修饰酶

m6A 甲基化修饰是在 m6A 修饰酶的精密调节下进行，修饰酶包括 m6A 甲基化酶（m6A 的形成）、m6A 甲基化识别酶（m6A 的读取）及 m6A 去甲基化酶（m6A 的消除）三类，其对应的过程分别命名为"Readers"、"Writers"及"Erasers"。绝大多数修饰酶都是由多个亚基组合的复合体（Years，2017）。

1. m⁶A 的识别与 Readers

m⁶A 修饰的第一步是 m⁶A 的识别，由特定的甲基化识别酶 Readers 精准地结合并识别发生甲基化修饰的 RNA 碱基位点，从而执行复杂精准的生物学功能。用 RNA pull-down 实验已经鉴定出多种 Readers，包括 YTH 结构域的 YtHDF 家族蛋白、真核起始因子（eIF）及核不均一核糖蛋白（hnRNP）等。Readers 能够识别发生 m⁶A 甲基化的碱基，进而参与 mRNA 的降解、mRNA 下游翻译、加速 mRNA 出核等过程（Wang et al.，2015f；Shi et al.，2017）。

在哺乳动物中，含 YTH（YT512-B 同源性）结构域蛋白被鉴定为 m⁶A 的结合蛋白（Dominissini et al.，2012）。含 YTH 结构域的蛋白晶体检测结果表明，结构域中的三个色氨酸残基 Trp411、Trp465 和 Trp470 形成了一个疏水性芳香族口袋结构，对识别和结合 m⁶A 至关重要（Luo and Tong，2014；Zhu et al.，2014b）。该口袋结构在动植物高度保守，因为 YTH 结构域与 mRNA 的结合较低，而这个口袋结构能使该蛋白结合 mRNA 亲和度增加 20~50 倍，是区分发生 m⁶A 修饰的 mRNA 与未发生 m⁶A 修饰的 mRNA 的关键（Xu et al.，2014；Li et al.，2014a）。含 YTH 结构域蛋白分为细胞核中 YTHDC 蛋白和细胞质中 YTHDF 蛋白两大类。在人体内鉴定出了两个 YTHDC 蛋白（YTHDC1 和 YTHDC2）和三个 YTHDF 蛋白（YTHDF1、YTHDF2 和 YTHDF3）。其中，YTHDC1 与发生甲基化修饰的核 RNA 相互作用以调节前 mRNA 剪接和聚腺苷酸化；而 YTHDF1、YTHDF2 和 YTHDF3 与细胞质中发生甲基化修饰的成熟 mRNA 相互作用，进而影响该 mRNA 的稳定性（Xiao et al.，2016；Kasowitz et al.，2018）。

研究表明，拟南芥中有 13 个含有 YTH 结构域的蛋白质，由于这些蛋白质都具有保守的 C 端区域，故称为保守 C 端区域蛋白（ECT）（Arribas et al.，2018；Scutenaire et al.，2018）。后来 ECT 被鉴定为 RNA 结合蛋白，ECT2 可与含 m⁶A 修饰的 RNA 相结合，且具有典型的芳香族口袋结构（Marondedze et al.，2016；Reichel et al.，2016）。拟南芥 ECT2 缺失突变体具有毛状体异常表型，而 ECT2 和 ECT3 双缺突变体还会影响茎端分生组织萌发叶片的速率（Arribas et al.，2018）。采用 FA-CLIP 技术在转录水平分析 ECT2-RNA 结合位点，发现 ECT2 特异性结合基序为 URUAY，其在 3'UTR 区高度富集（Wei et al.，2018）。与哺乳动物 YTHDF2 相比，ECT2 和下游靶标的正常结合与 m⁶A 修饰的稳定性关系更为密切。拟南芥另一个 YTH 结构域蛋白是 CPSF30，与酵母和哺乳动物 YTH 蛋白具有同源性（Delaney et al.，2006；Hunt et al.，2012），参与调控 mRNA 3′端的切割（Zhang et al.，2008a），进而影响植物免疫反应及细胞程序性死亡（Bruggeman et al.，2014）。

2. m⁶A 的形成与 Writers

m⁶A 修饰的第二步是 m⁶A 的形成，即由 Writers 催化 RNA 发生的 N^6 甲基化过程。METTL3、METTL14、WTAP、KJAA1429、METTL16 等是具有代表性的 Writers（Bokar et al.，1997；Liu et al.，2013；Schöller et al.，2018），其中甲基转移酶 METTL3、METTL14 和 WTAP 形成复合体共同发挥功能，其他因子如KJAA1429 也是复合体的重要组分之一，共同催化腺苷的 N^6 甲基化。METTL3 具有催化亚基，METTL14 则具有简并的活性位点，这些结构特征可以维持反应的复杂性和稳定性。

在对植物 m⁶A 修饰研究中发现，拟南芥有 m⁶A 修饰发生相关酶的同系物。研究表明，甲基转移酶 A（MTA）是 METTL3 的直系同源物，其失活可导致胚胎死亡，且在 *mta* 突变体中 RNA 的 m⁶A 修饰水平降低（Zhong et al.，2008）。由种子特异性 ABSCISSIC ACID INSENSITIVE 启动子驱动的 *MTA* 回补实验，可恢复*mta* 突变体中胚胎发育的缺陷。此外，成年植物中 MTA 含量降低，会导致花结构异常和毛状体分枝数量增加（Bodi et al.，2008）。MTA 与拟南芥 FKBP12 互作蛋白 37（FIP37）（WTAP 的同源物）在体内和体外皆可发生相互作用，拟南芥 FIP37 突变可导致 m⁶A 甲基化水平显著降低，其胚胎致死性与 *mta* 突变体相似，在其突变体中表达胚胎特异性 LEAFY COTYLEDON 启动子可以回补 *fip37* 突变体的表型（Zhong et al.，2008）。干细胞调节因子 WUSCHEL（WUS）和 SHOOT MERISTEMLESS（STM）之间的动态平衡维持茎端分生组织的干性，*FIP37* 低表达会导致 *STM* mRNA 的 m⁶A 修饰水平降低以及 *WUS* 基因表达水平的增加，从而导致茎端分生组织中干细胞大量增殖。值得注意的是，FIP37 分别与芽顶端 WUS 和 STM 转录物相互作用，这表明 FIP37 体内可结合这两个蛋白质，从而促进 m⁶A 修饰发生并抑制 mRNA 降解（Shen et al.，2016）。反过来，FIP37 蛋白表达水平升高会导致具有分枝的毛状体数量增加（Vespa et al.，2004）。拟南芥中具有与VIRMA/KIAA1429 同源的基因 *VIR*。其突变体 *vir-1* 的 m⁶A 水平为正常拟南芥的10% 左右，突变体植株的子叶生长发育、侧根和根冠形态出现异常，这表明 m⁶A 修饰水平的平衡对维持正常的生理过程至关重要（Růžička et al.，2017）。此外，研究也发现植物 m⁶A 甲基转移酶 B（MTB）的酶促活性残基相对保守（Balacco and Soller，2019）。拟南芥 Writers 复合体的另一个组成部分 HAKAI，是 E3 泛素连接酶的直系同源物。尽管拟南芥 *HAKAI* 缺失突变体的 m⁶A 水平降低至野生型的35%，但没有明显的表型变化（Růžička et al.，2017）。

3. m⁶A 的消除与 Erasers

RNA 的 m⁶A 甲基化修饰是一个可逆过程。已经发生 m⁶A 修饰的碱基在肥胖相关蛋白 FTO 和 ALKHB 家族蛋白 ALKHB5 的作用下发生去甲基化。在拟南芥基因组中共预测 13 个 ALKHB 家族蛋白，且定位到不同的亚细胞组分（Balacco and Soller，2019），其中 5 个与 ALKBH5 具有同源性（Duan et al.，2017）。AtALKBH9B 在体外能使单链 RNA 发生去甲基化修饰，在体内也能催化 m^6A 去甲基化发生；其突变体中苜蓿花叶病毒的 m^6A 水平升高，致使该病毒感染拟南芥的能力降低，意味着 m^6A 和病毒感染有关（Martínez-Pérez et al.，2017）。Duan 等也发现拟南芥 atalkbh10b 突变体的 m^6A 修饰水平升高，并且 AtALKBH10B 过表达会导致拟南芥花期提前，而敲除 AtALKBH10B 则会推迟开花时间；在这个突变体中 SPL3 和 SPL9 转录水平明显下降，这与其 3'UTR 区 m^6A 水平较高，导致 mRNA 降解加速有关（Johansson and Staiger，2015；Duan et al.，2017）。综上所述，植物体内 Erasers 异常表达会影响其 m^6A 去甲基化修饰水平，进而影响植物的生长发育进程、免疫能力，甚至造成植物发生病害。

（三）m^6A 修饰的调控作用

m^6A 修饰可以调控 mRNA 剪切事件的发生。大部分修饰位点分布在 3'非翻译区和长的外显子上，能够促进剪接事件的发生；内含子的 m^6A 修饰则与选择性剪接相关（Louloupi et al.，2018）。甲基化识别酶 YTHDC1 可以介导 m^6A 修饰进而调控选择性剪切。此外，甲基化酶 METTL16 能够与 MAT2A 的 3'UTR 靶位点结合，加快内含子的剪接以促进 MAT2A 的表达（Pendleton et al.，2017）。但在拟南芥中，尚未发现 m^6A 修饰与剪切之间的联系。

m^6A 修饰可以调控 mRNA 核输出。研究表明，mRNA 成熟后，需要 TREX 招募受体 NXF1 将 mRNA 通过核孔输出至细胞质，其中 m^6A 修饰相关的 Readers 复合体可与 TREX 复合体结合调控 mRNA 的输出，如敲除 WTAP 和 VIRMA 则可以阻止发生特定甲基化修饰转录本的输出（Lesbirel et al.，2018）。因 RBM15 与 NXF1 结合可促进 mRNA 的核输出，因此敲除 RBM15 会导致 mRNA 在核内的积累（Uranishi et al.，2009；Zolotukhin et al.，2009）。此外，METTL3、YTHDC1 和 ALKBH5 等甲基化修饰酶都通过改变 m^6A 修饰参与调控特定 mRNA 的核输出能力，进而改变生物节律和生育能力（Fustin et al.，2013）。

m^6A 修饰可以调控 mRNA 稳定性。在植物 m^6A 修饰研究中发现，ECT2 以依赖于 m^6A 的方式促进与之结合的靶 mRNA 的稳定性。fip37 突变体研究结果表明，在茎端分生组织中，m^6A 修饰水平与 WUS 和 STM 转录本表达水平呈负相关关系（Shen et al.，2016；Wei et al.，2018）。

m^6A 修饰可以调控蛋白质翻译。研究表明，METTL3 基因的 3'UTR 可与其翻译起始位点的 eIF3h 发生相互作用，形成闭环结构，通过增强核糖体再循环刺激蛋白质的翻译（Choe et al.，2018）。Readers 也能参与蛋白质的翻译过程，含 YTH

结构域的蛋白质在发生 m^{6}A 修饰的 5'UTR 处与翻译因子 eIF3 结合，再募集 43S 蛋白形成复合物，共同启动不依赖于 cap 的蛋白质翻译。YTHDF1 先识别位于终止密码子附近或 3'UTR 的 m^{6}A 修饰，随后与 eIF3 及其他核糖体蛋白相互作用，促进依赖于 cap 的蛋白质翻译。研究还表明，YTHDF3 与 YTHDF1 相互作用，对促进蛋白质翻译具有协同作用（Meyer et al.，2015；Liu et al.，2015a；Hailing et al.，2017；Shi et al.，2017）。在热激下，植物的 YTHDF2 会重新定位到细胞核，并与位于 Hsp70 转录本 5'UTR 区的 m^{6}A 位点结合，促进其蛋白质的翻译（Yu et al.，2018）。

（四）m^{6}A 修饰在植物中的应用

近年来，科研工作者已经利用同源性鉴定出植物中 m^{6}A 修饰相关酶 MTA、MTB、FIP37、HAKAI 及 FPA 等。随着 m^{6}A 研究技术和方法的提升，科研人员对植物 m^{6}A 修饰有了更深入的研究。拟南芥中 m^{6}A 修饰的分析表明，其在植物 mRNA 中高度保守（Luo et al.，2013）。Wan 等（2015）采用高通量深度 m^{6}A - Seq 技术分析了拟南芥在叶、花和根器官中 m^{6}A 修饰情况，结果表明，这三个器官中超过 80% 转录本存在此种修饰，根中发生修饰转录本占比最大；叶、花和根器官之间的 m^{6}A 修饰模式存在差异，叶的 m^{6}A 修饰总体程度最高。对拟南芥叶绿体和线粒体转录组水平中 m^{6}A 修饰的鉴定发现，在两个细胞器中，超过 86% 的转录本发生了 m^{6}A 甲基化，远高于细胞核。m^{6}A 修饰基序在细胞核和这两个细胞器中是保守的，但细胞核和细胞器之间编码 RNA 的 m^{6}A 模式不同（Wang et al.，2017b）。通过构建沙棘（*Hippophae rhamnoides*）m^{6}A 修饰图谱，鉴定得到了干旱处理叶片和对照之间 13 287 个差异的 m^{6}A 峰，差异 m^{6}A 修饰基因与 ABA 生物合成及光合作用相关，并且发现三个 m^{6}A 去甲基化酶基因（*HrALKBH10B*、*HrALKBH10C* 和 *HrALKBH10D*）在干旱胁迫后显著表达（Zhang et al.，2021）。

（五）m^{6}A 甲基化修饰的研究方法

1. RNA 甲基化免疫共沉淀技术

RNA 甲基化免疫共沉淀（methylated RNA immunoprecipitation，MeRIP）是 RNA 免疫共沉淀结合高通量测序的一种技术，该技术利用抗体可特异结合 RNA 分子上甲基化修饰碱基的原理，结合高通量测序的手段，通过研究全转录组范围内发生甲基化的 RNA 区域从而获取 RNA 甲基化修饰的信息。实验步骤分为：RNA 的提取、筛选及片段化处理；抗体的富集和洗脱；m^{6}A 测序文库的建立等。

2. MeRIP-qRT-PCR 技术

MeRIP-qRT-PCR 技术是通过 Anti-m^{6}A 特异性免疫沉淀 m^{6}A 修饰的 mRNA，

将捕获的 RNA 进行 qRT-PCR 扩增的一种技术。实验分为五步，首先进行 RNA 提取、筛选、片段化，同时进行抗体免疫磁珠的准备，以及抗体与 RNA 的免疫共沉淀，接着对其进行纯化处理，最后将纯化的 RNA 进行荧光定量 PCR。

三、染色质开放性

（一）染色质开放性及其影响因素

染色质上活性或沉默的区域通常称为"开放的"或"关闭的"染色质（Vermaak et al.，2003）。在真核生物细胞中，基因复制和转录受到染色质开放及与之相结合转录因子或其他蛋白质的调控，因此，明确染色质构象、定位其特定开放区域，对于探究基因表达调控机制有着非常关键的作用。核小体占位、组蛋白修饰、DNA 甲基化等与染色质开放性密切相关，都是影响染色质开放性的重要因素。核小体占位是染色质开放性的主要决定因素，其受到序列特异性转录因子和染色质重塑因子的调节，这些因子通过调节核小体组装来改变核小体的占位情况（Barbier et al.，2021）。组蛋白修饰作为一种重要的表观遗传调控机制，对染色质结构变化具有调控作用。研究证实，组蛋白的甲基化、乙酰化等修饰参与调控染色质开放性，进而能够影响基因的表达。启动子、增强子等关键顺式作用元件的 DNA 甲基化程度影响染色质开放性。启动子及增强子区域的 DNA 甲基化可能导致甲基识别蛋白招募特异性重塑因子产生闭合的染色质结构，阻止转录因子的接近，进而影响基因转录（Dor and Cedar，2018）。

（二）染色质开放性检测方法

近年来，科研人员纷纷开展对染色质开放性的相关研究，利用 DNase-Seq（Song and Crawford，2010）、MNase-Seq（Chereji et al.，2019）、FAIRE-Seq（Giresi et al.，2007）和 ATAC-Seq（Meyer et al.，2014）等技术，对染色质特定的开放或关闭区域进行测序。在上述四种技术中，ATAC-Seq 作为一种新型的表观遗传检测技术，因其具有重复性好，灵敏度高等优势而被广泛使用。

DNase-Seq 技术是利用 DNase I 限制性内切核酸酶，特异性识别转录因子和组蛋白结合区域侧翼开放的 DNA 序列，并切割产生 DNA 片段。MNase-Seq 技术与 DNase-Seq 技术互补，利用 MNase 限制性外切酶专门切除不受保护区域的 DNA 的特性。ATAC-Seq 技术是利用 Tn5 转座酶特异识别裸露 DNA 并进行切割的特性（Reznikoff，2008；Haniford and Ellis，2015），从而在全基因组水平上检测染色质开放区域的高通量检测技术（Buenrostro et al.，2013）。其原理是携带已知序列接头的 Tn5 转座酶试剂进入到细胞核中，通过转座反应，将这些序列插入到染色质开放性区域，再通过切割产生带有接头的短片段 DNA；将这些短片段构建测序文库，进而通过二代测序和分析得到染色质开放区域。ATAC-Seq 建库只需要两步操作，过程简单快捷，需要的细胞数目较少，仅仅使用 500～50 000 个细胞就可以实现 DNase-Seq 技术使用百万数量级的细胞才能达到的灵敏度和特异性。

（三）染色质开放性的应用

目前，ATAC-Seq 技术的应用主要有以下几个方面。一方面，将 ATAC-Seq 技术和转录组测序进行整合，研究生物的转录调控机制；宏观分析细胞在特定时空下整个基因组的转录调控网络，探究不同时期起作用的特定关键转录因子。例如，Maher 等（2018）选取拟南芥根毛细胞和无根毛表皮细胞为研究对象，通过两种技术的联合分析，探究同源基因调控差异，阐明植物同源基因的转录调控机制。另一方面，通过 ATAC-Seq 定义的染色质开放区域，再结合基序分析，识别参与基因表达调控的转录因子。

四、DNA 甲基化

（一）DNA 甲基化概述

DNA 甲基化（DNA methylation）是 DNA 表观修饰的一种形式，其能够在不改变 DNA 序列的前提下，改变遗传表现形式。广义上的 DNA 甲基化是指 DNA 序列上特定的碱基在 DNA 甲基化酶（DNA methyltransferase，DNMT）的催化作用下，以 S-腺苷甲硫氨酸（S-adenosyl methionine，SAM）作为甲基供体，通过共价键结合方式获得 1 个甲基基团的化学修饰过程。DNA 甲基化修饰可以发生在胞嘧啶的 C-5 位、腺嘌呤的 N-6 位及鸟嘌呤的 N-7 位等位点。一般研究中所涉及的 DNA 甲基化主要是指发生在 CpG 二核苷酸中胞嘧啶上第 5 位碳原子的甲基化过程，其产物称为 5-甲基胞嘧啶（5-mC），是真核生物 DNA 甲基化的主要形式（Li et al.，2019a）。大量研究表明，DNA 甲基化能引起染色质结构、DNA 构象、DNA 稳定性及 DNA 与蛋白质相互作用方式的改变，从而调控基因表达（Li et al.，1993；Bartels et al.，2018）。

（二）DNA 甲基化检测方法

DNA 甲基化的检测方法主要有高效液相色谱法（high performance liquid chromatography，HPLC）、甲基化敏感扩增多态性（methylation sensitive amplification polymorphism，MSAP）、高分辨率熔解曲线（high resolution melt，HRM）、重亚硫酸盐测序（bisulfite genomic sequence，BSP）、全基因组甲基化测序（whole genome bisulfite sequencing，WGBS）、甲基化 DNA 免疫共沉淀测序（methylated DNA immunoprecipitation sequencing，MeDIP- Seq）、简化甲基化测序

（reduced representation bisulfite sequencing，RRBS）、基因芯片检测技术、质谱检测等 41 种方法（代微和刘继强，2018）。

1. 重亚硫酸盐测序法（BSP）

该技术能够灵敏地直接检测基因组 DNA 甲基化模式，其原理是采用重亚硫酸盐处理 DNA 后，针对改变后的 DNA 序列设计特异性引物并进行聚合酶链反应（PCR）。PCR 产物中原有非甲基化的胞嘧啶（C）位点被尿嘧啶（U）所替代，而甲基化的胞嘧啶（C）位点保持不变。PCR 产物克隆后进行测序。通过这种方法能得到特定位点在各个基因组 DNA 分子中的甲基化状态。该方法的优点是：第一，特异性高，能够提供特异性很高的分析结果，这是所有其他研究甲基化的分析方法所不能比拟的；第二，灵敏度高，可对少于 100 个细胞的实验材料进行分析，且引物设计以 CpG 岛两侧不含 CpG 位点的一段序列为引物配对区，能够同时扩增出甲基化和非甲基化靶序列；第三，该方法用微量基因组 DNA 进行分析就能得到各个 DNA 分子精确的甲基化位点分布图。该方法的不足是耗费时间和成本高，至少要测序 10 个克隆才能获得可靠数据，需要进行大量克隆及质粒提取测序工作，过程较为烦琐、昂贵。在甲基化变异细胞占少数的混杂样本中，由于所用链特异性 PCR 不能特异扩增变异靶序列，故此方法不适用。

2. 简化甲基化测序法（RRBS）

该技术是一种用于基因组单核苷酸级别甲基化水平分析的高效、高通量测序技术。这项技术结合了限制性内切核酸酶和亚硫酸氢盐测序，是简化的、具有代表性的重亚硫酸盐处理后的 DNA 测序。通过 *Msp* I 酶切基因组，将富集片段进行重亚硫酸盐处理后建库测序，是一种非全基因组测序方法（Chatterjee et al.，2013）。与全基因组甲基化测序技术相比，RRBS 仅需要对基因组约 1%的区域进行测序（Meissner et al.，2005；Wang et al.，2013a）。其优点是降低了数据量和检测费用，但特定区域的测序深度增加；缺点是不能获得完整的全基因组甲基化信息。

3. 全基因组甲基化测序法（WGBS）

WGBS 是基于高通量测序技术发展起来的甲基化检测方法，其原理是先将基因组 DNA 进行重亚硫酸盐处理，然后进行建库测序（Cokus et al.，2008）。该方法可在全基因组范围内检测绝对甲基化水平且分辨率达到单碱基级别。高通量技术发展初期，高昂的测序费用使得 MeDIP-Seq 和 RRBS 成为重要的甲基化富集检测技术。但随着高通量测序费用的大幅降低，这两种技术在研究中的使用已相对较少，而 WGBS 成为高通量甲基化检测的重要方法。从价格和精确度方面，目前 WGBS 是 DNA 甲基化检测的金标准。

4. 甲基化 DNA 免疫共沉淀测序（MeDIP-Seq）

MeDIP-Seq 是基于抗体富集原理进行全基因组甲基化检测的一种方法，其原理是采用甲基化 DNA 免疫共沉淀技术，通过 5'-甲基胞嘧啶抗体特异性富集基因组上发生甲基化的 DNA 片段，然后通过高通量测序可以在全基因组水平上进行高精度地检测 CpG 密集的高甲基化区域（Marcucci et al.，2014）。该方法的优点是：精确度高，基因组位点定位精确性可达±50bp；可靠性高，直接对甲基化片段进行测序和定量，无交叉反应和背景噪声；检测范围广，在全基因组范围内进行甲基化区域研究，且不须经过重亚硫酸盐处理，大大降低了样本处理难度；性价比高，通过抗体富集高甲基化区域进行测序，有效降低测序费用，相较于 WGBS 能以较小的数据量获得较高的性价比。但由于无法确定富集下来的 DNA 片段中每个位点的胞嘧啶是否发生甲基化，也无法实现单碱基分辨率，只能通过富集 peak 来判断区域内是否存在甲基化，因此无法得到绝对的甲基化水平，适合于大样本量的表观研究，尤其是样本间的相对比较，如不同细胞、组织等样本间的 DNA 甲基化差异比较（Butcher and Beck，2010）。

（三）DNA 甲基化在植物中的应用

DNA 甲基化作为表观遗传学的重要机制，在基因表达调控、基因组稳定维持、基因印记和杂种优势等方面起着关键作用。近年来，随着表观遗传学研究的深入，DNA 甲基化的研究取得了巨大的进步，尤其是在动物研究领域取得的成就更加耀眼（Baylin et al.，1998；Ben et al.，2018；Saad et al.，2019），在植物领域的研究主要集中在如下三个方面。

1. DNA 甲基化与植物的生长发育

这方面的研究主要从表观层面解释 DNA 甲基化在植物某些重要经济性状的形成、生殖发育等过程中的调控机制。陆光远等（2005）在对油菜种子萌发过程中基因组 DNA 甲基化程度进行研究发现，油菜可通过甲基化和去甲基化两种方式调控基因的表达，并找到了决定油菜植株的生长发育和器官分化发育的基因序列。Lang 等（2017）发现番茄 *SLDML2* 基因介导的 DNA 去甲基化可以激活果实成熟需要的基因，同时还可抑制成熟过程中不需要的基因。洪舟等（2009）在分析杉木的杂种优势时发现，外侧胞嘧啶半甲基化、内侧胞嘧啶甲基化位点变化与杉木树高、胸径和材积性状的杂种优势均呈显著负相关关系。Li 等（2012）采用 DNA 甲基化与转录组测序相结合的方法，分析栽培稻和野生稻基因组、DNA 甲基化组和转录组差异后，发现基因转录终止区（TTR）的甲基化在抑制基因表达方面，比抑制启动甲基化作用更强一些，且鉴定了一些野生稻和栽培稻在甲基化水平上存在显著差异的基因。邓卉等（2019）研究发现采用五氮胞苷（Aza）处理可使水稻基因组甲基化水平下降、植株发育迟缓。Lafon-Placette 等（2003）发现 DNA 甲基化在毛白杨顶端分生组织细胞开放染色质的基因中是广泛存在的，并且是可变的。Vining 等（2012）在分析毛果杨 DNA 甲基化时发现，不同组织DNA 甲基化方面存在明显差异，且在染色体上是非常明显的，并且与其他植物不同的是，基因区域甲基化对转录的抑制作用大于启动子区域甲基化。在体外培养的葡萄植株中，甲基化 DNA 中有 40%发生逆转，可作为一种暂时的、可逆的应力适应机制，而 60%DNA 甲基化多样性保持不变，很可能与稳定遗传的表型突变相对应（Baránek et al.，2015）。Liu 等（2018a）采用 DNA 甲基化组分析水稻籽粒糊粉层厚度的调控机制时，发现 OsROS1 介导的 DNA 去甲基化抑制了水稻糊粉细胞层的数量，该结果为改善水稻的营养状况提供了一条途径。

2. DNA 甲基化与环境胁迫应答

近年来关于 DNA 甲基化与环境相关的研究，主要体现在研究植物应答不同环境因子或者环境变化时的分子机制方面。范建成等（2010）采用 MSAP 技术研究了水稻（*Oryza sativa* L.）纯系品种'日本晴'和'松前'经萘染毒胁迫后，DNA甲基化水平和模式改变的表观遗传变异。杜驰等（2017）发现盐穗木去甲基化酶基因 *HcRos1* 表达量与植株 DNA 甲基化水平呈明显负相关关系，盐胁迫的盐穗木能够提高 HcRos1 的表达水平，降低基因组 DNA 的甲基化程度，从而增强盐穗木的耐盐性。曾子入等（2018）发现高温胁迫能使萝卜基因组 DNA 发生超甲基化和去甲基化两种现象，说明 DNA 甲基化变异是植物自身为抵御高温胁迫而产生的保持基因组稳定的方式之一。Su 等（2018）采用全基因组甲基化测序的方法分析胡杨盐胁迫样本发现，胡杨叶片组织中基因上游 2kb 和下游 2kb 的胞嘧啶甲基化水平增加，而根系中胞嘧啶甲基化水平下降，转录起始位点上游 100bp 的重甲基化抑制了基因表达，而下游 2kb 内和基因区内的甲基化与基因表达呈正相关关系。Ci 等（2015）对高温胁迫后的小叶杨进行了甲基化与 miRNA 表达的关联分析，构建了一个基于 DNA 甲基化与 miRNA、miRNA 与靶基因之间相互作用的网络，分析了靶基因的产物及其影响的代谢因素，包括 H_2O_2、丙二醛、过氧化氢酶（CAT）和超氧化物歧化酶。结果表明，DNA 甲基化可能调节 miRNA 基因的表达，从而影响靶基因的表达，靶基因可能通过 miRNA 来实现基因沉默功能，维持细胞在非生物应激条件下的生存。Ma 等（2018）发现抑制基因组 DNA 甲基化可导致花粉不育，但不影响花药壁的正常开裂。通过高温破坏 DNA 甲基化而干扰糖和活性氧的代谢，从而导致小孢子不育。Wang 等（2011）发现干旱引起的水稻DNA 甲基化变化表现出明显的组织特异性。这些特性对水稻响应和适应干旱胁迫具有重要的作用，且水稻基因组的表观遗传变化可被认为是水稻适应干旱和其他环境胁迫的重要调控机制。DNA 甲基化还能够介导植物对双生病毒的抗性，在印度绿豆黄花叶病毒侵染的抗病大豆以及新德里番茄曲叶病毒侵染的抗病番茄中，病毒基因间隔区的甲基化水平明显高于其所侵染的感病品种中病毒 DNA 的甲基化水平（杨秀玲等，2016）。在植物病害的研究中，付胜杰等（2008）发现小麦苗期接种叶锈菌生理品种 THTT 前后基因组 DNA 甲基化水平发生了较大变化，但是叶锈菌可能没有诱导植物基因组 DNA 甲基化模式发生变化。

3. DNA 甲基化与植物分化衰老

植物方面主要研究不同年龄段的组织或者衰老程度不同的细胞的甲基化特征，同时阐释甲基化在衰老进程中的生物学功能及其分子机制，郭广平（2011）对不同生理年龄竹类生长发育过程中的 DNA 甲基化进行检测发现，基因组 DNA 甲基化水平随生理年龄的增加呈上升趋势。李海林等（2011）运用 MSAP 技术分析巴西橡胶树 DNA 甲基化位点，研究发现橡胶幼态与老态无性系的基因组间存在甲基化变化，并揭示了包括转录因子、蛋白激酶等在内的多种类型的 DNA 序列中均存在甲基化现象。熊肖等（2017）对大麦（*Hordeum vulgare*）的种子、根、茎、叶等 4 种组织在成熟过程中的 DNA 甲基化修饰进行了分析，结果表明在大麦种子成熟过程中，CCGG 位点半甲基化水平变化较大。石玉波等（2018）分析了百子莲营养芽、诱导芽和花序芽的甲基化水平及模式，鉴定了其开花表现性状相关的甲基化基因，为百子莲植株的良种选育及遗传演化等提供了新思路。Ma 等（2013）对毛白杨天然种群进行甲基化分析，揭示了毛白杨基因组甲基化具有组织特异性，木质部中的 CCGG 甲基化水平高于叶片，且木质部基因组甲基化表现出很大的表观遗传变异，可以通过有丝分裂来固定和遗传；与遗传结构相比，表观遗传和遗传变异并不完全匹配。

五、组蛋白修饰概述

真核生物 DNA 以染色质的形式存在，其基本结构和功能单位是由 146bp 的 DNA 缠绕组蛋白核心八聚体（H2A、H2B、H3 和 H4 各两个拷贝）形成的核小体，核小体之间由连接组蛋白 H1 连接。通常组蛋白氨基末端的赖氨酸、精氨酸等残基可以发生多种转录后共价修饰，如甲基化、乙酰化、磷酸化、泛素化、SUMO 化、糖基化、ADP 核糖基化、巴豆酰化和脯氨酸异构化等，这些修饰统称为组蛋白修饰。组蛋白修饰被认为是最重要的表观遗传调控之一，它可以通过影响组蛋白与 DNA 的相互作用，或有序地招募酶复合体到染色质来改变染色质的高级结构，进而影响 DNA 序列相关的生物学过程，如转录、修复、复制和重组（Kouzarides，

2007；Bannister and Kouzarides，2011；Berger，2002）。此外，功能特异的组蛋白修饰谱还可以用于预测基因的表达水平（Jung and Kim，2012）。一般来说，开放的染色质状态可以增加 DNA 的可及性，易与转录因子结合从而激活基因转录，而闭合的染色质状态则与转录抑制有关。目前，研究组蛋白修饰主要是采用染色质免疫共沉淀技术（chromatin immunoprecipitation，ChIP）结合 PCR（ChIP-PCR）、芯片（ChIP-Chip）或高通量测序（ChIP-Seq）来进行。与前两种研究方法相比，ChIP-Seq 技术具有更高的分辨率和灵敏度，已被证实为全基因组范围内进行组蛋白修饰研究的一种有效的技术手段，并已广泛应用于拟南芥（Brusslan et al.，2015；Zhu et al.，2017）、水稻（He et al.，2010；Du et al.，2013）、棉花（You et al.，2017）和巨桉（Hussey et al.，2017）等物种的组蛋白修饰相关研究中。

（一）组蛋白甲基化

组蛋白甲基化是一种重要的组蛋白修饰类型，在调控生物发育，以及植物对生物、非生物响应过程中发挥着重要作用，同时也参与重复序列的沉默以维持基因组的稳定性。组蛋白甲基化既可以发生在赖氨酸（Lys）残基上，也可以发生在精氨酸（Arg）残基上。赖氨酸甲基化有三种存在形式，即单甲基化、二甲基化和三甲基化；而对于精氨酸，其甲基化也有三种形式，即单甲基化、对称二甲基化和不对称二甲基化。目前植物中已报道的主要修饰位点有 H3K4、H3K9、H3K27、H3K36 和 H4K20。组蛋白修饰位点不同、甲基化程度不同，对基因表达的调控也不同，通常认为 H3K4、H3K36 和 H3K79 位点的甲基化与转录激活有关，其中 H3K4 和 H3K36 位点的甲基化参与了转录延伸；而 H3K27 和 H4K20 位点的甲基化则与转录抑制有关。组蛋白赖氨酸甲基化并不影响其修饰残基的净电荷，但提高了其疏水性，可能通过改变分子内或分子间的相互作用，或为优先结合到甲基化区域的识别蛋白提供了结合位点。

组蛋白甲基化由组蛋白甲基转移酶（histone methyltransferase，HMT）催化调控（Klose and Zhang，2007）。含有 SET 结构域的修饰酶家族（SET domain group，SDG）催化组蛋白赖氨酸甲基化。基于与动物和酵母蛋白 SET 结构域的同源性，以及 SET 结构域、富含半胱氨酸区域和其他保守结构域的特征，植物中含有 SET 结构域的蛋白质可分为不同的组。①E（z）（enhancer of zeste）组，为果蝇 E（z）的直系同源物，具有 H3K27 甲基转移酶活性，拟南芥基因组编码 3 个 E（z）-like 蛋白，即 CURLY LEAF（CLF）、MEDEA（MEA）与 SWINGER（SWN），这些蛋白质包含一个 SET 结构域、两个 E（z）结构域、一个 SANT（SWI3、ADA2、N-CoR、TFIIIB DNA-binding）结构域和一个 CXC（cysteine-rich）区域。E（z）-like 蛋白是拟南芥多梳抑制复合体 2（polycomb repressive complex 2，PRC2）的组成部分。②SU（VAR）3-9 组，主要与 H3K9 的甲基化相关，包括 SU（VAR）3-9

同源物[SU（VAR）3-9 homolog，SUVH]和 SU（VAR）3-9 相关蛋白[SU（VAR）3-9 related protein，SUVR]。③TRX（trithorax）组，包括 TRX 同源物（TRX homolog）和 TRX 相关蛋白（TRX-related protein），主要介导 H3K4 甲基化。④ASH1（absent，small，or homeotic discs 1）组，包括 ASH1 同源物（ASH1 homolog，ASHH）和 ASH1 相关蛋白（ASH1-related protein，ASHR），主要与 H3K36 甲基化相关。组蛋白精氨酸甲基化由蛋白精氨酸甲基转移酶（protein arginine methyltransferase，PRMT）（Liu et al.，2010）催化。组蛋白甲基化是一个动态变化过程，组蛋白去甲基化酶（histone demethylase，HDM）参与了组蛋白甲基化的稳态调控。目前发现的组蛋白去甲基化酶主要有两类，即赖氨酸特异性去甲基化酶 1（lysine-specific demethylase 1，LSD1）（Shi et al.，2004）和含 Jumonji C 结构域蛋白质（Jumonji C domain-containing protein，JmjC）（Tsukada et al.，2006），这两类去甲基化酶的作用机制不同，前者是通过胺氧化作用从甲基化的赖氨酸残基上移除甲基基团，而后者则是通过羟化作用去甲基化。此外，这两类去甲基化酶依赖的辅因子和作用底物不同，LSD1 修饰酶的辅因子为黄素腺嘌呤二核苷酸（flavin adenine dinucleotide，FAD），只能催化发生单甲基化和二甲基化修饰的赖氨酸去甲基化，而不能催化三甲基化的赖氨酸去甲基化；含 Jumonji C 结构域修饰酶依赖的辅因子是 Fe（II）与 α-酮戊二酸（α-ketoglutarate，αKG），能够使单甲基化、二甲基化和三甲基化的赖氨酸去甲基化，通常与 H3K4、H3K9、H3K27 以及 H3K36 的去甲基化相关（Klose and Zhang，2007；Chen et al.，2011；Lu et al.，2011）。植物中，含 Jumonji C 结构域修饰酶依据其序列相似性可分为 5 组，包括 KDM5/JARID1、KDM4/JHDM3、KDM3/JHDM2、JMJD6 和 Jumonji C domain-only （Lu et al.，2008）。

（二）组蛋白乙酰化

组蛋白乙酰化是组蛋白修饰的另一种重要类型，在植物的生长、发育和胁迫响应过程中具有重要调控作用（He et al.，2003；Song and Walley，2016；Hu et al.，2019；Zhang et al.，2019b）。组蛋白乙酰化通常发生在赖氨酸残基上，其修饰范围比甲基化修饰范围更广。组蛋白乙酰化修饰多发生在组蛋白 H3（K9、K14、K18、K27）和 H4（K5、K8、K12、K16、K20）等位点。此外，组蛋白 H2A 与 H2B 中的部分位点也能发生乙酰化，如 H2AK5、H2BK12、H2BK15 等位点（Fuchs et al.，2006；Kouzarides，2007）。组蛋白赖氨酸乙酰化不仅可以中和赖氨酸上的正电荷，导致其电荷性质的改变，而且可使得染色质的结构更加开放，有利于基因转录的进行。此外，组蛋白赖氨酸乙酰化还增大了赖氨酸侧链，为染色质结构和基因活性调控蛋白的结合提供平台，从而促进基因转录，因而乙酰化一般与基因的激活有关。

组蛋白乙酰化是动态可逆的，其水平由组蛋白乙酰转移酶（histone acetyltransferase，HAT）和去乙酰化酶（histone deacetylase，HDAC）共同调节。组蛋白乙酰转移酶可将乙酰辅酶 A 的乙酰基（CH_3COO^-）转移到组蛋白特定赖氨酸残基的 ε-氨基（NH_3^+）基团上。基于与其他真核生物组蛋白乙酰转移酶的同源性以及结构域的组成特征，植物组蛋白乙酰转移酶分为 4 个家族。①HAG 家族，具有 Acetyltransf_1 结构域，部分成员还具有 GCN5、ELP3 或 HAT1 结构域，根据其结构域特点可分为 4 组，即 GCN5、ELP3、HAT1 和 HPA2。目前在拟南芥中鉴定到 3 个 HAG 家族成员（AtHAG1-3），分别属于 GCN5、HAT1 与 ELP3 组。②HAM 家族，具有 MYST（MOZ-YBF2/SAS3-SAS2-TIP60）结构域。③HAC 家族，与动物中的 p300/CREB 结合蛋白相似，通常具有 HAT_KAT11 结构域、Znf_ZZ 结构域、Znf_TAZ 结构域及 PHD 结构域。④HAF 家族，与 TATA 结合蛋白相关因子 1（TATA binding protein-associated factor 1）相关（Pandey et al.，2002）。植物去乙酰化酶可分为 3 个家族，包括 HDA（reduced potassium dependence 3/histone deacetylase 1，RPD3/HDA1）家族、SRT（silent information regulator 2，SIR2）家族以及 HDT（histone deacetylase 2，HD2）家族，其中的 HAD 家族和 SRT 家族与酵母和动物的 HDAC 同源，而 HDT 家族则为植物所特有（Hollender and Liu，2008；Lu et al.，2011）。

随着研究的深入，有关组蛋白去乙酰化酶抑制剂（Histone de-acetylases inhibitor，HDACi）的研究不断被报道。迄今为止，科研工作者认为大部分 HDACi 的作用机理是通过可逆或不可逆的方式阻止底物组蛋白进入 HDAC 的活性位点区域。抑制剂的种类较多，根据其结构可分为氧肟酸盐类、环肽类、短链脂肪酸类和苯酰胺类。其中研究较多的为氧肟酸盐类的曲古菌素 A，它能够直接而有效地抑制 HDAC 的作用。相比之下，其他几类抑制剂的作用效率相对较低。

（三）组蛋白修饰与植物生物胁迫

组蛋白修饰，特别是组蛋白甲基化和乙酰化，是植物防御病原菌感染过程中尤为重要的表观遗传调控机制，与病原菌胁迫下的转录重编程相关。目前已证实，组蛋白乙酰化/去乙酰化和组蛋白甲基化/去甲基化可激活或抑制靶基因的位置依赖性转录（Alvarez et al.，2010；Ding and Wang，2015）。

Ayyappan 等（2015）利用 ChIP-seq 和 RNA-seq 高通量测序技术，对疣顶单胞锈菌（*Uromyces appendiculatus*）侵染的菜豆（*Phaseolus vulgaris*）进行了组蛋白修饰（H3K9me2 和 H4K12ac）和基因表达变化的全基因组水平分析，研究发现感染锈病菌后，菜豆的甲基化和乙酰化修饰模式发生了变化，联合分析表明差异甲基化和乙酰化影响了与防御相关的大部分基因的表达，包括植物抗性（R）基因、解毒酶，以及与离子流和细胞死亡有关的基因。López-Galiano 等（2018）报道了番茄（*Solanum lycopersicum*）感染灰葡萄孢菌（*Botrytis cinerea*）后，*SlyWRKY75* 基因被显著诱导表达，其转录起始位点、第 1 外显子和 3′UTR 区域的 H3K4me3 修饰水平上升，而靶向调控 *SlyWRKY75* 基因的 miRNA Sly-miR1127-3p 表达被抑制。这些结果表明 miRNA 与染色质修饰可能作为表观遗传因子协同调控了番茄 *SlyWRKY75* 基因的表达。Crespo-Salvador 等（2018）对早期响应灰葡萄孢菌（*B. cinerea*）侵染的拟南芥和番茄进行了组蛋白修饰模式研究，结果发现，拟南芥和番茄接种灰葡萄孢菌后，某些基因的 H3K4me3、H3K9ac 或 H3K27me3 修饰水平发生变化，包括 PR1（pathogenesis-related protein 1）、PR2、CYP71A13、EXL7（exordium-like 1）、DES（divinyl ethyl synthase）、LoxD（lipoxygenase D）、DOX1（α-dioxygenase 1）、WRKY53 和 WRKY33，说明组蛋白修饰与植物早期对灰葡萄孢菌的应答有直接关系。

此外，研究发现一些植物组蛋白修饰酶或去修饰酶参与对病原菌的防御作用。Ding 等（2012）发现水稻感染稻瘟病菌（*Magnaporthe oryzae*）后，植物特异的 HD2 亚家族组蛋白去乙酰化酶 HDT701 的表达水平发生了变化。HDT701 过表达水稻植株的组蛋白 H4 乙酰化水平下降，这增加了植株对稻瘟病菌和水稻黄单胞菌水稻致病变种（*Xanthomonas oryzae* pv. *oryzae*，Xoo）的易感性；相比之下，HDT701 的沉默则导致了水稻植株的组蛋白 H4 乙酰化水平升高，经病原相关分子模式（pathogen-associated molecular pattern，PAMP）处理后，其模式识别受体（pattern recognition receptor，PRR）与防御相关基因的转录水平升高，产生的活性氧增多，对稻瘟病菌和水稻黄单胞菌的抗性增强。此外，HDT701 可以通过与防御相关基因结合来调控其表达。这些结果表明，HDT701 通过调节 PRR 和防御相关基因的组蛋白 H4 乙酰化水平负调控水稻的先天免疫。拟南芥 RPD3/HDA1 家族的组蛋白去乙酰化酶 HDA19 在植物防御中的作用已被广泛研究。Zhou 等（2005）发现 HDA19 可以调控组蛋白乙酰化水平，并且在拟南芥响应病原菌侵染时正向调控茉莉酸（jasmonic acid，JA）和乙烯（ethylene，ET）信号通路的基因表达。与野生型拟南芥相比，35S：HDA19 转基因株系乙烯响应因子 ERF1 的表达水平上调，对芸薹生链格孢（*Alternaria brassicicola*）的抗性增强，而 HDA19-RNAi 株系的抗病性减弱。JA 与 ET 调控的病程相关基因（PR），如碱性几丁质（basic chitinase，CHI-B）和 β-1,3-葡聚糖酶（β-1,3-glucanase，BGL）在 35S：HDA19 转基因株系中表达上调，而在 HDA19-RNAi 植物中表达下调。Kim 等（2008）的研究表明，HDA19 可由丁香假单胞菌番茄致病变种 DC3000（*Pseudomonas syringae* pv. *tomato* DC3000，Pst DC3000）诱导表达，HDA19 插入突变时，拟南芥对 Pst DC3000 的抗性减弱，而当 HDA19 过表达时其抗性增强；进一步研究表明，HDA19 通过与水杨酸（salicylic acid，SA）防御信号中的负调

控因子 WRKY38 和 WRKY62 互作调控植物基础防御响应。然而，Choi 等（2012）
报道 HDA19 对水杨酸（SA）介导的拟南芥基础防御反应起负调控作用，HDA19
直接靶向病程相关基因 1（*PR1*）和病程相关基因 2（*PR2*）的启动子，当 HDA19
失活时植株 SA 含量增加，并且与其合成相关的基因及 *PR* 基因的表达水平升高，
从而增强了植株对病原菌 Pst DC3000 的抗性。

　　Berr 等（2010）研究表明拟南芥组蛋白甲基转移酶 SDG8 通过介导 H3K36me3
激活茉莉酸/乙烯信号通路中的相关基因，在植物防御病原真菌方面发挥作用。拟
南芥中 H3K9me1/2 的去甲基化酶 JMJ27 也参与植物的防御调控，Pst DC3000 的
侵染可诱导 JMJ27 基因的表达，JMJ27 对防御抑制因子 WRKY25 起负调控作用，
而对病程相关蛋白起正调控作用。此外，研究还发现 JMJ27 负调控重要的开花调
控因子 CONSTANS（CO），并正调控 FLOWERING LOCUS C（FLC）基因，参
与开花时间的调控（Dutta et al.，2017）。Li 等（2013）发现水稻中的 Jumonji C
结构域蛋白 JMJ705 通过介导防御相关基因的 H3K27me3 去甲基化，激活其表达，
参与水稻对水稻黄单胞菌水稻致病变种（Xoo）的防御响应，当 JMJ705 过表达时，
防御相关基因的 H3K27me3 水平下降，基因表达水平上升，对 Xoo 的抗性增强；
而 JMJ705 突变时，则对 Xoo 的抗性下降。然而组蛋白赖氨酸去甲基化酶 JMJ704
则通过下调防御负调控因子（如 NRR、OsWRKY62 与 Os-11N3）的 H3K4me2/3
水平抑制其表达，正向调控水稻对水稻黄单胞菌水稻致病变种的防御响应（Hou et
al.，2015b）。这些研究表明，植物感染病原菌后，组蛋白修饰涉及植物防御相关
基因的转录重编程，然而有关植原体感染植物的组蛋白修饰信息仍然缺乏。

六、蛋白质翻译后修饰

　　随着越来越多基因组测序项目的完成和蛋白质分析方法的不断发展，蛋白质
组学已成为功能基因组学的一个重要研究领域。蛋白质组学的最初目的是大规模
鉴定细胞或组织中所有的蛋白质。通常情况下，翻译后的蛋白质前体是没有活性
的，需要经过一系列加工修饰才能发挥特定的生物学功能。蛋白质的翻译后修饰
是指在酶学或非酶学作用下在底物蛋白质氨基酸残基上共价结合功能基团的过
程。蛋白质翻译后修饰能改变蛋白质结构、稳定性、活性和亚细胞定位，甚至改
变蛋白质与蛋白质之间的互作过程（Khoury et al.，2011）。因此，蛋白质翻译后
修饰能极大地增加蛋白质的多样性和复杂性，从而实现调控有机体生物学过程这
一目的。蛋白质翻译后修饰能够使蛋白质的结构更为复杂，作用更为专一，调节
更为精细。到目前为止发现的蛋白质翻译后修饰类型已经超过 450 种，包括磷酸
化、乙酰化、甲基化、糖基化、泛素化，以及一些新兴的修饰类型如巴豆酰化、
丁二酰化等（Zhen et al.，2016）。在生物有机体中，单一的蛋白质通常会发生多

种不同类型的修饰，这些不同的修饰类型可能发生在相同或不同的位点，从而实现复杂精细的调控过程。因此，各种翻译后修饰过程是相互协调、相互影响的。

（一）蛋白磷酸化修饰

磷酸化修饰（phosphorylation）是可逆且普遍存在的蛋白质翻译后修饰类型，据不完全统计，在任何一个给定的时刻，细胞内约有 1/3 的蛋白质发生了磷酸化修饰（Hubbard and Cohen，1993），拟南芥有约 5.5%的基因所注释的蛋白质与磷酸化有关。蛋白磷酸化是瞬时调控酶活实验的一个中间步骤，或者是调控蛋白质性质的持久性修饰，它主要是指在蛋白激酶的作用下将 ATP 酶 γ 位的磷酸基团转移到特定蛋白质底物侧链氨基酸残基上的过程（图 1-1）。

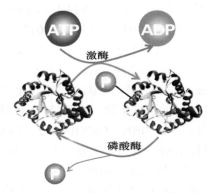

图 1-1   可逆蛋白磷酸化示意图

可逆的蛋白磷酸化能够在激酶和磷酸酶的共同作用下调控有机体的大部分生命活动，特别是植物细胞信号转导过程。磷酸化能够通过影响蛋白质的活性、构象、所带电荷、相互作用、亚细胞定位和降解等方式来调节其功能的多样性。磷酸化功能的异常会导致细胞功能异常，甚至引起疾病的发生。在真核生物中，蛋白磷酸化主要发生在丝氨酸、苏氨酸和酪氨酸残基上；相反，在原核生物中，发生磷酸化的氨基酸残基则主要是组氨酸、谷氨酸及天冬氨酸（Batalha et al.，2012）。有些氨基酸在真核生物和原核生物中都能发生磷酸化，如精氨酸、赖氨酸和半胱氨酸。表 1-2 列出了可以发生磷酸化的氨基酸残基。同时，研究报道，丝氨酸和苏氨酸发生磷酸化的概率要高于酪氨酸（Sugiyama et al.，2008）。在生物体中，蛋白质的磷酸化水平取决于磷酸化和去磷酸化修饰的动态平衡。

随着磷酸化组学测序技术的不断发展，植物中有关磷酸化组学的研究报道也日益增多。目前，磷酸化蛋白质组学在植物中的研究主要集中在模式植物拟南芥和水稻上，特别是磷酸化参与植物对生物胁迫的响应过程。研究发现，许多胁迫相关信号转导组分（如蛋白激酶、磷酸酶和一些转录因子等）在植物病原入侵过

表 1-2 蛋白质中可以发生磷酸化修饰的氨基酸残基

受体基团	氨基酸	产物
乙醇	丝氨酸、苏氨酸	磷酸酯
苯酚	酪氨酸	磷酸酯
氨基酸	组氨酸、精氨酸、赖氨酸	亚磷酰胺
硫醇	半胱氨酸	磷酸硫酯
酰基	天冬氨酸、谷氨酸	磷酸盐-羧酸酐混合物

程中的磷酸化状态发生变化。因此，蛋白质的磷酸化修饰在植物应对病原体入侵中起着重要的作用。

植物免疫系统能够识别外源病原菌或微生物，并通过调控一些蛋白质的磷酸化和去磷酸化事件来激活植物的防御反应（Park et al.，2012）。植物的防御反应是通过位于质膜上的模式识别受体（PRR）感知病原菌相关分子模式（PAMP）而激活的，而质膜上的受体蛋白激酶是识别胞外刺激的关键因子（Tena et al.，2011）。丝裂原活化蛋白激酶（MAPK）和磷酸酶调控的级联反应主要是通过改变下游靶蛋白的磷酸化状态向细胞内转导受体产生的信号，这些级联反应对寄主植物产生抗性反应具有重要作用（Meng and Zhang，2013）。磷酸化和去磷酸化的级联能够激活植物的防御反应，最终引起寄主生成一些防御相关的激素或抗菌化合物（Tena et al.，2011）。Perazzolli 等（2016）通过磷酸化蛋白质组学技术发现生防菌哈茨木霉 T39（*Trichoderma harzianum*）能够激活葡萄 45kDa 和 40kDa 的蛋白激酶使其产生霜霉病抗性（downy mildew resistance）。Hou 等（2015a）研究发现在水稻接种白叶枯病菌 0h 和 24h 后，分别有 1334 个和 1297 个蛋白质发生了磷酸化修饰，两者间差异的磷酸化蛋白主要为转录因子、激酶、抗病蛋白和表观调控因子等。Yang 等（2013）利用 TiO 富集技术及 TMT 标记技术对小麦叶枯病菌入侵不同时长的小麦叶片进行了蛋白质组和磷酸化蛋白质组学分析，鉴定到一些与防御和胁迫相关的蛋白质。

病原菌入侵不仅可以通过蛋白磷酸化变化激活寄主的防御反应，还可以通过分泌的效应蛋白竞争性结合乙酰化转移酶与蛋白激酶，从而阻止底物蛋白磷酸化以抑制寄主的防御反应（Mackey et al.，2002）。例如，HopZ3 效应蛋白能够结合乙酰化蛋白激酶 RIN4（RPM1-induced proteins kinase），使其位于活性 loop 区域的丝氨酸和苏氨酸残基不能发生磷酸化修饰，从而阻止 RIN4 激活的防御反应的发生（Ma and Ma，2016）。这些结果表明蛋白磷酸化在病原菌入侵的植物防御反应中起着重要的作用。

（二）蛋白乙酰化修饰

乙酰化修饰作为最普遍且可逆的蛋白质翻译后修饰之一已发现 50 余年

（Phillips，1963；Allfrey et al.，1964）。因组蛋白具有表达丰度高、修饰显著和易于检测等特点，因此，早期的蛋白乙酰化修饰主要集中在真核生物组蛋白和一些转录调控相关蛋白上。后来，随着质谱技术的发展，高准确度和高通量地检测蛋白质组的表达变化已成为可能，因此全面透彻地鉴定蛋白乙酰化的研究也获得了长足发展。近年来，研究者还发现了原核生物中广泛存在蛋白乙酰化修饰现象，并有几个蛋白质功能与乙酰化修饰之间的关系得到了详细的阐述（Li et al.，2010；Thao et al.，2010；Lima et al.，2011；）。同时，在细胞质中也发现了大量的乙酰化蛋白及乙酰化酶的存在，可逆乙酰化修饰的广泛调控作用逐步得到认识和重视。蛋白质的赖氨酸乙酰化修饰可以分为两种类型：①N^α-乙酰化修饰；②N^ε-乙酰化修饰（图 1-2）。其中 N^ε-乙酰化修饰的研究最为广泛，它主要是在乙酰转移酶的作用下将乙酰基团转移到赖氨酸侧链残基上。蛋白乙酰化修饰的功能有很多种，主要涉及调控蛋白-DNA 的相互作用、酶活性、蛋白质稳定性、信号通路调节、病原微生物感染及蛋白质亚细胞定位等多种重要的生理功能（Marks and Xu，2009，Hu et al.，2019）。乙酰化修饰主要是由乙酰转移酶和去乙酰化酶调控。图 1-2 所示为两种乙酰化修饰的动态平衡过程。

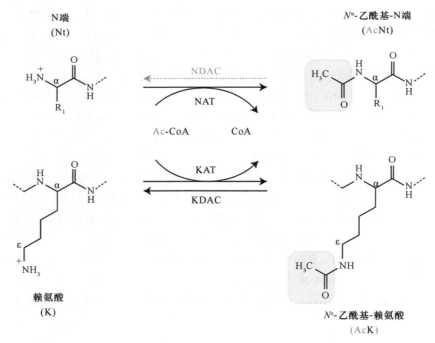

图 1-2　两种类型的蛋白质赖氨酸残基乙酰化修饰

1. 非组蛋白乙酰化修饰

随着对乙酰化修饰的逐渐了解，科研工作者发现除了组蛋白可以发生乙酰化修饰外，非组蛋白类也可以发生乙酰化修饰。Gu 和 Roeder（1997）首次发现了非组蛋白 p53 存在乙酰化修饰现象。由于赖氨酸乙酰化修饰检测技术的快速发展，自第一个非组蛋白乙酰化修饰被发现以来，不断有非组蛋白类的乙酰化修饰被鉴定。Wang（2010）和 Zhao（2010）同时在 *Science* 上发表了非组蛋白乙酰化修饰的文章，他们发现大量乙酰化修饰位点存在于细胞蛋白和代谢酶类中。这说明，非组蛋白乙酰化很可能在蛋白乙酰化修饰中发挥重要的作用。近年来，越来越多的研究证实非组蛋白乙酰化修饰在肿瘤发生、蛋白质稳定、蛋白质功能保持、能量代谢、细胞动力学研究及细胞自噬等生物学过程中发挥着重要作用。

2. 非组蛋白乙酰化修饰与植物疾病研究

作为固生生物，植物在生长发育的过程中除了受到如寒冷、干旱、高盐等非生物胁迫外，还会受到病毒、细菌、真菌及病虫害的侵害。研究表明，非组蛋白乙酰化修饰不仅可以参与植物对非生物胁迫的响应，还可以响应对生物胁迫的调控。有研究表明，青枯菌（*Ralstonia solanacearum*）的效应因子 PopP2 作为乙酰转移酶，能够使拟南芥 NB-LRR 蛋白 RRS1-R 的 WRKY 结构域发生乙酰化修饰，阻止其与 DNA 的结合，从而激活拟南芥的免疫反应（Le et al.，2015）。Sarris 等（2015）研究发现 Pst DC3000 的效应蛋白 HopZ3 也具有乙酰转移酶的活性，它能够使寄主植物 RPM1 免疫复合物中的 RIPK 和 RIN4 发生乙酰化修饰，从而抑制受体介导的免疫反应。李涛等（2017）利用 VIGS 技术，通过构建番茄组蛋白去乙酰化酶沉默突变体来研究高抗青枯病品种'LS189'和感青枯病品种'Heinz1706'感染青枯病病菌后的发病率。结果发现，*SlSRT2* 和 *SlHDA6* 突变使感病品种发病率显著降低，而 *SlHDT*、*SlHDA1* 和 *SlHDA9* 突变提高了抗病品种的发病率，说明去乙酰化修饰参与了番茄对青枯病病菌的抗性响应（Lin et al.，2004）。小卷叶蛾侵染的葡萄中有 20 多个乙酰化位点的修饰水平发生了变化，其中钙结合蛋白的第 95 位赖氨酸残基乙酰化水平显著升高（Melo-Braga et al.，2012）。Walley 等（2018）发现真菌感染的玉米中有大量非组蛋白发生了超乙酰化修饰，并且其抑制了玉米的免疫反应。这表明蛋白乙酰化修饰参与了植物对生物胁迫的响应。

蛋白乙酰化与病原菌的致病力密切相关。Sun 等（2017b）利用质谱技术在水稻稻瘟病菌（*M. oryzae*）中鉴定到 1269 个发生了乙酰化修饰的蛋白质，发现这些被修饰蛋白质可能与菌丝生长及其致病性有一定关系。Lv 等（2016）对灰葡萄孢菌（*B. cinerea*）进行分析后，鉴定到 1582 个乙酰化修饰位点，这些发生修饰的蛋白质广泛分布于病原菌的细胞内，参与了翻译、转录和次生代谢等几乎所有的生物过程，其中 6 个与其致病性相关。Zhou 和 Wu（2019）在禾谷镰孢菌（*Fusarium graminearum*）中鉴定到了 364 个蛋白质的 577 个乙酰化位点，研究发现有 10 个发生乙酰化的蛋白质与其致病力或 DON 毒素合成相关，包括 4 个转录因子、4 个蛋白激酶和 2 个磷酸酶。敲除稻瘟病菌（*M. oryzae*）有去乙酰化酶活性的 *TIG1* 转导素β样基因后，发现该病菌完全丧失了致病力（Ding et al., 2010；左荣芳，2014）。此外，对黄曲霉菌（*Aspergillus flavus*）（蓝华辉等，2017）、玉米圆斑病菌（*Cochliobolus carbonum*）（Baidyaroy et al., 2001）和栗疫病菌(*Cryphonectria parasitic*) (Andika et al., 2017)等的操作也获得了相似的结果。这表明蛋白乙酰化修饰在植物病原菌侵染过程中起重要作用，其详细机制的探究对于病害防治意义重大。

（三）蛋白巴豆酰化修饰

巴豆酰化是一种新发现的赖氨酸酰化修饰,它主要是在巴豆酰基转移酶的作用下，以巴豆酰辅酶 A（Cr-coA）为底物将巴豆酰基转移到赖氨酸残基上（Wan et al., 2019）。巴豆酰化修饰最初是由 Tan 等在组蛋白上鉴定得到的，Tan 等还发现这些乙酰化修饰位点主要富集在基因的启动子区域和潜在的增强子区域（Tan et al., 2011）。因此，组蛋白的巴豆酰化修饰还可以作为一些基因转录活跃的标志。作为一种新型的蛋白质翻译后修饰，到目前为止，针对组蛋白研究的报道还相对较少，从现有的报道中发现，组蛋白的巴豆酰化修饰在结构上与组蛋白乙酰化修饰很相似，巴豆酰化基团与乙酰化基团相比仅多了一个 C-C 双键，该双键使巴豆酰化基团不能随意翻转，并在一定程度上局限了其空间结构（图 1-3）。除此之外，研究者还发现巴豆酰化基团与其他修饰基团的 C 原子数量或空间结构都存在一定的差异，这也就表明巴豆酰化修饰可能由特异的蛋白质识别，并发挥着特定的生物学作用。

赖氨酸　赖氨酸

巴豆酰基赖氨酸　　　乙酰基赖氨酸

图 1-3　乙酰基基团和巴豆酰基基团的空间球棍模型（Tan et al., 2011）

巴豆酰化修饰的研究主要集中在哺乳动物方面，植物方面也有报道。Liu 等（2018b）在番木瓜中鉴定到了 2120 个发生巴豆酰化修饰的蛋白质，它们主要涉及碳代谢、氨基酸合成和糖酵解等通路。Sun 等（2017a）在烟草中发现了 637 个蛋白质的 2044 个巴豆酰化位点。此外，Sun 等（2019a）利用巴豆酰化泛抗体对 NH_4^+ 胁迫条件下茶树叶片进行非组蛋白巴豆酰化修饰研究，结果表明胁迫条件下发生修饰的蛋白质与光合作用、碳固定及氨基酸代谢等密切相关。

目前赖氨酸巴豆酰化修饰的研究虽然尚属起步阶段，但我们相信随着高效液相色谱串联质谱、特异性抗体的普遍使用和生物信息数据库的不断更新，定量蛋白巴豆酰化与泡桐丛枝病的发生关系必将为阐明丛枝病发生机制奠定坚实的基础。

七、植物病害发生与 ceRNA 变化

随着高通量测序和生物信息学的快速发展，通过生物信息学的方法，在高通量测序的数据中可以发现许多传统实验无法挖掘的 RNA。近几年，非编码 RNA（ncRNA），特别是长链非编码 RNA（lncRNA）和环状 RNA（circular RNA，circRNA）都成为了科研工作者新的研究热点。这类新型的非编码 RNA 除了具有转录调控等功能外，另一个重要的功能是可吸附 miRNA。这种具有 miRNA 吸附作用的 RNA，称为竞争性内源 RNA（competitive endogenous RNA，ceRNA），这就是 ceRNA 的由来。

研究植物病害发生过程中 ceRNA 的变化，可以获得此过程中 mRNA、miRNA、lncRNA 和 circRNA 的信息，全转录组测序即可提供这几种 RNA 的基础数据，结合多种 RNA 信息进行整合分析，探索潜在的调控网络机制，为植物病害研究提供更全面的线索。

（一）转录组研究

转录组是某种生物在特定时间和状态下的全部转录产物，转录组研究是功能基因组研究的一项重要内容。随着技术的发展，转录组研究成本越来越低，提供的信息越来越全面，转录组在生物学研究中的应用越来越广。

Wei 等（2013）在稻瘟病菌侵染水稻的研究中发现 WRKY 转录因子表达量上调（与健康水稻相比），其中 *OsWRKY47* 基因可增强水稻对稻瘟病的抗性。在柑橘黄龙病的研究中，发现差异表达基因主要涉及 ATP 的合成、糖和淀粉代谢，以及激素合成和信号转导（Martinelli et al., 2012）。在患晚疫病马铃薯的块茎中，发现了与抗性相关的 WRKY 转录因子，其调控了防御反应（Gao et al., 2013）。在棉花黄萎病研究中，鉴定到了 3442 个防御相关基因，其中过氧化物酶和木质素合成相关基因苯丙氨酸裂解酶的表达水平明显升高（Xu et al., 2011）。在拟南芥中，发现植原体入侵植物后不仅影响了植物叶片的颜色，还改变了植物的形状（Himeno et al., 2014）。在墨西哥莱檬响应植原体的研究中，差异表达基因显著富

集于 43 条代谢通路，上调的基因主要参与植物-病原体相互作用有关的通路，包括细胞壁生物合成和降解、蔗糖代谢、次级代谢、激素生物合成和信号转导、氨基酸和脂质代谢等，而下调的基因则主要参与泛素蛋白水解和氧化磷酸化途径（Mardi et al.，2015）。在草莓炭疽病的研究中，通过转录组测序，鉴定出 2127 个差异表达基因，这些差异表达基因显著富集的 GO 条目是光合作用、氧化还原过程、氧化还原酶活性、碳固定过程及糖代谢过程等，炭疽菌入侵主要影响了光合作用、倍半萜和三萜生物合成、谷胱甘肽代谢、类黄酮生物合成和植物激素信号转导等通路中关键基因的表达水平（陈哲等，2020）。

（二）miRNA 研究

miRNA 是一类 20～24nt 的小 RNA，在生物体内起重要调控作用。miRNA 主要通过其靶基因行使功能，miRNA 和靶基因之间有一对一，也有一对多的靶向关系。在植物中，miRNA 会和 mRNA 碱基互补配对后，对靶基因进行剪切（或完全降解），从而达到抑制 mRNA 翻译的目的。

在植物病害研究中，研究人员发现 miRNA 参与了植物与病原互作，触发了免疫反应（杨丽娟等，2020）。Zhang 等（2011）以感染 Pst DC3000 的非致病性、有毒性和无毒性菌株不同试剂的拟南芥为材料，通过小 RNA 测序，分别鉴定到了 15 个、27 个和 20 个 miRNA 家族在感染时的表达差异，部分响应感染的 miRNA 的靶基因参与植物激素（生长素、脱落酸和茉莉酸）生物合成和信号转导。番茄中筛选出了 miR6027、miR6026、miR6024、miR5300、miR482 和 miR169 等 6 个与致病相关的 miRNA，它们的靶基因与抗病性相关（孙广鑫等，2014）。在桑树中，Gai 等（2014）发现 75 个 miRNA 参与了对植原体感染的响应，其中 miRNA393 在感病后上调。墨西哥莱檬响应植原体的研究中，在健康和植原体入侵的植株中差异表达的 miRNA 可能参与协调激素、营养和应激信号之间的关系（Ehya et al.，2013）。在葡萄中，鉴定出 44 个响应白腐病的 miRNA，对其靶基因的分析表明，涉及光合作用、糖酵解和柠檬酸循环的靶基因感病后下调（张颖等，2019）。

（三）lncRNA 研究

lncRNA 是长度大于 200nt 但不能翻译为蛋白质的一类非编码 RNA。lncRNA 在生物体内调控了多种代谢过程，目前仍有大量 lncRNA 的功能尚不明确。与蛋白质编码基因（mRNA）相比，大多数 lncRNA 在物种间表现出低保守性（Marques and Ponting，2009；Li et al.，2014b；Necsulea et al.，2014）、低表达水平和强烈的组织特异性表达模式（Cabili et al.，2011；Liu et al.，2012a；Li et al.，2014b；Wang et al.，2015f）。随着测序技术的快速发展，在几种模式植物中已经鉴定到数千种 lncRNA，包括拟南芥（Franco-Zorrilla et al.，2007；Ben Amor et al.，2009；Heo and Sung，2011；Liu et al.，2012a；Wang et al.，2014a）、水稻（Ding et al.，2012；Zhang et al.，2014c；Yuan et al.，2018）、玉米（Li et al.，2014b；Fan et al.，2015c）、棉花（Wang et al.，2015d；Lu et al.，2016）和杨树（Peng et al.，2014）等。

现有研究表明 lncRNA 参与植物对病害的响应（Zhang et al.，2020）。在小麦中，鉴定到了响应小麦白粉病的 lncRNA（Xin et al.，2011），也发现了 4 个 lncRNA 在小麦和条锈菌（*Puccinia striiformis* f. sp. *tritici*）的相互作用中起重要作用（Zhang et al.，2013a）。在拟南芥中，Zhu 等（2014a）鉴定了 20 个响应尖孢镰刀菌（*Fusarium oxysporum*）侵染的 lncRNA，其中 5 个和病程发展相关。拟南芥 lncRNA ELENA1 作为正调节剂增强植株对 Pst DC3000 的抗性，ELENA1 通过 Mediator 亚基影响防御相关基因的表达（Seo et al.，2017）。在番茄中，Slylnc0195 是响应番茄黄化曲叶病毒（Tomato yellow leaf curl virus，TYLCV）的 lncRNA，是 miR166 的模拟靶标，它们一起调控 III 类 HD-Zip 转录因子基因来响应 TYLCV（Wang et al.，2015b）。番茄 lncRNA16397 可诱导谷氧还蛋白（GRX）表达以减少 ROS 积累并减轻细胞膜损伤，从而增强对致病疫霉（*Phytophthora infestans*）的抗性，lncRNA16397-GRX 模块是番茄响应致病疫霉网络的重要组成部分（Cui et al.，2017）。在猕猴桃中，通过对猕猴桃细菌性溃疡病三个发病阶段的材料进行高通量测序，鉴定到了 14 845 个 lncRNA，使用加权基因共表达网络分析，确定了物种特异性表达的关键 lncRNA，其功能与植物免疫应答和信号转导密切相关（Wang et al.，2017a）。在香蕉中，发现了响应叶斑病菌（*Mycosphaerella eumusae*）和咖啡短体线虫（*Pratylenchus coffeae*）的 lncRNA（Muthusamy et al.，2019）。

（四）circRNA 研究

与一般线性 RNA 不同，circRNA 是一种新型的环状 ncRNA，其稳定性明显高于线性 RNA。最近的研究表明 circRNA 参与基因表达的转录和转录后调控（Andreeva and Cooper，2015；Kristensen et al.，2019），也可作为 miRNA 海绵影响 mRNA 的剪接和转录（Ebert et al.，2007；Franco-Zorrilla et al.，2007；Hansen et al.，2013），并结合其他 ncRNA 或蛋白质以调节其他或其亲本基因的表达。circRNA 在多种植物中被发现，如拟南芥（Sun et al.，2016；Liu et al.，2017b；Pan et al.，2018）、玉米（Chen et al.，2018）、大豆（Zhao et al.，2017）和沙棘（Zhang et al.，2019a）等。

同其他 ncRNA 一样，circRNA 也参与植物对生物胁迫的响应。Wang 等（2017c）在猕猴桃细菌性溃疡病研究中，鉴定到了寄主中响应病原丁香假单胞菌猕猴桃致病变种（*Pseudomonas syringae* pv. *actinidiae*）的 circRNA，这些 circRNA 参与植物防御反应。在马铃薯中，发现了 429 个响应软腐果胶杆菌巴西亚种（*Pectobacterium carotovorum* subsp. *brasiliense*）感染的 circRNA，并发现其与 mRNA、lncRNA 之间关系密切，参与了马铃薯-软腐果胶杆菌相互作用网络的调控（Zhou et al.，2018b）。在棉花中，鉴定到了 280 个响应黄萎病的 circRNA，这些 circRNA 亲本基因显著富集于 GO 条目"刺激反应"，且多属于 NBS（nucleotide binding site）基因家族（Xiang et al.，2018）。在番茄中，找到了响应 TYLCV 的 circRNA，发现 circRNA 的表达和其亲本基因有关（Wang et al.，2018c）。在玉米中，鉴定到 160 个响应玉米伊朗花叶病毒（maize Iranian mosaic virus，MIMV）的 circRNA，与未感染的对照组相比，155 个表达上调，5 个表达下调；预测到 33 个 circRNA 可结合 23 个 miRNA，从而影响玉米的代谢和发育(Ghorbani et al.，2018)。

随着生命科学研究的进一步深入，一些新技术逐渐被应用于 PaWB 的研究中，特别是随着组学技术的普及，植原体侵染泡桐后，寄主泡桐基因（mRNA、miRNA、lncRNA、circRNA）、蛋白质和代谢物的变化均被报道。Liu 等（2013）和 Mou 等（2013）均对'豫杂一号'泡桐（*P. fortunei* × *P. tomentosa*）的健康苗和丛枝病苗进行了转录组分析，发现了一些参与植物与病原互作通路中的一些关键基因，还发现参与光合作用的基因表达量降低，表明光合作用可能受到抑制。Fan 等（2015d；2015e）研究了毛泡桐健康苗和丛枝病苗的转录组变化，鉴定出 PaWB 相关的基因，这些基因参与细胞分裂素、脱落酸和油菜素内酯等激素信号转导，以及叶酸和脂肪酸合成。Fan 等（2014；2015b）利用转录组研究了白花泡桐对植原体的响应，发现参与植物与病原互作的基因感病后显著上调，参与苯丙烷合成、植物激素合成及信号转导的基因表达也发生了改变。随后，与 PaWB 有关的 miRNA 也相继被鉴定到，Fan 等（2015e，2016）发现 miR156、miR169、miR172 等参与了植物与病原互作和激素信号转导等通路。Niu 等（2016）在'豫杂一号'泡桐中鉴定到响应 PaWB 的 miR160 和 miR397，其靶基因与生长素相关。Wang 等（2018g）在毛泡桐中鉴定出 9 个 PaWB 相关 lncRNA，并对其靶基因进行分析，发现它们主要涉及半胱氨酸和甲硫氨酸代谢、氨基糖和核苷糖代谢，以及 RNA 转运等途径。Fan 等（2018b）利用高通量测序技术，在健康和患丛枝病的泡桐中，鉴定出 1059 个差异表达基因、229 个差异表达 lncRNA、65 个差异表达 circRNA 和 65 个差异表达 miRNA。

第四节 研 究 意 义

泡桐原产于我国，由于其适应能力强、生长速度快、材质优良，是我国重要的用材、农田防护和绿化树种，在我国的种植已颇具规模，对缓解我国木材短缺局面、改善生态环境、保障粮食安全、出口创汇和提高农民收入均起着重要作用。

在生产中，由植原体引起的泡桐丛枝病是制约泡桐产业发展的重要因素，虽然国内外科技工作者对其进行了大量的研究，但始终未能攻克该病防治的技术难题，严重影响泡桐产业化发展进程，是我国林业生产中亟须解决的问题之一。因此，泡桐丛枝病的研究工作显得尤为重要，弄清楚与丛枝病发病相关基因参与的调控途径，对进一步揭示泡桐丛枝病的发病机理具有重要的意义。

近30年来，本课题组一直致力于泡桐丛枝病的研究，已取得了较大的进展：首次系统建立了不同种泡桐病、健株体外植株高效再生体系；鉴定出丛枝病发生特异相关蛋白；研究了丛枝病发生规律，研制了丛枝病防治药物，创建了一套高效的丛枝病防治技术体系。本课题组的研究将表观遗传学理论引入到丛枝病研究中，将寄主作为研究工作的切入点，利用 Hi-C 技术研究泡桐基因组的三维染色质结构以及发病期间染色质三维结构的差异；采用高通量和全基因组甲基化测序技术比较分析泡桐丛枝病发生不同阶段的基因表达和 DNA 甲基化的变化，研究与丛枝病发病相关的基因的表达与 DNA 甲基化水平之间的关系，获得泡桐丛枝病发生的关键调控基因；以健康苗和病苗为样本，开展 RNA 甲基化（m^6A）测序和转录组测序工作，获得泡桐 m^6A 修饰图谱，分析筛选参与泡桐丛枝病恢复过程相关的基因；采用 ChIP-Seq 技术探究泡桐丛枝病发生和恢复过程中组蛋白甲基化及组蛋白乙酰化的动态变化，探究组蛋白修饰对泡桐丛枝病发生的调控作用，鉴定分析泡桐基因组中组蛋白甲基化和乙酰化相关的修饰酶。研究结果将为下一步进行泡桐丛枝病特异基因的基因编辑技术提供准确的靶标，也为植物植原体病害机理的阐明和泡桐遗传改良及新品种的培育提供新的理论。

第二章　泡桐丛枝病发生模拟系统的建立

泡桐丛枝病是由植原体引起的一种传染性病害，由于植原体难于体外培养，且室外栽植的泡桐生长周期长、受季节影响大，限制了泡桐丛枝病的深入研究。在泡桐丛枝病的研究中，范国强研究团队以健康和患丛枝病泡桐为材料，建立了泡桐的体外植株再生系统（翟晓巧，2000；范国强等，2002；2005a；2005b；翟晓巧等，2004；腰政懋等，2009），为泡桐丛枝病的研究带来了新的曙光，并发现适宜浓度甲基磺酸甲酯（MMS）和利福平（Rif）处理后的泡桐丛枝病苗组培苗可恢复为健康状态，且体内检测不到植原体 16S rRNA 的存在（范国强等，2007a；翟晓巧等；2010）。利福平属于半合成的广谱杀菌剂，它与 DNA 依赖性 RNA 聚合酶的β亚单位牢固结合，防止该酶与 DNA 模板结合，抑制细菌 RNA 的合成，阻断了细菌的转录过程，最终达到清除植物体内微生物的效果。MMS 是一种甲基剂，可以提供-CH$_3$，能够与 DNA 甲基化转移酶共价结合，从而提高 DNA 甲基化水平，进而影响丛枝病幼苗的形态。

因此，本研究采用适宜浓度的 MMS 和 Rif 在不同时间点处理丛枝病幼苗以模拟丛枝病发生过程，结合 SYBR Green 实时荧光定量 PCR，测定白花泡桐丛枝病发生过程中不同阶段的植原体含量，通过分析形态变化和植原体含量变化之间的关系，找出两种试剂处理幼苗的关键时间点，以期建立泡桐丛枝病发生模拟系统，为解决植原体难以体外培养、泡桐生长周期长而难以控制取样时间的问题提供了依据，同时也为泡桐丛枝病发病机理的研究奠定了基础。

第一节　不同处理条件下泡桐幼苗形态
和丛枝植原体含量变化

一、不同处理条件下泡桐幼苗形态变化

选取河南农业大学林木组织培养实验室生长 30d 且长势一致的白花泡桐（*Paulownia fortunei*）健康苗（PF）和对应的丛枝病苗（PFI），取其 1.5cm 顶芽分别接种于含有 MMS 和 Rif 的 1/2 MS 培养基进行培养，MMS 浓度为 20mg·L^{-1} 和 60mg·L^{-1}，Rif 浓度为 30mg·L^{-1} 和 100mg·L^{-1}，60mg·L^{-1} MMS 和 100mg·L^{-1} Rif 处理的时间为 5d、10d、15d、20d；20mg·L^{-1} MMS 和 30mg·L^{-1} Rif 处理时间为 10d

和 30d,30d 后再转至不含 MMS 和 Rif 的 1/2 MS 培养基培养 20d 和 40d（表 2-1）。结果发现，60mg·L^{-1} MMS 处理丛枝病幼苗后，随着处理时间的增加，丛枝病幼苗形态由丛枝转变为健康状态（图 2-1）；100mg·L^{-1} Rif 处理后，幼苗形态也逐渐恢复为健康状态；但是 20mg·L^{-1} MMS 处理后，随着处理时间的增加，幼苗形态恢复健康，但是已恢复健康状态的 30d 的顶芽转至不含 MMS 的培养基上，经过培养，幼苗又出现了丛枝状态。30mg·L^{-1} Rif 和 20mg·L^{-1} MMS 处理苗形态变化类似，先恢复健康，后又出现丛枝症状。

表 2-1　样本编号及处理方法

样本	样本描述
PF	白花泡桐健康组培苗
PFI	白花泡桐丛枝病组培苗
PFIM60-5	PFI 的顶芽在含有 60mg·L^{-1}MMS 的 1/2 MS 培养基上培养 5d
PFIM60-10	PFI 的顶芽在含有 60mg·L^{-1}MMS 的 1/2 MS 培养基上培养 10d
PFIM60-15	PFI 的顶芽在含有 60mg·L^{-1}MMS 的 1/2 MS 培养基上培养 15d
PFIM60-20	PFI 的顶芽在含有 60mg·L^{-1}MMS 的 1/2 MS 培养基上培养 20d
PFIM20-10	PFI 的顶芽在含有 20mg·L^{-1}MMS 的 1/2 MS 培养基上培养 10d
PFIM20-30	PFI 的顶芽在含有 20mg·L^{-1}MMS 的 1/2 MS 培养基上培养 30d
PFIM20-R20	PFIM20-30 的顶芽在不含 MMS 的 1/2 MS 培养基上培养 20d
PFIM20-R40	PFIM20-30 的顶芽在不含 MMS 的 1/2 MS 培养基上培养 40d
PFIL100-5	PFI 的顶芽在含有 100mg·L^{-1} Rif 的 1/2 MS 培养基上培养 5d
PFIL100-10	PFI 的顶芽在含有 100mg·L^{-1} Rif 的 1/2 MS 培养基上培养 10d
PFIL100-15	PFI 的顶芽在含有 100mg·L^{-1} Rif 的 1/2 MS 培养基上培养 15d
PFIL100-20	PFI 的顶芽在含有 100mg·L^{-1} Rif 的 1/2 MS 培养基上培养 20d
PFIL30-10	PFI 的顶芽在含有 30mg·L^{-1} Rif 的 1/2 MS 培养基上培养 10d
PFIL30-30	PFI 的顶芽在含有 30mg·L^{-1} Rif 的 1/2 MS 培养基上培养 30d
PFIL30-R20	PFIL30-30 的顶芽在不含 Rif 的 1/2 MS 培养基上培养 20d
PFIL30-R40	PFIL30-30 的顶芽在不含 Rif 的 1/2 MS 培养基上培养 40d

二、不同处理条件下泡桐幼苗丛枝植原体含量变化

SYBR Green 实时荧光定量 PCR 反应体系已应用在枣疯病植原体、黄瓜花叶病毒（cucumber mosaic virus）、香蕉束顶病毒（banana bunchy top virus）和葡萄扇

叶病毒（grapevine fanleaf virus）等的定量检测中（王军辉，2010；周朋等，2014；任争光等，2015；周俊等，2016）。此检测技术将是深入探讨 PaWB 发病机理、准确筛选和评价品种抗性的重要手段，也是筛选有效治疗药剂防控病害的有效工具。此外，该技术和常规 PCR 检测相比，检测灵敏度更高。

图 2-1　白花泡桐组培苗形态变化

A. 白花泡桐丛枝病苗；B. 白花泡桐健康苗；C～F. 60mg·L⁻¹ MMS 处理病苗 5d、10d、15d、20 d；G～J.100mg·L⁻¹ Rif 处理病苗 5d、10d、15d、20d；K～N. 20mg·L⁻¹ MMS 处理病苗 10d 和 30d，然后 30d 幼苗复培至 20d 和 40d；O～R. 30mg·L⁻¹ Rif 处理病苗 10d 和 30d，然后 30d 幼苗复培至 20d 和 40d

为了测定上述幼苗植原体含量变化，提取上述样本的 DNA（QIAGEN），然后利用 SYBR Green 实时荧光定量 PCR 检测其植原体含量，将扩增到的 16S rDNA

克隆至 pGEM-T 载体（Takara），转化于 JM109 感受态细胞中，经鉴定为阳性菌后，提取质粒，以所提取的质粒 10 倍稀释为标准，构建标准曲线以定量植原体。结果如图 2-2A 所示，60mg·L^{-1} MMS 处理 5d 后，PFIM60-5 的植原体含量比 PFI 降低 90% 以上，5～10d 和 10～15d 这两段时间内植原体含量下降幅度减缓，PFM60-20 中未检测到植原体的存在；100mg·L^{-1} Rif 处理组，植原体含量呈线性下降，相同时间段内，降低幅度比 60mg·L^{-1} MMS 处理组的小，PFIL100-20 植原体含量也为 0（图 2-2B）；20mg·L^{-1} MMS 处理组，PFIM20-10 的植原体含量降低，形态已恢复健康的 PFIM20-30 仍能检测到植原体，PFIM20-30 在不含 MMS 的培养基上继代后，随着时间的延长，其体内植原体含量大幅度增加，PFIM20-R40 的植原体含量已接近 PFI（图 2-2C）；30mg·L^{-1} Rif 处理组，PFIL30-10 和 PFIL30-30 植原体含量逐渐减少，比 20mg·L^{-1} MMS 处理组减少幅度小，PFIL30-30 仍含有植原体，在不含 Rif 的培养基上继代后，植原体含量又开始回升（图 2-2D）。MMS 和 Rif 处理均可控制泡桐体内植原体含量，且和形态变化相对应，但是由于二者原理不同，造成其控制强度不同。

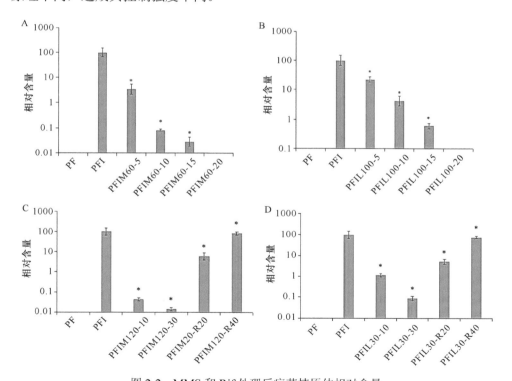

图 2-2　MMS 和 Rif 处理后病苗植原体相对含量

A. 60mg·L^{-1} MMS 处理组；B.100mg·L^{-1} Rif 处理组；C. 20mg·L^{-1} MMS 处理组；D.30mg·L^{-1} Rif 处理组；PFI 植原体含量归一化为 100；*表示同组数据和 PFI 间在 0.05 水平差异显著

第二节 泡桐丛枝病发生模拟系统的研究

一、丛枝病幼苗形态与植原体含量变化的关系

本研究将白花泡桐幼苗形态变化和体内植原体含量相结合，发现 60mg·L^{-1} MMS 处理白花泡桐病苗，随着处理时间的延长，幼苗形态逐渐发生变化，节间长度恢复至正常，叶片变绿，出现刚毛，植原体含量逐渐降低，20d 时幼苗完全恢复健康状态，检测不到植原体，在此过程中，幼苗形态从感病到健康，植原体含量从多到无，反方向模拟了病原菌入侵的过程，因此，60mg·L^{-1}MMS 处理组模拟植原体含量逐步减少的时间点为 PFI、PFIM60-5、PFIM60-10、PFIM60-15、PFIM60-20。20mg·L^{-1}MMS 处理白花泡桐病苗，随着处理时间的延长，幼苗形态变化和高浓度处理时类似，植原体含量也减少，30d 幼苗完全复健，但体内仍含有植原体，此时幼苗相当于无症状感染者，将其继代至不含 MMS 的培养基后，随着时间的延长，丛枝病症状出现，腋芽丛生，叶片变小，植原体含量逐渐升高，在此过程中，幼苗形态从感病恢复到健康，又到感病，植原体含量从多到少，又从少到多，正反双向模拟了病原菌入侵的过程。因此，20mg·L^{-1}MMS 处理组模拟植原体含量逐步减少的时间点为 PFI、PFIM20-10、PFIM20-30，逐步增加的时间点为 PFIM20-30、PFIM20-R20、PFIM20-R40；类似的 100mg·L^{-1}Rif 处理组模拟植原体含量逐步减少的时间点为 PFI、PFIL100-5、PFIL100-10、PFIL100-15、PFIL100-20，30mg·L^{-1}Rif 处理组模拟植原体含量逐步减少的时间点为：PFI、PFIL30-10、PFIL30-30，逐步增加的时间点为 PFIL30-30、PFIL30-R20、PFIL30-R40，通过不同试剂不同浓度的处理组合，可以追踪到 PaWB 发生过程中的动态变化，为阐明 PaWB 发病机理奠定基础。

二、泡桐丛枝病发生模拟系统的建立

本研究建立的泡桐丛枝病发生模拟系统，利用 MMS 和 Rif 处理 PFI，模拟了 PaWB 恢复和发病的过程，形态从患病到健康，植原体含量从多到少（无），继代到不含 MMS 和 Rif 的培养基后，幼苗形态又呈现患病状态，植原体含量也相应增加。60mg·L^{-1}MMS 或 100mg·L^{-1}Rif 处理 PFI 后，随着处理时间的延长，幼苗逐渐恢复健康状态，20d 时检测不到植原体，相同处理时间点，MMS 处理幼苗的植原体含量低于 Rif 处理，此过程模拟了 PFI 逐渐恢复健康，植原体逐渐消失。20mg·L^{-1}MMS 或 30mg·L^{-1}Rif 处理 PFI 后，幼苗也逐渐恢复健康，30d 时幼苗体内仍可检测到植原体，停止处理后，复培的幼苗又出现感病症状，植原体含量也随之升高，相同时间点，MMS 处理幼苗的植原体含量低于 Rif 处理，此过程模拟

了 PFI 恢复健康又发病的过程，植原体含量先逐渐减少，后逐渐增加。两种试剂对植原体含量的控制效果不同，对 PFI 形态变化的影响类似。MMS 和 Rif 处理可以控制白花泡桐形态变化和体内植原体含量，感病的白花泡桐形态变化与其体内植原体含量有关，利用试剂处理来模拟泡桐丛枝病发病及恢复的过程是可行的，克服了植原体不能体外培养的困难，为以后 PaWB 研究提供了参考。

从幼苗形态变化上来看，本系统可以模拟 PaWB 恢复和发病的过程，建立了泡桐丛枝植原体 SYBR Green 实时荧光定量 PCR 检测体系，定量了幼苗体内植原体含量，结果表明植原体含量和形态变化有关，在恢复阶段，高浓度处理组幼苗植原体含量逐渐减少，直至为零，低浓度处理组幼苗体内植原体含量也逐渐减少，但不能清除，在发病阶段，植原体含量逐渐增加，证明了泡桐丛枝病发生模拟系统的可靠性。

第三章 丛枝病发生与白花泡桐染色质
三维结构变化的关系

第一节 植原体入侵与白花泡桐染色质三维结构变化的研究

泡桐是我国重要的速生树种和园林绿化树种,具有重要的经济价值和生态价值,已经有 2000 多年的种植历史,并且被引种到世界各地。然而,泡桐丛枝病的发生却严重影响了人们对泡桐种植的热情。泡桐丛枝病是由植原体感染引起的一种严重的传染性病害,由于植原体的复杂性和技术的限制,目前关于泡桐丛枝病的研究多集中在植原体入侵后泡桐的形态、生理生化和分子变化(范国强等,2003;范国强等,2007a;范国强等,2008;田国忠等,2010),以及植原体的分子特征、在泡桐中的分布等方面(Sahashi et al.,1995;Lin et al.,2009;胡佳续等,2013)。近年来,随着测序技术的快速发展,科研工作者已经开始在转录水平、转录后水平、翻译水平和代谢水平研究植原体入侵泡桐的响应机制,并筛选出一些可能与泡桐丛枝病相关的 mRNA(Fan et al.,2014)、miRNA(Niu et al.,2016)、lncRNA(Cao et al.,2018b)、蛋白质(Wang et al.,2017a)、代谢物(曹亚兵等,2017)等,但是对于植原体入侵泡桐的响应机制仍不是很清楚。染色质作为真核生物遗传信息的主要载体,通过细胞周期中高度动态的结构变化参与 DNA 复制、重组、修复和转录调控,调节了细胞生长、分裂、衰老和死亡。 因此,细胞核中染色质的三维(three-dimensional,3D)构象与基因表达和表观遗传调控密切相关。近些年,随着染色质构象捕获技术的发展,提升了人们对三维染色质结构的了解,包括鉴定到染色质区室(compartment)、拓扑相关域(TAD)和染色质环(Chromatin loop)(Lieberman-Aiden et al.,2009;Wang et al.,2018d)。一些关于动物的研究已经表明,染色质 3D 空间基因位点间相互作用的改变在改善其发病机制或者性状改良机制方面产生了重要的影响(Rosa-Garrido et al.,2017;Zhou et al.,2018c;Li et al.,2018;2019a)。在植物中,关于 3D 染色质结构的大部分认知来自于拟南芥等模式植物的 Hi-C 分析(Grob et al.,2013;Grob et al.,2014)。由于植物基因组的大小、染色体数量和长度、基因的数量和重复内容等方面差异较大,且拟南芥的基因密度高、异染色质含量低,对于其他植物 3D 染色质结构的研究可能并不是合适的模型。尤其是木本植物的 3D 染色质构象在很大程度上都是未知的,这些染色质结构如何对生物和非生物胁迫做出响应,以及结构的变化如何影响转录调节和表观遗传组蛋白标记在很大程度上也是未知的。到目前为止，本研究对泡桐丛枝病发生机制的研究仅仅停留在基因组线性范围内，一直忽略了对基因表达有着重要调控作用的基因组三维空间结构。

为更加深入地了解植原体入侵后泡桐的响应机制，本研究用高通量染色质构象捕获技术 Hi-C 表征了白花泡桐健康苗和丛枝病苗的染色质三维结构，并且对白花泡桐的健康苗和丛枝病苗的三维结构进行对比，探究植原体入侵过程中染色质结构的变化。通过这些研究，为泡桐丛枝病发病机制的研究提供了一个新的方向，同时也为从三维结构的角度研究泡桐丛枝病的发病机制奠定了基础。

一、Hi-C 数据处理与分析

采用 *Mbo*I 作为文库的限制性内切核酸酶，分别构建 PF 和 PFI 的 5 个和 6 个高质量 Hi-C 测序文库；然后将这 11 个文库在 Illumina Hiseq X Ten 平台上进行测序，测序策略为 PE（paired-end）150bp。结果分别获得 1312.17G 和 1291.91G 原始数据，测序数据的重要部分信息见表 3-1 和表 3-2。过滤后得到高质量序列数，两个样本分别得到 3 453 567 333 对和 3 638 924 571 对长度为 150bp 的双端序列。从过滤后的高质量序列数中随机选取 10 000 条双端序列，采用 Blast 软件比对到 NT 库中，发现 65%以上的序列为未知序列，说明本数据没被其他物种序列污染。

将高质量序列数两端比对到白花泡桐基因组上，保留两端均匹配于基因组上唯一位置的序列（unique mapped reads）。白花泡桐健康苗和丛枝病苗的比对率分别达到 38.25%和 34.14%（表 3-2）。最后，使用软件 HiC-Pro 把这些两端均匹配于基因组上唯一位置的序列分配到相对应的酶切片段上，挑选出有效序列。从白花泡桐健康苗中得到了 895 799 332 对有效序列，约占 unique mapped reads 的 67.82%，包含 537 233 006 对顺式（*cis*）相互作用序列和 358 566 326 对反式（*trans*）相互作用序列，覆盖了 92.94%的理论酶切片段（图 3-1，表 3-2 和表 3-3）；从病苗中得到 854 460 750 对有效序列，约占基因组上唯一位置的序列的 68.77%，

表 3-1　白花泡桐 Hi-C 测序数据统计

样本	PF	PFI
序列长度/bp	150	150
原始的序列数	4 373 886 313	4 306 362 657
原始序列的碱基数/bp	1 312 165 893 900	1 291 908 797 100
过滤后高质量序列数	3 453 567 333	3 638 924 571
过滤后高质量序列占原始序列的碱基数比例/%	78.96	84.50
原始序列中测序质量值大于 30 的碱基数占总碱基的比例/%	93.48	92.97
过滤后高质量序列测序质量值大于 30 的碱基数占总碱基的比例/%	94.11	93.47

含有 567 107 542 对顺式相互作用序列和 287 353 208 对反式相互作用序列,覆盖率为 92.72%(图 3-1,表 3-2 和表 3-3)。将获得的有效序列用于后续染色体相互作用分析。详细比对分析结果见表 3-2 和表 3-3。

表 3-2 样本比对结果统计

样本	PF	PFI
过滤后高质量序列数	3 453 567 333	3 638 924 571
比对到基因组唯一位置上的序列数	1 320 833 974	1 242 446 007
比对到基因组唯一位置上的序列数占过滤后高质量序列数的比例/%	38.25	34.14
有效序列数	895 799 332	854 460 750
有效序列数比例/%	67.82	68.77
顺式相互作用序列数	537 233 006	567 107 542
顺式相互作用序列数占有效序列数的比例/%	59.97	66.37
反式相互作用序列数	358 566 326	287 353 208
反式相互作用序列数占有效序列数的比例/%	40.03	33.63

表 3-3 理论与实际酶切片段统计

样本	PF	PFI
理论酶切片段	1 181 889	1 181 889
实际酶切片段	1 098 409	1 095 878
理论与实际酶切片段比例/%	92.94	92.72

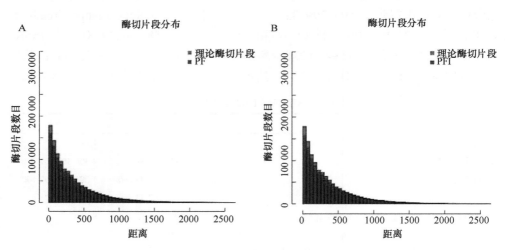

图 3-1 白花泡桐健康苗和丛枝病苗的理论酶切片段与实际酶切片段的分布图

　　不同物种中酶切位点的分布不同，理论上 *Mbo*I 可将白花泡桐基因组酶切成 1 181 889 个片段，酶切片段长度大部分在 2.5kb 以内，构建白花泡桐特异的 *Mbo*I 酶切片段库。用唯一比对到基因组的序列搜索酶切片段库，获得实验实际捕获到的酶切片段数量（表 3-3）。最终根据 Hi-C 测序数据中有效序列的理论酶切与实际捕获的酶切片段，得到酶切片段分布与覆盖度分布图（图 3-1）。由病健苗的酶切片段分布图可知实际捕获酶切片段未完全覆盖所有酶切片段，实际捕获的酶切片段数占理论酶切片段总数均在 92% 以上，未捕获到的酶切片段主要分布在线性基因组上距离较近的酶切位点之间。根据 Rao 等（2014）报道的分辨率定义，统计不同分辨率下落在每个窗口（bin）的有效序列数量作为这个 bin 的深度，可以得到不同分辨率下所有 bin 的深度。本研究统计了不同分辨率下 75%、80%、90% 的 bin 数量达到的最低深度（图 3-2）。在 5kb 分辨率下有超过 80% bin 的深度达到 1000，研究中的测序量可以达到 5kb 的分辨率（此分辨率为最高分辨率，不作为实际分析染色质构象特征使用）。因此，本研究能够在较高的分辨率下表征白花泡桐基因组结构特征。

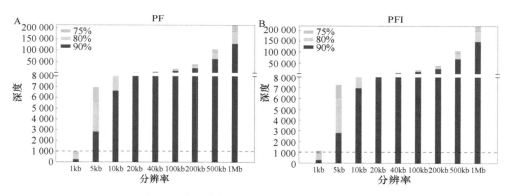

图 3-2　白花泡桐健康苗和丛枝病苗的分辨率

二、白花泡桐全基因组染色质相互作用的高分辨率 3D 图谱

　　每条染色体在细胞核中占据独立的区域（chromosome territory），形成染色质领域。由于细胞核空间较小，仍然会存在染色体间的远近。为了了解白花泡桐染色体之间的结构特征，使用各条染色体间的 Observed/Expected 标准化 Hi-C 交互数值进行聚类后评估全基因组染色体间的相互作用（图 3-3）。颜色代表两个染色体在空间上距离上的远近。研究表明，较长的染色体在空间距离上更近，并且比较短的染色体具有更频繁的相互作用（He et al.，2018），但在白花泡桐中并没有发现与之相似的结果（图 3-3）。白花泡桐染色体大小差异不显著可能是造成这一差异结果的主要原因。另外，技术限制导致的 3D 结构组装不完善也可能是原因之一。

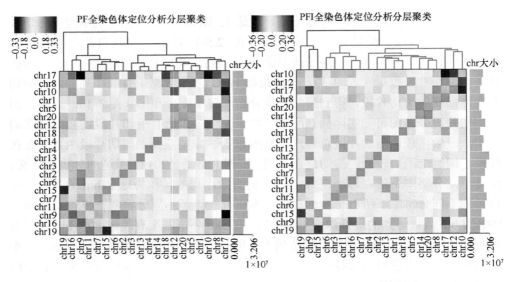

图 3-3 白花泡桐健康苗和丛枝病苗染色体间的交互聚类热图

采用软件 HiC-Pro（version 2.7.8，默认参数）进行 Hi-C 互作图谱的构建（Wang et al.，2015f）。首先，按照 100kb 来划分染色质互作 bin，生成白花泡桐所有染色体（20 条）的 Hi-C 原始交互矩阵，接下来分别通过多重迭代法，去除限制片段长度、片段末端的 GC 含量和序列比对率等因素带来的偏差，通过 ggplot2（Wickham，2016）分别可视化白花泡桐健康苗和丛枝病苗高分辨率染色体互作图谱（Yaffe and Tanay，2011）。为了进一步了解白花泡桐染色质三维结构特征，在所有 20 条染色体进行 bin 的划分并建立 Hi-C 原始交互矩阵，使用多重迭代法矫正系统偏差，生成了分辨率为 100kb 的白花泡桐全基因组染色体互作 Hi-C 图谱（图 3-4）。图谱上有一条最强相互作用形成的主对角线表明相邻位点之间互作频繁。在白花泡桐的染色体互作热图中也发现染色体内的互作比染色体之间的更高，与染色体内和染色体之间的互作片段的比例统计结果是一致的（表 3-3），这表明白花泡桐细胞中染色体更倾向于分布在相对独立的细胞核区域形成染色体领域。这是染色质三维空间保守的结构特征。除了主对角线外，其余对角线交叉区域有较强的相互作用信号，即两条染色体臂之间也存在较强的顺式互作，形成"X"形结构（图 3-4），这和玉米、小麦的交互图谱类似（Dong et al.，2017）。白花泡桐的 Hi-C 图谱也显示另一个独有特征，即染色体内端粒区域的最强互作和不同染色体间着丝粒区域之间强的相互作用（图 3-4），该特征类似于大麦"Rabl"的染色质构象（Dong and Jiang，1998）。

互作衰减指数（interaction decay exponent，IDE）即同一染色体上的两基因位点之间的空间互作频率随位点在基因组上物理距离的增加而呈现出幂律衰减的趋势，通常被用于评估染色体或者一个染色体局部区域的染色质组装模式的标准（Dixon et al.，2012；Grob et al.，2013）。白花泡桐全基因组染色体互作频率在 20kb 分辨率下以平均指数–0.801 沿着每条染色体衰减（图 3-5A），整体互作频率随基因组距离的增加而降低。表明白花泡桐染色质组装模式符合分形球模型，这与以前报道的拟南芥和果蝇染色质的组装模式是类似的（Lieberman-Aiden et al.，2009；Grob et al.，2014）。在 100kb 分辨率下，白花泡桐单条染色体的 IDE 范围为–0.47～–0.36（图 3-5B、C），变化率相对较低，表明白花泡桐基因组染色质结构的基本单元比较稳定，所有的染色体拥有一个共享的染色质组织。该特征与水稻染色质图谱的结构特征类似（Dong et al.，2018）。在 1M 范围内，病苗的 IDE 值高于健康苗，表明在小范围内健康苗沿染色质线性物理距离衰减速度比病苗更快，说明丛枝植原体入侵导致白花泡桐局部染色质状态变得更紧致。与 PFI 相比，PF 中染色体相互作用沿染色体物理距离衰减的速度更快。

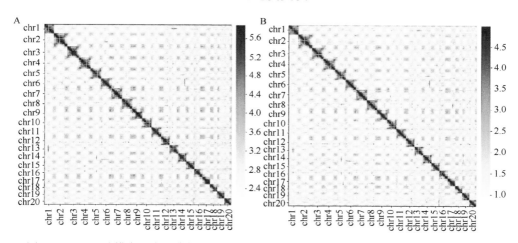

图 3-4　100kb 分辨率下白花泡桐健康苗（A）和丛枝病苗（B）全基因组染色体互作图谱

三、丛枝植原体入侵后白花泡桐染色质三维结构的差异

染色质结构的动态变化在真核生物的生长发育中发挥着重要的作用（李东明等，2014）。很多的动物染色质三维结构研究已经表明许多疾病的发生和染色质结构的动态变化密切相关（Dechat et al.，2009）。染色体相互作用热图达到了 5kb 的分辨率（见图 3-2），这确保了每条染色体上 90% 的 5kb 互作区域对包含至少一个双端 reads。这些结果表明，通过 Hi-C 测序，本研究获得了足够数量和足够高分辨率的有效序列，可以在较好的分辨率下表征白花泡桐染色质的结构特征。可利用该结果来研究植原体感染后染色质构象介导的转录调控事件。Dekker 和 Mirny（2016）认为，在线性基因组中，顺式相互作用比反式相互作用更频繁。因

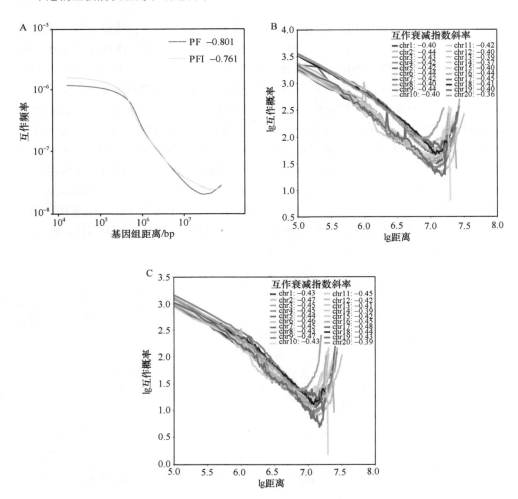

图 3-5　白花泡桐全部染色体（A）和单条染色体（B、C）IDE 曲线
A. 全部染色体 IDE 曲线（20kb）；B. 健康苗单条染色体 IDE 曲线（100kb）；C. 丛枝病苗单条染色体 IDE 曲线（100kb）

此，本研究利用顺式相互作用来研究白花泡桐全基因组染色体的相互作用，发现在植原体入侵后相互作用显著增强，且顺式/反式比例更高（图 3-6A）。同时，PF和 PFI 的染色体内互作比值散点图也显示，每个 bin 的染色体内相互作用率（PFI）均高于 PF（图 3-6B），说明植原体感染增加了染色体内相互作用频率。

　　每条染色体在细胞核中都有一个优先但不固定的位置（Wang et al.，2015f）。越来越多的证据强调发病过程中染色体和基因位置的重要性（Barutcu et al.，2015；Rosa-Garrido et al.，2017；Li et al.，2018）。许多研究已经报道疾病发生过程中尤其是在人类疾病中染色质结构单元染色质 A/B 区室的转换、拓扑结构域边界滑动

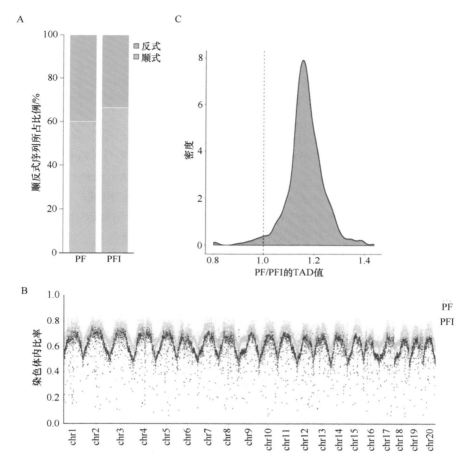

图 3-6　PF 和 PFI 染色体内（顺式）相互作用和染色体间（反式）相互作用的统计

A. PF 和 PFI 中染色体间（反式）相互作用和染色体内（顺式）相互作用序列的比例。B. 植原体感染后染色体内（顺式）相互作用的比率。C. 800kb 基因组距离下，20kb 分辨率下 PF/PFI 的 TAD 值

或者融合、染色质环的破坏或者形成（Rosa-Garrido et al.，2017；Li et al.，2018；Ouimette et al.，2019）。Li 等（2018）探究了发病过程中基因组染色质区室的划分与基因表达调控有关，并且还发现一些被抑制或者激活的基因。以前的研究也报道了在细胞核三维空间一些基因位置的改变，基因表达变化之前发生开放或者封闭染色质区室的转换，并且该结论也被细胞分化过程中染色质浓缩发挥着主要作用的一些显微镜观察研究所证实（Chuang and Belmont，2007；Therizols et al.，2014）。到目前为止，尽管有许多关于动物中染色质结构和发病机制的研究，但是几乎没有关于响应植物发病的染色质三维结构变化的研究。

　　通过对比白花泡桐健康苗和丛枝病苗的染色质三维结构图谱，本研究分析了植原体入侵白花泡桐后基因组的染色质三维结构变化。丛枝植原体入侵后，互作

衰减指数降低，表明丛枝植原体入侵后白花泡桐整体上染色体互作衰减更慢。对于局部区域互作衰减指数的研究发现，丛枝植原体入侵后白花泡桐局部上染色体互作衰减也更慢。

四、染色质三维结构中 A/B 区室的鉴定及转换

动植物研究报道已经表明染色质构象捕获技术可以揭示染色质三维结构的各个层级结构：染色质领域、染色质区室、拓扑结构域、染色质环（Zuin et al.，2014；Dong et al.，2017；Liu et al.，2017a；Nora et al.，2017；Dong et al.，2018）。Liu等（2017a）在拟南芥的 Hi-C 图谱中发现了一些零散的结构域，即松散结构域（LSD）、致密结构域（CSD），类似于动物细胞核和其他植物细胞中的染色质 A/B区室。Dong 等（2018a）关于水稻、高粱、玉米等基因组染色质三维结构的研究，显示了植物基因组的染色质结构中染色质区室的存在，以及对应的活性和非活性染色质结构特征、基因组成等，并且在更小的染色质规模上，局部的染色质 A/B区室在染色体上连续不断，能够更好地反映基因的转录活性。本研究首次利用Hi-C 表征了白花泡桐基因组的染色质三维结构，以及类似于其他动物和植物种相应的结构特征（Li et al.，2019a）。

染色质区室既是染色质层级结构中的主要组成部分，也是基因组空间结构的一个重要特征（Dong et al.，2017；Li et al.，2018）。可根据染色体内相互作用强弱划分为 A 区室和 B 区室，两种区室沿对角线变换。染色质 A 区室和 B 区室分别代表开放染色质区域和封闭染色质区域。相同类型的区室互作频率高于位于不同类型区室间的互作。参照 Lieberman-Aiden 等（2009）的方法进行染色质 A/B区室的鉴定。首先使用 Iced 和 Observed/expected 法对上述 Observed/expected 的标准化矩阵进行归一化处理，得到染色质 A/B 区室分析的基础矩阵（Fortin and Hansen，2015）。对矩阵内每一对互作区域对之间的互作频率进行皮尔逊（Pearson）相关性分析和计算，再利用相关性系数生成矩阵，接着对相关性矩阵进行主成分分析（PCA）。利用获得的第一特征向量值作为代表，得到染色体上每一对互作区域对的第一特征向量值，第一特征向量值的正、负分别代表 A 区室和 B 区室。每个区域的基因密度和表观遗传标记的富集情况。在 100kb 分辨率下，标准化染色体内相互作用图显示出了格子图案，代表了具有高和低染色体互作频率的交替区域（图 3-7 A、B）。染色质区室与染色体的状态相关，A 常发生在常染色质区域，而 B 为异染色质区域。本研究发现根据 PCA 得到的第一特征向量正负值，可知白花泡桐染色体内部具有明显的 A 区室和 B 区室，每条染色体两端各有一个 A区室，中间有一个 B 区室（图 3-7 C、D）（Verdaasdonk et al.，2013；Dong et al.，2017）。A 区室比 B 区室有更高的基因密度，活性组蛋白修饰水平和转录水平。

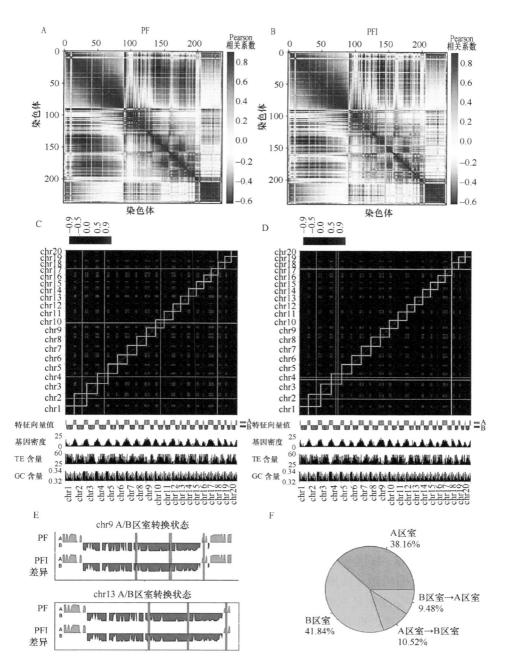

图 3-7　白花泡桐健康苗和丛枝病苗染色体内相互作用的棋盘模型

A，B. chr 9 在 100kb 分辨率的 Pearson 相关图表明染色体区隔化和特征格纹模式；C，D. 染色体内和染色体间相互作用的关系。E. chr9 和 chr13 的单条染色体用各自的特征向量分成 A/B 区室。F. PF 和 PFI 之间的区室变化。

然而，B 区室与 A 区室相比显著富集了转座子（TE）（秩和检验，$P<0.01$）（图 3-8），这与其他植物的研究是类似的（Grob et al.，2013；Wang et al.，2015f）。但是，白花泡桐中 A 区室和 B 区室都有相似的 GC 含量（秩和检验，$P=0.053$）（图 3-8），这与目前其他物种中报道的 A 区室 GC 含量低于 B 区室的结果不同，这可能是白花泡桐染色质的结构特点之一。

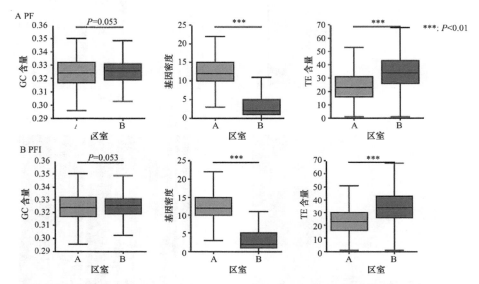

图 3-8　PF（A）和 PFI（B）染色质 A/B 区室中 GC 含量、基因密度和 TE 含量统计

单条染色体的局部 A/B 区室已在植物染色体中得到证实，并通过单个染色体相互作用矩阵的特征向量分析得到识别（Dong et al.，2017）。为了分析白花泡桐在丛枝植原体入侵后染色质区室的变化，在更高的分辨率下对单条染色体的特征值进行了分析（分辨率：100kb）。本研究对白花泡桐中 20 条染色体应用了类似的方法，以确定在植原体感染后这些区室是否发生了变化，结果如图 3-7E（以 chr 9 和 chr 13 为例）所示。发现大部分区室的状态在 PF 和 PFI 基因组中是相同的，即稳定的 A 区室、B 区室所占比例分别为 38.16%、41.84%，只有一少部分发生了染色质区室之间的相互转换，且 A 区室到 B 区室的转换比例是 10.52%，B 区室到 A 区室的转换比例是 9.48%（图 3-7 F）。A/B 转换在白花泡桐 20 条染色体上均有发生。结果表明，即使通常情况下基因组的染色质区域是相对保守的，但植原体的入侵仍会导致白花泡桐染色质结构中一部分染色质区室的转换。

五、拓扑相关结构域（TAD）的鉴定

以前的研究表明 TAD 是哺乳动物和一些植物染色质结构的一个显著特征（Dong

et al.，2017）。TAD 被定义为中等规模上（500kb~1Mb）的顺式相互作用区域，通常在 Hi-C 图谱上显示为"三角形"的高频率自我相互作用区域（Dong et al.，2017）。

为了确定白花泡桐染色质中是否存在 TAD，采用三种不同方法鉴定 TAD（Dixon et al.，2012；Rao et al.，2014；Crane et al.，2015）。首先，5kb 分辨率下，沿着染色体的基因区域计算绝缘系数（insulation score）并进行可视化处理。绝缘系数图谱的峰谷即是预测的 TAD 边界。其次，本研究应用 Juicer 软件的 arrowhead 工具来识别 TAD。最后，基于 DI（directionality index）的 HMM（hidden Markov model）被用来预测有偏见的"状态"，从而得出样本中 TAD 的位置。这表明在白花泡桐基因组中存在类似 TAD 的结构，并且，丛枝植原体入侵造成白花泡桐染色质内部结构域的变化（图 3-9）。通过这些方法预测的 TAD 的数量和长度分布变化很大，如图 3-10 所示，在 PF 中，arrowhead、HMM 和绝缘评分的平均 TAD 长度分别为 135kb、777kb 和 429kb。在 PFI 中，arrowhead、HMM 和绝缘评分的平均 TAD 长度分别为 134kb、710kb 和 414kb。

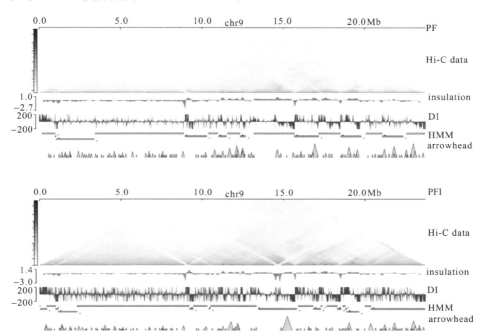

图 3-9　以 9 号染色体为例使用 insulation score、arrowhead 和 DI-HMM 在 5kb 分辨率下鉴定泡桐基因组中的 TAD

六、染色质环的鉴定及变化

染色质环是染色质三维结构中最基础的层级，通过募集 RNA 转录酶调节调

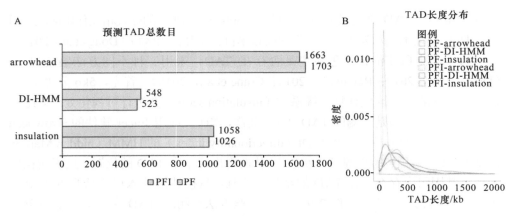

图 3-10   白花泡桐基因组中 TAD 的数量和长度分布

控元件与基因位点之间的距离，进而改变转录活性（Nora et al.，2012；Rao et al.，2014；Liu et al.，2016；Dong et al.，2018）。本研究利用 Juicer 软件（Durand et al.，2016）中的 HiCCUPS 算法（Rao et al.，2014）鉴定染色质环。在 5kb 分辨率条件下，在矩阵上找那些相对于邻近区域来说交互作用显著富集的互作区域对，使其交互作用比周围邻近的四个区域至少强 50%，且多重假设检验校正值（FDR）小于 0.1。在此基础上，寻找白花泡桐健康苗和丛枝病苗中染色体、起始位置、终止位置均一致的染色质环，归类为共有的染色质环；寻找只在白花泡桐健康苗或者病苗中出现的染色质环，归为特有染色质环。根据染色质环定义以及研究目的（Ay et al.，2014），本研究主要关注特有的染色质环。在白花泡桐基因组中，通过 Juicer 软件基于可靠的顺式（cis）相互作用序列鉴定染色质环（分辨率：5kb）。为了确定植原体感染对染色质环的影响，使用 HiCCUPS 在 PF 和 PFI 文库中的 5370 万个和 5670 万个有效顺式相互作用序列中以 5kb 的分辨率鉴定了染色质环（表 3-2）。白花泡桐健康苗和病苗中分别鉴定到 15 263 个和 17 263 个染色质环。健康苗中染色质环平均长度显著高于病苗。两个样本中，既有共有染色质环，也有各自特有的染色质环。总共鉴定到 8277 个共有染色质环，健康苗特有染色质环 5767 个，病苗特有染色质环 7767 个（图 3-11）。这些结果表明丛枝植原体入侵后造成了染色质环被破坏或重塑，其数量和长度位置均发生了改变。

七、白花泡桐染色质三维结构模型的构建

染色质构象捕获是利用分子生物学方法将白花泡桐细胞核中染色体间的相互作用展示在二维图谱中，根据特定的法则也可以利用获得的二维相互作用数据重构出其染色质的三维空间结构（Dekker，2002）。两位点间的互作随着距离增加而衰减，互作图谱上表现为远离对角线位置。这种现象的出现是由于染色体的随机

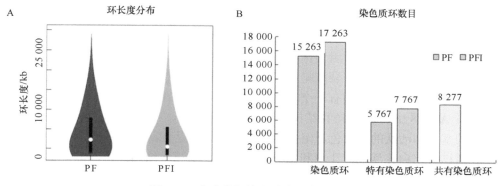

图 3-11　白花泡桐染色质中的染色质环

A. PF 和 PFI 中染色质环的长度分布，白点代表染色质环的中间长度；B. 表示 PF 和 PFI 中染色质环的数量

移动，因此邻近的基因组在三维空间中自由移动时相互作用的频率会更高。文中选择的三维基因组构建模型为 idea chain，核心为聚合物在细胞核内有规律的分布，遵循的法则为 pinteraction $(x, y) = Z * dist (x, y)^{-1.5}$（Varoquaux et al.，2014）。

根据白花泡桐细胞 Hi-C 捕获的数据对细胞核中的染色体的分布和相互作用进行重构（图 3-12）。染色体分形球模型中基因组的分布相对比较均匀。

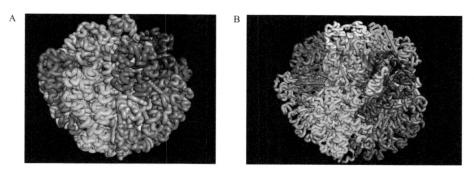

图 3-12　白花泡桐健康苗（A）与丛枝病苗（B）细胞核三维基因组模型与细胞核形态

本研究通过染色质构象捕获技术和二代测序技术相结合，对白花泡桐健康苗和丛枝病苗的染色质构象进行捕获、建库和测序，共获得 1312.17G 和 1291.91G 的原始序列数。将过滤后的高质量序列数比对到白花泡桐基因组上，比对率分别达到 38.25% 和 34.14%，共获得 896.80M 和 854.46M 的有效序列数，并且与理论上酶切片段的比例为 92.94%、92.72%。

本研究首次构建了高分辨率白花泡桐全基因组染色质的三维结构图谱，其三维结构图谱可以达到 5kb 的分辨率。图谱中显示出保守结构特征：主对角线的颜色最深，即染色体内的相互作用强于染色体间的相互作用；除主对角线外，染色体间最强的相互作用存在于端粒之间；对角线交叉区域形成一个"X"形，即所有对角线区域呈现出较强的相互作用。染色体互作衰减指数（IDE）曲线图表明另一个保守结构特征，即基因位点之间的相互作用随着线性距离的增加而递减。白花泡桐全基因组染色质组装标准即染色体互作衰减指数符合分形球模型；20条染色体的单条染色体互作衰减指数差异不大，表明白花泡桐基因组的基本结构单元较稳定，全部染色体拥有一个共享的染色质组织。在白花泡桐染色质中鉴定到染色质 A/B 区室、TAD 拓扑结构域和染色质环结构，并且染色质 A 区室富集高密度的基因和活跃的常染色质组蛋白标记，B 区室显著富集转座子。

通过对比白花泡桐健康苗和丛枝病苗的染色质三维结构图谱，分析了植原体入侵后白花泡桐基因组染色质三维结构的变化。丛枝植原体入侵后，染色体互作衰减指数变小；对于局部区域的互作研究发现，植原体入侵使白花泡桐中染色质结构状态更加活跃。通过染色质结构层级的比较，本研究发现基因组区域发生染色质 A/B 区室转换，且绝大部分是染色质 A 区室到染色质 B 区室的转换（10.52%）；染色质环被破坏或者重塑，染色质环平均长度变短，位置发生明显变化，且交互作用强度改变。

第二节　植原体对白花泡桐染色质结构和基因表达变化的影响

泡桐丛枝病（*Paulownia* witches broom，PaWB）是由植原体（phytoplasma）感染引起的传染性病害，是泡桐生产中最严重的病害之一。本课题组已经从多组学的角度对泡桐丛枝病的发病机制进行研究，并为以后研究提供了非常有价值的信息。细胞核是通过 3D 空间结构行使功能，3D 结构在真核生物的基因转录调控和多种生物过程中起着至关重要的作用，然而之前的探究仅仅是从基因组的线性结构水平进行的，对于泡桐基因组的染色质 3D 空间结构几乎是未知的。近来，已经报道了一些物种的 3D 染色质结构，其中已经揭示了 3D 染色质结构在发病机制或性状改善机制中所起到的重要作用（Zhou et al.，2018c；Li et al.，2019a）。尤其是在人类疾病当中，许多研究报告了疾病诱导过程中染色体和基因定位（包括 A/B 区室转换）的重要性。Li 等（2018）的研究表明在疾病诱导期间出现了与基因表达相关的基因组区室划分，并检测到一些在此过程中被激活或被抑制的基因。尽管许多研究都关注 3D 染色质结构及其在动物疾病诱导中的作用，但很少有研究关注 3D 染色质结构在植物中的类似作用，尤其是对于植原体入侵白花泡桐基因组后染色质三维空间结构与基因表达之间的关系。具有大基因组的植物物种已被发现具有复杂的 3D 架构，包括染色质 A/B 区室、局部区室、拓扑结构域和染色质环（Liu et al.，2017a；Dong et al.，2017）。在与不同植物物种的 Hi-C 矩阵进行比较后，发现白花泡桐染色质 A/B 区室模式与玉米（Dong et al.，2017）和番茄（Dong et al.，2020）相似。此外，3D 染色质结构与基因调控之间的因果关系近年来一直存在争议。据报道，热激反应所需的 3D 染色质结构已在人类和果蝇细胞中预先建立，其表现出进化上保守的机制，以确保细胞能够对胁迫做出快速反应（Ray et al.，2019）。Ing-Simmons 等（2021）的进一步证据表明，组织特异性染色质构象并不需要组织特异性基因转录，但当调控元件（如增强子）活跃时，它可以作为促进基因转录的支架。这些研究为探索三维染色质构象与转录调控之间的关系提供了很好的证据。Liang 等（2021）通过整合 Hi-C、RNA-Seq 和 ATAC-Seq 发现高温胁迫下水稻基因组染色质结构的变化与染色质可及性和基因表达变化有关。但是白花泡桐的三维染色质结构与基因表达之间的关系是否具有与哺乳动物或水稻相似的功能还不清楚。因此，对于白花泡桐基因组染色质结构的了解将有助于揭示泡桐对植原体感染的响应机制，为全面理解泡桐丛枝病的发病机理奠定基础。

一、植原体入侵白花泡桐后染色质结构变化与基因表达的关系

为了研究白花泡桐丛枝病发生相关基因与染色质结构之间的关系，使用 NEBNext UltraTM RNA Library Prep Kit（NEB）试剂盒对 PF 和 PFI 进行 mRNA 文库构建，在 Illumina Hiseq X Ten 高通量测序平台进行双端测序，测序策略是 PE150。结果显示两个样本分别获得了 312Mb 和 307Mb 高质量序列，使用 bowtie2-x（Sam –N 1-1-2）（version 2.1.0）（Langmead and Salzberg，2012）软件将高质量序列比对到白花泡桐的参考基因组上。样本间的重复性通过计算重复样本间全基因组序列分布的 Spearman 相关性系数进行评估。分别比对到白花泡桐基因组上，比对率均达到 83% 以上（表 3-4）。唯一比对的序列中，70% 以上的序列能够比对到外显子区域。唯一比对序列在基因组上的分布统计如表 3-5 所示。总共鉴定到 24 871 个表达基因，这些基因中 10 894 个是显著差异表达，其中 5995 个上调，4899 个下调（以健康苗为对照）。为了解其生物学功能，对这些差异表达基因（DEG）进行了 GO 功能分析和 KEGG 代谢通路分析，GO 功能分析显示这些差异表达基因主要富集在代谢过程、细胞过程、催化活性和结合活性等类目（图 3-13C）。KEGG 代谢通路分析可知，这些 DEG 主要参与光合作用、光合天线蛋白和脂肪酸降解等通路（图 3-13D）。

近年来，一些研究已揭示了 3D 染色质结构在发病机制或性状改善机制中所起的重要作用（Zhou et al.，2018c；Li et al.，2019a）。在本研究中发现白花泡桐 PF 和 PFI 植株的 3D 染色质结构也发生了类似的变化。因此，首先分析了 PF 和 PFI 基因组中的 A/B 区室转换，发现大多数区室的状态在 PF 和 PFI 基因组中是保守的。但是有 10.52% 的基因组区室从 A 转换为 B（图 3-7F），9.48% 从 B 转化为 A，并鉴定了 1738 个受区室转换影响的基因。为了解染色质结构

变化与基因表达之间的关系，对染色质区室转换区域进行基因表达水平的统计（图3-14）。结果发现植原体入侵后当 A 区室转换为 B 区室时，基因表达水平显著下调，反之亦然（秩和检验，*P*<0.01）。综上结果表明，区室之间的转换可能与基因表达相关，这与之前的报道结果一致（Barutcu et al.，2015），而泡桐植原体的入侵可能在一定程度上影响了区室的转换。

表 3-4   白花泡桐转录组数据统计

样本	文库	过滤后的序列数	比对上的序列数	比对上的序列/%
PF	PF_1	100 688 920	87 118 618	86.52
	PF_2	103 701 322	89 561 596	86.36
	PF_3	107 355 454	92 576 497	86.23
PFI	PFI_1	103 738 518	86 675 944	83.55
	PFI_2	107 609 118	89 696 038	83.35
	PFI_3	95 898 588	79 856 499	83.27

表 3-5   白花泡桐序列在基因组上的分布

样本	PF 序列数	PF 比例/%	PFI 序列数	PFI 比例/%
外显子	27 988 970	69.55	27 013 825	73.99
内含子	3 408 893	8.47	2 468 715	6.76
基因间区	8 844 476	21.98	7 030 389	19.25

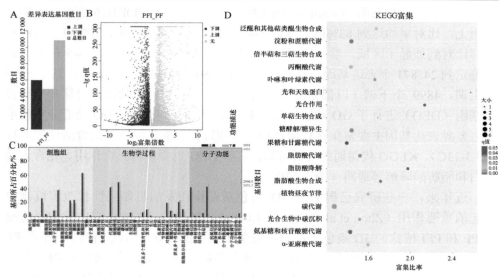

图 3-13   白花泡桐 RNA-Seq 数据

A，B. 显示了差异表达基因的分布；C，D. 代表 DEG 的 GO 和 KEGG 代谢通路分析

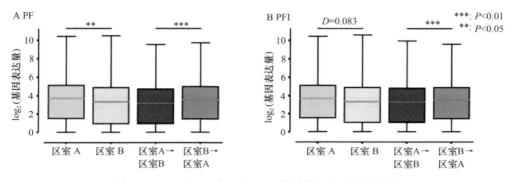

图 3-14　PF 和 PFI 中 A 和 B 区室转化与基因表达关系

在 Hi-C 热图中被视为"三角形"的高度自交互区域被称为 TAD。TAD 在基因组的结构和功能单元中发挥着至关重要的作用，并且是哺乳动物和一些植物基因组中的一个突出特征（Dixon et al.，2012；Dong et al.，2017）。此外，在 PF 和 PFI 的 Hi-C 图谱中，本研究使用三种方法观察到泡桐具有典型的 TAD 格子图案。而基于 Forcato 等（2017）的研究表明没有任何一种算法可以被视为识别染色质相互作用的标准。综合 ChIP-Seq、RNA-Seq 和 Hi-C 等多组学数据后，发现绝缘分数是一种更适合后续分析的方法。根据基因组中 TAD 边界的位置，识别出样本之间的共性和特异性 TAD 边界。基于绝缘分数法，本研究在 PF 和 PFI 中分别检测到 477 个和 510 个特异性 TAD 边界，且有 528 个 TAD 边界是共有的（图 3-15A）。在 PF 中预测的 TAD 边界中只约 50%在 PFI 中保持相似的位置（图 3-15A），这表明 TAD 位置可能在植原体感染后发生了改变。此外，在 PF/ PFI 特异性的 TAD 边界中，32 和 34 个基因表达上调，28 个和 50 个基因表达下调（图 3-15B）。此外，还计算了泡桐感染植原体后局部染色质结构相互作用

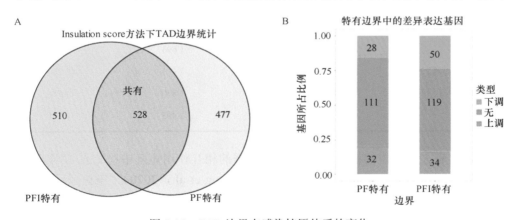

图 3-15　TAD 边界在感染植原体后的变化

A. 在 PF 和 PFI 中 TAD 边界的数量；B. 位于 PF 和 PFI 特定边界的基因的累积百分比直方图分析

变化的 TAD score。结果表明大多数 PFI：PF 的 TAD score 在 40kb bin 大小时大于 1（图 3-6C），表明 PFI 中的大多数 TAD score 较高。因此，推测植原体感染植物的染色质构象和 TAD 位置在一定程度上是发生了变化。

为了确定基因表达的变化是否与具有内部相互作用变化的 TAD 有关，本研究根据 TAD score 的倍数变化对包含表达基因的 TAD 进行分类，并根据它们与所有 TAD 倍数变化的偏差对其进行分类。结果表明，这些 TAD 中表达基因的分布呈现一定的规律，即染色质相互作用升高的 TAD 将富集一些上调的基因，而染色质相互作用减少的 TAD 则富集了下调的基因（图 3-16A）。总之，这些数据揭示了 TAD 中转录表达和染色质相互作用频率之间可能存在某些正向的联系。之前有报道表明了染色质构象和转录水平的变化与 TAD 内的组蛋白修饰状态有关（Barutcu et al.，2015）。组蛋白修饰作为一种表观修饰形式，与染色质构象和转录调控有密切关系（Yan et al.，2019）。为了进一步探究植原体感染后泡桐染色质 TAD 内的表观遗传状态，本研究重新分析了已发表的 PF 和 PFI 的 ChIP-Seq 数据（Yan et al.，2019）。表 3-6 详细统计了与基因激活相关的组蛋白 H3K4me3、H3K36me3 和 H3K9ac 的 ChIP-Seq 数据。通过计算 TAD 内 ChIP-Seq 信号的变化，本研究发现染色质相互作用增强的 TAD 的 H3K4me3、H3K36me3 和 H3K9ac 的修饰水平升高，而相互作用减少的 TAD 在这些组蛋白中的修饰水平降低（图 3-16B～D）。这一结果与之前在短期激素诱导模型中的研究结果一致（Le Dily et al.，2014），其中 TAD 内部表观遗传活性的变化似乎对染色质构象变化和转录表达有积极影响。

表 3-6　ChIP-Seq 数据

修饰类型	样本	Peaks 数量	Peaks 总长度/bp	Peaks 平均长度/bp	修饰基因的数量
H3K36me3	PF	891	1 816 127	2 038	844
	PFI	13 583	62 101 426	4 572	13 510
H3K4me3	PF	11 918	20 172 653	1 693	11 054
	PFI	21 269	44 957 880	2 114	19 286
H3K9ac	PF	15 627	28 909 620	1 850	14 580
	PFI	18 110	35 185 070	1 493	16 741

在具有大基因组的植物中，从 Hi-C 数据的相互作用矩阵中检测到基因岛（称为环）之间的许多长距离染色质相互作用（Dong et al.，2020）。染色质环是数百个碱基的染色质精细结构，主要定位靠近基因位点的调控元件并募集 RNA 聚合酶 II 以增强转录激活。在 PF 和 PFI 中共鉴定出 15 263 个染色质环和 17 263

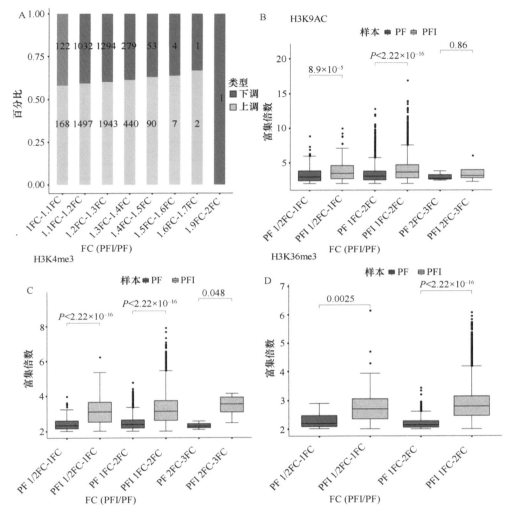

图 3-16　基于 TAD 值倍数变化（FC）不同类别的 TAD 中差异表达基因和组蛋白修饰的分布
A. TAD 中基因的富集；H3K9ac（B）、H3K4me3（C）和 H3K36me3（D）在不同类别的 TAD 中富集的箱线图

个染色质环。其中 5767 个和 7767 个为 PF 和 PF 的特有环，且有 8277 个共有环。为了研究染色质环的改变与 PaWB 相关基因之间的相关性，本研究分析了 PF 和 PFI 的 Hi-C 和 RNA-Seq 数据库，结果发现 PF 和 PFI 特有环中分别有 2 304 个和 3540 个基因。共有环中共鉴定出 1919 个基因，其中 694 个基因是差异表达的。PF/PFI 特有环中的这些基因进一步分为与这三种组蛋白（H3K36me3、H3K4me3 和 H3K9ac）中的一种或多种相关的（Ⅰ类），以及与上述修饰无关的（Ⅱ类）（图 3-17A、B）。本研究发现Ⅰ类的基因表达水平高于Ⅱ类，这与 Yan 等（2019）的研究一致，表明这些组蛋白标记几乎总是与转录激活相关。以上结果表

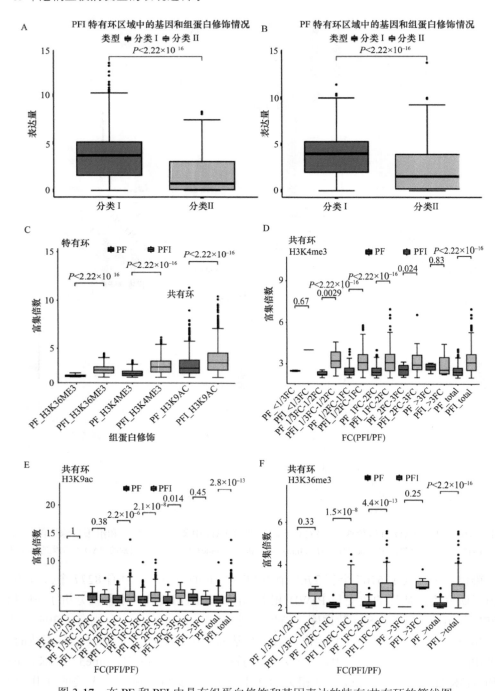

图3-17 在PF和PFI中具有组蛋白修饰和基因表达的特有/共有环的箱线图

A、B. 特有环中有或没有组蛋白修饰的基因表达。C~F. 组蛋白修饰在特定/共有环中的峰值富集程度明，这些环可能通过组蛋白修饰对基因产生顺式调控作用。为了了解受染色质环变化影响的基因的潜在功能，本研究进行了 GO 和 KEGG 代谢通路分析，以对受环变化影响的 5844 个基因进行功能注释。GO 富集分析表明，这些基因在"质体"、"叶绿体"和"防御反应"中显著富集。KEGG 代谢通路富集分析则表明，这些基因主要参与"甘氨酸、丝氨酸和苏氨酸代谢"、"Hippo 信号"和"MAPK 信号"通路（图 3-18），并且在这些受环影响的基因中，2 001 个编码了 54 个家族中的转录因子基因，包括 215 个 bHLH、84 个 WRKY 和 121 个 NAC 转录因子，参与了对胁迫的响应，并可能调节抗病相关基因的表达（Wang et al., 2019a）。同时，也得到一些与植物抗逆性相关的其他转录因子家族，包括 bZIP、TCP 和 MYB。总之，这些结果解释了泡桐植原体感染的基因表达修饰方式之一是通过染色质环。Yoshida 等（1996）在肿瘤发病中发现，视黄酸受体基因 rara 是上调的，但是检测到启动子与调控元件之间是没有相互作用的，表明染色质交互在基因表达调控中仅仅作为部分因素。Li 等（2012）报道了与 RNA 聚合酶相关的、以启动子为中心的染色质交互能够促进基因转录表达，然而在白血病粒细胞中 PML/RARA 融合蛋白介导的染色质交互抑制了下游基因的表达。这些结果更加验证了染色质交互对基因表达调控的作用是复杂的。因此白花泡桐中 3D 染色质结构变化与基因调控之间的关系仍需进一步的探究。

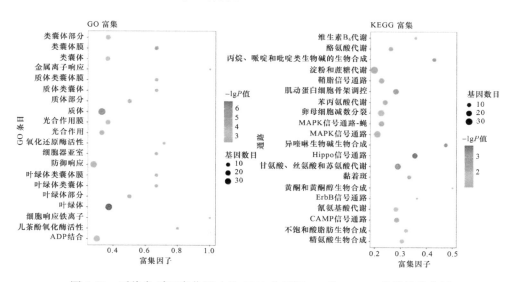

图 3-18 受染色质环变化影响的 5844 个基因 GO 和 KEGG 代谢通路分析

本研究表征了白花泡桐基因组染色质的不同层级结构及其特征，并与其他动植物的结构进行对比，发现植物基因的染色质三维结构是非常复杂的。通过多组学研究植原体入侵后染色质结构及其特征的变化与基因表达变化之间的关系，将有助于了解基因表达调控的复杂机制，同时也为研究泡桐丛枝病的发病机制提供了一个新的研究方向。

二、联合分析受染色质结构、组蛋白修饰和转录调控变化影响的基因

除了表征 A/B 区室、TAD 和染色质环的特征外，本研究还全面探究了植原体入侵后染色质结构、组蛋白修饰和转录调控之间的关系。研究表明，组蛋白修饰能够影响 DNA 与蛋白质、DNA 与核苷酸之间的结构关系，进而调控转录活性。如图 3-19A、B 所示，三种活性组蛋白（H3K36me3、H3K4me3、H3K9ac）在 A 区室中显著富集（秩和检验，$P < 0.01$）。同时，热图结果还显示在 PF 和 PFI 染色质中的环区域在这三种活性组蛋白中都显著富集（图 3-19C、D），这些结果与之前的研究结果一致（Dong et al.，2018）。此外，在 PF 和 PFI 特有环中，PFI 中三种组蛋白修饰的 peak 值富集程度远高于 PF（图 3-17C）。基于内部 Hi-C 计数，共有环中三个组蛋白标记的 peak 值富集与特有环中的峰值富集一致（图 3-17D～F）。因此推断表观遗传修饰和转录活性可能共同作用于健康白花泡桐和受植原体感染白花泡桐的染色质组装。这些结果与染色体内相互作用比率、IDE 和 TAD score 共同表明 PFI 中染色质状态可能比 PF 中更活跃。

之前研究已表明组蛋白修饰与泡桐植原体胁迫下大部分基因的表达均有关（Yan et al.，2019）。当综合分析白花泡桐中的 ChIP-Seq 和 RNA-Seq 数据时，共得到 20 493 个基因是与这三种组蛋白（H3K4me3、H3K9ac 和 H3K36me3）中的一个或多个相关的。其中既与特有的染色质环又与组蛋白修饰相关的基因共鉴定得到 3537 个。之后，根据以下方法进一步筛选出与 PaWB 相关的基因，均位于 A/B 区室转换、PF/PFI 特异的 TAD 边界、PF/PFI 特有环以及与组蛋白标记相关的所有基因。最终，从上述结果中获得了 11 个与 PaWB 密切相关的基因。这些基因的染色质结构变化和组蛋白修饰的详细信息见 3-7。含有 BTB/POZ 结构域的蛋白质在转录控制、蛋白质降解和染色质结构重塑等方面起着重要的作用（Li et al.，2018）。RPN6 参与了无数蛋白质-蛋白质的相互作用，对稳定 26S 蛋白酶体的构型完整性有着重要的意义。其中，泛素-蛋白酶体系统降解蛋白质的速度取决于泛素化率和泛素化蛋白质被 26S 蛋白酶体降解的速度。Zhang 等（2014a）发现黄瓜下胚轴中的蛋白酶体活性对于刺激防御反应至关重要。研究也表明 RPN6 与辣椒中的 PUB1 相互作用，并在应对非生物胁迫时发生了泛素化。因此本研究推测 RPN6 的泛素依赖性调节可能对植原体感染白花泡桐后的 26S 蛋白酶体的功能具有一定的调控作用。此外，Sec61 孔可以双向转运蛋白质，并调节信号肽依赖性蛋白质转运到内质网。Sec61 孔是一个多亚基复合物，包含亚基 Sec61α、Sec61β 和 Sec61γ，而 Sec61α 形成了多肽转运的孔通道（Mothes et al.，1994）。Wang 等

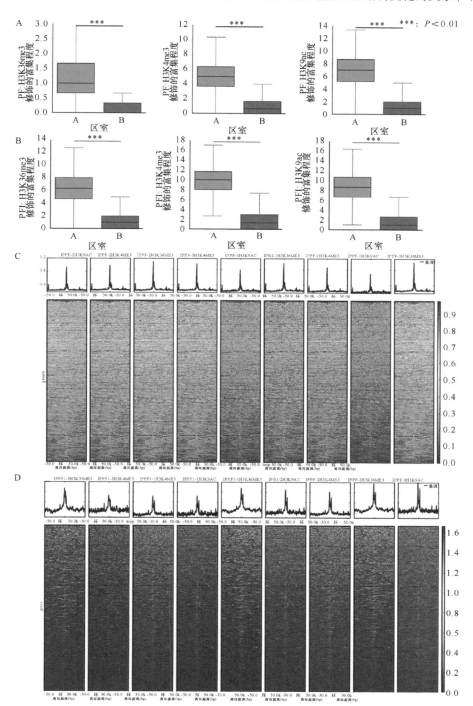

图 3-19　PF 和 PFI 中染色质区室转换与基因表达的关系

表 3-7 植原体感染后受染色质结构和组蛋白修饰变化影响的 11 个基因

染色体	区室转化	TAD 边界	组蛋白修饰	环名称（特有）	基因功能注释
chr3	B to A	PF_spe	K36，K4，K9	chr3_4065000_4485000（PFI）	RNA 聚合酶 II 转录亚基 22b 的调节子
chr6	B to A	PF_spe	K36，K4，K9	chr6_15470000_15765000（PFI）	含 BTB/POZ 结构域的蛋白质
chr7	B to A	PF_spe	K4，K9	chr7_10040000_10085000（PFI）	丙酮酸激酶同工酶 G，叶绿体异构体 X1
chr8	B to A	PF_spe	K36，K4，K9	chr8_16570000_18720000（PFI）	转运蛋白 Sec24
chr15	B to A	PFI_spe	K36，K4，	chr15_6385000_6785000（PFI）	未知蛋白 LOC105176954 isoform X1
chr20	B to A	PFI_spe	K4，K9	chr20_8210000_9140000（PFI）	转运蛋白 Sec61 亚基 α
chr4	B to A	PFI_spe	K36，K4，K9	chr4_14640000_24300000（PFI）	未知蛋白 LOC105173417
chr7	B to A	PFI_spe	K36，K4，K9	chr7_11665000_12505000（PFI）	未知蛋白 LOC105155972
chr8	A to B	PFI_spe	K36，K4，K9	chr8_5010000_5255000（PFI）	组蛋白去乙酰化酶 5
chr8	B to A	PFI_spe	K36，K4，K9	chr8_15790000_18815000（PFI）	26S 蛋白酶体非 ATP 酶调节亚基 6
chr8	B to A	PF_spe	K36，K4，K9	chr8_13440000_15490000（PF）	含有 Kelch 结构域的蛋白质

注：H3K36me3，K36；H3K4me3，K4；H3K9ac，K9。

（2005）报道了在拟南芥的 Sec61α 单突变体中，苯并噻二唑诱导抗病相关蛋白 PR1 的分泌，显著降低了该突变体对 Psm ES4326 病原体的抗性。另外，*Sec61βa* 在大麦中的低表达使植物对白粉病真菌的易感性降低（Zhang et al.，2013c）。在本研究中，发现植原体入侵后 Sec61α 的表达受到组蛋白修饰和染色质结构改变的影响，在一定程度上表明它可能在白花泡桐防御反应中发挥了重要作用。通过对 HDA5 和 HDA6 的突变体进行研究，结果表明与开花相关的组蛋白去乙酰化酶 5 （HDA5）和 HDA6 也参与激素刺激、非生物胁迫、防御和细胞壁组织（Luo et al.，2015），因此推测，HDA5 可能也参与了植物的多种发育过程和对 PaWB 胁迫的响应。其他基因，包括 RNA 聚合酶 II 转录亚基 22b 的调节子、丙酮酸激酶同工酶 G、叶绿体异构体 X1、含有 Kelch 结构域的蛋白 4 和转运蛋白 Sec24 也受到了染色体结构改变的影响，表明它们可能在 PaWB 的应激反应中发挥关键作用（图 3-20）。因此，本研究推测在丛枝病发生过程中，白花泡桐基因组染色质结构的变化可能会影响各种基因的转录调控，并在植物防御植原体入侵过程中起关键作用。

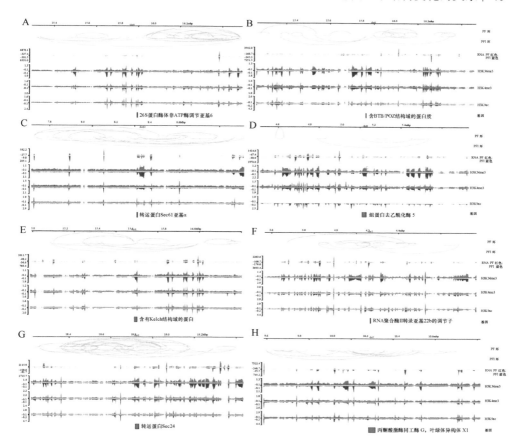

图 3-20　植原体感染后基因周围的染色质环、RNA 水平和表观遗传特征的变化

A. 26S 蛋白酶体非 ATP 酶调节亚基 6；B. 含 BTB/POZ 结构域的蛋白质；C. 转运蛋白 Sec61 亚基α；
D. 组蛋白去乙酰化酶 5；E. 含有 Kelch 结构域的蛋白；F. RNA 聚合酶Ⅱ转录亚基 22b 的调节子；G. 转运蛋白 Sec24；
H. 丙酮酸激酶同工酶 G，叶绿体异构体 X1

第四章　丛枝病发生与泡桐 m^{6}A 的变化关系

RNA 是中心法则的关键环节，能将遗传物质 DNA 与作为生命活动执行者的蛋白质紧密联系在一起，m^{6}A 修饰作为 RNA 中最常见的转录后修饰之一，能够调控表观遗传的稳定性（Dominissini et al.，2013）。m^{6}A 修饰的生成、消除及发挥作用受到多种蛋白质的共同调控，按照它们发挥的作用不同分成三大类：甲基化转移酶（Writers）、去甲基化酶（Erasers）和 m^{6}A 识别酶（Readers），分别负责 m^{6}A 甲基化的催化、去除以及 m^{6}A 位点的识别。m^{6}A 在生物体内动态平衡的变化会影响正常的生理功能，甚至导致许多疾病的发生（Zhao et al.，2017）。m^{6}A 修饰涉及多个生物学过程，包括胚胎发育、凋亡和昼夜节律等（Dominissini et al.，2012）。因此，如果缺失参与 m^{6}A 修饰的酶，可能会引发一系列疾病，包括干细胞稳定性失调、神经系统疾病、胚胎发育延迟，甚至诱导肿瘤的发生（Wang et al.，2014a；Wang et al.，2015f）。研究表明，抑制人类癌细胞中的甲基化转移酶 METTL3 可以减少肿瘤细胞的侵染扩散；乳腺癌细胞中 m^{6}A 去甲基化酶 ALKBH5 的激活促进了癌干细胞的富集。同样，m^{6}A 去甲基化酶 FTO 能介导急性髓细胞性白血病的发生。在小鼠中，METTL3 或 ALKBH5 的异常表达可能会导致小鼠小脑发育缺陷（Zhong et al.，2008；Zheng et al.，2013；Zhao et al.，2014）；m^{6}A 识别酶 YTHDF2 的缺失，会导致斑马鱼 DNA 合成和有丝分裂的延迟（Zhao et al.，2017）。在模式植物拟南芥中已鉴定出相应的 m^{6}A 修饰相关酶，例如，FIP37 是拟南芥中甲基化转移酶 WTAP 的同系物，是甲基转移酶复合体的核心组分，能够介导转录因子 STM 和 WUS 的甲基化，进而影响地上器官的发育；ALKBH10B 是一种 m^{6}A 去甲基化酶，可调控拟南芥中花序的发育；ECT2 作为 m^{6}A 识别酶，可识别 m^{6}A 修饰位点并调控拟南芥毛状体的形态发生；而烟草中的去甲基化酶 ALKBH5 与烟草花叶病毒的感染密切相关（Shen et al.，2016）。目前还未有在木本植物中 m^{6}A 修饰的研究报道。

上述的研究结果发现，m^{6}A 修饰障碍所导致的神经系统疾病、胚胎发育延迟及肿瘤的发生，很大程度上涉及干细胞的稳定性。而 PaWB 中的丛枝症状也是由于茎端分生组织干细胞紊乱造成的。因此，研究 PaWB 的发生过程是否受到 m^{6}A 修饰的影响是非常必要的。本研究将丛枝病苗和 MMS 处理苗的顶芽作为样本，探究了 PaWB 发生过程中 m^{6}A 修饰的分子机理，绘制了泡桐的 m^{6}A 修饰图谱，并通过转录组学和 m^{6}A 修饰组学的关联分析，筛选出 MMS 试剂处理的泡桐丛枝病组培苗恢复健康过程中所涉及的基因。通过 PaWB 发生前后 m⁶A 修饰变化的研究，将有助于进一步阐述泡桐丛枝病发生的分子机理，促进植原体病害的研究，并为揭示 PaWB 的表观遗传调控机制以及抗丛枝病的泡桐新品种培育奠定研究基础。

第一节　白花泡桐 m⁶A 测序数据分析

一、m⁶A 测序数据统计分析

首先，采用 TRIzol 试剂盒对白花泡桐丛枝病苗（PF）和 60mg·L⁻¹ MMS 处理苗（PFIM60）的总 RNA 进行提取；然后，分别构建 4 个 m⁶A-Seq 库（PFI-1-IP，PFI-2-IP，PF-1-IP，PF-2-IP）和 4 个 RNA-Seq 库（PFI-1-input，PFI-2-input，PF-1-input，PF-2-input），将构建好的 m⁶A-Seq library（IP）和 RNA-Seq library（input）测序文库在 Illumina Novaseq 6000 平台上进行双端 2×150bp 测序。结果显示，m⁶A-Seq 文库有 7300 万～8300 万的序列数，RNA-Seq 文库有 4400 万～5600 万的序列数（表 4-1）。对测序原始数据进行处理，首先利用 Cutadapt（Martin et al.，2011）以及本地的 Perl 脚本去除带接头（Adaptor）的序列、含有 N（N 表示无法确定碱基信息）的比例大于 5% 的序列、低质量序列（质量值 Q 质量值的碱基数占整个序列的 20% 以上），从而得到高质量序列。然后使用 FastQC（http://www.bioinformatics.babraham.ac.uk/projects/fastqc/）软件对高质量序列进行质控。使用 bowtie（Langmead et al.，2012）将高质量序列比对到参考基因组上。其中有效数据中有近 94% 的序列比对到外显子上，其余序列比对到内含子或基因间区。不同样本的生物学重复分析结果（图 4-1）说明该测序数据重复性较好。

表 4-1　m⁶A 测序结果统计（部分）

样本 ID	原始序列数	有效序列数	比对的序列数	特有序列数	Q30/%	GC/%
PFI-1	44 346 086	42 431 496	38 690 42（87.88%）	24 717 069（56.14%）	91.11	45.13
PFI-1-IP	83 336 938	81 052 000	68 980 87（85.11%）	50 374 071（62.15%）	93.53	47.61
PFI-2	56 644 972	54 508 726	44 577 39（88.17%）	28 598 455（56.56%）	91.85	45.40
PFI-2-IP	78 948 590	76 779 916	65 200 40（84.92%）	47 787 912（62.24%）	93.67	47.52
PFIM60-1	48 174 988	46 456 732	43 022 10（89.90%）	27 503 094（57.47%）	92.02	45.41
PFIM601-1-IP	81 233 188	79 125 180	68 311 75（86.33%）	50 942 579（64.38%）	93.78	47.54
PFIM60-2	41 069 730	39 455 602	36 604 78（89.83%）	23 658 671（58.06%）	91.88	45.60
PFIM60-2-IP	73 786 254	72 188 438	62 375 97（86.41%）	47 128 643（65.29%）	94.14	47.49

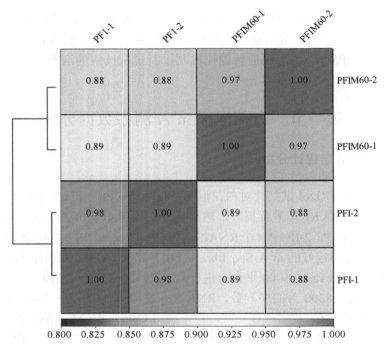

图 4-1　不同样本生物学重复性分析

二、丛枝病苗 m⁶A 图谱构建及 m⁶A peak 分析

首先，利用 peak-calling 软件和 R 包 exomePeak（Robinson et al.，2010）在泡桐全基因组范围进行 m⁶A peak 扫描，获得 peak 在基因组上的位置和长度等信息，$P<0.05$ 为差异 peak 筛选阈值；然后，利用 chipseeker 进行 peak 注释及 peak 在基因功能元件上的分布分析。全基因组 peak 分析结果显示，MMS 处理丛枝病苗在不同染色体上发生 m⁶A 修饰的基因数目不同，范围为 472~1014 个，其中数目较多的有 9 号染色体（1014 个）和 2 号染色体（1002 个），2 号染色体上鉴定出的 peak 数目最多（1506 个），14 号染色体上 peak 数目最少（702 个），约为最多 peak 数目的一半；病苗中不同染色体上发生 m⁶A 修饰的基因数目和 peak 数目的分布与 MMS 处理苗类似（表 4-2）。PaWB 植原体入侵导致了白花泡桐丛枝病苗 m⁶A peak 的分布发生变化，如图 4-2 所示，本研究构建了白花泡桐 m⁶A 修饰图谱（最外第一圈为染色体分布，第二圈为丛枝病苗 m⁶A peak 位置在染色体上的分布，第三圈为 MMS 处理丛枝病苗 m⁶A peak 位置在染色体上的分布）。m⁶A peak 在染色体上分布结果显示丛枝植原体入侵引起了病苗中 peak 数量的增加，在 MMS 处理丛枝病苗样本中，鉴定出了 13 505 个基因的 20 201 个 peak；在丛枝病苗样本中，鉴定出了 13 838 个基因的 20 568 个 peak，该结果说明丛枝

植原体入侵引起了白花泡桐 m⁶A 修饰的变化。

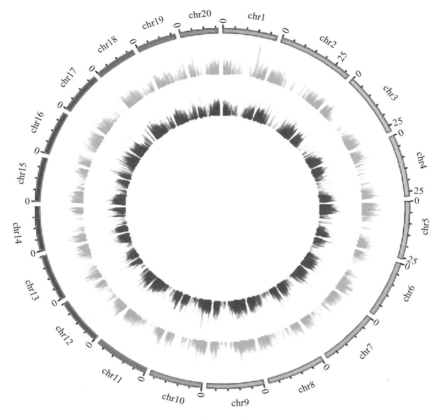

图 4-2　白花泡桐 m⁶A 修饰图谱

由外到内第一圈为染色体分布，第二圈为丛枝病苗 m⁶A peak 位置在染色体上的分布，第三圈为白花泡桐处理苗 m⁶A peak 位置在染色体上的分布

peak 在基因组上的分布显示：两个样本中的 peak 主要分布在基因的转录起始位点 TSS 和转录终止位点 TES 附近（图 4-3A），且以 TES 附近最多。进一步对差异 peak 在基因功能元件上的分布进行统计（图 4-3B），结果显示有 36.59% 差异 peak 位于 3'UTR 区、17.41% 差异 peak 位于 5'UTR 区、21.85% 差异 peak 位于外显子 1 上、24.15% 位于其他外显子上，表明泡桐丛枝病发生主要与 3'UTR 的 m⁶A 修饰有关。通过丛枝病苗与 MMS 处理丛枝病苗的比较分析，共获得了 1807 个基因的 2050 个差异 peak，说明丛枝植原体入侵白花泡桐引起了 m⁶A 修饰的变化（表 4-3）。

表 4-2 染色体上发生 m^{6}A 修饰的基因数和 peak 数统计

染色体编号	peak 数统计/个		发生甲基化修饰的基因数统计/个	
	PFI	PFIM60	PFI	PFIM60
ch1	731	712	499	489
ch2	1564	1506	1052	1002
ch3	1146	1098	757	727
ch4	1026	1029	706	694
ch5	1283	1263	860	841
ch6	1212	1176	802	778
ch7	1284	1276	852	825
ch8	939	920	671	655
ch9	1496	1490	1008	1014
ch10	1035	1037	699	688
ch11	1187	1183	816	790
ch12	902	904	587	591
ch13	902	888	618	586
ch14	708	702	476	479
ch15	958	946	615	606
ch16	1018	993	686	678
ch17	751	714	496	472
ch18	942	888	634	593
ch19	738	727	493	485
ch20	746	749	510	510

表 4-3 白花泡桐丛枝病苗和处理苗差异 peak（部分结果）

序列名	起始位点	终止位点	长度	转录本	P 值	注释
chr1	197 933	199 767	1 835	Paulownia_LG1G000017.1	1.00E-283	3′ UTR
chr1	1 857 734	1 857 853	120	Paulownia_LG1G000177.1	1.60E-20	外显子 11
chr1	2 039 807	2 040 195	389	Paulownia_LG1G000190.1	1.00E-108	3′ UTR
chr1	2 362 060	2 362 209	150	Paulownia_LG1G000229.1	5.00E-41	外显子 1
chr1	2 378 382	2 378 817	436	Paulownia_LG1G000232.1	0.00E+00	3′ UTR
chr1	4 397 136	4 399 475	2 340	Paulownia_LG1G000368.1	2.00E-62	外显子 8
chr1	4 443 951	4 447 941	3 991	Paulownia_LG1G000372.1	1.00E-286	外显子 1
chr1	4 974 239	4 976 514	2 276	Paulownia_LG1G000388.1	0.00E+00	5′ UTR
chr1	12 072 008	1 2072 424	417	Paulownia_LG1G000515.1	0.00E+00	3′ UTR
chr1	13 935 268	13 936 367	1 100	Paulownia_LG1G000535.1	0.00E+00	3′ UTR

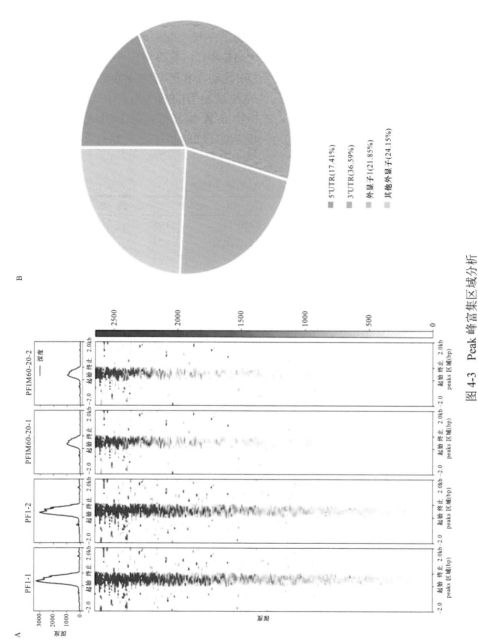

图 4-3　Peak 峰富集区域分析

A. 8 个样本 peak 峰在 TSS 和 TES 附近区域分布热图；B. peak 在基因元件上的分布

三、m⁶A 基序的鉴定

为确定泡桐丛枝病 m⁶A 发生相关的 m⁶A 修饰基序序列，本研究利用 HOMER 软件（Heinz et al.，2010）在差异 peak 分析的基础上进行基序预测，并将预测到的基序比对到 miRbase 数据库（1E–20 <P<1E–10），共鉴定出 10 个高度富集的基序序列（表 4-4）。结果显示没有鉴定到在哺乳动物和酵母中保守的 m⁶A 修饰基序 RRACH（R=A/G，H=A/C/U），但鉴定到的富集最显著的基序为 UUGUUUUGUACU（图 4-4），该基序与番茄、水稻和玉米等植物 m⁶A 修饰特有的 UGUAYY（Y=C/U）基序序列类似，说明预测结果有较高的可信度。这些基序序列容易被 m⁶A 相关酶识别并结合，进而影响基因的表达。

表 4-4   m⁶A 的基序预测

序号	基序	P 值	Log P 值	靶标所占百分比/%	所占背景的百分比/%
1	UUGUUUUGUACU	1.00E–18	–4.32E+01	14.45	8.07
2	GUAACUAU	1.00E–17	–4.12E+01	9.73	4.73
3	UGUAAAUU	1.00E–16	–3.89E+01	15.92	9.50
4	CAUUUUUGCUGU	1.00E–16	–3.81E+01	17.49	10.82
5	UUGUAUGUAUUU	1.00E–15	–3.64E+01	9.67	4.94
6	UUAUGAAAUUGU	1.00E–14	–3.38E+01	13.78	8.21
7	UAUCAUUUUACU	1.00E–13	–3.14E+01	6.52	3.00
8	UUAUUAUU	1.00E–13	–3.09E+01	9.67	5.26
9	CUCCUCCCACCU	1.00E–12	–2.90E+01	4.27	1.65
10	CACCCCUCCACC	1.00E–12	–2.83E+01	4.27	1.67

图 4-4   泡桐丛枝病 m⁶A 高比例基序

四、丛枝植原体对白花泡桐基因表达的影响

为研究丛枝病苗和 MMS 处理丛枝病苗的基因转录水平，在这两个样本的比较结果中，共检测到 1877 个差异表达的基因。相较于 MMS 处理丛枝病苗，丛枝病苗的样本中有 754 个表达上调的基因、1123 个表达下调的基因。GO 富集分析表明，差异表达基因主要参与：膜和细胞壁等细胞成分；以 DNA 为模板的转录

调控和次生代谢产物的生物合成过程等生物学过程；DNA 结合转录因子活性和氧化还原酶活性等分子功能（图 4-5）。KEGG 代谢通路富集分析表明差异表达的基因主要参与植物昼夜节律、苯丙烷类生物合成、类黄酮生物合成和甘油酯代谢等途径（图 4-6）。

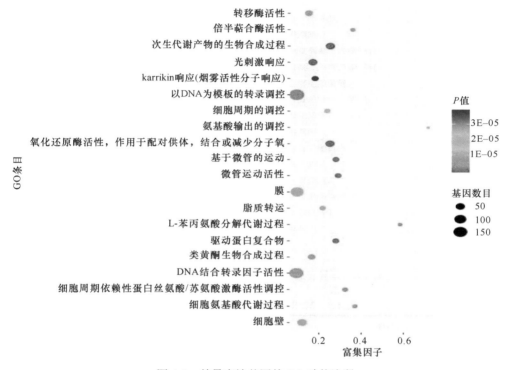

图 4-5 差异表达基因的 GO 功能注释

五、MeRIP-qRT-PCR 验证

为分析目的基因 *STM*（*Paulownia_LG15G000976*）和 *CLV2*（*Paulownia_LG2G00076*）的甲基化修饰水平，首先通过 MeRIP-Seq 数据得到目的基因相关的 peak 序列，然后根据 peak 序列设计引物，引物序列如表 4-5 所示。最后对 2 个基因进行 m⁶A MeRIP-qRT-PCR 验证，结果显示 2 个甲基化基因的表达与测序结果一致（图 4-7），说明测序结果可靠性较高。

六、m⁶A 修饰影响选择性剪接

选择性剪接（AS）涉及多种生理过程，包括对非生物和生物胁迫的反应。目

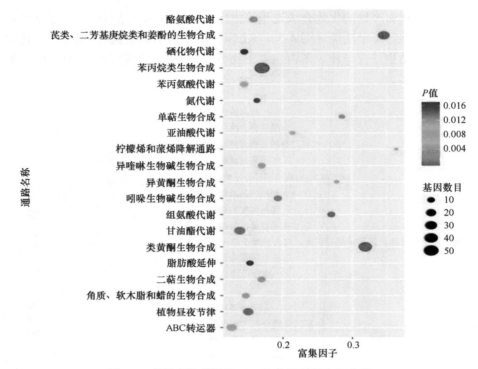

图 4-6　差异表达基因的 KEGG 代谢通路富集分析

表 4-5　MeRIP-qRT-PCR 所用引物序列

引物名称	引物序列（5'→3'）
LG2G000076-F	CTCGGATCGGCGTTATAC
LG2G000076-R	TGGCGCCACCATCACTATC
LG15G000976-F	AGCTGGTGGGAATTGCAC
LG15G000976-R	ACTTACTTCACATGGAAAG

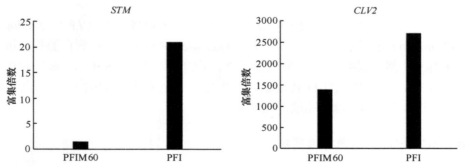

图 4-7　m^{6}A MeRIP-qRT-PCR 验证

前已经发现了四种主要的 AS 类型：内含子保留（IR）、外显子跳跃（ES）、替代 5′
剪接位点（A5SS）和 3′ 剪接位点（A3SS）（Barbazuk et al., 2008）。m⁶A 修饰
可以通过促进外显子在转录水平的保留来影响选择性剪接。因此，本研究结合 m⁶A
修饰和选择性剪接进行联合分析。首先，与丛枝病苗相比，MMS 处理丛枝病苗的
样本中共发现 282 个 SE 型可变剪接差异显著的基因和 84 个 MXE 型可变剪接差
异显著的基因。然后，m⁶A 修饰与选择性剪接的联合分析表明，当 m⁶A 甲基化程
度增加时，有两个基因的选择性剪接与 m⁶A 修饰之间存在相关性，分别是 *F-box*
（*Paulownia_ LG17G000760*）和 *MSH5*（*Paulownia_ LG8G001160*）。为验证基因
F-box 与 *MSH5* 在丛枝病苗和 MMS 处理丛枝病苗中选择性剪接的变化，本研究进
行了 RT-PCR 分析。分析结果发现，经过 MMS 处理后，当 m⁶A 甲基化程度增加
时，在 MMS 处理丛枝病苗中，这两个基因的条带亮度均减弱（图 4-8），表明 m⁶A
甲基化的程度影响了其选择性剪接事件。

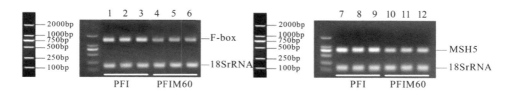

图 4-8　白花泡桐丛枝病苗（PFI）和 MMS 处理丛枝病苗（PFIM60）中的选择性剪接变化的验
证分析

18S rRNA 为内参基因，1～3、7～8 为 PFI 样本，4～6、10～12 为 PFIM60 样本

第二节　丛枝病发生对 m⁶A 甲基化修饰基因的影响

一、m⁶A 测序与转录组测序的关联分析

根据 RNA-Seq 差异筛选标准（|log₂foldchange|≥1，*P*<0.05）可将差异基因分
为上调和下调；同样，根据 m⁶A-Seq 差异筛选标准（*P*<0.05）可将差异甲基化基
因分为上调和下调。为探究患丛枝病泡桐 m⁶A 修饰与基因转录的关系，将 m⁶A
测序与转录组测序进行关联，结果共预测有 202 个差异甲基化基因在转录组水平
上也差异显著，且 m⁶A 修饰水平与基因表达之间呈现四种关系：①m⁶A 修饰水平
和转录水平都上调的基因有 92 个；②m⁶A 修饰水平上调而转录水平下调的基因有
18 个；③m⁶A 修饰水平下调而转录水平上调的基因有 47 个；④甲基化修饰水平
和转录水平都下调的基因有 45 个（表 4-6）。GO 富集分析显示，这些差异基因
主要参与：类囊体细胞组分；结合特异性序列 DNA；以 DNA 为模板的转录调
控（图 4-9A）。KEGG 代谢通路分析表明，基因主要富集在 ABC 转运、二萜类生

物合成、植物激素信号转导和苯丙烷生物合成等信号通路（图4-9B）。

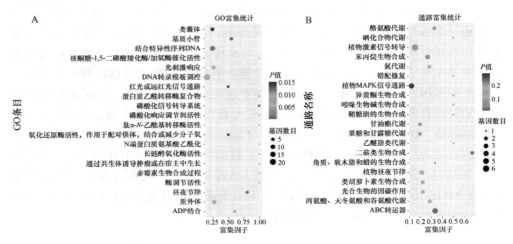

图 4-9　关联基因的 GO 分类和 KEGG 代谢通路分析

二、丛枝病发生特异相关的甲基化修饰基因分析

本研究通过 m^{6}A 与转录组的关联分析，获得一些与植物-病原体互作、植物激素信号转导和植物分蘖相关的基因（表 4-6）。在植物-病原体互作和信号转导通路中筛选出了基因 *LIGHT-DEPENDENT SHORT HYPOCOTYLS 4*（LSH4）。据报道，*LSH4* 在茎尖中的过表达会导致营养期叶片生长受到抑制以及花发育期间形成冗余的茎或芽，而在泡桐丛枝病苗中 *LSH4* 基因的 m^{6}A 修饰水平和转录水平都显著上调，同时根据该基因的 peak 分布推测丛枝植原体入侵泡桐导致泡桐 *LSH4* 3'UTR 区的 m^{6}A 修饰水平上调，进而增强 *LSH4* mRNA 的稳定性并导致其表达水平上调，从而诱导泡桐丛枝症状的发生。在植物激素信号转导代谢通路中筛选出四个差异的基因 *SHORT-ROOT*、*LIGHT-DEPENDENT SHORT HYPOCOTYLS 4*、*HISTIDINE-CONTAINING PHOSPHOTRANSFER PROTEIN 1* 和 *REGULATORY pROTEIN npr5*，其中 SHORT-ROOT 蛋白参与根部放射状形成，在细胞分裂过程中起重要作用，HISTIDINE-CONTAINING PHOSPHOTRANSFER PROTEIN 1 是一种细胞分裂素传感器组氨酸激酶和响应调节剂（ARR-B）之间的磷酸化介体，是细胞分裂素信号通路的正调节剂。

Gordon 等报道 *WUSCHEL*（*WUS*）与细胞分裂素存在相互增强的关系，并且在拟南芥的研究中，*STM*、*WUS*（Lenhard et al.，2002）和 *CLV3*（Nikolaev et al.，2007）这三个基因对维持茎端分生组织中的干细胞稳定性至关重要，其中 STM 在体内与 WUS 相互作用并募集 CLV3 以调控茎端分生组织的表达。而在白花泡桐的转录组中，*WUS* 基因的表达差异较小，但 *STM* 基因在丛枝病苗中具有较高的表达，m⁶A 测序结果表明 *STM* 基因的 3'UTR 区 m⁶A 修饰水平显著上调，因此本研究推测 PFI 中 *STM* m⁶A 修饰水平上调有利于维持其稳定表达。在拟南芥中，m⁶A 甲基化酶 FIP37 影响 *WUS* 和 *STM* 的表达并调节茎端分生组织的发育。这意味着此类 m⁶A 修饰酶极可能在泡桐中参与调节 *STM* 基因的表达。

表 4-6　m⁶A 修饰发生变化的差异表达基因（部分）

基因	调控	
	m⁶A	基因
调节蛋白类 NPR5	下调	下调
含组氨酸的磷酸转移蛋白 1	上调	上调
短根	下调	下调
光依赖的短下胚轴蛋白 4	下调	下调
同种异体蛋白-1 异构体 X2	下调	下调
富含亮氨酸的类受体激酶蛋白 At5g49770	下调	下调
类多聚半乳糖醛酸酶抑制剂	下调	下调
类富含脯氨酸的蛋白质 4	上调	上调
类 G2/有丝分裂特异性细胞周期蛋白-1	下调	上调
ATP 依赖性 RNA 解旋酶	下调	上调
L-天冬氨酸氧化酶	下调	上调
八氢番茄红素合酶 2	下调	上调
果糖二磷酸醛缩酶 1	上调	上调

三、STM、CLV2 维持茎端分生组织的稳定性受 m⁶A 修饰的调控

通过本地 BLAST 和保守结构域分析检测出白花泡桐中的 STM 和 CLV2 基因的同源物（表 4-7）。与拟南芥的 *STM*（*AT1G62360*）基因相对比，白花泡桐基因 *Paulownia_LG15G000976* 和 *Paulownia_LG14G000617* 都具有相同的 4 个保守结构域，即 KNOX2、KNOX1、Homeobox_KN 和 ELK，因此鉴定出这两个基因可能是白花泡桐中的 STM 同源基因的两个拷贝。白花泡桐的 *Paulownia_LG2G000076* 基因具有与拟南芥 *CLV2*（*AT1G65380*）基因相同的保守结构域 PLN00113 超家族。先前的研究表明 STM 和 WUS 结合 CLV3 的启动子并激活其转录表达，CLV3 和 CLV2 共同维持 SAM 组织中未分化干细胞的数量并调节正常茎末端的产生。转录

组数据分析表明 STM 在丛枝病苗中具有较高的表达水平，而 m^6A 数据分析表明基因 STM 和 CLV2 在丛枝病苗中 m^6A 修饰水平升高。因此，泡桐丛枝病的发生可能与维持茎端分生组织稳定性的 STM 和 CLV2 密切相关，并且可能被 m^6A 修饰所调控。

表 4-7　保守域分析表

基因	基因 ID	显著性	m^6A 修饰水平	基因表达水平	结构域	结构域	结构域	结构域
STM	AT1G62360	—	—	—	KNOX2	KNOX1	Homeobox_KN	ELK
	Paulownia_LG15G000976	是	下调	下调	KNOX2	KNOX1	Homeobox_KN	ELK
	Paulownia_LG14G000617	是	下调	下调	KNOX2	KNOX1	Homeobox_KN	ELK
	Paulownia_LG7G001667	否	上调	下调	KNOX2	KNOX1	Homeobox_KN	ELK
CLV2	AT1G65380	—	—	—	PLN00113家族	—	—	—
	Paulownia_LG2G000076	是	下调	下调	PLN00113家族	—	—	—

第五章 丛枝病发生与泡桐染色质可及性的变化关系

真核生物基因组以包裹成染色质状态而存在，包裹的状态对基因表达调控起重要的作用。染色质可及或开放是一般转录因子结合到调控元件的前提。基因表达的首要条件一般是调控元件所在染色质区域的开放，然后转录因子才能结合到调控元件，最后基因才会以合适的表达行使其生物学功能。染色质的开放涉及多个生物学途径：①组蛋白修饰如 H3K27ac 和 H3K27me3 等使核小体间产生松散或紧缩的作用；②组蛋白变体如 H2A.Z 等使染色质发生结构变化；③DNA 修饰引导产生的染色质结构变化；④驱动转录因子结合导致的染色质结构变化；⑤非编码 RNA 引导产生的染色质结构变化等。

ATAC-Seq 作为一种检测染色质开放性区域的技术，其原理是利用 Tn5 转座酶专门切割裸露 DNA 的特性，Tn5 酶在切割裸露 DNA 的同时在 DNA 末端接上测序接头，然后通过二代测序就可以检测到 Tn5 酶切割的位点，进而检测到染色质的开放性区域（Buenrostro et al.，2013）。在 ATAC-Seq 技术出现之前主要是利用 ChIP-Seq 技术检测特定转录因子（TF）的结合位点（TFBS），ChIP-Seq 技术的局限性在于获得抗体较难，而且一次实验只能获得一个转录因子的结合位点，而 ATAC-Seq 可以获取所有 TF 的结合位点。DNase-Seq 作为一种替代技术，一直没有得到广泛的应用，主要原因是实验周期长且对实验材料的样本量要求较高。

ATAC-Seq 技术已经广泛应用于植物基因组调控图谱研究。Olivia 等利用 ATAC-Seq 检测干旱和高温处理水稻响应的调控图谱（Wilkins et al.，2016），结合转录组数据整合分析得到胁迫响应调控网络。华中农业大学李兴旺课题组利用 ATAC-Seq 技术联合 ChIP-Seq 和 Hi-C 技术整合数据分析得到玉米的玉米穗和雌蕊的调控图谱（Sun et al.，2020）。Zoe 等利用 ATAC-Seq 联合转录组、DNA 甲基化组、组蛋白修饰组等数据解析调控图谱并结合 DNA 变异图谱，获得基因组调控区域的变异数据库，为水稻后续的功能基因组研究奠定了基础（Joly-Lopez et al.，2020）。Lorenzo 等利用 ATAC-Seq 整合 Hi-C、ChIP-Seq、RNA-Seq 和 Hi-ChIP 等技术解析小麦幼苗叶片，获得覆盖小麦全基因组区域的调控图谱（Concia et al.，2020）。

植原体入侵泡桐后引起了广泛的基因表达变化，染色质调控图谱变化是基因表达重编程的基础，于是推测植原体入侵泡桐后会发生染色质开放性的变化。本研究选择泡桐健康苗、植原体感染苗、感染苗甲基磺酸甲酯（MMS）处理和利福平（Rif）处理等材料研究植原体入侵泡桐前后，以及 MMS 和 Rif 抑制植原体的基因组响应机制，探索植原体导致泡桐丛枝病的致病机理，为培育泡桐抗病品种奠定基础。

第一节　ATAC-Seq 测序数据分析

一、ATAC-Seq 测序数据统计和质量评估

为探究丛枝病发生与泡桐染色质可及性变化的关系，本研究对 PF、PFI、PFIM60-5d、PFIM60-20、PFIL100-5d 与 PFIL100-20d 这六个样本建立 ATAC-Seq 文库，使用 Illumina Novaseq 6000 平台进行 PE150 测序，每个样本重复三次。测序结果显示每个文库有 122～229M 的序列数，结合 Q20%和 Q30%结果显示数据的数据量及数据质量都符合实验要求（表 5-1）。样本间相关分析结果显示，利福平和甲基磺酸甲酯两种试剂处理病苗导致的染色质开放性结果存在一定的差异，说明两种试剂处理使病苗恢复健康的机制存在差异（图 5-1）。将过滤后得到的高

表 5-1　ATAC 测序结果统计

样本	原始序列数	处理后序列数	高质量序列占比/%	Q20/%	Q30/%	GC/%
PF-1	229 599 744	225 307 614	98.13%	98.59	95.77	43.99
PF-2	205 084 472	201 611 752	98.31%	98.44	95.27	44.46
PF-3	205 193 314	202 948 978	98.91%	98.39	95.19	45.80
PFI-1	146 832 328	142 853 028	97.29%	95.34	88.30	43.11
PFI-2	199 219 062	193 765 118	97.26%	98.51	95.61	44.52
PFI-3	227 111 086	223 870 966	98.57%	98.57	95.67	43.48
PFIM60-5d-1	161 290 618	159 571 686	98.93%	98.09	94.02	42.93
PFIM60-5d-2	160 650 258	159 330 248	99.18%	98.73	96.09	44.23
PFIM60-5d-3	161 899 196	160 804 734	99.32%	98.72	96.08	42.18
PFIM60-20d-1	161 779 684	160 362 822	99.12%	98.46	95.22	39.14
PFIM60-20d-2	159 827 848	157 978 376	98.84%	98.73	96.16	39.52
PFIM60-20d-3	164 801 386	162 934 640	98.87%	98.65	95.90	39.58
PFIL100-5d-1	167 470 110	165 903 672	99.06%	98.32	94.88	43.54
PFIL100-5d-2	122 773 564	121 722 426	99.14%	98.14	94.51	43.51
PFIL100-5d-3	166 015 740	163 316 634	98.37%	98.59	95.67	43.64
PFIL100-20d-1	159 194 848	157 823 044	99.14%	98.15	93.79	39.88
PFIL100-20d-2	178 535 592	176 038 244	98.60%	98.24	95.11	41.32
PFIL100-20d-3	177 464 634	175 265 080	98.76%	98.34	95.37	42.02

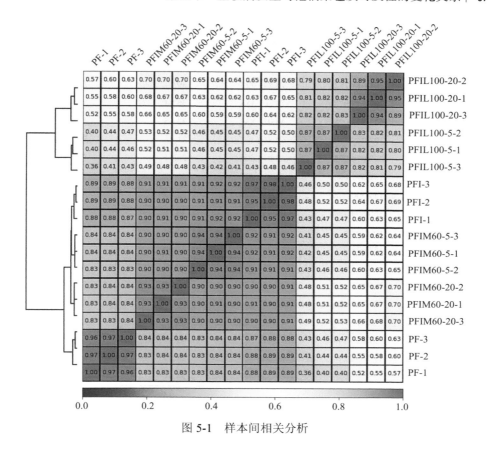

图 5-1　样本间相关分析

质量序列比对到泡桐参考基因组上（表 5-2），每个样本平均获取了 56M 的唯一匹配的 reads，数据量满足要求（https://www.encodeproject.org/atac-seq/）。基因组 fragment 分析显示，基因组位点的测序深度符合实验要求。使用 deeptools 软件（Ramírez et al.，2014）分析基因转录起始位点（TSS）上、下游 2kb 的测序序列分布情况，发现 6 个样本在 TSS 附近均有很明显的富集（图 5-2），与已经报道的研究结果一致（Orchard et al.，2020）。

二、ATAC-seq 的 peak 分析

利用 MACS2 软件进行富集峰的鉴定（Feng et al.，2012），结果如表 5-3 所示，平均获得约 4 万个 peaks。为进一步探究染色质开放位点分布特征，进而理解染色质开放位点对基因调控的机制，使用泡桐基因组的基因注释信息，分析 peak 在整个基因组范围内的分布区域，显示 PF、PFI、PFIM60-5d、PFIM60-20d、

表 5-2   ATAC 比对结果统计

样本	全部序列数	比对序列数	比对序列比率/%	唯一比对的序列数
PF-1	225 307 614	87 496 788	38.83	79 766 379
PF-2	201 611 752	78 771 723	39.07	71 746 277
PF-3	202 948 978	74 761 188	36.84	67 985 372
PFI-1	142 853 028	48 071 833	33.65	43 530 242
PFI-2	193 765 118	60 869 432	31.41	55 045 673
PFI-3	223 870 966	64 046 608	28.61	57 700 453
PFIM60-5d-1	159 571 686	56 887 222	35.65	51 808 016
PFIM60-5d-2	159 330 248	57 572 018	36.13	52 281 239
PFIM60-5d-3	160 804 734	65 457 523	40.71	59 283 528
PFIM60-20d-1	160 362 822	73 441 421	45.80	66 324 450
PFIM60-20d-2	157 978 376	59 240 423	37.50	53 296 208
PFIM60-20d-3	162 934 640	62 554 110	38.39	56 322 073
PFIL100-5-1	165 903 672	49 158 690	29.63	43 830 527
PFIL100-5-2	121 722 426	35 490 666	29.16	31 552 418
PFIL100-5-3	163 316 634	46 464 720	28.45	41 319 536
PFIL100-20-1	157 823 044	72 072 224	45.67	64 470 220
PFIL100-20-2	176 038 244	69 566 129	39.52	61 308 097
PFIL100-20-3	175 265 080	67 323 254	38.41	59 107 460

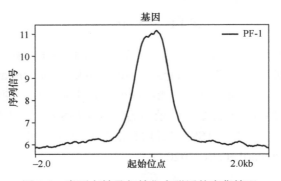

图 5-2   序列在转录起始位点附近的富集情况

PFIL100-5d、PFIL100-20d 这六个样本分别有 36.9%、34.7%、35.2%、34.1%、40.0%
和 39.6% 的 peak 分布在基因间区（图 5-3），与拟南芥主要分布于启动子区存在一
定差异（Tannenbaum et al.，2018）。Peak 在基因内的分布区域，显示 PF、PFI、
PFIM60-5d、PFIM60-20d、PFIL100-5d、PFIL100-20d 这六个样本分别有 57.2%、
52.5%、45.1%、43.6%、58.4%、57.3% 的 peak 分布在启动子区。转录因子能与顺
式调控元件结合调控目标基因的转录，peak 关联基因的转录因子预测显示，在 PF

中一共预测得到 bHLH、MYB、AP2/ERF-ERF 等 91 类转录因子涉及 2192 个基因，
而 PFI 中涉及了 2021 个基因。

表 5-3　ATAC 富集峰鉴定结果

样本	富集峰数	峰平均长度	平均标签数	平均富集倍数
PF-1	52 440	417.4	49.4	3.4
PF-2	47 847	404.3	42.6	3.2
PF-3	40 322	394.7	40.3	3.1
PFI-1	44 304	414.0	33.3	3.6
PFI-2	50 718	405.4	36.4	3.4
PFI-3	45 127	385.2	32.8	3.4
PFIM60-5d-1	33 152	393.4	31.7	3.4
PFIM60-5d-2	26 571	362.9	29.3	3.6
PFIM60-5d-3	31 463	394.1	31.9	3.4
PFIM60-20d-1	34 659	408.5	34.5	3.3
PFIM60-20d-2	26 725	371.4	30.7	3.7
PFIM60-20d-3	28 274	384.1	31.6	3.6
PFIL100-5d-1	40 489	373.9	23.4	3.6
PFIL100-5d-2	26 520	346.8	20.3	4.0
PFIL100-5d-3	37 009	351.7	23.3	3.6
PFIL100-20d-1	36 703	385.9	32.7	2.9
PFIL100-20d-2	42 009	378.2	29.6	3.0
PFIL100-20d-3	40 207	364.2	29.1	3.1

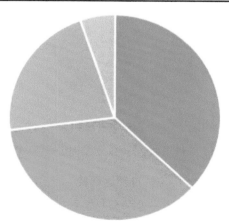

■ 基因间区　　■ 启动子区　　■ 外显子区　　■ 内含子区

图 5-3　Peak 在基因组的分布（PF 样本）

三、样本间的开放性差异分析

植原体感染泡桐后，导致染色质发生可及性变化。对可及性变化区域进行分析，为本研究检测差异调控的转录因子提供了线索。利用 Diffbind 分析包（FDR<0.05，Fold>2 或者<−2）分析差异 peak 后（Stark and Brown，2011），发现 PFI 比 PF 上调的 peak 有 353 个，在整个基因组范围内有 39.39%位于基因间区上，在基因内有 60.84%位于启动子上；PFI 比 PF 下调的 peak 有 1187 个，在整个基因组范围内有 66.49%位于基因间区上，在基因内有 45.4%位于启动子上（图 5-4）。染色质开放性在差异 peak 区域发生了显著的变化（图 5-5）。在染色质开放区内 DNA 能发生转录，需要转录因子结合于顺式元件启动转录。将 PFI 相对 PF 下调的 1187 个 peak，利用 HOMER 软件（Heinz et al.，2010）搜寻保守的转录因子结合位点（TFBS），发现最富集的 motif 是 TCP 转录因子的识别位点 TGGGC。TCP 家族转录因子是植物特有的转录因子家族，参与了很多植物的生长和发育过程（Martín-Trillo and Cubas，2010）。TCP 家族基因已经证明能被植原体效应子结合，导致 TCP 蛋白稳定性降低（Sugio et al.，2014）。

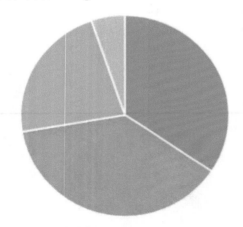

■ 基因间区　■ 启动子区　■ 外显子区　■ 内含子区

图 5-4　PFI 与 PF 中差异 peak 在基因组范围内的分布

染色质可及性的改变影响了基因的表达调控。为解析丛枝病如何影响染色质可及性，进而调控基因表达导致丛枝症状，对差异开放程度的区域进行 GO 富集。分析显示，健康苗比丛枝病苗更开放的区域所富集的功能分类有蛋白质与发色团连接、光合作用生物过程、DNA 导向的 5'→3'RNA 聚合酶活性以及核糖体的结构成分等（图 5-6）。丛枝病苗比健康苗中更开放的区域富集的功能分类有胁迫响应相关、金属离子结合、运输活性以及氧化还原稳态等。对差异开放的区域关联基

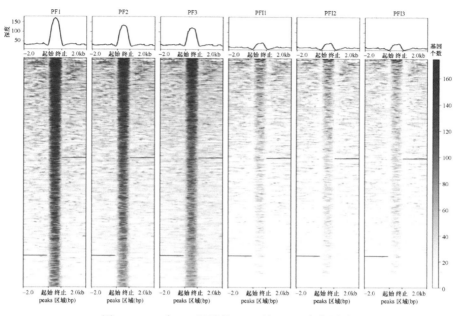

图 5-5　PFI 与 PF 间差异 peak 的 reads 富集展示

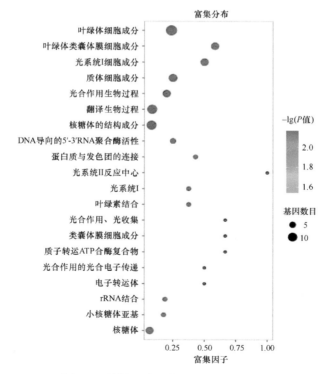

图 5-6　差异开放程度区域的 GO 富集分析

因进行 KEGG 代谢通路分析显示，健康苗比丛枝病苗中更开放的区域富集出参与信号转导、碳水化合物代谢和能量代谢等通路的基因；丛枝病苗比健康苗中更开放的区域富集出参与环境信号转导、遗传信息处理以及细胞过程等通路的基因（图 5-7）。综合分析显示，植原体感染能导致泡桐丛枝病苗的染色质可及性的发生改变，即更开放的区域与信号转导、植物免疫、细胞加工等功能的基因相关，表明这些更开放的区域可能与泡桐丛枝病发生相关基因的表达调控相关。

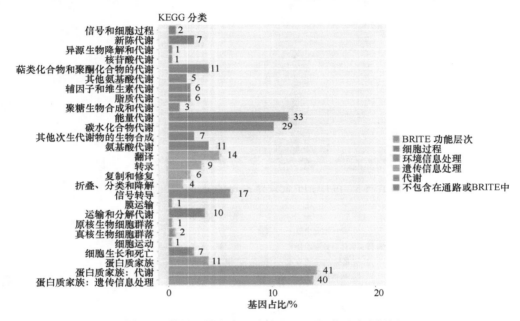

图 5-7　差异开放程度区域的 KEGG 代谢通路分析图

第二节　植原体侵入导致的泡桐染色质开放性差异调控区关联转录因子分析

一、植原体感染导致的差异调控区分析

为分析植原体感染导致的差异结合位点关联的转录因子，基于 JASPAR 数据库（Fornes et al.，2020）的所有植物类转录因子权重矩阵（PWM），利用 chromVAR 软件（Schep et al.，2017）搜寻每个 motif 对应的变异指数（图 5-8）。经过分析，发现变异最显著的 motif 是 Rax 转录因子识别位点。Guo 等研究发现 WRKY71 通过调控 Rax 转录因子的表达控制分枝数（Guo et al.，2015）。

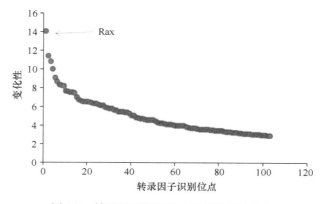

图 5-8 转录因子识别位点的差异指数分布

二、泡桐丛枝病的发生受多种转录因子调控

为探究泡桐丛枝病发生受染色质开放区域调控的模式，预测出转录因子调控模块，进而找到其相对应的转录因子，在健康苗比丛枝病苗更开放的区域检测出来 88 个转录因子家族（图 5-9），丛枝病苗比健康苗中更开放的区域中检测到 28 个转录因子家族（图 5-10）。其中有在植物中较常见的转录因子，如 bHLH、AP2/ERF-ERF、WRKY 以及与 MYB 相关等转录因子家族。bHLH 参与植物的生长发育以及多种逆境胁迫（Sun et al.，2018）。AP2/ERF-ERF 能参与水稻生命周期

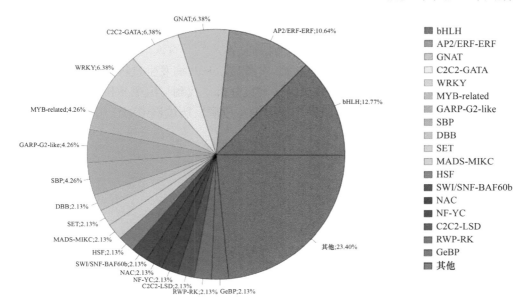

图 5-9 健康苗比丛枝病苗中更开放区域中转录因子家族统计分类

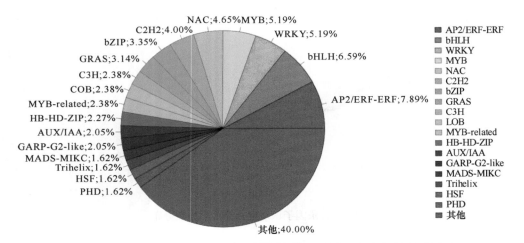

图 5-10 丛枝病苗比健康苗中更开放区域中转录因子家族统计分类

的调控（Serra et al.，2013）。WRKY 参与植物防御、代谢以及发育等多个生理活动，在生物胁迫与非生物胁迫过程中都有重要的调节作用（Dong et al.，2003）。这些研究表明本次实验预测出的转录因子在丛枝病发生过程中可能也具有一定的调控作用，这些转录因子如何参与基因的表达，以及如何介导泡桐丛枝病的发生还有待进一步的研究与验证。

在本研究中，对泡桐健康苗、丛枝病苗以及 MMS 和 Rif 处理苗进行了 ATAC-Seq 的建库测序，用来研究泡桐丛枝病发生与染色质可及性变化间的关系。本研究中，实验数据量充足且数据符合实验要求，鉴定的插入片段分布与 TSS 区域的富集情况均符合 ATAC-Seq 数据的特征。在泡桐中首次成功地完成 ATAC-Seq 的研究，填补了这一领域的研究空白。实验显示丛枝病发生过程中染色质可及性发生变化，并通过开放区域的转录因子富集分析，找到与泡桐丛枝病发病相关的转录因子，为之后研究这些转录因子在泡桐丛枝病发病过程中的作用奠定了基础。

第六章　丛枝病发生与 DNA 甲基化的变化关系

　　DNA 甲基化是最重要的表观遗传修饰形式，它是在 DNA 甲基转移酶（DMT）催化下，将 S-腺苷甲硫氨酸（SAM）上的甲基基团连接到 DNA 分子腺嘌呤碱基或胞嘧啶碱基上的过程，是一种酶促的化学修饰过程（Singal and Ginder 1999；Dubey and Jeon，2017），是真核生物中最重要的表观遗传修饰之一，在生物过程中发挥着关键作用，如基因表达调控、肿瘤发生、胚胎发育、病毒感染和抗病防御等（Elhamamsy，2016；Sow et al.，2018；Walker et al.，2018）。已有研究表明在植物中，DNA 甲基化水平变化会导致形态异常（Gambino and Panitaleo，2017）。当植物遭受环境胁迫时，植物基因组 DNA 甲基化可迅速、动态地对胁迫做出反应，弥补了高度稳定的 DNA 序列对逆境响应的不足（彭海和张静，2009；潘丽娜和王振英，2013）。对于病原入侵的植物来说，当宿主被病原体入侵时，基因的表达通过 DNA 甲基化水平或模式的变化来调节，导致相关信号转导途径的激活或抑制，并引发针对病原体的一系列生理和生化反应（Boyko et al.，2007；Dowen and Ecker，2012）。

　　在泡桐-植原体的相互作用中，前期通过 HPLC 和 MSAP 检测出被植原体入侵的泡桐 mCG 甲基化水平发生了变化（贾峰等，2007；Cao et al.，2014a；2014b），然而 HPLC 在检测甲基化位点方面存在一些局限性；虽然 MSAP 可以确定 CCGG 位点，但非 CCGG 位点的一些胞嘧啶甲基化无法检测到，这样很容易失去一些重要的甲基化位点，而且一些含有 M／E 或 H／E 接头的冗余条带也会影响结果的统计。然而，一个单碱基分辨率的 DNA 甲基组可以发现之前未检测到的 DNA 甲基化位点（mCHG 和 mCHH），它不仅可以提供整个 DNA 甲基化图谱，还可以提供甲基化程度变化以及每个序列在基因组水平上的分布（Ryan et al.，2008）。为了准确评价泡桐丛枝病发生不同阶段的甲基化变化，本研究采用全基因组甲基化测序（WGBS）技术，借助 20mg·L⁻¹ 和 60mg·L⁻¹MMS 在不同时间点处理白花泡桐丛枝病组培苗，又采用 30mg·L⁻¹ 和 100mg·L⁻¹ 利福平在不同时间点处理白花泡桐丛枝病组培苗（分别模拟植原体入侵泡桐和在泡桐体内逐渐消失的过程），从而研究丛枝病发病不同阶段的甲基化变化，获得丛枝病发病过程中的甲基化图谱、甲基化水平和模式的变化以及碱基偏好性，并对两种试剂处理的不同比较组间的甲基化区域进行统计。针对不同比较组间 DMR 的甲基化基因进行比较，获得丛枝病发病相关基因，然后对这些基因进行 GO 和 KEGG 分析，以获取这些甲基化基因参与的代谢通路。该结果为研究泡桐丛枝病发生的表观遗传机制提供了新的见解。

第一节 不同试剂处理对白花泡桐丛枝病幼苗 DNA 甲基化的影响

一、MMS 处理对白花泡桐丛枝病幼苗 DNA 甲基化的影响

（一）MMS 处理苗的 DNA 甲基化测序结果统计

对 2 种浓度 MMS 在不同时间点处理的 10 个样本进行全基因组甲基化文库构建，然后在 Illumina Hiseq 4000 平台进行 pair-end 2×150bp 测序，结果产出 100 910 022（PFI）、101 228 580（PFI-1）、107 645 878（PFI-2）、118 263 864（PF）、102 737 224（PF-1）、99 230 768（PF-2）、99 557 668（PFIM60-5）、108 540 624（PFIM60-5-1）、116 237 160（PFIM60-5-2）、127 790 448（PFIM60-10）、114 597 960（PFIM60-10-1）、115 282 506（PFIM60-10-2）、104 752 776（PFIM60-15）、106 327 474（PFIM60-15-1）、118 570 434（PFIM60-15-2）等原始数据（表 6-1）。然后对原始数据进行处理。在这一过程中，由于下机原始数据中可能含有测序接头序列（建库过程中引入）和低质量的测序数据（由测序仪器本身产生），使用 cutadapt（Martin，2011）和内部的 perl 脚本去除接头（adaptor）、低质量碱基和未确定碱基的序列数以获得高质量的序列数。最后将 10 个样本的有效序列数比对到白花泡桐基因组上，30 个结果的比对率均在 40%～60%，覆盖率见表 6-2。结果表明样本可用于下游生物信息学分析。

表 6-1 MMS 处理样本经 WGBS 测序产生的数据统计

样本	原始数据		有效数据		Q20/%	Q30/%	GC/%
	序列数	碱基/G	序列数	碱基/G			
PFI	100 910 022	15.14	97 970 014	9.80	95.57	91.69	20.49
PFI-1	101 228 580	15.18	97 987 600	9.80	95.34	91.29	20.89
PFI-2	107 645 878	16.15	104 544 904	10.45	95.46	91.36	20.53
PF	118 263 864	17.74	113 968 326	11.40	94.28	89.18	21.65
PF-1	102 737 224	15.41	99 090 698	9.91	95.26	91.11	21.68
PF-2	99 230 768	14.88	95 822 304	9.58	94.55	89.70	21.83
PFIM60-5	99 557 668	15.00	91 194 658	9.12	92.86	87.95	24.2
PFIM60-5-1	108 540 624	16.28	98 116 042	9.81	93.83	89.07	22.54
PFIM60-5-2	116 237 160	17.44	105 899 056	10.59	92.89	86.57	23.43
PFIM60-10	127 790 448	19.17	112 047 572	11.20	91.36	84.67	25.72

续表

样本	原始数据		有效数据		Q20/%	Q30/%	GC/%
	序列数	碱基/G	序列数	碱基/G			
PFIM60-10-1	114 597 960	17.19	100 343 710	10.03	91.85	86.16	25.06
PFIM60-10-2	115 282 506	17.29	96 673 026	9.67	93.08	88.20	23.76
PFIM60-15	104 752 776	15.71	91 981 408	9.20	91.79	86.60	25.36
PFIM60-15-1	106 327 474	15.95	91 111 800	9.11	92.99	88.10	24.29
PFIM60-15-2	118 570 434	17.79	102 000 042	10.20	92.80	87.73	23.83
PFIM60-20	115 919 876	17.39	107 697 784	10.77	93.78	89.65	23.47
PFIM60-20-1	161 423 316	24.21	100 346 002	10.03	93.78	89.60	23.44
PFIM60-20-2	120 390 444	18.06	107 474 118	10.75	94.54	90.59	23.16
PFIM20-10	102 716 760	15.41	81 751 608	8.10	98.21	95.59	19.02
PFIM20-10-1	337 545 654	50.63	107 874 398	14.90	97.05	93.21	18.47
PFIM20-10-2	131 432 204	19.85	126 897 082	12.59	98.76	96.95	19.18
PFIM20-30	192 457 100	28.87	94 271 858	13.05	97.09	93.27	18.68
PFIM20-30-1	130 464 224	19.57	96 334 728	13.29	96.19	91.23	18.59
PFIM20-30-2	177 591 670	26.64	97 414 798	13.48	97.37	93.80	18.83
PFIM20R-20	133 680 016	20.05	104 934 668	14.52	97.72	94.24	19.01
PFIM20R-20-1	123 222 172	18.48	104 002 056	10.33	98.27	95.69	19.42
PFIM20R-20-2	178 418 768	26.76	102 568 984	14.20	97.40	93.85	18.85
PFIM20R-40	122 868 446	18.43	111 402 516	11.03	97.54	94.56	19.44
PFIM20R-40-1	193 034 580	19.30	101 092 326	10.02	98.39	95.78	19.64
PFIM20R-40-2	101 620 298	15.24	90 380 936	8.94	96.96	93.43	19.29

表 6-2　MMS 处理样本的甲基化数据比对到基因组

样本	总序列数	特有序列数	特有序列数比对率/%	重复序列数	重复率/%	平均覆盖度/%	≥5×覆盖度/%	≥10×覆盖度/%	≥15×覆盖度/%
PFI	100 910 022	43 371 127	42.98	8 143 439	8.07	18.21	5.37	1.81	0.77
PFI-1	101 228 580	42 951 286	42.43	8 098 286	8	18.08	5.28	1.77	0.75
PFI-2	107 645 878	46 147 788	42.87	9 881 892	9.18	18.23	5.81	2.06	0.9
PF	118 263 864	61 875 654	52.32	9 059 012	7.66	23.42	9.62	2.99	1.14
PF-1	102 737 224	54 841 130	53.38	7 540 912	7.34	22.95	8.33	2.33	0.85
PF-2	99 230 768	51 857 999	52.26	7 670 538	7.73	22.51	7.84	2.15	0.77
PFIM60-5	91 194 658	38 813 768	42.56	4 193 331	4.6	22.26	5.38	1.46	0.56
PFIM60-5-1	98 116 042	44 614 661	45.47	5 207 680	5.31	23	6.4	1.97	0.78
PFIM60-5-2	105 899 056	46 113 285	43.54	5 792 249	5.47	23.2	6.57	2.04	0.81
PFIM60-10	112 047 572	43 445 488	38.77	7 003 081	6.25	20.44	4.96	1.66	0.75
PFIM60-10-1	100 343 710	39 870 201	39.73	6 026 030	6.01	20	4.55	1.46	0.66
PFIM60-10-2	96 673 026	40 856 227	42.26	6 218 765	6.43	20.26	4.73	1.54	0.69

样本	总序列数	特有序列数	特有序列数比对率/%	重复序列数	重复率/%	平均覆盖度/%	≥5×覆盖度/%	≥10×覆盖度/%	≥15×覆盖度/%
PFIM60-15	91 981 408	35 425 539	38.51	5 404 885	5.88	20.56	3.6	1.02	0.46
PFIM60-15-1	91 111 800	37 202 021	40.83	5 893 725	6.47	20.78	3.82	1.12	0.52
PFIM60-15-2	102 000 042	41 917 434	41.1	6 842 493	6.71	21.58	4.44	1.37	0.63
PFIM60-20	107 697 784	53 185 824	49.38	5 776 492	5.36	25.44	9.15	2.7	0.92
PFIM60-20-1	100 346 002	49 660 284	49.49	5 253 220	5.24	25.08	8.5	2.36	0.79
PFIM60-20-2	107 474 118	54 270 059	50.5	6 398 494	5.95	25.52	9.29	2.79	0.97
PFIM20-10	81 751 608	46 426 151	56.79	9 893 108	12.1	22.04	5.74	1.26	0.4
PFIM20-10-1	107 874 398	48 791 381	45.23	7 861 808	7.29	24.96	10.66	4.02	1.58
PFIM20-10-2	126 897 082	71 549 886	56.38	16 940 875	13.35	24.46	9.1	2.93	1.05
PFIM20-30	94 271 858	43 616 781	46.27	6 544 865	6.94	26.7	10.85	2.82	0.83
PFIM20-30-1	96 334 728	43 972 347	45.65	5 227 049	5.43	27	11.61	3.17	0.95
PFIM20-30-2	97 414 798	45 095 214	46.29	7 745 237	7.95	26.73	10.83	2.77	0.81
PFIM20R-20	104 934 668	47 888 104	45.64	11 630 392	11.08	24.12	8.44	2.68	0.98
PFIM20R-20-1	104 002 056	59 024 315	56.75	13 622 989	13.1	23.72	7.14	1.95	0.68
PFIM20R-20-2	102 568 984	46 406 692	45.24	8 763 922	8.54	24.67	9.34	3.23	1.23
PFIM20R-40	111 402 516	60 128 622	53.97	8 485 636	7.62	24.68	8.81	3.12	1.28
PFIM20R-40-1	101 092 326	55 417 119	54.82	7 862 935	7.78	24.25	8.09	2.67	1.04
PFIM20R-40-2	90 380 936	48 233 754	53.37	5 850 907	6.47	23.34	7.19	2.21	0.83

（二）MMS 处理苗的全基因组甲基化水平和模式统计

甲基化位点就是胞嘧啶环的 5′C 加上了甲基（—CH$_3$），用重亚硫酸盐处理，甲基化的 C 是不发生变化的，未甲基化 C 脱氨基变成 U，经 PCR 变成 T。对于白花泡桐基因组中的胞嘧啶位点，DNA 甲基化水平由 house 和 MethPipe 中支持 C（甲基化）的序列数与总序列数（即甲基化和未甲基化）之比来确定。在该读数的基础上，进行 2 种 MMS 浓度处理样本的 DNA 甲基化水平（mCG、mCHG 或 mCHH）统计。为了准确检测整个基因组的甲基化水平，使用 1000bp 滑窗（window）滑入基因区域，500bp 的重叠（overlap）分析染色体上 mCG、mCHG 和 mCHH 序列的 DNA 甲基化水平，依据每条染色体中序列上出现的 3 种甲基化的类型（≥1），统计样本的甲基化模式。

基于全基因组甲基化测序，本研究对 20mg·L^{-1} 和 60mg·L^{-1}MMS 在不同时间点处理苗的甲基化水平和模式进行了统计，甲基化水平结果如表 6-3 显示，PFI 甲基化水平比 PF 甲基化水平高；在 60mg·L^{-1}MMS 处理苗中，随着处理时间的延长，DNA 甲基化的总体水平逐渐降低，且 20d 时幼苗形态恢复为健康状态时的甲

基化水平与健康苗对照的甲基化水平相近；在 20mg·L⁻¹MMS 处理苗中，甲基化
水平也是逐步降低，在随后的继代过程中（低浓度恢复 20d 到 40d）甲基化水平
又逐渐升高，此时甲基化水平比病苗 PFI 略高，部分原因可能是 MMS 试剂处理
引起的。该结果说明丛枝病的发生与甲基化水平升高有关。

表 6-3　MMS 处理样本的甲基化水平分析

样本	甲基化水平/%	样本	甲基化水平/%
PF	20.44	PFIM60-20	20.68
PF-1	20.32	PFIM60-20-1	20.82
PF-2	20.53	PFIM60-20-2	21.11
PFI	23.38	PFIM20-10	21.77
PFI-1	23.42	PFIM20-10-1	20.38
PFI-2	23.46	PFIM20-10-2	21.59
PFIM60-5	24.72	PFIM20-30	19.99
PFIM60-5-1	24.95	PFIM20-30-1	19.62
PFIM60-5-2	24.87	PFIM20-30-2	19.87
PFIM60-10	23.19	PFIM20R-20	22.80
PFIM60-10-1	22.81	PFIM20R-20-1	23.68
PFIM60-10-2	22.91	PFIM20R-20-2	22.59
PFIM60-15	21.65	PFIM20R-40	25.51
PFIM60-15-1	21.38	PFIM20R-40-1	25.59
PFIM60-15-2	21.67	PFIM20R-40-2	25.62

在本研究统计的 10 个样本的甲基化模式中，根据 mCG、mCHG 和 mCHH 位
点的序列数量统计，结果如表 6-4 所示，植原体入侵泡桐后，mCHH 类型由 50.64%
升到 53.00%。10 个样本在同一时间点均以 mCHH 的甲基化类型比例最高，其次
是 mCG，最少的为 mCHG。但是每种甲基化类型比例随着样本的形态变化不一致，
mCHH 类型的变化随着幼苗逐渐转变为健康状态，该类型的甲基化比例逐渐降低，
mCHG 类型随 MMS 处理变化呈现的规律不明显，mCG 类型变化趋势一定程度上
与 mCHH 相反。

在 MMS 高浓度处理的幼苗中，mCHH 类型随着处理时间的延长（10d 到 20d），
其甲基化比例逐渐降低，由 52.62%降到 47.53%，mCG 类型变化趋势则与 mCHH
相反，随着处理时间的延长（10d 到 20d），该类型的甲基化比例由 25.43%升到
29.96%；在 MMS 低浓度处理的幼苗中，mCHH 类型随着处理时间的延长（10d
到恢复 40d）该类型的甲基化比例逐渐升高，由 48.48%升到 53.41%，mCG 类型
变化趋势则与 mCHH 相反，随着处理时间的延长（10d 到恢复 40d）该类型的甲
基化比例由 29.00%降到 26.22%。该结果说明丛枝病的发生与 mCHH 类型变化关

系更密切。

表 6-4 MMS 处理样本的甲基化模式分析

样本	mCG/%	mCHG/%	mCHH/%	样本	mCG/%	mCHG/%	mCHH/%
PF	27.69	21.62	50.69	PFIM60-20	29.82	22.49	47.70
PF-1	27.78	21.64	50.59	PFIM60-20-1	29.94	22.48	47.58
PF-2	27.68	21.66	50.65	PFIM60-20-2	30.12	22.58	47.30
PFI	25.41	21.61	52.98	PTIM20-10-1	29.40	22.35	48.25
PFI-1	25.37	21.58	53.05	PTIM20-10-2	28.48	22.84	48.68
PFI-2	25.34	21.68	52.98	PTIM20-10-3	29.12	22.36	48.52
PFIM60-5	23.10	19.70	57.21	PTIM20-30-1	27.89	21.36	50.75
PFIM60-5-1	23.01	19.90	57.10	PTIM20-30-2	27.74	21.26	51.00
PFIM60-5-2	22.95	19.86	57.19	PTIM20-30-3	28.07	21.35	50.58
PFIM60-10	25.31	21.87	52.82	PTIM20R-20-1	28.16	21.90	49.94
PFIM60-10-1	25.45	21.88	52.67	PTIM20R-20-2	28.93	21.51	49.56
PFIM60-10-2	25.54	22.08	52.37	PTIM20R-20-3	27.80	21.88	50.32
PFIM60-15	26.14	21.59	52.27	PTIM20R-40-1	26.16	20.38	53.46
PFIM60-15-1	26.18	21.73	52.10	PTIM20R-40-2	26.46	20.43	53.12
PFIM60-15-2	26.06	21.72	52.22	PTIM20R-40-3	26.03	20.32	53.65

（三）MMS 处理苗的碱基偏好性分析和甲基化图谱绘制

根据 20mg·L^{-1} 低浓度和 60mg·L^{-1} 高浓度 MMS 处理不同时间幼苗所呈现出的这三种甲基化模式在各个染色体上的分布情况，采用 R package 进行全基因组甲基化图谱和小提琴图的绘制（Zhang et al.，2013b），结果显示 mCG 类型的甲基化水平最高，其次是 mCHG，最后是 mCHH（图 6-1），该结果说明泡桐感染植原体后发生的甲基化偏向于 mCG 类型。

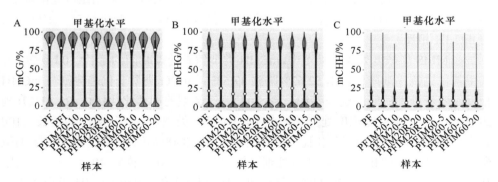

图 6-1 MMS 处理样本的碱基偏好性分析

根据上述碱基偏好性分析，按照序列数中的甲基化位点进行统计，然后采用 R package 进行甲基化图谱绘制（图 6-2），结果显示每个样本的 mCG 甲基化水平最高，即该类型的位点出现的频率比较高，其次是 mCHG，最后是mCHH。

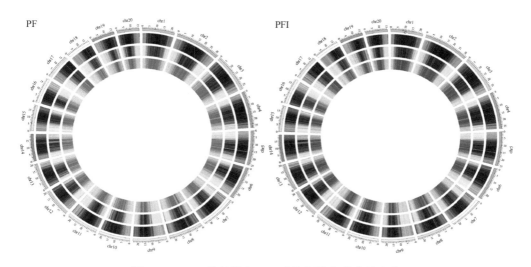

图 6-2　MMS 处理样本 mCs 在泡桐染色体上的分布

最外一圈是根据对应染色体长度进行的标度呈现；随后的三圈（从外到内）分别表示相应染色体区间的 mCG、mCHG、mCHH 的甲基化背景展示（分别对应紫色、蓝色和绿色，颜色越深表示甲基化背景水平越高）；图 6-6 同。

（四）MMS 处理苗的差异甲基化区域分析

本研究对不同比较组间的差异甲基化区域（DMR）采用 R package-MethylKit（Akalin et al.，2012）进行了统计，默认参数为 1000bp 滑窗（P＜0.05）。通过不同样本基因组内相同区域的甲基化差异比率来计算 DMR，如果比值＞1，则 DMR 被认为是高甲基化的；如果比值＜1，则 DMR 被认为是低甲基化的，结果如表 6-5 所示。在统计 DMR 的过程中，按照相对 TSS（transcript start site）的位置分为近端（proximal，−200～+500bp）、中端（intermediate，−200～−1000bp）、远端（distal，−1000～2200bp）三类。同时又根据启动子 CpG O/E 值的不同将启动子区的序列再进一步细分为低、中、高（LCP、ICP 和 HCP）三类。结果显示不同比较组间 DMR 的数目差别较大，启动子中端（intermediate）的 DMR 数量最多。

表 6-5 MMS 处理样本的甲基化基因在不同比较组间 DMR 分布

部分	PFI20-10 vs. PFI		PFI20-30 vs. PFI		PFI20-R20 vs. PFI		PFI20-R40 vs. PFI		PFI60-10 vs. PFI60-5		PFI60-15 vs. PFI60-10		PFI60-20 vs. PFI60-15		PFI20-30 vs. PFI20-10		PFI20R-20 vs. PFI20-30		PFI20R-40 vs. PFI20R-20	
	hyper	hypo	hyper	hypo	hyper	hypo	hyper	hypo	hyper	hypo	hyper	hypo	hyper	hypo	hyper	hypo	hyper	hypo	hyper	hypo
总启动子	17 066	124 146	15 831	104 855	11 612	98 620	18 353	63 225	24 279	50 491	12 964	23 386	10 359	114 784	50 713	25 412	28 825	23 987	59 589	11 554
近端 HCP	1 268	6 977	1 010	5 661	731	5 413	914	3 688	1 742	2 150	712	1 338	648	6 411	2 655	1 488	1 483	1 432	2 752	796
近端 ICP	2 717	13 088	2 246	10 895	1 494	9 986	2 019	6 418	3 354	4 240	1 232	2 285	1 441	12 026	4 663	3 183	2 850	2 476	5 077	1 386
近端 LCP	2 033	8 362	1 574	6 940	1 095	6 198	1 478	3 876	2 159	2 793	842	1 336	1 002	7 906	2 969	2 037	1 739	1 524	3 276	945
中端 HCP	1 031	9 758	947	8 461	793	8 094	1 269	5 409	1 770	4 224	1 090	1 982	717	9 102	4 225	1 875	2 341	2 015	5 103	903
中端 ICP	2 290	17 060	2 158	14 621	1 584	13 776	2 641	8 718	3 627	6 631	1 806	3 335	1 446	15 800	6 582	3 814	4 231	3 307	8 308	1 618
中端 LCP	1 700	10 481	1 536	8 863	1 199	8 030	1 721	5 037	2 186	4 092	1 046	1 785	988	9 931	4 058	2 210	2 370	1 924	4 852	1 049
远端 HCP	1 202	14 902	1 354	12 667	1 049	12 496	1 901	8 213	2 046	7 305	1 775	2 967	938	13 796	7 026	2 562	3 534	3 088	8 106	1 132
远端 ICP	2 722	26 894	2 979	22 735	2 119	21 625	3 881	13 735	4 529	11 721	2 745	5 462	1 883	24 481	11 676	5 083	6 426	5 176	13 893	2 317
远端 LCP	2 103	16 624	2 027	14 012	1 548	13 002	2 529	8 131	2 866	7 335	1 716	2 896	1 296	15 331	6 859	3 160	3 851	3 045	8 222	1 408
总外显子	19 298	66 799	14 576	57 703	9 078	49 306	10 619	32 175	17 822	18 521	6 116	10 155	9 167	58 339	21 841	18 827	14 164	11 817	21 914	7 757
第一个外显子	5 120	21 744	3 699	18 224	2 605	16 475	3 355	10 727	5 789	6 735	2 099	3 760	2 523	20 234	7 407	5 517	4 599	3 968	8 045	2 412
内部外显子	9 890	30 108	7 769	26 175	4 404	21 398	4 919	13 799	7 823	7 324	2 598	3 737	4 429	25 197	9 573	8 726	5 892	5 237	8 776	3 388
最后一个外显子	4 288	14 947	3 108	13 304	2 069	11 433	2 345	7 649	4 210	4 462	1 419	2 658	2 215	12 908	4 861	4 584	3 673	2 612	5 093	1 957
总内含子	14 114	46 804	11 007	40 307	6 430	33 836	7 379	22 041	12 194	12 100	4 094	6 365	6 609	39 606	14 996	13 102	9 316	8 132	14 303	5 329
第一个内含子	3 103	12 554	2 457	10 254	1 505	9 269	1 874	6 053	3 235	3 654	1 159	1 907	1 555	11 126	4 299	3 065	2 371	2 320	4 217	1 384

续表

部分	PFI120-10 vs. PFI		PFI120-30 vs. PFI		PFI120-R20 vs. PFI		PFI120-R40 vs. PFI		PFI60-10 vs. PFI60-5		PFI60-15 vs. PFI60-10		PFI60-20 vs. PFI60-15		PFI120-30 vs. PFI120-10		PFI120R-20 vs. PFI120-30		PFI120R-40 vs. PFI120R-20	
	hyper	hypo	hyper	hypo	hyper	hypo	hyper	hypo	hyper	hypo	hyper	hypo	hyper	hypo	hyper	hypo	hyper	hypo	hyper	hypo
内部内含子	7 620	22 712	6 131	19 765	3 375	15 950	3 703	10 186	5 747	5 201	1 909	2 594	3 337	18 757	7 099	6 534	4 326	3 849	6 339	2 530
最后一个内含子	3 391	11 538	2 419	10 288	1 550	8 617	1 802	5 802	3 212	3 245	1 026	1 864	1 717	9 723	3 598	3 503	2 619	1 963	3 747	1 415
总基因间区	85 421	889 286	106 474	656 560	607 998	73 536	607 998	184 781	273 791	96 515	485 650	71 328	148 783	49 577	853 600	402 083	123 412	172 539	147 044	509 169
总 CGI	7 364	24 681	5 950	20 280	5 441	18 762	7 305	11 807	6 286	10 986	2 842	5 820	4 645	24 120	10 968	6 958	7 730	4 819	12 791	3 183
启动子 CGI	993	4 128	649	3 586	547	3 313	693	2 216	1 191	1 473	493	905	460	4 069	1 585	1 126	1 035	757	1 792	498
基因内 CGI	1 086	4 936	757	4 169	629	3 972	838	2 651	1 192	1 887	647	974	513	4 768	1 943	1 296	1 220	961	2 263	503
3'转录 CGI	298	1 263	197	1 001	175	975	225	639	378	411	146	280	181	1 236	457	321	284	240	536	147
基因间 CGI	4 987	14 354	4 347	11 524	4 090	10 502	5 549	6 301	3 525	7 215	1 556	3 661	3 491	14 047	6 983	4 215	5 191	2 861	8 200	2 035
总 CGI 岛	3 328	19 781	3 198	16 555	2 563	15 270	4 218	9 318	3 558	9 572	2 042	4 163	2 104	18 646	8 921	4 291	5 155	3 884	10 781	1 878
启动子 CGI 岛	552	4 214	500	3 707	388	3 509	583	2 325	855	1 855	490	924	326	4 022	1 840	908	1 054	911	2 193	406
基因内 CGI 岛	220	777	162	686	112	611	171	392	232	249	71	172	100	733	255	238	201	145	323	96
3'转录 CGI 岛	114	442	94	411	73	343	83	227	135	141	48	89	51	431	147	134	117	71	183	63
基因间 CGI 岛	2 442	14 348	2 442	11 751	1 990	10 807	3 381	6 374	2 336	7 327	1 433	2 978	1 627	13 460	6 679	3 011	3 783	2 757	8 082	1 313

注: CGI, GC 含量超过 50%、长度大于或等于 200bP、O/E 值超过 0.6 的区域识别为 CpG 岛; hyper, 高甲基化; hypo, 低甲基化; 表 6-10 同。

（五）MMS 处理苗的甲基化基因功能分析

通过两种 MMS 浓度处理不同时间点幼苗间的比较，共筛选出 9292 个 DMR。在这些 DMR 中，相同甲基化基因有 369 935 个，其中 13 358 个基因有功能注释。为了进一步获得这些甲基化基因的功能和参与的代谢通路，本研究首先将这些甲基化基因进行 GO 分类，结果显示甲基化基因主要被富集到 1098 个 GO 条目（图 6-3），主要集中在细胞膜（628）、转录、DNA 模板（447）、线粒体（308）、细胞质（296）GO 条目中。

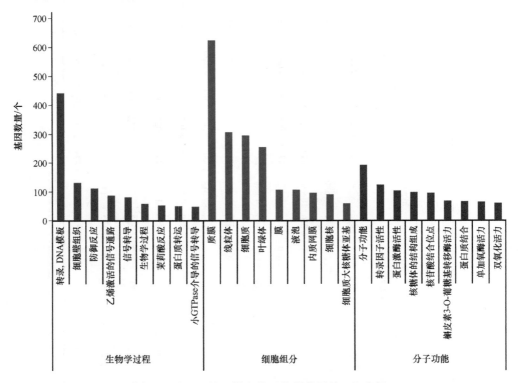

图 6-3　MMS 处理样本的甲基化基因的 GO 分析

对不同比较组间共有的甲基化基因进行 KEGG 代谢通路富集分析（图 6-4），发现甲基化的基因主要集中在以下途径：剪切体（351），氨基糖和核苷酸糖代谢（189），真核细胞内核糖体合成（157），谷胱甘肽代谢（93），核苷酸切除修复（86），吞噬体（55），二苯乙烯、二芳基庚烷和姜酚生物合成（52），类倍半萜烯和三萜类化合物的生物合成（45），异喹啉生物碱合成（43）等。

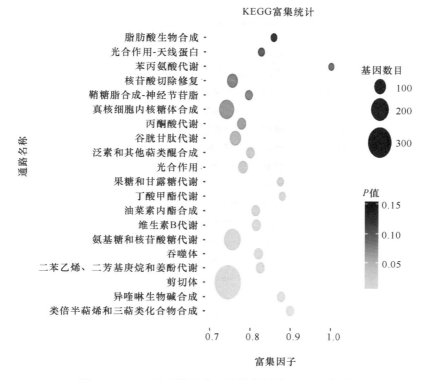

KEGG富集统计

图 6-4　MMS 处理样本的甲基化基因的 KEGG 分析

二、利福平处理对白花泡桐丛枝病幼苗 DNA 甲基化的影响

（一）利福平处理苗的 DNA 甲基化测序结果分析

为了评估白花泡桐病健苗、利福平处理苗的 DNA 甲基化变化，使用 WGBS 方法首先产出各样本的原始数据，然后去除低质量碱基和未确定碱基的序列数，获得样本的高质量序列数，其他样本的测序数据见表 6-6。其中有近一半的高质量序列数成功映射到白花泡桐基因组上，比对率和覆盖度见表 6-7。结果表明，测序结果可用于下游生物信息学分析。

表 6-6　利福平处理样本经 WGBS 测序产生的数据统计

样本	原始数据		有效数据		Q20%	Q30%	GC%
	序列数	碱基/G	序列数	碱基/G			
PFI	100 910 022	15.14	97 970 014	9.80	95.57	91.69	20.49
PFI-1	101 228 580	15.18	97 987 600	9.80	95.34	91.29	20.89
PFI-2	107 645 878	16.15	104 544 904	10.45	95.46	91.36	20.53

续表

样本	原始数据		有效数据		Q20%	Q30%	GC%
	序列数	碱基/G	序列数	碱基/G			
PF	118 263 864	17.74	113 968 326	11.40	94.28	89.18	21.65
PF-1	102 737 224	15.41	99 090 698	9.91	95.26	91.11	21.68
PF-2	99 230 768	14.88	95 822 304	9.58	94.55	89.70	21.83
PFIL100-5	100 482 596	15.07	91 819 938	9.18	94.87	90.22	21.19
PFIL100-5-1	103 144 376	15.47	92 846 476	9.28	95.60	91.75	20.90
PFIL100-5-2	102 948 070	15.44	93 997 612	9.40	95.24	91.22	21.50
PFIL100-10	100 139 826	15.02	96 277 386	9.63	95.18	91.22	22.65
PFIL100-10-1	110 514 960	16.58	101 596 062	10.16	94.37	88.94	22.44
PFIL100-10-2	105 435 438	15.82	95 471 214	9.55	95.31	91.27	22.21
PFIL100-15	124 848 388	18.73	111 866 170	11.19	92.12	85.53	24.77
PFIL100-15-1	103 501 714	15.53	99 199 796	9.92	92.70	87.20	24.43
PFIL100-15-2	110 734 488	16.61	93 175 250	9.32	92.62	86.97	24.36
PFIL100-20	106 789 910	16.02	100 215 086	10.02	94.68	90.39	20.96
PFIL100-20-1	113 007 566	16.95	104 212 304	10.42	95.55	91.75	20.80
PFIL100-20-2	104 427 888	15.66	98 297 430	9.83	94.44	89.87	21.17
PFIL30-10	198 221 352	19.82	111 607 726	11.04	97.59	94.65	19.11
PFIL30-10-1	159 422 166	23.91	97 389 698	13.43	96.31	91.46	18.57
PFIL30-10-2	137 921 412	20.69	100 267 914	13.86	97.68	94.12	19.07
PFIL30-30	249 658 396	37.45	98 592 582	13.54	97.34	93.84	18.81
PFIL30-30-1	172 655 586	25.90	95 539 596	13.06	96.44	91.77	18.90
PFIL30-30-2	115 672 894	17.35	91 063 518	8.93	97.32	94.14	20.18
PFIL30R-20	119 490 782	17.92	93 673 540	9.23	96.84	93.17	19.85
PFIL30R-20-1	175 210 086	26.28	100 159 618	13.82	96.32	91.5	18.51
PFIL30R-20-2	163 149 900	24.47	106 224 332	14.70	97.54	94.11	18.80
PFIL30R-40	111 397 252	16.71	77 826 192	7.69	98.24	95.64	21.08
PFIL30R-40-1	126 714 358	19.01	95 380 286	9.42	98.20	95.54	21.16
PFIL30R-40-2	187 091 340	28.06	98 999 376	13.65	97.50	94.04	19.46

表 6-7 利福平处理样本的甲基化数据比对到基因组

样本	总序列数	特有序列数	特有序列数比对率/%	重复序列数	重复率/%	平均覆盖度/%	≥2×覆盖度/%	≥5×覆盖度/%	≥10×覆盖度/%	≥15×覆盖度/%
PFI	100 910 022	43 371 127	42.98	8 143 439	8.07	18.21	12.9	5.37	1.81	0.77
PFI-1	101 228 580	42 951 286	42.43	8 098 286	8.00	18.08	12.72	5.28	1.77	0.75
PFI-2	107 645 878	46 147 788	42.87	9 881 892	9.18	18.23	13.19	5.81	2.06	0.90

续表

样本	总序列数	特有序列数	特有序列数比对率/%	重复序列数	重复率/%	平均覆盖度/%	≥2×覆盖度/%	≥5×覆盖度/%	≥10×覆盖度/%	≥15×覆盖度/%
PF	118 263 864	61 875 654	52.32	9 059 012	7.66	23.42	19.46	9.62	2.99	1.14
PF-1	102 737 224	54 841 130	53.38	7 540 912	7.34	22.95	18.51	8.33	2.33	0.85
PF-2	99 230 768	51 857 999	52.26	7 670 538	7.73	22.51	17.89	7.84	2.15	0.77
PFIL100-5	91 819 938	44 653 192	48.63	4 691 210	5.11	25.25	19.05	7.19	1.65	0.54
PFIL100-5-1	92 846 476	46 207 486	49.77	5 199 757	5.60	25.35	19.22	7.39	1.73	0.57
PFIL100-5-2	93 997 612	46 005 149	48.94	4 638 262	4.93	25.54	19.5	7.53	1.77	0.59
PFIL100-10	96 277 386	46 890 099	48.70	5 769 679	5.99	26.44	21.04	7.94	1.36	0.40
PFIL100-10-1	101 596 062	49 904 671	49.12	4 997 849	4.92	26.96	21.94	9.34	1.97	0.57
PFIL100-10-2	95 471 214	47 393 665	49.64	4 810 412	5.04	26.68	21.37	8.56	1.68	0.49
PFIL100-15	111 866 170	47 434 377	42.40	6 737 915	6.02	25.58	19.38	6.82	1.55	0.59
PFIL100-15-1	99 199 796	42 887 586	43.23	5 669 805	5.72	24.84	18.15	5.93	1.33	0.51
PFIL100-15-2	93 175 250	40 408 331	43.37	5 308 877	5.70	24.45	17.51	5.44	1.18	0.45
PFIL100-20	100 215 086	51 766 595	51.66	5 887 249	5.87	24.09	18.18	8.54	2.64	0.91
PFIL100-20-1	104 212 304	54 996 925	52.77	6 447 429	6.19	24.41	18.65	9.05	2.96	1.05
PFIL100-20-2	98 297 430	50 477 704	51.35	5 750 504	5.85	23.94	17.96	8.30	2.50	0.85
PFIL30-10	111 607 726	60 254 372	53.99	9 070 376	8.13	25.24	19.03	7.97	2.51	1.05
PFIL30-10-1	97 389 698	42 192 567	43.32	6 690 544	6.87	24.75	18.79	7.86	2.43	0.98
PFIL30-10-2	100 267 914	44 596 648	44.48	11 517 327	11.49	23.35	16.82	6.46	1.85	0.72
PFIL30-30	98 592 582	47 152 319	47.83	6 433 858	6.53	27.80	24.25	12.66	2.84	0.71
PFIL30-30-1	95 539 596	45 057 885	47.16	4 930 264	5.16	27.73	24.13	12.44	2.73	0.68
PFIL30-30-2	91 063 518	49 443 744	54.30	5 096 901	5.60	27.57	22.93	9.74	1.67	0.44
PFIL30R-20	93 673 540	48 114 741	51.36	7 479 417	7.98	23.86	16.89	5.90	1.49	0.59
PFIL30R-20-1	100 159 618	42 857 539	42.79	7 982 694	7.97	24.70	18.69	7.55	2.10	0.82
PFIL30R-20-2	106 224 332	46 167 638	43.46	10 719 487	10.09	24.41	18.33	7.45	2.11	0.82
PFIL30R-40	77 826 192	40 396 397	51.91	9 250 884	11.89	18.80	11.33	3.65	1.00	0.42
PFIL30R-40-1	95 380 286	49 696 089	52.10	11 483 900	12.04	20.33	13.04	4.77	1.48	0.63
PFIL30R-40-2	98 999 376	41 624 858	42.05	9 176 053	9.27	21.39	14.62	6.00	2.12	0.94

（二）利福平处理苗的全基因组甲基化水平和模式统计

本研究对两种浓度的利福平在不同处理时间点处理幼苗的甲基化水平和

模式进行了统计,如表 6-8 所示。在利福平高浓度处理的幼苗中,随着处理时间的延长,幼苗形态逐渐转变为健康苗,体内检测不到植原体,此时 DNA 甲基化水平由高到低再升高。在利福平低浓度处理的幼苗及随后继代中,形态观察显示幼苗先呈现健康状态,然后在继代过程中幼苗又出现丛枝病状态,此时 DNA 甲基化水平由高到低再升高。

表 6-8　不同利福平处理样本的甲基化水平分析

样本	甲基化水平/%	样本	甲基化水平/%
PF	20.44	PFIL100-20	23.10
PF-1	20.32	PFIL100-20-1	23.38
PF-2	20.53	PFIL100-20-2	23.18
PFI	23.38	PFIL30-10	22.67
PFI-1	23.42	PFL30-10-2	21.95
PFI-2	23.46	PFIL30-10-2	23.54
PFIL100-5	21.67	PFIL30-30	16.69
PFIL100-5-1	21.72	PFIL30-30-1	16.49
PFIL100-5-2	21.55	PFIL30-30-2	16.98
PFIL100-10	18.36	PFIL30R-20	23.16
PFIL100-10-1	19.39	PFIL30R-20-1	22.46
PFIL100-10-2	19.18	PFIL30R-20-2	23.41
PFIL100-15	18.58	PFIL30R-40	29.41
PFIL100-15-1	19.06	PFIL30R-40-1	29.62
PFIL100-15-2	19.04	PFIL30R-40-2	28.09

甲基化模式根据序列数统计如表 6-9 所示。结果显示 10 个样本均以 mCHH 的甲基化模式最多,其次是 mCG,最少的为 mCHG。不同样本间的甲基化模式也有差别,在利福平高浓度处理的幼苗中,mCHH 类型随着处理时间的延长(10d 到 20d),甲基化比例,由高到低再升高;mCG 类型随着处理时间的延长(10d 到 20d),该类型的甲基化比例由低到高。在利福平低浓度处理的幼苗中,mCHH 类型随着处理时间的延长(10d 到恢复 40d),甲基化比例逐渐升高再降低后又升高,mCG 类型随着处理时间的延长(10d 到到恢复 40d),该类型的甲基化比例由高到低再升高。该结果说明了丛枝病的发生与甲基化水平和模式变化有关。

表 6-9　不同利福平处理样本的甲基化模式分析

样本	mCG/%	mCHG/%	mCHH/%	样本	mCG/%	mCHG/%	mCHH/%
PF	27.69	21.62	50.69	PFIL100-20	27.52	21.15	51.33
PF-1	27.78	21.64	50.59	PFIL100-20-1	27.74	21.21	51.05
PF-2	27.68	21.66	50.65	PFIL100-20-2	27.61	21.14	51.25
PFI	25.41	21.61	52.98	PTIL30-10-1	28.88	21.79	49.33
PFI-1	25.37	21.58	53.05	PTIL30-10-2	28.40	22.19	49.41
PFI-2	25.34	21.68	52.98	PTIL30-10-3	28.90	22.21	48.90
PFIL100-5	24.37	20.60	55.02	PTIL30-30-1	26.92	21.49	51.59
PFIL100-5-1	24.33	20.58	55.10	PTIL30-30-2	26.93	21.48	51.59
PFIL100-5-2	24.44	20.61	54.95	PTIL30-30-3	26.39	21.12	52.49
PFIL100-10	26.60	21.32	52.08	PTIL30R-20-1	27.72	21.36	50.91
PFIL100-10-1	25.87	21.31	52.82	PTIL30R-20-2	27.21	21.76	51.03
PFIL100-10-2	25.99	21.29	52.72	PTIL30R-20-3	27.38	21.87	50.75
PFIL100-15	27.37	22.23	50.39	PTIL30R-40-1	27.85	20.47	51.68
PFIL100-15-1	27.20	22.23	50.58	PTIL30R-40-2	27.75	20.50	51.74
PFIL100-15-2	27.18	22.27	50.55	PTIL30R-40-3	27.75	20.50	51.74

（三）利福平处理苗的碱基偏好性分析和甲基化图谱绘制

　　根据 100mg·L^{-1} 利福平高浓度在不同时间处理的幼苗和 30mg·L^{-1} 低浓度处理的幼苗所呈现出的这三种甲基化模式（mCG、mCHG 和 mCHH）在各个染色体上的分布情况，统计每个样本的碱基偏好性，三种类型的甲基化水平如图 6-5 所示，结果显示 mCG 类型的甲基化水平最高，其次是 mCHG，最后是 mCHH，该结果说明泡桐感染植原体后发生的甲基化偏向于 mCG 类型。

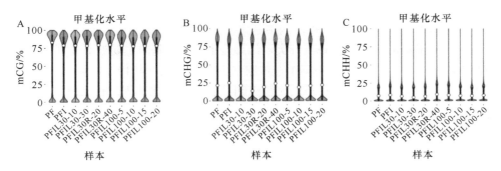

图 6-5　利福平处理样本的碱基偏好性分析

根据上述碱基偏好性分析，按照序列数中的甲基化位点进行统计，然后采用 R package 进行甲基化图谱绘制（图 6-6），结果显示每个样本 mCG 甲基化水平最高，即该类型的位点出现的频率比较高，其次是 mCHG，最后是 mCHH。该结果与碱基偏好性的结果一致。

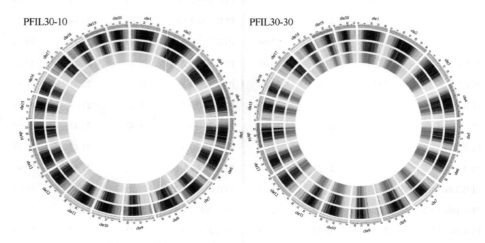

图 6-6　利福平处理苗的 mCs 在泡桐染色体上的分布

（四）利福平处理苗的差异甲基化区域分析

为了解 DNA 甲基化对丛枝病的影响，本研究对不同比较组间的 DMR 进行了统计。首先计算健康苗、病苗以及两种利福平浓度处理苗中的差异 DMR，共 10 个比较组，如表 6-10 所示，不同比较组间 DMR 的数目差别较大，启动子中端（intermediate）的 DMR 数量最多。

（五）利福平处理苗的甲基化基因的功能分析

通过两种利福平浓度在不同时间点处理幼苗间的比较，共筛选出 10 259 个相同甲基化基因。为了进一步获得这些甲基化基因的功能和参与的代谢通路，本研究首先将这些甲基化基因进行 GO 分类，结果显示甲基化基因主要被富集到 1119 个 GO 条目（图 6-7），其中主要集中在质膜（692）、转录（491）、线粒体（348）、细胞质（331）GO 条目中。将不同比较组间共有的甲基化基因进行 KEGG 代谢通路富集分析（图 6-8），发现甲基化的基因主要集中在胞吞作用（463）、剪接（380）、氨基糖和核苷酸糖代谢（200）、过氧化物酶体（172）等途径。

表 6-10　利福平处理样本的甲基化基因在不同比较组间差异甲基化区域（DMR）分布

部分	PFIL30-10 vs. PFI		PFIL30-30 vs. PFI		PFIL30-R20 vs. PFI		PFIL30-R40 vs. PFI		PFIL100-10 vs. PFIL100-5		PFIL100-15 vs. PFIL100-10		PFIL100-20 vs. PFIL100-15		PFIL30-30 vs. PFIL30-10		PFIL30R-20 vs. PFIL30-30		PFIL30R-40 vs. PFIL30R-20	
	hyper	hypo	hyper	hypo	hyper	hypo	hyper	hypo	hyper	hypo	hyper	hypo	hyper	hypo	hyper	hypo	hyper	hypo	hyper	hypo
总启动子	14 609	86 258	19 422	110 878	15 122	85 517	33 650	32 733	10 726	40 578	30 819	21 366	27 221	31 089	23 633	70 998	69 471	22 696	96 292	19 930
近端 HCP	879	4 842	1 191	6 488	803	5 084	1 469	2 046	594	2 200	1 835	1 013	1 710	1 521	1 388	4 153	3 896	1 463	5 110	1 337
近端 ICP	1 685	9 081	2 974	11 611	1 732	9 269	2 957	3 677	1 308	3 608	2 791	2 268	3 127	2 988	3 373	6 528	6 308	3 424	9 454	2 947
近端 LCP	1 059	5 961	2 120	7 347	1 199	5 796	2 043	2 227	754	2 381	1 691	1 467	1 980	1 821	2 341	3 856	3 851	2 235	6 214	2 055
中端 HCP	1 171	6 853	958	9 131	1 128	6 883	2 669	2 689	732	3 790	2 942	1 476	2 221	2 523	1 277	6 673	6 508	1 214	7 757	1 229
中端 ICP	2 128	11 856	2 653	15 300	2 248	11 884	4 706	4 550	1 566	5 696	4 462	2 928	4 045	4 214	3 317	10 070	9 913	3 198	13 411	2 885
中端 LCP	1 293	7 296	1 985	9 147	1 375	7 047	2 892	2 659	918	3 250	2 416	1 754	2 359	2 483	2 323	5 522	5 494	2 171	8 213	2 022
远端 HCP	1 625	10 371	1 440	13 430	1 570	10 274	4 216	3 963	1 155	5 397	4 061	2 531	2 778	4 359	1 990	9 573	9 314	1 805	11 696	1 538
远端 ICP	2 882	18 550	3 499	23 870	3 089	18 294	7 936	6 776	2 299	9 012	6 711	4 994	5 673	6 852	4 525	15 702	15 328	4 267	21 390	3 505
远端 LCP	1 887	11 448	2 602	14 554	1 978	10 986	4 762	4 146	1 400	5 244	3 910	2 935	3 328	4 328	3 099	8 921	8 859	2 919	13 047	2 412
总外显子	8 638	45 907	20 643	62 887	9 578	46 509	14 197	17 907	6 646	15 522	12 452	11 118	14 686	14 419	19 456	30 427	28 813	19 099	46 038	15 740
第一个外显子	2 712	15 458	4 862	19 831	2 835	15 779	4 657	6 294	2 112	5 992	4 719	3 624	5 261	4 761	5 535	10 815	10 412	5 651	15 663	5 176
外部内部外显子	3 790	19 974	11 123	29 021	4 493	19 876	6 290	7 270	2 792	5 975	4 769	4 748	5 934	6 009	9 646	12 387	11 647	8 953	19 747	6 770
最后一个外显子	2 136	10 475	4 658	14 035	2 250	10 854	3 250	4 343	1 742	3 555	2 964	2 746	3 491	3 649	4 275	7 225	6 754	4 495	10 628	3 794
总内含子	5 895	31 532	15 726	44 171	6 750	31 667	9 613	11 990	4 474	9 877	7 871	7 559	9 434	9 604	14 310	19 744	18 502	13 601	31 150	10 877
第一个内含子	1 532	8 659	3 365	10 995	1 678	8 683	2 487	3 373	1 212	2 974	2 370	2 070	2 605	2 745	3 663	5 382	5 150	3 562	8 580	2 978
内部内含子	2 801	14 930	8 791	22 120	3 429	14 672	4 704	5 306	2 013	4 300	3 402	3 434	4 315	4 324	7 428	9 063	8 515	6 703	14 582	4 997
最后一个内含子	1 562	7 943	3 570	11 056	1 643	8 312	2 422	3 311	1 249	2 603	2 099	2 055	2 514	2 535	3 219	5 299	4 837	3 336	7 988	2 902

续表

部分	PFIL30-10 vs. PFI		PFIL30-30 vs. PFI		PFIL30-R20 vs. PFI		PFIL30-R40 vs. PFI		PFIL100-10 vs. PFIL100-5		PFIL100-15 vs. PFIL100-10		PFIL100-20 vs. PFIL100-15		PFIL30-30 vs. PFIL30-10		PFIL30-R20 vs. PFIL30-30		PFIL30-R40 vs. PFIL30R-20	
	hyper	hypo	hyper	hypo	hyper	hypo	hyper	hypo	hyper	hypo	hyper	hypo	hyper	hypo	hyper	hypo	hyper	hypo	hyper	hypo
总基因间区	70 894	597 311	115 297	741 339	88 762	517 507	367 719	123 399	47 591	332 018	132 150	204 804	245 721	137 675	179 442	373 980	408 346	131 044	803 528	68 220
总CGI	5 567	17 786	5 610	23 748	5 723	17 571	10 261	6 578	2 341	9 299	6 453	5 483	9 382	5 490	5 099	16 459	16 509	4 980	22 471	4 699
启动子CGI	675	2 985	754	3 979	660	3 140	1 038	1 290	416	1 396	1 199	738	1 196	946	736	2 627	2 522	810	3 300	932
基因内CGI	707	3 614	868	4 636	740	3 584	1 277	1 525	450	1 637	1 388	878	1 219	1 245	949	2 960	2 918	988	3 841	1 034
3'转录CGI	188	885	226	1 191	198	917	329	376	118	365	307	211	355	261	256	709	694	259	979	284
基因间CGI	3 997	10 302	3 762	13 942	4 125	9 930	7 617	3 387	1 357	5 901	3 559	3 656	6 612	3 038	3 158	10 163	10 375	2 923	14 351	2 449
总CGI岛	2 791	13 886	3 335	18 019	3 089	13 396	7 151	4 710	1 583	7 234	4 640	4 076	5 555	4 813	3 694	11 962	11 905	3 318	16 931	2 707
启动子CGI岛	540	3 021	515	3 970	558	3 079	1 159	1 180	364	1 532	1 198	701	1 048	1 124	602	2 899	2 762	554	3 487	637
基因内CGI岛	125	583	191	702	136	579	210	239	69	222	162	171	210	194	172	399	390	206	615	169
3'转录CGI岛	75	326	134	401	72	329	109	149	40	124	105	72	131	135	135	236	215	145	357	116
基因间CGI岛	2 051	9 956	2 495	12 946	2 323	9 409	5 673	3 142	1 110	5 356	3 175	3 132	4 166	3 360	2 785	8 428	8 538	2 413	12 472	1 785

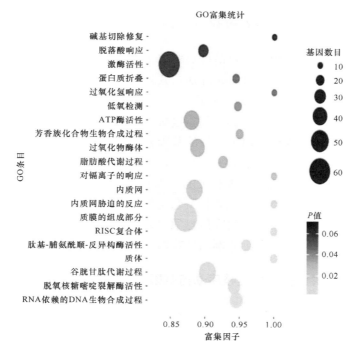

图 6-7　利福平处理样本的甲基化基因的 GO 分析

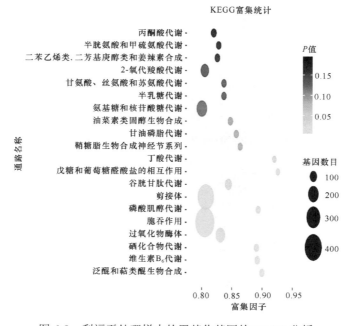

图 6-8　利福平处理样本的甲基化基因的 KEGG 分析

第二节 丛枝病发生与基因表达的变化关系

由于植原体缺少细胞壁,目前世界范围内没有公认的培养基可以培养,且泡桐生长周期长,因此,为了进一步筛选与丛枝病发病相关的基因,本研究以第二章建立的泡桐丛枝病发生模拟系统为基础,借助 Illumina 高通量测序技术,研究两种浓度 MMS 和利福平在不同时间点处理白花泡桐丛枝病组培苗(模拟植原体入侵泡桐和在泡桐体内逐渐消失过程的基因表达变化);采用具有多样本分析优势的权重基因共表达网络分析法(WGCNA),研究基因共表达趋势(鞠正等,2018;Feltrin et al.,2019),将表达高度相关的基因确定为一个基因模块,根据性状与模块特征向量基因的相关性及 P 值来挖掘与泡桐丛枝病性状相关的模块。通过对相关模块中的基因进行进一步的生物信息学分析,获得与丛枝病发病相关的基因调控途径,该结果为进一步揭示泡桐丛枝病的发病机制奠定了理论基础。

一、MMS 处理对白花泡桐丛枝病幼苗基因表达的影响

(一)MMS 处理苗的测序碱基质量值分析

本研究首先对两种浓度 MMS 在不同时间点处理的 13 个样本的测序序列数进行质量值分布绘制(图 6-9),每个样本三个生物学重复,图中横坐标为序列数的

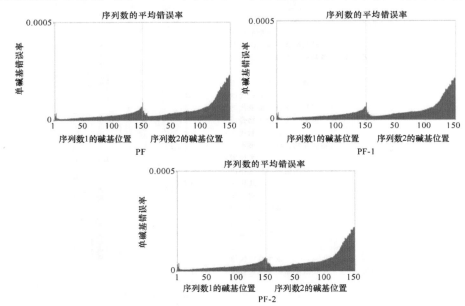

图 6-9 MMS 处理样本的碱基测序错误率分布图

碱基位置, 纵坐标为单碱基错误率。结果显示, 在本研究所设置的测序长度内, 所有测序样本低质量 (<20) 的碱基比例都较低, 说明测序准确度较高。

(二) MMS 处理苗的测序数据统计

本研究首先对两种浓度 MMS 在不同时间点处理的 13 个样本建立 cDNA 文库, 然后通过 Illumina HiSeq 4000 进行双末端测序, 获得总序列数。通过过滤去除低质量的序列数后, 高质量的序列数统计结果如表 6-11 所示。所有样本的 GC 含量范围为 40%~60%, ≥Q30 均在 90% 以上, 说明测序数据较好, 可以用于下游分析。

表 6-11　MMS 处理样本的测序数据统计

样本	总序列数	高质量的序列数	GC/%	Q30/%
PF	100 688 920	50 344 460	44.86	94.29
PF-1	103 701 322	51 850 661	44.57	93.96
PF-2	107 355 454	53 677 727	44.82	93.76
PFI	103 738 518	51 869 259	45.26	94.36
PFI-1	107 609 118	53 804 559	45.07	93.52
PFI-2	95 898 588	47 949 294	45.21	93.97
PFIM60-10	102 245 034	51 122 517	45.71	93.77
PFIM60-10-1	99 781 864	49 890 932	45.50	93.76
PFIM60-10-2	103 968 612	51 984 306	45.42	93.98
PFIM60-20	113 319 930	56 659 965	45.27	93.99
PFIM60-20-1	105 989 818	52 994 909	45.24	93.94
PFIM60-20-2	108 784 264	54 392 132	45.24	94.06
PFIM60-5	111 152 166	55 576 083	44.68	93.78
PFIM60-5-1	111 648 436	55 824 218	44.54	93.77
PFIM60-5-2	107 276 422	53 638 211	44.59	93.85
PFIM20-10	83 415 626	41 707 813	44.51	90.88
PFIM20-10-1	90 793 456	45 396 728	44.62	91.01
PFIM20-10-2	79 876 000	39 938 000	44.46	90.77
PFIM20-15	111 732 072	55 866 036	45.19	94.06
PFIM20-15-1	108 859 326	54 429 663	44.88	93.50
PFIM20-15-2	109 553 538	54 776 769	45.53	94.08
PFIM20-30	99 939 342	49 969 671	44.80	93.94
PFIM20-30-1	111 120 008	55 560 004	44.48	93.34
PFIM20-30-2	119 063 974	59 531 987	44.44	93.32
PFIM20-5	116 699 588	58 349 794	44.76	92.73
PFIM20-5-1	119 707 496	59 853 748	44.70	93.54
PFIM20-5-2	92 182 724	46 091 362	44.71	94.37

续表

样本	总序列数	高质量的序列数	GC/%	Q30/%
PFIM20R-10	89 026 990	44 513 495	45.58	93.00
PFIM20R-10-1	90 174 056	45 087 028	45.15	93.75
PFIM20R-10-2	92 520 956	46 260 478	46.16	93.36
PFIM20R-20	88 974 928	44 487 464	44.32	91.49
PFIM20R-20-1	85 264 180	42 632 090	44.34	90.65
PFIM20R-20-2	88 486 390	44 243 195	45.98	91.41
PFIM20R-30	104 796 756	52 398 378	45.17	92.87
PFIM20R-30-1	109 685 292	54 842 646	45.44	93.67
PFIM20R-30-2	111 850 784	55 925 392	45.89	92.28
PFIM20R-40	124 096 626	62 048 313	45.45	93.90
PFIM20R-40-1	118 578 612	59 289 306	45.49	93.72
PFIM20R-40-2	134 440 722	67 220 361	45.17	93.36

注：GC，高质量的序列数中 G 和 C 两种碱基占总碱基的比例；Q30，高质量的序列数中质量值大于或等于 30 的碱基所占的比例。表 6-15 同。

（三）MMS 处理苗的比对率统计

本研究将健康苗（PF）、丛枝病苗（PFI），以及 20mg·L^{-1} 和 60mg·L^{-1} MMS 不同时间点处理病苗及恢复苗共 13 个样本的高质量序列数与白花泡桐参考基因及基因组进行了比对（表 6-12），每个样本有三个生物学重复，PF、PF-1、PF-2 和 PFI、PFI-1、PFI-2 分别代表白花泡桐健康苗及丛枝病苗的三个生物学重复。其中，PF 的三个生物学重复比对到基因组的序列数占总序列数的比例分别是 81.33%、81.08%、80.78%，PFI 分别为 73.53%、73.02%、73.13%；而 60mg·L^{-1} 浓度 MMS 处理后 10d 的三个生物学重复与基因组比对上的序列数占总序列数的比例分别是 73.02%、73.28%、73.48%，其他样本的比对结果详见表 6-12，从表中可以看出各样本的序列数与参考基因组的比对率为 65%~82%。

表 6-12　MMS 处理样本的测序数据与参考基因组的序列比对结果

样本	总序列数	比对到基因组的序列数（比对率）	比对到基因组上唯一位置的序列数（比对率）	比对到基因组上多处位置的序列数（比对率）
PF	100 688 920	81 886 157（81.33%）	78 084 459（77.55%）	3 801 698（3.78%）
PF-1	103 701 322	84 084 925（81.08%）	79 969 334（77.12%）	4 115 591（3.97%）
PF-2	107 355 454	86 726 449（80.78%）	82 471 349（76.82%）	4 255 100（3.96%）
PFI	103 738 518	76 283 485（73.53%）	72 714 189（70.09%）	3 569 296（3.44%）
PFI-1	107 609 118	78 575 950（73.02%）	74 809 736（69.52%）	3 766 214（3.50%）
PFI-2	95 898 588	70 135 008（73.13%）	66 861 186（69.72%）	3 273 822（3.41%）

续表

样本	总序列数	比对到基因组的序列数（比对率）	比对到基因组上唯一位置的序列数（比对率）	比对到基因组上多处位置的序列数（比对率）
PFIM60-10	102 245 034	74 662 911（73.02%）	71 021 194（69.46%）	3 641 717（3.56%）
PFIM60-10-1	99 781 864	73 121 041（73.28%）	69 511 682（69.66%）	3 609 359（3.62%）
PFIM60-10-2	103 968 612	76 396 577（73.48%）	72 673 615（69.90%）	3 722 962（3.58%）
PFIM60-20	113 319 930	81 629 163（72.03%）	77 669 413（68.54%）	3 959 750（3.49%）
PFIM60-20-1	105 989 818	76 864 731（72.52%）	73 078 658（68.95%）	3 786 073（3.57%）
PFIM60-20-2	108 784 264	79 017 341（72.64%）	75 174 110（69.10%）	3 843 231（3.53%）
PFIM60-5	111 152 166	80 860 103（72.75%）	76 887 292（69.17%）	3 972 811（3.57%）
PFIM60-5-1	111 648 436	81 192 086（72.72%）	77 138 143（69.09%）	4 053 943（3.63%）
PFIM60-5-2	107 276 422	78 550 416（73.22%）	74 717 702（69.65%）	3 832 714（3.57%）
PFIM20-10	83 415 626	55 627 381（66.69%）	52 853 289（63.36%）	2 774 092（3.33%）
PFIM20-10-1	90 793 456	60 939 527（67.12%）	57 860 583（63.73%）	3 078 944（3.39%）
PFIM20-10-2	79 876 000	53 203 207（66.61%）	50 512 099（63.24%）	2 691 108（3.37%）
PFIM20-15	111 732 072	81 207 615（72.68%）	77 390 336（69.26%）	3 817 279（3.42%）
PFIM20-15-1	108 859 326	75 682 075（69.52%）	71 828 307（65.98%）	3 853 768（3.54%）
PFIM20-15-2	109 553 538	78 562 133（71.71%）	74 864 182（68.34%）	3 697 951（3.38%）
PFIM20-30	99 939 342	71 685 933（71.73%）	68 028 020（68.07%）	3 657 913（3.66%）
PFIM20-30-1	111 120 008	76 531 986（68.87%）	72 369 708（65.13%）	4 162 278（3.75%）
PFIM20-30-2	119 063 974	81 723 896（68.64%）	77 255 229（64.89%）	4 468 667（3.75%）
PFIM20-5	116 699 588	80 802 069（69.24%）	76 666 941（65.70%）	4 135 128（3.54%）
PFIM20-5-1	119 707 496	82 877 986（69.23%）	78 661 429（65.71%）	4 216 557（3.52%）
PFIM20-5-2	92 182 724	67 640 720（73.38%）	64 443 068（69.91%）	3 197 652（3.47%）
PFIM20R-10	89 026 990	60 707 813（68.19%）	56 630 483（63.61%）	4 077 330（4.58%）
PFIM20R-10-1	90 174 056	65 026 664（72.11%）	61 438 282（68.13%）	3 588 382（3.98%）
PFIM20R-10-2	92 520 956	65 229 730（70.50%）	60 806 189（65.72%）	4 423 541（4.78%）
PFIM20R-20	88 974 928	59 753 337（67.16%）	56 619 358（63.64%）	3 133 979（3.52%）
PFIM20R-20-1	85 264 180	56 503 169（66.27%）	53 567 228（62.83%）	2 935 941（3.44%）
PFIM20R-20-2	88 486 390	57 670 390（65.17%）	53 643 644（60.62%）	4 026 746（4.55%）
PFIM20R-30	104 796 756	73 516 214（70.15%）	69 547 151（66.36%）	3 969 063（3.79%）
PFIM20R-30-1	109 685 292	80 304 159（73.21%）	76 292 585（69.56%）	4 011 574（3.66%）
PFIM20R-30-2	111 850 784	75 123 141（67.16%）	70 329 636（62.88%）	4 793 505（4.29%）
PFIM20R-40	124 096 626	90 861 356（73.22%）	86 296 284（69.54%）	4 565 072（3.68%）
PFIM20R-40-1	118 578 612	86 837 648（73.23%）	82 536 489（69.60%）	4 301 159（3.63%）
PFIM20R-40-2	134 440 722	94 575 122（70.35%）	89 490 301（66.56%）	5 084 821（3.78%）

（四）MMS 处理苗的 SNP 分析及注释

对 13 个样本筛选出的 SNP 位点数目、转换类型比例、颠换类型比例及杂合型 SNP 位点比例进行统计，如表 6-13 所示，可以看出，丛枝病苗的 SNP 位点总数、基因区 SNP 位点总数和基因间区 SNP 位点总数明显高于健康苗，其他处理数据详见表 6-13。SNP 突变类型统计结果显示 13 个样本的 SNP 突变位点主要以 A→G、G→A、C→T、T→C 突变类型为主，突变类型分布见图 6-10。

表 6-13　MMS 处理样本的 SNP 位点统计表

样本	SNP 位点数	基因区 SNP 位点总数	基因间区 SNP 位点总数	转换类型 SNP 位点数占 SNP 位点总数的比率/%	颠换类型 SNP 位点数占 SNP 位点总数的比率/%	杂合型 SNP 位点数占 SNP 位点总数的比率/%
PF	181 987	142 315	39 672	60.23	39.77	89.91
PF-1	187 408	146 508	40 900	60.24	39.76	90.45
PF-2	180 526	141 268	39 258	60.21	39.79	90.19
PFI	336 153	262 957	73 196	60.30	39.70	74.26
PFI-1	342 802	268 204	74 598	60.30	39.70	74.21
PFI-2	332 104	259 974	72 130	60.34	39.66	74.27
PFIM60-10	346 927	272 109	74 818	60.24	39.76	74.75
PFIM60-10-1	357 004	280 234	76 770	60.19	39.81	74.62
PFIM60-10-2	370 969	290 720	80 249	60.08	39.92	74.18
PFIM60-20	354 427	277 965	76 462	60.31	39.69	74.19
PFIM60-20-1	351 307	275 905	75 402	60.32	39.68	74.21
PFIM60-20-2	358 516	281 244	77 272	60.21	39.79	74.23
PFIM60-5	372 553	290 927	81 626	60.02	39.98	74.36
PFIM60-5-1	385 997	301 133	84 864	59.89	40.11	74.33
PFIM60-5-2	382 899	298 830	84 069	59.94	40.06	74.38
PFIM20-10	346 594	271 901	74 693	60.37	39.63	74.40
PFIM20-10-1	360 069	282 141	77 928	60.25	39.75	74.36
PFIM20-10-2	341 775	268 188	73 587	60.37	39.63	74.51
PFIM20-15	375 531	294 296	81 235	60.10	39.90	74.24
PFIM20-15-1	371 027	290 978	80 049	60.22	39.78	74.25
PFIM20-15-2	361 567	283 105	78 462	60.28	39.72	74.02
PFIM20-30	374 923	294 351	80 572	60.18	39.82	74.05
PFIM20-30-1	376 188	295 493	80 695	60.14	39.86	74.05
PFIM20-30-2	387 414	304 137	83 277	60.10	39.90	74.05
PFIM20-5	374 751	291 753	82 998	60.15	39.85	74.10
PFIM20-5-1	378 866	295 063	83 803	60.10	39.90	74.19
PFIM20-5-2	370 361	288 871	81 490	60.16	39.84	74.26
PFIM20R-10	332 532	259 976	72 556	60.42	39.58	74.11
PFIM20R-10-1	339 259	265 032	74 227	60.40	39.60	74.26
PFIM20R-10-2	332 760	259 994	72 766	60.46	39.54	74.17
PFIM20R-20	352 723	276 831	75 892	60.31	39.69	74.24
PFIM20R-20-1	339 921	267 218	72 703	60.38	39.62	74.31

续表

样本	SNP 位点数	基因区 SNP 位点总数	基因间区 SNP 位点总数	转换类型 SNP 位点数占 SNP 位点总数的比率/%	颠换类型 SNP 位点数占 SNP 位点总数的比率/%	杂合型 SNP 位点数 占 SNP 位点总数的 比率/%
PFIM20R-20-2	323 633	254 457	69 176	60.56	39.44	74.16
PFIM20R-30	356 055	279 082	76 973	60.23	39.77	73.86
PFIM20R-30-1	366 287	286 503	79 784	60.16	39.84	73.86
PFIM20R-30-2	348 265	272 994	75 271	60.29	39.71	73.75
PFIM20R-40	371 101	289 550	81 551	60.10	39.90	73.75
PFIM20R-40-1	367 702	287 950	79 752	60.13	39.87	73.77
PFIM20R-40-2	371 704	290 367	81 337	60.08	39.92	73.78

在上述 SNP 统计的基础上，本研究采用 SNPEff 分别对 SNP 注释，白花泡桐病健苗及利福平处理的 13 个样本的 SNP 注释结果统计如图 6-11 所示，纵轴为 SNP 所在区域类型，横轴为分类数目，可以直观地看出各个样本 SNP 的功能分类，为后续研究提供研究基础。

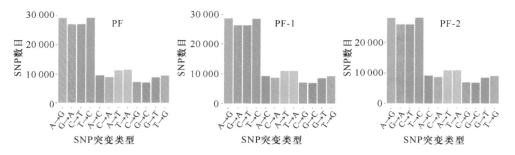

图 6-10　MMS 处理样本的 SNP 突变类型分布图

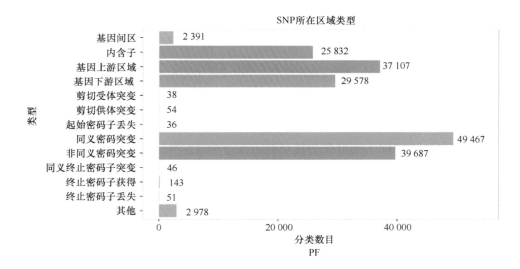

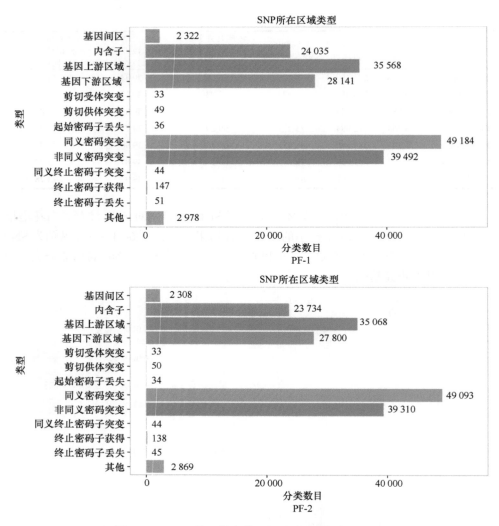

图 6-11　MMS 处理样本的 SNP 注释分类图（部分）

（五）MMS 处理苗的可变剪接事件预测

本研究中不同样本的可变剪接类型可细分为 12 类。①TSS，第一个外显子可变剪切；②TTS，最后一个外显子可变剪切；③SKIP，单外显子跳跃；④XSKIP，单外显子跳跃（模糊边界）；⑤MSKIP，多外显子跳跃；⑥XMSKIP，多外显子跳跃（模糊边界）；⑦IR，单内含子滞留；⑧XIR，单内含子滞留（模糊边界）；⑨MIR，多内含子滞留；⑩XMIR，多内含子滞留（模糊边界）；⑪AE，可变 5′或 3′端剪切；⑫XAE，可变 5′或 3′端剪切（模糊边界）。然后统计各样本中预测的可变剪接事件数量，结果如图 6-12 所示。本研究所检测的 13 个样本均以 TSS 和 TTS 为主，各样本间的差别不明显，说明可变剪切事件在植原体入侵泡桐的过程中变化不大。

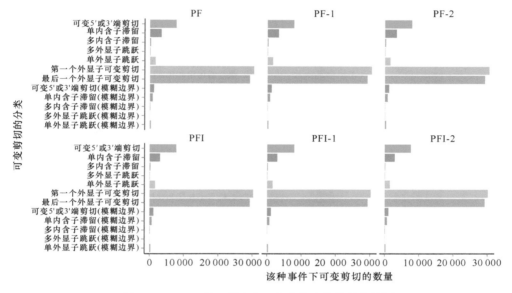

图 6-12　MMS 处理样本的可变剪接事件数量统计图

（六）MMS 处理苗的新基因发掘及功能注释

与原有的基因组注释信息进行比较，寻找原来未被注释的转录区，发掘新转录本和新基因，从而补充和完善原有的基因组注释信息。过滤掉编码的肽链过短（少于 50 个氨基酸残基）或只包含单个外显子的序列，共发掘 1475 个新基因，其中有功能注释的有 1235 个，新基因的 eggNOG 分类统计结果如图 6-13 所示，注释到的基因分别属于 25 个亚类。基因数量最多的是未知功能类（255），其次是一般功能类（191）、信号转导机制（98）、转录后修饰、蛋白折叠和伴侣（83），而核结构（4）和细胞外结构（1）类最少。

（七）MMS 处理苗的所有基因分析

通过转录组测序，共发现基因 33 302 个基因，其中新基因 1475 个。在这些基因中，有 31 755 个基因有功能注释（表 6-14）。然后将得到的所有基因功能在 COG 数据库进行功能分类（图 6-14），结果显示 11 603 个注释到的基因分别属于 25 个亚类，其中基因数量最多的是一般功能预测（3344）；其次是转录（1836），复制、重组和修饰（1824），信号转导机制（1577）；核结构（2）最少。

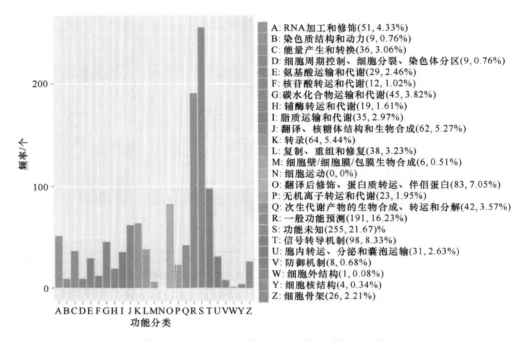

图 6-13　MMS 处理样本的新基因 eggNOG 分类

表 6-14　MMS 处理样本的所有基因功能注释

注释到的数据库	注释到的基因数目	300≤length<1000	length≥1000
COG	11 603	3 550	7 945
GO	6 752	2 489	4 095
KEGG	11 381	4 320	6 803
Swiss-Prot	22 342	8 036	13 891
eggNOG	30 497	12 093	17 582
NR	31 670	12 849	17 902
总计	31 755	12 895	17 934

注：300≤length<1000，注释到的基因长度在 300～1000 的数目；length≥1000，注释到的基因长度大于等于 1000 的基因数目。

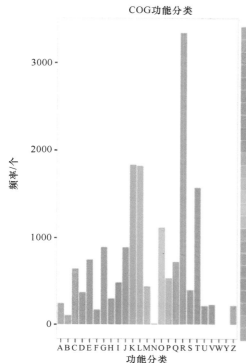

COG功能分类

A: RNA加工和修饰(248, 1.43%)
B: 染色体结构和动力学(108, 0.62%)
C: 能量产生和转换(640, 3.7%)
D: 细胞周期控制、细胞分裂、染色体分区(373, 2.15%)
E: 氨基酸转运和代谢(742, 4.29%)
F: 核苷酸转运和代谢(170, 0.98%)
G: 碳水化合物运输和代谢(891, 5.15%)
H: 辅酶运输和代谢(298, 1.72%)
I: 脂质转运和代谢(481, 2.78%)
J: 转运、核糖体结构(890, 5.14%)
K: 转录(1836, 10.6%)
L: 复制、重组和修复(1824, 10.53%)
M: 细胞壁/细胞膜/包膜生物合成(439, 2.54%)
N: 细胞运动(12, 0.07%)
O: 翻译后修饰、蛋白质转运、伴侣蛋白(1120, 6.47%)
P: 无机离子转运和代谢(532, 3.07%)
Q: 次生代谢产物的生物合成、转运和分解(721, 4.16%)
R: 一般功能预测(3344, 19.31%)
S: 功能未知(400, 2.31%)
T: 信号转导机制(1577, 9.11%)
U: 胞内转运、分泌和囊泡运输(216, 1.25%)
V: 防御机制(232, 1.34%)
W: 细胞外结构(0, 0%)
Y: 细胞核结构(2, 0.01%)
Z: 细胞骨架(219, 1.26%)

图 6-14　MMS 处理样本获得的所有基因 COG 分类

然后把所有基因进行 Nr 功能注释，并进行了物种相似性分布统计（图 6-15）。结果显示注释到芝麻（23 835，75.27%）的基因最多，其次是沟酸浆（4164，13.15%）。

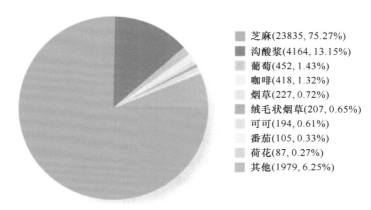

芝麻(23835, 75.27%)
沟酸浆(4164, 13.15%)
葡萄(452, 1.43%)
咖啡(418, 1.32%)
烟草(227, 0.72%)
绒毛状烟草(207, 0.65%)
可可(194, 0.61%)
番茄(105, 0.33%)
荷花(87, 0.27%)
其他(1979, 6.25%)

图 6-15　MMS 处理样本的所有基因 Nr 功能注释

二、利福平处理对白花泡桐丛枝病幼苗基因表达分析

（一）利福平处理苗的测序碱基质量值分析

对两种浓度利福平在不同时间点处理的 13 个样本的测序序列数进行质量值分布统计（图 6-16），每个样本 3 个生物学重复，横坐标为序列数的碱基位置，纵坐标为单碱基错误率。结果显示，尽管测序错误率会随着测序序列（sequenced reads）长度的增加而升高，但在本研究所设置的测序长度内，所有测序样本低质量（<20）的碱基比例都较低，说明测序准确度较高。

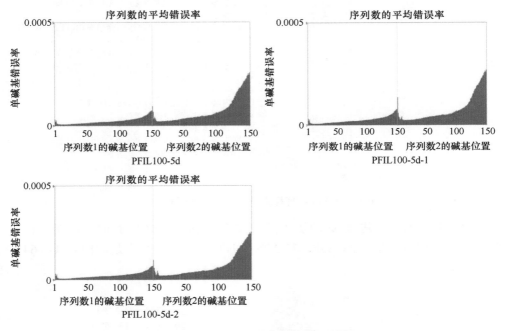

图 6-16　利福平处理样本的碱基测序错误率分布图

（二）利福平处理苗的测序数据统计

通过对 30mg·L⁻¹ 和 100mg·L⁻¹ 浓度利福平在不同时间点处理白花泡桐病苗后的 13 个样本的高通量测序，共获得总序列数为：119 427 734（PFIL30R-10）、102 953 926（PFIL30R-10-1）、129 098 580（PFIL30R-10-2）、113 878 024（PFIL30R-20）、97 791 272（PFIL30R-20-1）、105 998 708（PFIL30R-20-2）、100 760 990（PFIL30R- 30）、110 458 124（PFIL30R-30-1）、107 082 558（PFIL30R-30-2），其他样本结果见表 6-15。通过过滤去除低质量的序列数后，

获得的高质量的序列数，结果见表 6-15。所有样本测序结果显示其 GC 含量范围为 40%～60%，Q30 均在 90% 以上，说明测序数据较好，可以用于下游分析。

表 6-15　利福平处理样本的测序数据统计

样本	总序列数	高质量的序列数	GC/%	Q30/%
PF	100 688 920	50 344 460	44.86	94.29
PF-1	103 701 322	51 850 661	44.57	93.96
PF-2	107 355 454	53 677 727	44.82	93.76
PFI	103 738 518	51 869 259	45.26	94.36
PFI-1	107 609 118	53 804 559	45.07	93.52
PFI-2	95 898 588	47 949 294	45.21	93.97
PFI L30R-10	119 427 734	59 713 867	45.07	93.77
PFI L30R-10-1	102 953 926	51 476 963	44.85	93.24
PFI L30R-10-2	129 098 580	64 549 290	44.93	92.99
PFI L30R-20	113 878 024	56 939 012	45.07	94.72
PFI L30R-20-1	97 791 272	48 895 636	45.39	94.73
PFI L30R-20-2	105 998 708	52 999 354	44.99	94.72
PFI L30R-30	100 760 990	50 380 495	44.94	94.90
PFI L30R-30-1	110 458 124	55 229 062	44.98	94.72
PFI L30R-30-2	107 082 558	53 541 279	45.00	94.70
PFI L30R-40	124 966 706	62 483 353	44.99	94.69
PFI L30R-40-1	111 064 698	55 532 349	45.07	92.03
PFI L30R-40-2	109 949 940	54 974 970	45.26	92.40
PFI L30-10	101 861 778	50 930 889	44.90	94.19
PFI L30-10-1	83 372 884	41 686 442	45.80	91.39
PFI L30-10-2	96 235 200	48 117 600	44.84	94.56
PFI L30-15	114 928 488	57 464 244	44.78	93.33
PFI L30-15-1	101 167 582	50 583 791	44.99	92.96
PFI L30-15-2	107 022 422	53 511 211	44.95	92.99
PFI L30-30	110 160 886	55 080 443	45.66	93.89
PFI L30-30-1	97 895 524	48 947 762	45.93	93.60
PFI L30-30-2	103 449 172	51 724 586	45.56	93.32
PFI L30-5	102 465 846	51 232 923	44.46	93.68
PFI L30-5-1	127 817 488	63 908 744	44.25	93.71
PFI L30-5-2	105 809 832	52 904 916	44.39	93.86
PFI L100-10	110 452 982	55 226 491	45.17	93.91
PFI L100-10-1	110 435 326	55 217 663	45.18	94.04
PFI L100-10-2	101 645 666	50 822 833	45.42	93.15
PFI L100-20	95 152 848	47 576 424	45.51	93.32

续表

样本	总序列数	高质量的序列数	GC/%	Q30/%
PFI L100-20-1	119 161 326	59 580 663	45.34	93.56
PFI L100-20-2	121 043 938	60 521 969	45.23	92.99
PFI L100-5	108 646 562	54 323 281	44.47	93.13
PFI L100-5-1	113 176 348	56 588 174	44.63	93.54
PFI L100-5-2	119 348 088	59 674 044	44.67	93.59

（三）利福平处理苗的比对率统计

采用TopHat2软件将上述测序的 13 个样本的高质量的序列数与参考基因组进行序列比对，每个样本 3 个生物学重复。结果显示，100mg·L^{-1}利福平处理 20d 幼苗比对到基因组的序列数（mapped reads）占总序列数（total reads）的比例分别为 72.35%、72.24%、62.52%，30mg·L^{-1}利福平处理 30d 的比例分别是 75.57%、74.50%、74.38%，其他处理浓度结果见表 6-16。从比对结果来看，各样本的序列数与参考基因组的比对率为 62%～82%，说明转录组数据可靠性较好，可以用于下游分析。

表 6-16　利福平处理样本的测序数据与参考基因组的序列比对结果

样本	总序列数	比对到基因组的序列数（比对率/%）	比对到基因组上唯一位置的序列数（比对率/%）	比对到基因组上多处位置的序列数（比对率/%）
PF	100 688 920	81 886 157（81.33%）	78 084 459（77.55%）	3 801 698（3.78%）
PF-1	103 701 322	84 084 925（81.08%）	79 969 334（77.12%）	4 115 591（3.97%）
PF-2	107 355 454	86 726 449（80.78%）	82 471 349（76.82%）	4 255 100（3.96%）
PFI	103 738 518	76 283 485（73.53%）	72 714 189（70.09%）	3 569 296（3.44%）
PFI-1	107 609 118	78 575 950（73.02%）	74 809 736（69.52%）	3 766 214（3.50%）
PFI-2	95 898 588	70 135 008（73.13%）	66 861 186（69.72%）	3 273 822（3.41%）
PFI L30R-10	119 427 734	85 345 214（71.46%）	80 590 506（67.48%）	4 754 708（3.98%）
PFI L30R-10-1	102 953 926	72 935 986（70.84%）	68 933 645（66.96%）	4 002 341（3.89%）
PFI L30R-10-2	129 098 580	91 154 153（70.61%）	85 993 553（66.61%）	5 160 600（4.00%）
PFI L30R-20	113 878 024	85 339 443（74.94%）	81 322 977（71.41%）	4 016 466（3.53%）
PFI L30R-20-1	97 791 272	73 340 075（75.00%）	69 875 106（71.45%）	3 464 969（3.54%）
PFI L30R-20-2	105 998 708	79 517 090（75.02%）	75 729 828（71.44%）	3 787 262（3.57%）
PFI L30R-30	100 760 990	76 720 708（76.14%）	73 357 412（72.80%）	3 363 296（3.34%）
PFI L30R-30-1	110 458 124	83 952 610（76.00%）	80 222 808（72.63%）	3 729 802（3.38%）
PFI L30R-30-2	107 082 558	81 144 395（75.78%）	77 385 982（72.27%）	3 758 413（3.51%）
PFI L30R-40	124 966 706	95 445 456（76.38%）	91 089 558（72.89%）	4 355 898（3.49%）

续表

样本	总序列数	比对到基因组的序列数（比对率/%）	比对到基因组上唯一位置的序列数（比对率/%）	比对到基因组上多处位置的序列数（比对率/%）
PFI L30R-40-1	111 064 698	80 807 484（72.76%）	77 185 509（69.50%）	3 621 975（3.26%）
PFI L30R-40-2	109 949 940	80 395 828（73.12%）	76 834 863（69.88%）	3 560 965（3.24%）
PFI L30-10	101 861 778	77 071 982（75.66%）	73 178 064（71.84%）	3 893 918（3.82%）
PFI L30-10-1	83 372 884	55 058 182（66.04%）	51 666 059（61.97%）	3 392 123（4.07%）
PFI L30-10-2	96 235 200	73 553 779（76.43%）	70 124 728（72.87%）	3 429 051（3.56%）
PFI L30-15	114 928 488	83 754 531（72.88%）	79 867 693（69.49%）	3 886 838（3.38%）
PFI L30-15-1	101 167 582	72 625 905（71.79%）	69 212 527（68.41%）	3 413 378（3.37%）
PFI L30-15-2	107 022 422	77 282 521（72.21%）	73 618 806（68.79%）	3 663 715（3.42%）
PFI L30-30	110 160 886	83 245 262（75.57%）	79 373 747（72.05%）	3 871 515（3.51%）
PFI L30-30-1	97 895 524	72 931 474（74.50%）	68 870 624（70.35%）	4 060 850（4.15%）
PFI L30-30-2	103 449 172	76 943 517（74.38%）	72 870 487（70.44%）	4 073 030（3.94%）
PFI L30-5	102 465 846	75 865 429（74.04%）	72 098 397（70.36%）	3 767 032（3.68%）
PFI L30-5-1	127 817 488	95 183 140（74.47%）	90 568 443（70.86%）	4 614 697（3.61%）
PFI L30-5-2	105 809 832	78 893 307（74.56%）	75 018 321（70.90%）	3 874 986（3.66%）
PFI L100-10	110 452 982	80 931 122（73.27%）	76 957 347（69.67%）	3 973 775（3.60%）
PFI L100-10-1	110 435 326	81 527 230（73.82%）	77 562 450（70.23%）	3 964 780（3.59%）
PFI L100-10-2	101 645 666	73 140 847（71.96%）	69 140 563（68.02%）	4 000 284（3.94%）
PFI L100-20	95 152 848	68 843 675（72.35%）	65 371 842（68.70%）	3 471 833（3.65%）
PFI L100-20-1	119 161 326	86 084 348（72.24%）	81 715 003（68.58%）	4 369 345（3.67%）
PFI L100-20-2	121 043 938	75 682 032（62.52%）	71 816 965（59.33%）	3 865 067（3.19%）
PFI L100-5	108 646 562	78 115 290（71.90%）	74 221 550（68.31%）	3 893 740（3.58%）
PFI L100-5-1	113 176 348	81 798 700（72.28%）	77 773 271（68.72%）	4 025 429（3.56%）
PFI L100-5-2	119 348 088	86 987 522（72.89%）	82 690 360（69.29%）	4 297 162（3.60%）

（四）利福平处理苗的 SNP 分析及注释

对 13 个测序样本中产生的 SNP 位点数目、转换类型比例、颠换类型比例及杂合型 SNP 位点比例进行统计（表 6-17），每个样本 3 个重复，结果显示 13 个样本的 SNP 突变位点主要以 A→G、G→A、C→T、T→C 突变类型为主（图 6-17），健康苗的 SNP 位点数分别为 181 987（PF）、187 408（PF-1）、180 526（PF-2），病苗的 SNP 位点数分别为 336 153（PFI）、342 802（PFI-1）、332 104（PFI-2），可以看出病苗的 SNP 位点总数明显高于健康苗，而杂合型 SNP 位点数目在总 SNP 位点数目中所占的百分比又明显低于健康苗，30mg·L^{-1} 利福平不同时间点处理病苗在恢复 40d 时 SNP 位点数分别为 411 761（PFIL30R-40）、392 828（PFIL30R-40-

1)、392 010（PFIL30R-40-2），与丛枝病苗相近，前期预实验结果也显示恢复 40d 幼苗体内植原体含量接近于病苗，说明植原体入侵增加了 SNP 数量，即增加了基因组上单个核苷酸的变异，该结果说明利福平处理对基因结构的变化影响不大；采用利福平处理丛枝病幼苗模拟植原体入侵过程中 SNP 的变化较大，该结果说明植原体入侵影响了泡桐基因的表达水平或者蛋白质产物的种类。

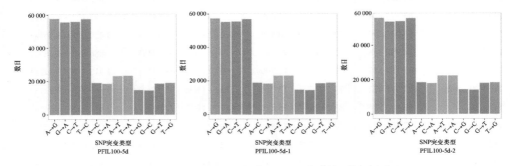

图 6-17　利福平处理样本的 SNP 突变类型分布图

表 6-17　利福平处理样本的 SNP 位点统计表

样本	SNP 位点总数	基因区 SNP 位点总数	基因间区 SNP 位点总数	转换类型 SNP 位点数占 SNP 位 点总数的比率/%	颠换类型 SNP 位点数占 SNP 位 点总数的比率/%	杂合型 SNP 位点数占 SNP 位 点总数的比率/%
PF	181 987	142 315	39 672	60.23	39.77	89.91
PF-1	187 408	146 508	40 900	60.24	39.76	90.45
PF-2	180 526	141 268	39 258	60.21	39.79	90.19
PFI	336 153	262 957	73 196	60.30	39.70	74.26
PFI-1	342 802	268 204	74 598	60.30	39.70	74.21
PFI-2	332 104	259 974	72 130	60.34	39.66	74.27
PFI L30-10	394 338	309 417	84 921	60.03	39.97	73.97
PFI L30-10-1	332 220	258 703	73 517	60.36	39.64	73.95
PFI L30-10-2	392 499	307 927	84 572	60.02	39.98	73.81
PFI L30-15	383 229	299 849	83 380	60.09	39.91	74.44
PFI L30-15-1	360 735	282 849	77 886	60.28	39.72	74.63
PFI L30-15-2	361 559	283 153	78 406	60.24	39.76	74.63
PFI L30-30	388 590	306 559	82 031	60.01	39.99	73.69
PFI L30-30-1	374 542	296 210	78 332	60.18	39.82	73.76
PFI L30-30-2	378 593	298 835	79 758	60.05	39.95	73.78
PFI L30-5	395 773	310 472	85 301	60.01	39.99	73.76
PFI L30-5-1	415 509	326 003	89 506	59.87	40.13	73.91
PFI L30-5-2	401 336	314 898	86 438	60.01	39.99	73.80
PFI L30R-10	368 563	289 871	78 692	60.11	39.89	74.17
PFI L30R-10-1	355 589	279 991	75 598	60.26	39.74	74.22
PFI L30R-10-2	374 480	293 986	80 494	60.13	39.87	74.14
PFI L30R-20	399 768	313 711	86 057	59.97	40.03	73.76
PFI L30R-20-1	383 022	300 731	82 291	60.07	39.93	73.71
PFI L30R-20-2	392 958	308 760	84 198	59.98	40.02	73.67

续表

样本	SNP 位点总数	基因区 SNP 位点总数	基因间区 SNP 位点总数	转换类型 SNP 位点数占 SNP 位点总数的比率/%	颠换类型 SNP 位点数占 SNP 位点总数的比率/%	杂合型 SNP 位点数占 SNP 位点总数的比率/%
PFI L30R-30	396 905	311 073	85 832	59.94	40.06	73.78
PFI L30R-30-1	407 373	319 159	88 214	59.97	40.03	73.79
PFI L30R-30-2	406 761	318 700	88 061	59.94	40.06	73.79
PFI L30R-40	411 761	321 388	90 373	59.81	40.19	73.92
PFI L30R-40-1	392 828	306 418	86 410	59.91	40.09	73.82
PFI L30R-40-2	392 010	306 137	85 873	59.95	40.05	73.58
PFI L100-10	373 938	292 704	81 234	60.03	39.97	74.11
PFI L100-10-1	373 821	292 728	81 093	60.09	39.91	74.08
PFI L100-10-2	360 582	282 610	77 972	60.14	39.86	74.20
PFI L100-20	355 606	279 743	75 863	60.29	39.71	74.23
PFI L100-20-1	373 363	292 989	80 374	60.11	39.89	74.29
PFI L100-20-2	368 891	289 497	79 394	60.13	39.87	74.35
PFI L100-5	373 869	292 181	81 688	60.06	39.94	74.04
PFI L100-5-1	377 237	294 632	82 605	60.05	39.95	74.03
PFI L100-5-2	364 857	285 506	79 351	60.16	39.84	73.99

在上述 SNP 统计的基础上，本研究采用 SNPEff 分别对利福平处理的 13 个样本的 SNP 进行注释，结果统计如图 6-18 所示，纵坐标为 SNP 所在区域或类型，横坐标为分类数目。从图中可以看出，SNP 注释结果主要分布在内含子区、基因上游和基因下游区域，该结果为后续研究提供了基础。

（五）利福平处理苗的可变剪接事件预测

采用利福平处理的幼苗不同样本的可变剪接类型也可细分为 12 类，通过对各种样本的可变剪切事件的统计（图 6-19），发现所检测的样本均以 TSS 和 TTS 为主。

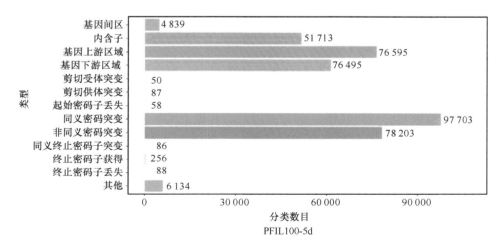

PFIL100-5d

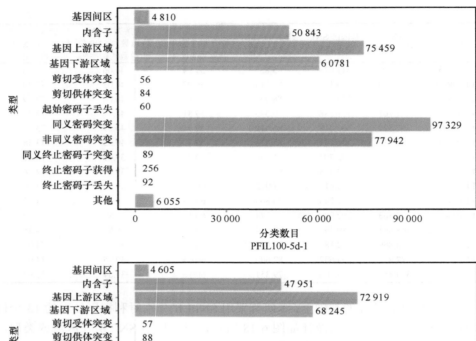

图 6-18　利福平处理样本的 SNP 注释分类图

（六）利福平处理苗的新基因发掘及功能注释

采用 Cufflinks 软件对 13 个样本比对到基因组上的序列数进行拼接，并与原有的白花泡桐基因组注释信息进行比较，寻找原来未被注释的转录区，过滤掉编码的肽链过短（少于 50 个氨基酸残基）或只包含单个外显子的序列，共发掘 1555 个新基因，其中有功能注释的有 1303 个。然后将得到的新基因功能在 eggNOG 数据库进行分类，注释到的基因分别属于 25 个亚类（图 6-20），基因数量最多的是未知功能类（276）；其次是一般功能类（202），信号转导机制（102），转录后修饰、蛋白折叠和伴侣（84）；核结构（3）和细胞外结构（1）类最少。

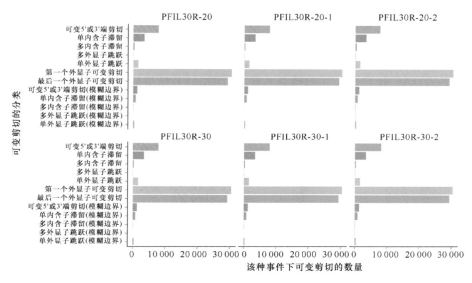

图 6-19　利福平处理样本的可变剪接事件数量统计

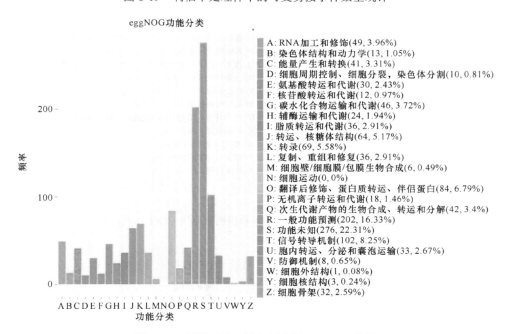

图 6-20　利福平处理样本新基因 eggNOG 分类

（七）利福平处理苗的所有基因分析

通过转录组测序，共发现 33 418 个基因，其中新基因 1555 个。在这些基因中，有 31 823 个基因有功能注释（表 6-18）。将得到的所有基因功能在 COG 数据库进行分类（图 6-21），结果显示 11 616 个注释到的基因分别属于 25 个亚类，其中基因数量最多的是一般功能预测（3338），其次是转录（1833）及复制、重组和修饰（1819）、信号转导机制（1576），而细胞外结构（2）类最少。把所有基因进行 Nr 功能注释，进行物种相似性分布统计（图 6-22）。结果显示注释到芝麻（23 886，75.26%）的基因最多，其次是沟酸浆（4161，13.11%）。

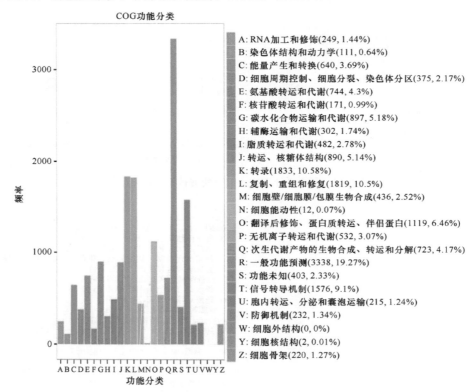

图 6-21　利福平处理样本获得所有基因 COG 分类

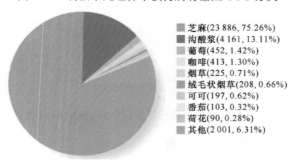

图 6-22　利福平处理样本所有基因 Nr 功能注释

表 6-18　利福平处理样本的所有基因功能注释

注释到的数据库	注释到的基因数目	300≤length<1000	length≥1000
COG	11 616	3 545	7 964
GO	6 796	2 486	4 142
KEGG	11 415	4 315	6 840
Swiss-Prot	22 387	8 026	13 947
eggNOG	30 556	12 092	17 641
NR	31 738	12 853	17 965
总计	31 823	12 898	17 998

注：300≤length<1000：注释到的基因长度在 300~1000 的数目；length≥1000：注释到的基因长度大于等于 1000 的基因数目。

三、WGCNA 共表达分析

植物植原体入侵可以改变寄主大量基因的表达和调控网络的变化，这些基因的表达变化可能与丛枝病的发生有密切关系。为了深入挖掘与泡桐丛枝病发生特异相关的潜在关键基因，本研究对不同浓度 MMS 和利福平处理白花泡桐病苗不同时间点（每个样本 3 个生物学重复）的转录组数据（FPKM>0.1）进行了加权基因共表达网络分析（WGCNA），具体参数参照 Langfelder 和 Horvath（2008）的方法。结果获得了 24 个不同的基因网络模块（图 6-23A）。依据植原体入侵后泡桐表现出腋芽丛生、叶片发黄、花变叶和矮化等典型症状，重点关注与光合作用、叶绿素合成、防御反应、细胞壁降解、花的生长发育以及转录和复制等相关的基因的表达情况，通过对各个模块中的基因进行趋势分析和功能注释分析，找到了 3 个与丛枝病发生特异相关的模块（lightgreen、navajowhite2 和 darkmegenta），分别包含 323 个、503 个和 363 个基因。

为进一步分析这三个模块的基因与丛枝病发生的特定关系，找出潜在的、与丛枝病发生密切相关的基因，分别对这三个模块的基因进行 GO 富集分析、病健苗差异表达分析及 hub 基因共表达网络分析等。结果表明，在 lightgreen 模块中，大部分的基因都富集于光合作用、叶绿素结合、放氧复合体活性和 Ca^{2+} 结合等条目中，表明该模块中的基因与植原体入侵白花泡桐后叶片黄化和光合速率降低有关。同时对这些基因进行差异分析，在病健苗中存在差异的基因共有 112 个，对这些基因的功能进行分类分析发现，这些差异基因大都参与了光合作用、防御反应、调控花的生长发育等过程（图 6-23B）。趋势分析表明，lightgreen 模块中的基因在患病后表达量增高，高浓度试剂（60mg·L^{-1}MMS 和 100mg·L^{-1} 利福平）处理后表达量降低，低浓度试剂（20mg·L^{-1}MMS 和 30mg·L^{-1} 利福平）处理后在 5d 时表达量急剧降低然后升高，这是由于试剂处理后，此时间段植株体内植原体含量最少，而后随着试剂逐渐消耗，植原体含量又逐渐增多，导致丛枝病发生相关基因表达量升高。恢复过程是植物逐渐发病的过程，此时相关基因的表达量逐渐升高，这与病苗中基因的表达趋势一致，但该模块中部分时间点不符合趋势，是由于基因的表达有滞后性，或者是由测序误差等所导致的。对该模块中的基因进行共表达网络分析表明，该模块中包含大量与光合作用相关的 *hub* 基因（图 6-23C），如 LHCA3、PSAN、LHCA4、PSBO1、PSAL 和 LHCB1.3 等。由于植物表型等变化与基因表达存在一定的关系，因此该模块中基因的表达变化与丛枝病发生有密切关系。

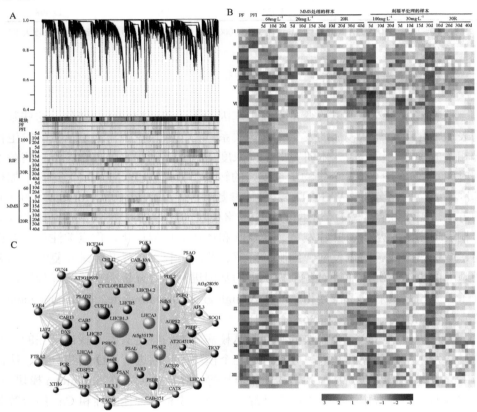

图 6-23　基于 WGCNA 分析的 PaWB 相关基因模块

A. WGCNA 共表达分析 PaWB 相关基因模块；WGCNA 分析样品包括白花泡桐健康苗（PF），植原体侵染的白花泡桐丛枝病苗（PFI）以及经甲基磺酸甲酯（MMS）和利福平（Rif）处理的 PFI。对于 MMS 处理苗，将 PFI 幼苗的顶芽用 60 mg·L^{-1} 和 20 mg·L^{-1}MMS 分别处理 5d、10d、15d、20d、30d 的苗子。对于利福平处理苗，将 PFI 幼苗的顶芽分别用 100 mg·L^{-1} 和 30 mg·L^{-1} RIF 处理幼苗，处理天数同 MMS。将 20mg·L^{-1}MMS 和 30mg·L^{-1} RIF 处理 30d 的 PFI 幼苗顶芽转移到 1/2 MS 培养基上生长 10d、20d、30d 和 40d，使植原体繁殖（20R 和 30R）。B. PME9 模块基因表达热图。Ⅰ. 细胞壁降解；Ⅱ. 细胞运输和离子稳态；Ⅲ. 叶绿素生物合成；Ⅳ. 防御反应；Ⅴ. 花生长发育；Ⅵ. 糖酵解；Ⅶ. 光合作用；Ⅷ. 植物激素信号转导；Ⅸ. 初级代谢；Ⅹ. 蛋白质折叠；Ⅺ. 蛋白质修饰；Ⅻ. 次生代谢；ⅩⅢ. 转录和翻译。基于转录组分析的 FPKM 来计算基因的表达水平。C. PME9 模块 *hub* 基因网络共表达。棕色代表 PaWB-SAP54 的潜在互作蛋白，红色代表与光合作用相关的蛋白质，黑色代表其他功能蛋白质对 navajowhite2 模块中基因进行 GO 富集分析，结果表明 navajowhite2 模块中基因大部分都富集于离子转运、苯丙烷代谢及防御反应等条目中，表明该模块的基因与植原体入侵和相关效应蛋白的转运相关。该模块中，病健苗的差异基因有 79 个，且大部分都参与了细胞内离子转运和防御反应等代谢途径（图 6-24A）。对该模块中的基因进行趋势分析发现，该模块中的大部分基因在各个处理点的表达量差异不明显，除了利福平处理 10d 和 MMS 高浓度处理 20d 时表达量急剧升高。由于一些参与转运的穿梭蛋白在不同的时间点表达无差异，且一些与丛枝病发生密切相关的关键基因变化也不明显，因此该模块中的基因也与丛枝病发生密切相关。同时，共表达网络分析表明该模块中的 *hub* 基因大部分参与细胞壁降解、离子转运和转录因子调控，如 MSSP1、CLC2、NAKR2、EPC1、BHLH41、BHLH48 和 MYB11 等（图 6-25A）。由于植原体分泌的效应因子进入细胞内首先要将植物细胞壁溶解，且有文献报道转运蛋白 RAD23 家族蛋白在植原体入侵引起的花变叶中起到重要作用，因此该模块中基因与丛枝病发生相关。

Darkmegenta 模块中基因 GO 富集分析结果表明，该模块中基因大部分富集于 SA 依赖的超敏反应、细胞程序性死亡、钙离子结合和蛋白激酶活性等条目。对该模块中病健苗存在差异的 65 个基因进行代谢通路分析表明，该模块中基因参与防御反应、细胞内离子转运、防御反应和信号转导等代谢通路（图 6-24B）。

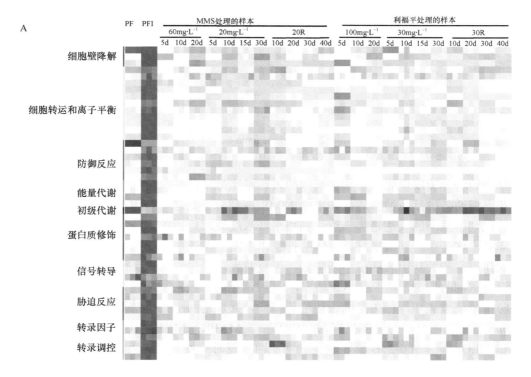

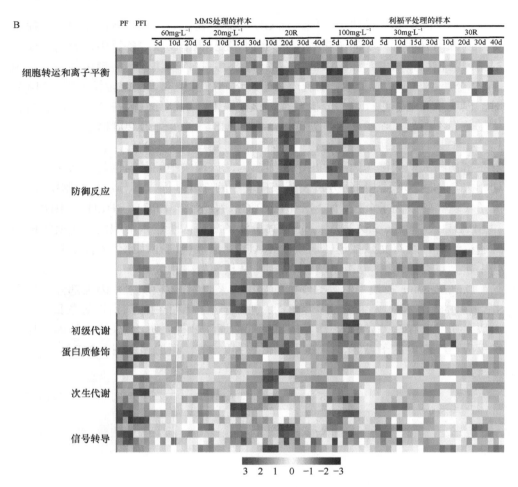

图 6-24　Navajowhite 2 和 Darkmegenta 模块中基因的表达趋势热图

A. Navajowhite 2 不同样本中基因的表达趋势热图；B. Darkmegenta 模块不同样本中基因的表达趋势热图

基因趋势分析发现患病后相关基因的表达量比健康苗高，这说明植原体入侵后白花泡桐的防御反应被激活，高浓度 MMS 或利福平处理后基因表达量降低，且两种试剂中基因的表达趋势一致，利福平低浓度处理后相关基因的表达量先升高后降低，这是由于利福平对植原体的抑制作用发生在处理 10d 之后，且随着利福平的作用，相关基因表达量不断降低；恢复时表达量先升高再降低，是由于该阶段没有试剂的抑制，植原体迅速增多，5d 时泡桐防御反应被激活，而后降低是由于防御系统被破坏，相关基因表达趋势降低。共表达网络分析结果显示，模块中的 *hub* 基因大部分参与防御反应，如 WRKY72、MAPK3、MYB14、CYP74A、WRKY31 和 MLO6 等（图 6-25B）。植物受到病原菌入侵时免疫系统被激活，在此过程中参与信号转导过程的一系列基因的表达也被激活。因此，该模块中的基因与泡桐抵御植原体入侵有密切的关系。

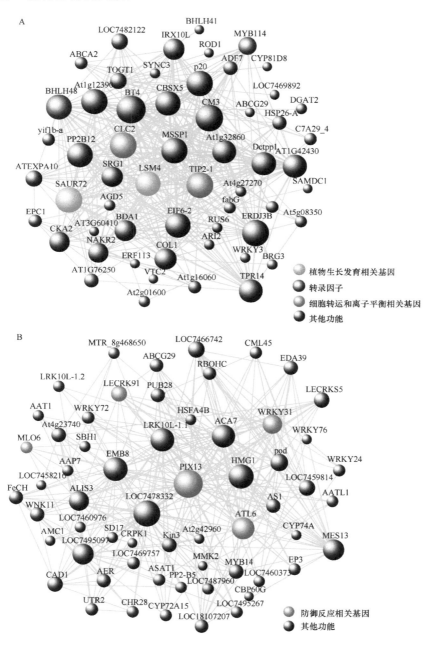

图 6-25 Navajowhite 2 和 Darkmegenta 模块中基因共表达网络

A. Navajowhite 2 样本中 *hub* 基因共表达网络图；B. Darkmegenta 模块样本中 *hub* 基因共表达网络图

四、与丛枝病相关基因的筛选

为进一步分析与白花泡桐丛枝病发生有密切关系的基因，对这三个模块中的基因进行了两部分分析：第一，已有文献报道的、与植原体分泌的效应因子有密切关系或者与丛枝病症状的发生有密切关系的基因，该部分基因可能会在不同的处理条件下表达无差异，但是依据其功能本研究认为其与丛枝病的发生有密切关系；第二，在病健苗中差异表达，并且在高浓度试剂处理后表达趋势趋于健康苗的基因。综上两种情况，从这三个模块的共同差异基因中筛选出与丛枝病发病相关的泛素化受体 RAD23C 等 17 个基因（表 6-19）。这些基因主要参与光合作用、防御反应、叶绿体移动、花变叶、细胞壁溶解等过程。

表 6-19　与泡桐丛枝病相关联的基因

基因 ID	功能
PAULOWNIA_LG6G000886	可能的甲基麦角新碱还原酶
PAULOWNIA_LG15G000908	RNA 结核蛋白 38
PAULOWNIA_LG15G000763	类囊体管腔 29kDa 蛋白
PAULOWNIA_LG7G000047	叶绿体 a-b 结合蛋白
PAULOWNIA_tig00016041G000062	玉米素葡基转移酶
PAULOWNIA_LG16G000893	WEB 家族蛋白 At5g55860
PAULOWNIA_LG5G000832	泛素化受体 RAD23c
PAULOWNIA_LG12G000436	丝氨酸-乙醛酸转移酶
PAULOWNIA_LG9G000504	肽基脯氨酸顺反异构酶 FKBP53
PAULOWNIA_LG7G000600	防御素 J1-2
PAULOWNIA_LG16G001301	细胞色素 P450 710A1
PAULOWNIA_LG10G000433	铵转运蛋白 1 成员 1
PAULOWNIA_LG1G000136	丝氨酸/苏氨酸蛋白激酶 At5g01020
PAULOWNIA_LG8G000482	含 MACPF 结构域的蛋白 NSL1
PAULOWNIA_LG5G000222	LRR 受体丝氨酸/苏氨酸蛋白激酶 At5g10290
PAULOWNIA_LG0G001356	油菜素内酯不敏感 1 相关受体激酶 1
PAULOWNIA_LG6G000997	WRKY 转录因子 40

第三节　丛枝病发生与 DNA 甲基化基因表达变化的关系

植物中 DNA 甲基化的建立与维持是由多个调控因子协同作用的结果。基因的转录与否决定了基因表达的开启和关闭，DNA 甲基化在转录过程中起到了至关重要的作用。当基因处于表达状态时，甲基化水平往往很低，随着生长发育的进行，需要将该基因关闭，在该基因的启动子或编码区发生甲基化，使基因转录受到抑制，基因失活，终止其表达；而一些处于关闭状态的基因应生长发育的需求要进行活化，开启表达，这时该基因的启动子区或编码区发生去甲基化，转录表达（邓大君，2014；李义良等，2018）。目前在植物研究方面，有报道利用转录组与甲基化关联分析确定了两个涉及甲基化的基因（甲基化酶 MET1 和去甲基化酶 DDM1）在雌雄两性花同株毛白杨的性别发育表达中起重要作用（Song et al.，2013a；2013b），廖登群等（2017）报道 11 个 DNA 甲基转移酶 unigene 和 5 个去甲基化酶 unigene 在调控地黄块根的发育过程中具有重要作用。Ibtisam 等（2018）采用全基因组甲基化和转录组测序分析发现，盐响应的枣椰根基因受 DNA 甲基化调控，然而通过转录组分析获得差异基因的表达变化与 DNA 甲基化相结合的研究在泡桐丛枝病中还未见报道。因此，本研究采用转录组和全基因组甲基化测序相结合的方法，分析泡桐丛枝病发生的不同阶段基因表达和甲基化的变化，获得与丛枝病发病相关基因的甲基化状况，以期从 DNA 甲基化水平上揭示泡桐丛枝病的发病原因，为进一步深入研究泡桐丛枝病的致病机理奠定坚实的理论基础。

一、DNA 甲基化对基因表达的影响

为了探讨 DNA 甲基化基因转录表达状况，本研究将不同比较组之间 DNA 甲基化和前期的转录组测序结果进行了关联分析，结果显示只有 404 个发生甲基化的基因在转录组上呈现差异表达。为了确定 DNA 甲基化水平与基因表达之间的关系，在不同区域进行表达模式的分析，包括上游（启动子）、外显子、内含子和下游。如图 6-26 所示，各区域甲基化基因具有 4 种表达模式，包括：①甲基化水平上调，其基因表达上调；②甲基化水平下调，其基因表达下调；③甲基化水平上调，其基因表达下调；④甲基化水平下调，其基因表达上调。尽管 DMG 在基因组中表现出高 DNA 甲基化水平，但其在基因表达水平上的差异不明显。

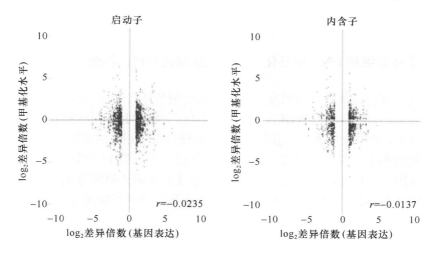

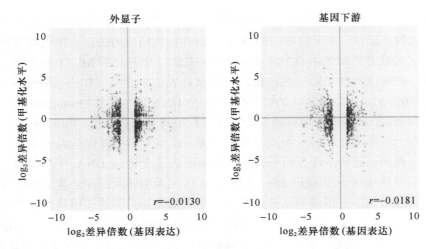

图 6-26　白花泡桐病健苗间基因的 DNA 甲基化水平与基因表达的模式分布

二、DNA 甲基化差异基因的功能分析

差异表达基因（DEG）标准为 Fold change＞2 或＜0.5，且 P＜0.05，差异 DNA 甲基化基因（DMG）标准为 P＜0.05，为了进一步排除两种试剂处理对 DNA 甲基化基因的影响，通过比较两种试剂在相同时间点不同比较组间的差异，获得共同 DNA 甲基化的差异基因 404 个。GO 分类结果显示这些 DNA 甲基化基因主要被富集到 50 个 GO 条目（图 6-27），其中氧化还原过程（97.90%）、蛋白结合（96.15%）、细胞核（90.91%）、调控转录（87.41%）、转录（83.92%）是主要的 GO 条目；KEGG 代谢通路富集分析显示，甲基化的基因主要集中在碳水化合物代谢（13.39%）、脂质代谢（12.50%）、氨基酸代谢（10.71%）、辅因子和维生素（8.04%）等途径（图 6-28）。

三、基于转录组和 DNA 甲基化组的丛枝病相关基因的筛选

通过对两种试剂高、低浓度处理的白花泡桐丛枝病幼苗的转录组测序，获得了大量的基因。然后采用 WGCNA 的方法对这两种试剂处理获得的基因进行共表达趋势分析，从 3 个模块中共获得 17 个与丛枝病发生相关的基因。为了进一步排除试剂处理和生长发育引起的差异基因，将转录组产生的 17 个差异基因与甲基化差异的基因进行比对，最后筛选出可能的甲基麦角新碱还原酶等 12 个与丛枝病相关的基因（表 6-20），且功能搜索发现这 12 个基因的主要功能涉及光合作用、植物防御和信号转导等方面。

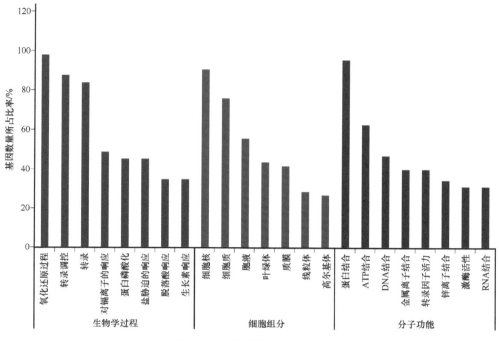

图 6-27　关联基因的 GO 分析

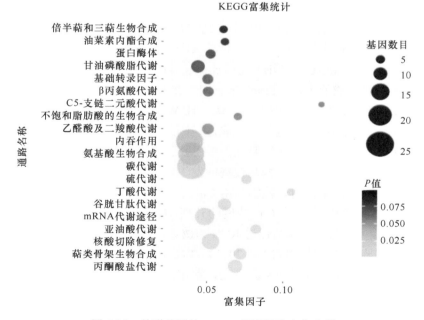

图 6-28　关联基因的 KEGG 代谢通路富集分析

表 6-20 转录组与甲基化组相关联的基因

基因 ID	功能
PAULOWNIA_LG6G000886	可能的甲基麦角新碱还原酶
PAULOWNIA_LG15G000908	RNA 结核蛋白 38
PAULOWNIA_LG15G000763	类囊体管腔 29kDa 蛋白
PAULOWNIA_LG7G000047	叶绿体 a-b 结合蛋白 7
PAULOWNIA_LG15G000718	核苷酸酶结构域蛋白 4
PAULOWNIA_LG2G000393	ω-6 脂肪酸脱氢酶
PAULOWNIA_LG12G000436	丝氨酸-乙醛酸转氨酶
PAULOWNIA_LG9G000504	肽基脯氨酸顺反异构酶 FKBP53
PAULOWNIA_LG10G000433	铵转运蛋白 1 成员 1
PAULOWNIA_LG1G000136	丝氨酸/苏氨酸蛋白激酶 At5g01020
PAULOWNIA_LG8G000482	含 MACPF 结构域的蛋白 NSL1
PAULOWNIA_LG6G000997	WRKY 转录因子 40

在甲基化水平与基因表达联合分析时，发现 DNA 甲基化差异的基因，其基因差异表达不显著，但是这些基因不一定与丛枝病无关。另一些在甲基化水平上表现不显著的基因，其基因表达差异显著，这些基因也参与了植物病原互作的代谢通路，也与丛枝病发病关系很密切。另外，WGCNA 分析中，一些比较少的模块中也可能包含与丛枝病相关的基因没有被发现，因此后续还需要进一步挖掘 WGCNA 产生的数据。

大量文献报道丛枝病的发生是由于植物激素失衡导致的（Curtis et al.，2000；Fan et al.，2018b），如在 PFI vs. PF 中，高甲基化的基因 transcription factor PIF4，其在转录组中呈现低表达，PIF4 是一种转录因子，可以通过激活生长素合成相关基因 YUC8、TAA1and CYB79B2 而增加生长素的含量，PIF4 介导的下胚轴伸长需要生长素生物合成的上调（Franklin et al.，2011；Sun et al.，2012）。在本研究中，发现 IAA28 在丛枝病苗中表达下调，且 WGBS 分析显示其属于高甲基化状态，transcription factor PIF4 也呈现低表达，因此丛枝病的发生一定程度上与生长素降低有关，但是具体情况还需要进一步研究。

尽管植原体入侵引起了泡桐丛枝病的发生，但同时寄主产生了大量的基因参与防御相关的反应。据报道，植物利用 Ca^{2+} 信号作为响应病原体识别的重要早期信号事件，且随着细胞内游离 Ca^{2+} 浓度的升高，被细胞内的钙离子结合蛋白识别，丝氨酸/苏氨酸蛋白激酶的激活促进 ROS 的诱导、丝裂原活化蛋白激酶（MAPK）级联活化和细胞色素的代谢（Ma，2011）。Lee 和 Kim（2015）利用 T-DNA 插入突变株对水稻条纹病进行反向基因筛选，鉴定出具有潜在抗性的水稻条纹病丝氨酸/苏氨酸蛋白激酶 ORYZA SATIVA ARABIDOPSIS PBS1-LIKE 1（OsPBL1），通过小褐飞虱处理，OsPBL1 的转录本被上调，这在水稻条纹病毒抗性品种中尤其明显。前期的研究中发现编码丝氨酸/苏氨酸蛋白激酶的基因在泡桐病苗中的表达量增多。这通常是紧随其后合成和释放的二级信使，如活性氧（ROS）H$_2$O$_2$ 等在植物抵御病原体的防御中起着核心作用（Jabs et al.，1997；Durrant et al.，2000），而清除 ROS 的关键酶是抗氧化剂，如细胞色素 P450 是清除 ROS 的关键抗氧化剂。Morant 等（2003）报道细胞色素 P450 在植物活性分子的生物合成或分解代谢过程中，催化极其多样且复杂的区域特异性和立体特异性反应，细胞色素 P450 是提高植物对昆虫和病原体防御能力的首要目标。在本研究中发现编码 P450 的基因在泡桐病苗中的表达量增多，这与以前 Liu 等的研究结果一致（Liu et al.，2013）。因此，这些基因可能在抵御植原体入侵时发挥作用。

在植物-病原体相互作用中，不同植物感染病原体后存在 DNA 甲基化和去甲基化事件（Sha et al.，2005；Mohammadi et al.，2015），大量研究表明 DNA 甲基化水平的变化与植物种类和器官相关。在 *Hymenoscyphus fraxineus* 感染的白蜡树中显示高 mCG 甲基化水平（Sollars and Buggs，2018）。对于泡桐-植原体相互作用的研究表明，前期的 HPLC 和 MSAP 结果说明植原体入侵的幼苗中 DNA 甲基化水平降低（贾峰，2007；Cao et al.，2014a；2014b）。本研究采用 WGBS 方法检测 DNA 甲基化变化，发现该病苗中 DNA 甲基化水平高于健康苗。虽然三种方法都能检测到 DNA 甲基化水平，但 HPLC 结果存在系统误差，如色谱峰面积随DNA 的量而变化（Johnston et al.，2005），MSAP 只能确定胞嘧啶甲基化 CCGG位点，有些非 CCGG 的位点（如 mCHG 和 mCHH），以及一些非限制性酶切位点无法检测到。同时，人工只能读取 100～800bp 内的条带，而一些冗余条带包含M/E 或 H/E 接头的冗余条带会影响结果的统计，导致丢失一些重要的甲基化位点信息丢失（Yaish et al.，2018）。在本研究之前的 MSAP 分析中，筛选出 81 个明确的 DNA 甲基化片段（Cao et al.，2014a；2014b），在该 WGBS 分析中，鉴定了333 056 个 DMG。因此，本研究确认 WGBS 产生的结果更可靠。

对于 DNA 甲基化水平的计算方法，Schultz 和他的同事使用相同的 WGBS 数据比较了目前 4 种主要的 DNA 甲基化水平计算方法，包括位点甲基化水平、加权甲基化水平、平均甲基化水平和分数甲基化水平的方法，最后他们认为加权甲基化水平是最广泛适用的，是研究 DNA 甲基化组的金指标（Schultz et al.，2012）。该方法在番茄成熟过程中的 DNA 甲基化分析中被成功运用（Zhong et al.，2013）。因此，本研究采用加权甲基化水平获得的丛枝病幼苗的 DNA 甲基化水平升高与PaWB 幼苗的形态变化更密切。

四、qRT-PCR 验证

为验证白花泡桐转录组测序结果的准确性，随机选择 9 个差异基因在部分样本中进行 qRT-PCR 分析，总 RNA 提取参照 RNA 提取试剂盒（北京艾德莱生物），操作步骤按照试剂盒说明书进行，qRT-PCR 操作步骤参照 Fan 等（2015d）的方法，18S rRNA 作为本研究 qPCR 的内参，利用 SPASS 19.0 对表达量进行统计分析。结果表明，这 9 个基因在所筛选的样本中的表达趋势与转录组测序结果相一致（图 6-29），该结果说明转录组测序数据可以用来评估泡桐丛枝病发生过程中的转录变化。

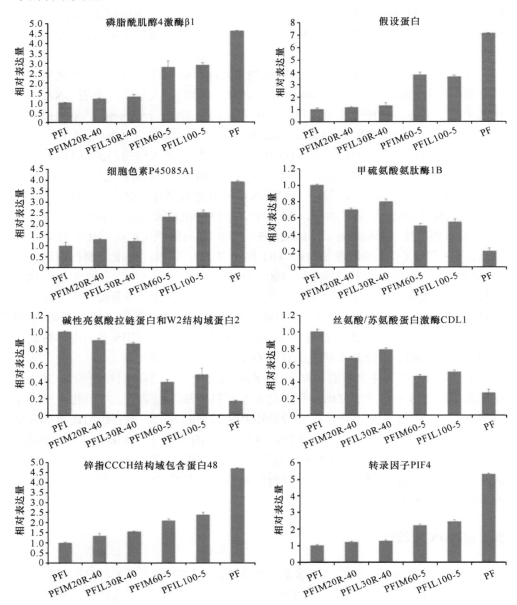

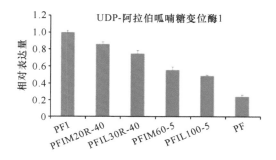

图 6-29　甲基化差异基因的 QRT-PCR 分析

五、BS-PCR 验证

为验证白花泡桐甲基化测序的准确性，本研究挑选关联分析后获得的关键基因 hypothetical protein F511_34219 进行了 BS-PCR 验证，首先采用 Ezup 柱式植物组织基因组 DNA 抽提试剂盒（上海生工生物工程）抽提 PF、PFI、PFIM60-5、PFIM20-R40、PFIL100-5、PFIL30-R40 样本顶芽 DNA，详细步骤如下：将 50～100mg 的新鲜植物组织在液氮中充分研磨成粉末，并转移至 1.5ml 的离心管中；加入 600μl 65℃预热的 PCB Buffer 和 12μl β-巯基乙醇；振荡混匀，置于 65℃水浴 25min，间或混匀加入 600μl 的氯仿，充分混匀，12 000r·min⁻¹ 离心 5min。吸取上层水相至一个干净的 1.5ml 离心管中。加入与上层水相等体积 BD Buffer，颠倒混匀 3～5 次，再加入与上层水相等体积的无水乙醇，充分混匀后用移液器将其全部加入到吸附柱中，室温静置 2min。10 000r·min⁻¹ 离心 1min，倒掉收集管中废液。将吸附柱放回收集管中，加入 500μl PW Solution，10 000r·min⁻¹ 离心 1min，倒掉收集管中废液。将吸附柱放回收集管中，加入 500μl Wash Solution，10 000r·min⁻¹ 离心 1min，倒掉收集管中废液。将吸附柱放回收集管中，12 000r·min⁻¹ 离心 2min。取出吸附柱，放入一个新的 1.5ml 离心管中，在吸附膜中央加入 50μl TE Buffer，静置 3min，12 000r·min⁻¹ 离心 2min，得到的 DNA 溶液置于 –20℃保存或直接用于后续试验。用 EZ DNA Methylation-Gold™ Kit D5005（北京天漠）试剂盒进行亚硫酸氢盐法转化 DNA。使用 Primer Premier 5 设计用于 BS-PCR 的引物（引物长度在 18～30bp；T_m 值 55～65℃，退火温度 60℃左右；GC 含量 40%～70%；要特别注意避免引物二聚体和非特异性扩增的存在；避免连续 4 个碱基，尤其是 G 和 C，3′端最后 5 个碱基内最好不能有多于 3 个的 G 或 C）；纯化 PCR 产物并克隆到 pMD19-T 载体（TaKaRa，Japan）中。然后将 5 个不同的克隆送至 Sangon Biotech Co., Ltd（中国上海）进行测序。使用 Quma 软件（http://quma.cdb.riken.jp/）分析各个 CpG 位点的 DNA 甲基化。结果显示，该基因在 PFI 中的甲基化水平为 66.00%，在 PFIL30R-40 中的甲基化水平为 28.40%，在 PFIM20R-40 中的甲基化水平为 26.80%，在 PFIL100-5 中的甲基化水平为 26.00%，在 PFIM60-5 中的甲基化水平为 25.20%，在 PF 中的甲基化水平为 24.80%，甲基化水平从病苗到健康苗的转变过程中甲基化水平逐渐降低，该结果与甲基化组测序结果一致。另外，该基因的甲基化水平与其 mRNA 表达呈现相反趋势（图 6-30），一定程度上说明甲基化抑制基因表达。

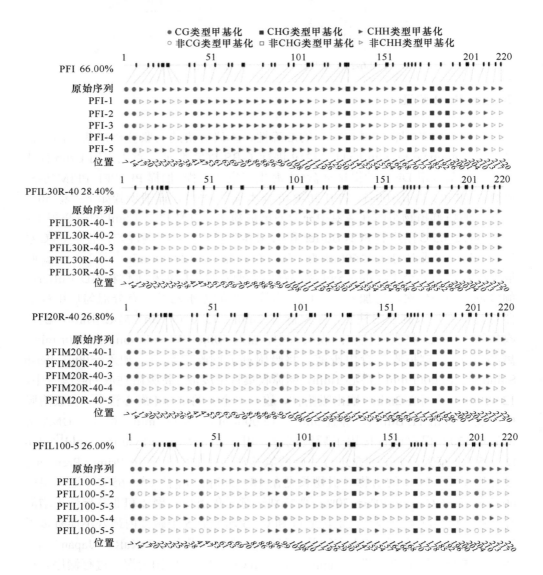

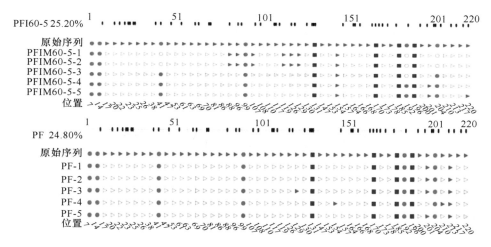

图 6-30 DNA 甲基化差异基因的 BS-PCR 分析

第七章　丛枝病发生与组蛋白修饰变化的关系

第一节　丛枝病发生与组蛋白甲基化的关系

　　泡桐丛枝病是由植原体入侵引起的一种严重传染性病害，目前关于泡桐丛枝病的研究多集中在泡桐感染植原体后的形态、生理、生化和分子变化（范国强和蒋建平，1997；范国强等，2003；2007a；2007b；2008；田国忠等，2010），以及植原体的分子特征、在寄主中的分布和季节性变化等方面（Sahashi et al.，1995；Lin et al.，2009；岳红妮等，2009a；2009b；胡佳续等，2013）。近年来，研究人员开始在转录水平、转录后水平、翻译水平和代谢水平研究泡桐对植原体入侵的响应，并筛选出一些可能与泡桐丛枝病相关的 mRNA（Fan et al.，2014）、miRNA（Niu et al.，2016）、lncRNA（Cao et al.，2018b）、蛋白质（Wang et al.，2017a）、代谢物（曹亚兵等，2017）等。组蛋白修饰是重要的表观遗传调控机制之一，组蛋白甲基化修饰已被证实参与了生物胁迫下基因的转录调控（Ding and Wang，2015；Ayyappan et al.，2015）。然而，有关泡桐丛枝病组蛋白甲基化修饰的研究还鲜有报道。

　　为深入了解组蛋白甲基化与泡桐丛枝病的关系，本研究分别利用 60mg·L^{-1} 的甲基磺酸甲酯（methyl methane sulfonate，MMS）试剂和 100mg·L^{-1} 的利福平（rifampin，Rif）试剂处理白花泡桐丛枝病苗，模拟丛枝病苗恢复健康的过程（植株内植原体含量从多到无），采用 ChIP-Seq 技术对白花泡桐组蛋白甲基化（H3K4me2 和 H3K9me1）修饰的全基因组分布模式进行探究，同时探究这两种组蛋白甲基化修饰类型在白花泡桐丛枝病发生和恢复过程中的动态变化，并将 ChIP-Seq 数据与 RNA-Seq 数据进行关联分析，为进一步研究组蛋白甲基化对泡桐丛枝病发生的调控机制奠定基础。

一、植原体入侵对白花泡桐形态和组蛋白甲基化修饰的影响

　　白花泡桐感染植原体后，形态发生了显著变化。如图 7-1 所示，与健康苗（PF）相比，丛枝病苗（PFI）的叶片变小、变薄，颜色变浅，节间变短，具有大量丛生腋芽。此外，PF 植株较健壮，其叶片和茎上具有密集的刚毛，而 PFI 植株较细弱，且叶片和茎上没有刚毛。使用 60mg·L^{-1} MMS 或 100mg·L^{-1} Rif 试剂分别对 PFI 样本处理 5d 后（PFIM60-5 与 PFIL100-5），植株形态没有明显变化；而处理 20d 后

（PFIM60-20 与 PFIL100-20），植株形态恢复正常，与 PF 植株相比没有明显的形态差异。

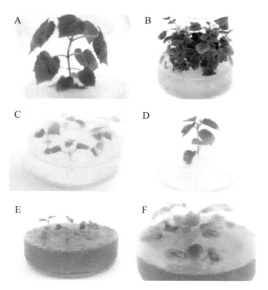

图 7-1　样本的形态特征

A. PF；B. PFI；C. PFIM60-5；D. PFIM60-20；E. PFIL100-5；F. PFIL100-20

　　为探究植原体入侵对白花泡桐组蛋白甲基化修饰整体水平的影响，采用 Western blot 技术检测 PF 和 PFI 植株 H3K4me2 和 H3K9me1 修饰的整体水平。结果显示（图 7-2），白花泡桐感染植原体后，其 H3K4me2 和 H3K9me1 修饰水平下降。这表明白花泡桐感染植原体后，组蛋白甲基化修饰水平发生了变化，进而参与到白花泡桐对植原体响应的调控过程。

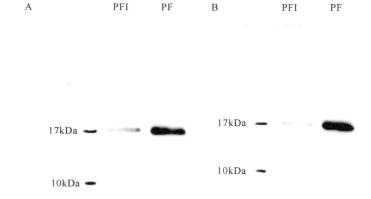

图 7-2　植原体入侵对白花泡桐 H3K4me2（A）和 H3K9me1（B）修饰的影响

二、ChIP-Seq 数据处理与比对统计

本试验样本涉及白花泡桐健康苗（PF）、丛枝病苗（PFI）、MMS 处理苗（PFIM60-5 和 PFIM60-20）与 Rif 处理苗（PFIL100-5 和 PFIL100-20），组蛋白甲基化修饰类型包括 H3K4me2 和 H3K9me1，每个样本各设置 3 个生物学重复。使用 NEXTflex® Rapid DNA-Seq Kit（Bioo Scientific）试剂盒对免疫沉淀获得的 DNA 进行 ChIP-Seq 文库构建，文库经 Agilent Bioanalyzer 2100（Agilent）检测合格后使用 Illumina Hiseq X Ten 高通量测序平台进行测序，测序策略为 PE150。

对于 H3K4me2 修饰，使用软件 Trimmomatic（version 0.30）（Bolger et al., 2014）对原始数据进行过滤处理，去除低质量、含测序接头等的序列，获得高质量序列（clean reads）715M，平均测序错误率为 0.011%，平均 GC 含量为 36.87%；对于 H3K9me1 修饰，过滤后共得到 784M 高质量序列，平均测序错误率为 0.011%，平均 GC 含量为 34.88%，具体信息统计见表 7-1。使用 BWA 软件（Li and Durbin, 2010）将高质量序列比对到白花泡桐的参考基因组上，H3K4me2 修饰与 H3K9me1 修饰分别有 612M 和 596M 高质量序列可以比对到白花泡桐参考基因组上，平均比对率分别为 85.5% 和 78.1%（表 7-1）。

表 7-1   各样本 ChIP-Seq（H3K4me2 和 H3K9me1）数据统计

组蛋白修饰	样本	重复编号	原始数据/M	高质量序列数/M	总碱基数/G	Q20/%	Q30/%	测序错误率/%	GC含量/%	比对到基因组的序列数（比对率）/M
H3K4me2	PF	PF-1	45.8	43.3	6.2	99.40	97.69	0.0103	37.69	38.2（88.2%）
		PF-2	47.9	45.5	6.6	99.42	97.76	0.0102	37.47	40.5（89.0%）
		PF-3	42.3	39.7	5.7	99.40	97.73	0.0102	36.98	35.2（88.7%）
	PFI	PFI-1	38.4	36.6	5.3	99.35	97.58	0.0104	37.77	31.5（86.1%）
		PFI-2	43.0	40.8	5.9	99.39	97.68	0.0103	36.73	35.6（87.3%）
		PFI-3	39.0	36.0	5.1	99.11	96.72	0.0111	36.55	30.7（85.3%）
	PFIM60-5	PFIM60-5-1	49.7	46.2	6.7	99.41	97.76	0.0102	37.04	39.4（85.3%）
		PFIM60-5-2	41.4	37.9	5.4	99.10	96.69	0.0111	36.56	31.8（83.9%）
		PFIM60-5-3	40.1	37.1	5.3	99.13	96.77	0.0111	36.50	31.0（83.6%）
	PFIM60-20	PFIM60-20-1	42.7	39.0	5.5	99.10	96.80	0.0110	36.29	32.5（83.3%）
		PFIM60-20-2	42.2	38.8	5.5	99.13	96.79	0.0110	36.55	33.4（86.1%）
		PFIM60-20-3	46.9	42.5	6.1	99.14	96.82	0.0110	36.45	36.6（86.1%）
	PFIL100-5	PFIL100-5-1	41.2	38.3	5.5	99.45	97.89	0.0101	37.09	32.4（84.6%）
		PFIL100-5-2	34.3	31.6	4.5	99.09	96.67	0.0112	36.12	26.7（84.5%）
		PFIL100-5-3	41.6	37.2	5.3	99.12	96.87	0.0110	36.34	31.4（84.4%）
	PFIL100-20	PFIL100-20-1	40.2	37.6	5.4	99.47	97.95	0.0100	36.71	32.3（85.9%）
		PFIL100-20-2	49.3	45.1	6.4	99.14	96.88	0.0110	37.74	38.0（84.3%）
		PFIL100-20-3	46.2	41.8	5.9	99.12	96.84	0.0110	37.07	34.5（82.5%）

续表

组蛋白修饰	样本	重复编号	原始数据/M	高质量序列数/M	总碱基数/G	Q20/%	Q30/%	测序错误率/%	GC含量/%	比对到基因组的序列数（比对率）/M
H3K9me1	PF	PF-1	45.3	43.2	6.2	99.38	97.68	0.0103	33.87	36.8（85.2%）
		PF-2	42.8	40.7	5.9	99.37	97.66	0.0103	33.44	34.6（85.0%）
		PF-3	42.5	39.2	5.6	99.05	96.51	0.0113	35.14	33.0（84.2%）
	PFI	PFI-1	44.5	40.9	5.8	99.25	97.25	0.0106	34.56	32.3（79%）
		PFI-2	38.8	36.9	5.3	99.36	97.64	0.0103	31.68	28.5（77.2%）
		PFI-3	45.7	42.7	6.1	99.03	96.48	0.0113	33.66	31.9（74.7%）
	PFIM60-5	PFIM60-5-1	40.5	37.3	5.3	99.02	96.43	0.0114	35.10	29.5（79.1%）
		PFIM60-5-2	39.5	34.9	4.7	98.78	95.82	0.0119	38.74	25.6（73.4%）
		PFIM60-5-3	42.0	39.2	5.6	99.22	97.16	0.0107	34.93	31.2（79.6%）
	PFIM60-20	PFIM60-20-1	43.9	40.6	5.8	99.25	97.26	0.0106	34.46	32.6（80.3%）
		PFIM60-20-2	39.2	36.2	5.1	99.02	96.45	0.0114	34.47	28.5（78.7%）
		PFIM60-20-3	38.8	36.0	5.1	99.04	96.47	0.0113	35.12	29.0（80.6%）
	PFIL100-5	PFIL100-5-1	106.2	100.9	13.9	99.00	96.46	0.0113	39.96	50.6（50.1%）
		PFIL100-5-2	39.7	36.4	5.2	99.09	96.79	0.0111	34.19	29.0（79.7%）
		PFIL100-5-3	47.9	43.9	6.3	99.11	96.86	0.0110	34.66	35.2（80.2%）
	PFIL100-20	PFIL100-20-1	49.5	45.2	6.4	99.10	96.83	0.0110	34.58	35.8（79.2%）
		PFIL100-20-2	53.5	49.0	7.0	99.11	96.85	0.0110	34.53	38.8（79.2%）
		PFIL100-20-3	44.5	40.9	5.8	99.08	96.77	0.0111	34.72	32.8（80.2%）

注：Q20，测序错误率≤1%的碱基数目比例；Q30，测序错误率≤0.1%的碱基数目比例。

　　为评估 ChIP-Seq 的重复性，分别计算 H3K4me2 修饰和 H3K9me1 修饰各重复样本间的 Spearman 相关性系数，结果显示重复样本间 Spearman 相关性系数均在 0.87 以上（图 7-3），这表明本研究 ChIP-Seq 具有较高的重复性，结果可靠。

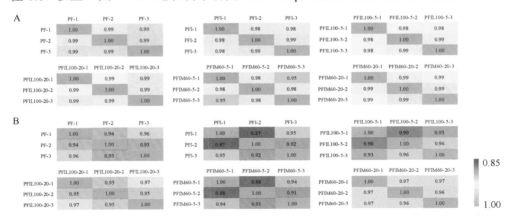

图 7-3　ChIP-Seq 的重复性分析

A. H3K4me2 修饰；B. H3K9me1 修饰

三、组蛋白甲基化修饰的全基因组分布模式

为探究白花泡桐中组蛋白 H3K4me2 和 H3K9me1 修饰的全基因组分布模式，使用 MACS（model-based analysis of ChIP-Seq）（Zhang et al.，2008b）软件分别鉴定了白花泡桐健康苗（PF）、丛枝病苗（PFI）以及试剂处理苗（PFIM60-5 与 PFIM60-20；PFIL100-5 与 PFIL100-20）发生 H3K4me2 或 H3K9me1 修饰的区域。PF 样本中，平均鉴定到 27 572 个 H3K4me2 修饰区域，平均总 peak 长度为 110Mb，平均 peak 长度为 3973bp，而发生 H3K9me1 修饰区域的平均个数为 18 946，平均总 peak 长度为 29Mb，平均 peak 长度为 1500bp，这表明两种组蛋白甲基化修饰在白花泡桐基因组中分布广泛（图 7-4），而且白花泡桐基因组中发生 H3K4me2 修饰的区域长度明显长于发生 H3K9me1 修饰的区域。植原体入侵后（PFI 样本），发生 H3K4me2 修饰的区域数目增多（平均 27 809 个），而 H3K9me1 修饰的区域数目则减少（平均 15 070），修饰区域长度变短（表 7-2）。

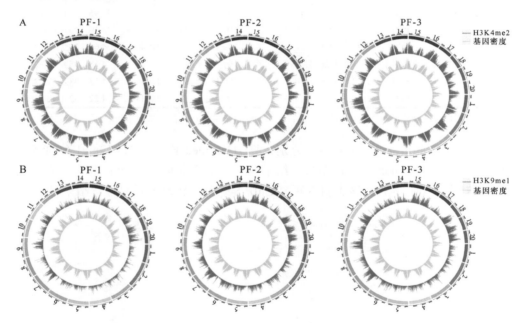

图 7-4　PF 样本 H3K4me2（A）与 H3K9me1 修饰（B）peak 在基因组上的分布

表 7-2　各样本组蛋白甲基化（H3K4me2 和 H3K9me1）修饰区域与修饰基因鉴定统计

组蛋白修饰	样本	重复编号	Peak 数	Peak 总长度/bp	Peak 平均长度/bp	修饰基因
H3K4me2	PF	PF-1	28 021	110 053 648	3 927.5	
		PF-2	27 261	109 299 204	4 009.4	26 058
		PF-3	27 434	109 323 373	3 985.0	
	PFI	PFI-1	29 008	99 445 756	3 428.2	

续表

组蛋白修饰	样本	重复编号	Peak 数	Peak 总长度/bp	Peak 平均长度/bp	修饰基因
H3K4me2	PFI	PFI-2	26 424	105 965 451	4 010.2	25 776
		PFI-3	27 995	105 100 960	3 754.3	
	PFIM60-5	PFIM60-5-1	28 234	100 985 895	3 576.7	
		PFIM60-5-2	27 234	94 740 883	3 478.8	25 052
		PFIM60-5-3	27 193	84 702 218	3 114.9	
	PFIM60-20	PFIM60-20-1	27 256	102 142 230	3 747.5	
		PFIM60-20-2	27 192	102 544 524	3 771.1	25 478
		PFIM60-20-3	26 992	103 484 107	3 833.9	
	PFIL100-5	PFIL100-5-1	28 454	99 657 705	3 502.4	
		PFIL100-5-2	27 171	97 823 904	3 600.3	25 390
		PFIL100-5-3	27 161	98 685 420	3 633.4	
	PFIL100-20	PFIL100-20-1	27 639	103 605 144	3 748.5	
		PFIL100-20-2	28 531	106 570 838	3 735.3	25 832
		PFIL100-20-3	27 388	104 464 121	3 814.2	
H3K9me1	PF	PF-1	12 629	16 655 319	1 318.8	
		PF-2	22 981	44 992 682	1 957.8	4 112
		PF-3	21 230	26 006 305	1 225.0	
	PFI	PFI-1	17 163	16 838 648	981.1	
		PFI-2	13 072	20 553 948	1 572.4	3 466
		PFI-3	14 976	17 502 242	1 168.7	
	PFIM60-5	PFIM60-5-1	18 638	21 385 245	1 147.4	
		PFIM60-5-2	12 628	10 832 231	857.8	3 005
		PFIM60-5-3	19 389	21 487 018	1 108.2	
	PFIM60-20	PFIM60-20-1	18 470	19 129 648	1 035.7	
		PFIM60-20-2	16 519	18 372 242	1 112.2	6 847
		PFIM60-20-3	22 859	26 283 680	1 149.8	
	PFIL100-5	PFIL100-5-1	12 834	9 888 023	770.5	
		PFIL100-5-2	10 546	10 270 146	973.8	6 234
		PFIL100-5-3	17 289	17 631 633	1 019.8	
	PFIL100-20	PFIL100-20-1	22 392	23 926 167	1 068.5	
		PFIL100-20-2	25 783	28 589 170	1 108.8	9 419
		PFIL100-20-3	25 425	29 670 523	1 167.0	

　　为了解 H3K4me2 和 H3K9me1 修饰在白花泡桐基因组不同区域的分布特征，对各样本中 peak 的位置信息进行统计。结果显示，PF 样本中，H3K4me2 修饰主要发生在白花泡桐基因组的基因区（约 82.5%），包括启动子（promoter）、外显子（exon）和内含子（intron）区域，其中位于内含子区域的 peak 所占比例最大（约 36.2%），而分布在基因间区（intergenic）的 peak 所占比例仅约为 17.5%。相反地，H3K9me1 修饰则主要发生在基因间区（约 81.9%）（图 7-5）。在其他 5 个样本中，

组蛋白标记 H3K4me2 的修饰区域也主要位于基因区（82.3%～85.9%），而 H3K9me1 修饰则主要发生在基因间区（41.1%～88.3%），但这两种组蛋白甲基化修饰在白花泡桐基因组每个区域分布的比例具有修饰类型特异性，而且不同样本之间也存在差异。为进一步了解 H3K4me2 和 H3K9me1 组蛋白修饰在各样本编码基因上的分布情况，分别绘制了 H3K4me2 和 H3K9me1 修饰在编码基因及其上下游 1kb 的分布图。如图 7-6 所示，PF 样本中，H3K4me2 修饰主要分布在编码基

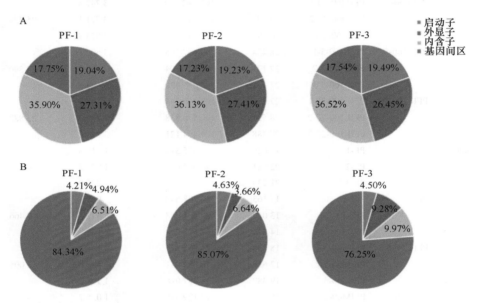

图 7-5 PF 样本 H3K4me2（A）与 H3K9me1（B）修饰在基因组不同区域的分布模式

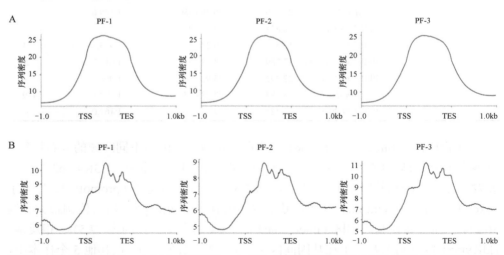

图 7-6 PF 样本 H3K4me2（A）与 H3K9me1（B）修饰在编码基因及其上下游 1kb 区域的分布

因的基因体区域；同样的，H3K9me1 修饰也主要分布在基因体区域。在其他 5 个样本中，这两种组蛋白甲基化修饰均主要分布在编码基因的基因体区域。这与已有文献中报道的研究结果相一致（Wang et al.，2009b；van Dijk et al.，2010；Du et al.，2013）。

基于 peak 与基因（包括其上下游 2kb 区域）的位置关系，至少 2 个重复样本中的基因与 peak 存在重叠，则认为这个基因发生了该种组蛋白修饰。根据这个条件，PF 样本中鉴定到 26 058 个 H3K4me2 修饰基因，而发生 H3K9me1 修饰的基因个数仅为 4112。PFI 样本中分别有 25 776 和 3466 个基因发生 H3K4me2 与 H3K9me1 修饰。这表明，白花泡桐感染植原体后，组蛋白甲基化修饰基因的数目减少。PFIM60-5、PFIM60-20、PFIL100-5 和 PFIL100-20 样本中鉴定到的发生 H3K4me2 与 H3K9me1 修饰基因个数统计见表 7-2。

四、丛枝病发生和恢复过程中组蛋白甲基化修饰水平的动态变化

为研究组蛋白甲基化（H3K4me2、H3K9me1）修饰水平在泡桐丛枝病发生和恢复过程中的动态变化，分别使用 MMS 试剂和 Rif 试剂处理丛枝病苗模拟泡桐丛枝病的恢复过程，计算基因的 TPM（Tags Per Million tags）值作为基因的修饰水平，并对两两样本间的组蛋白修饰水平进行比较分析，以差异倍数大于 1.2 倍的基因作为组蛋白差异修饰基因（differentially modified gene，DMG）。

（一）H3K4me2 修饰水平的动态变化

白花泡桐感染植原体后（PF vs. PFI 比较组），7579 个基因的 H3K4me2 修饰水平发生变化，其中 3015 个基因在病苗中的修饰水平升高，4564 个基因的修饰水平降低(图 7-7)，对差异修饰基因进行 KEGG 代谢通路分析，结果显示 H3K4me2 修饰主要影响白花泡桐的核糖体（ko03010，Ribosome）、植物-病原互作（ko04626，plant-pathogen interaction）、植物激素信号转导（ko04075，plant hormone signal transduction）、苯丙烷生物合成（ko00940，phenylpropanoid biosynthesis）、内质网中的蛋白质加工（ko04141，protein processing in endoplasmic reticulum）及淀粉和蔗糖的代谢（ko00500，starch and sucrose metabolism）等通路（图 7-8）。

在 MMS 试剂处理模拟的恢复过程中，PFI vs. PFIM60-5 比较组（PFI 为对照）共鉴定到 5810 个 DMG，其中在 PFIM60-5 样本中 2844 个基因修饰水平上升，2966 个基因的修饰水平下降；PFI vs. PFIM60-20 比较组（PFI 为对照）共鉴定到 3551 个 DMG，其中在样本 PFIM60-20 中 1754 个基因的修饰水平升高，1797 个基因的修饰水平下降；PFIM60-5 vs. PFIM60-20 比较组中（PFIM60-5 为对照），

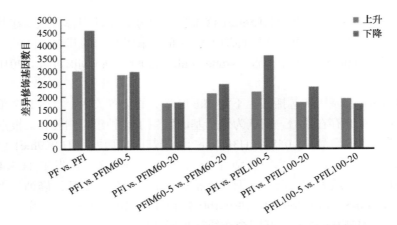

图 7-7　白花泡桐丛枝病发生和恢复过程中 H3K4me2 差异修饰基因统计

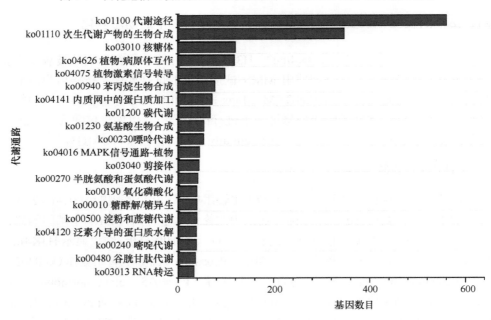

图 7-8　响应植原体入侵的 H3K4me2 差异修饰基因的代谢通路分析（前 20 条）

共鉴定到 4639 个 DMG，其中 2149 个基因修饰水平在样本 PFIL100-20 中升高，2490 个基因修饰水平下降（图 7-7）。而在 Rif 试剂处理模拟的恢复过程中，PFI vs. PFIL100-5 比较组（PFI 为对照）中鉴定到 5780 个 DMG，其中 2193 个基因修饰水平上升，3587 个基因的修饰水平下降；PFI vs. PFIL100-20 比较组（PFI 为对照）共鉴定到 4146 个 DMG，其中 1772 个基因的修饰水平升高，3587 个基因的修饰水平下降；PFIL100-5 vs. PFIL100-20 比较组（PFIL100-5 为对照）共鉴定到 3666 个 DMG，其中 1931 个基因修饰水平升高，1735 个基因修饰水平下降（图 7-7）。KEGG

代谢通路分析显示，恢复过程中的差异修饰基因主要涉及植物-病原互作（ko04626，plant-pathogen interaction）、植物激素信号转导（ko04075，plant hormone signal transduction）、苯丙烷生物合成（ko00940，phenylpropanoid biosynthesis）、核糖体（ko03010，ribosome）、淀粉和蔗糖的代谢（ko00500，starch and sucrose metabolism）、MAPK 信号通路-植物（ko04016，MAPK signaling pathway-plant）、光合作用（ko00195，photosynthesis）和光合生物中的碳固定（ko00710，carbon fixation in photosynthetic organisms）等代谢通路（图 7-9）。

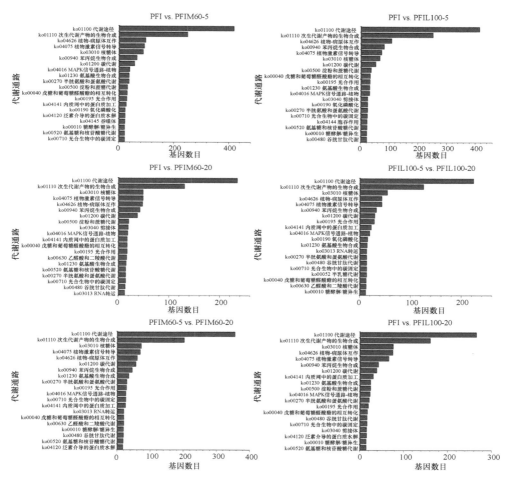

图 7-9　恢复过程中 H3K4me2 差异修饰基因的代谢通路分析（前 20 条）

为进一步筛选出与泡桐丛枝病密切相关的基因，使用 STEM 软件对白花泡桐丛枝病发生和 MMS 试剂处理模拟的恢复过程中共有的 3847 个 H3K4me2 差异修饰基因进行动态变化模式分析，共得到 20 组变化趋势基因（图 7-10），其中 6 组基因的

H3K4me2 修饰水平在白花泡桐丛枝病发生和恢复过程中的变化趋势相反（down-up-up：78；down-uc-up：262；down-up-uc：332；up-down-down：47；up-uc-down：265；up-down-uc：455），这些基因可能与泡桐丛枝病相关；同理，对白花泡桐丛枝病发生和 Rif 试剂处理模拟的恢复过程中共有的 3644 个 H3K4me2 差异修饰基因进行动态变化模式分析，获得 20 组变化趋势基因（图 7-11），其中 6 组基因 H3K4me2 修饰水平的变化趋势在白花泡桐丛枝病发生和恢复过程中相反（down-up-up：64；down-uc-up：204；down-up-uc：287；up-down-down：58；up-uc-down：202；up-down-uc：519）。为排除试剂影响，对 MMS 试剂处理组和 Rif 试剂处理组获得的与丛枝病相关的基因取交集，最终获得 671 个基因。对这些基因进行 KEGG 代谢通路分析，结果表明，这些基因参与了 68 条代谢通路，包括植物-病原互作（ko04626，plant-pathogen interaction）、苯丙烷的生物合成（ko00940，phenylpropanoid biosynthesis）、植物激素信号转导（ko04075，plant hormone signal transduction）、MAPK 信号通路-植物（ko04016，MAPK signaling pathway - plant）、淀粉和蔗糖代谢（ko00500，starch and sucrose metabolism）等（图 7-12）。

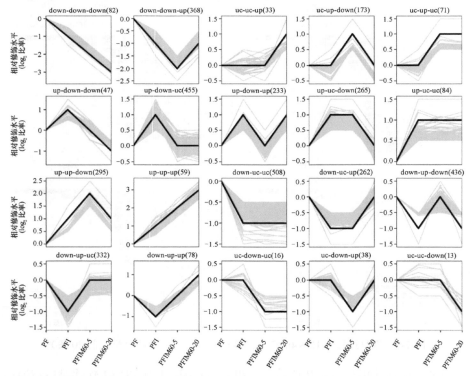

图 7-10　白花泡桐丛枝病发生与恢复过程（MMS 处理组）中 H3K4me2 调控基因修饰水平的动态变化模式

up，上升；down，下降；uc，不变；后同

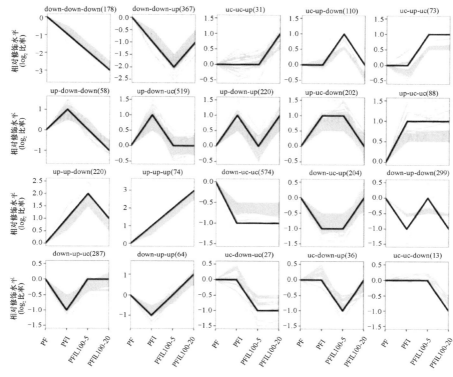

图 7-11　白花泡桐丛枝病发生与恢复过程（Rif 处理组）中 H3K4me2 调控基因修饰水平的动态
变化模式

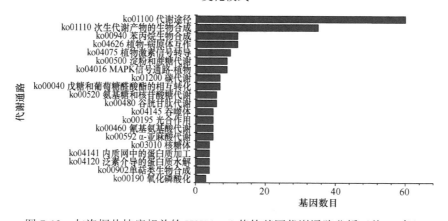

图 7-12　与泡桐丛枝病相关的 H3K4me2 修饰基因代谢通路分析（前 20 条）

（二）H3K9me1 修饰水平的动态变化

白花泡桐感染植原体后（PF vs. PFI 比较组），获得 2003 个 DMG，其中 1030 个基因在病苗中的修饰水平升高，973 个基因的修饰水平降低（图 7-13），对 H3K9me1 差异修饰基因进行 KEGG 代谢通路分析，结果显示由 H3K9me1 调控的基因共参与了 105 条代谢通路，主要包括植物-病原互作（ko04626，plant-pathogen interaction）、内质网中的蛋白质加工（ko04141，protein processing in endoplasmic reticulum）、苯丙烷生物合成（ko00940，phenylpropanoid biosynthesis）、嘌呤代谢（ko00230，purine metabolism）、氨基酸生物合成（ko01230，biosynthesis of amino acids）、MAPK 信号途径-植物（ko04016，MAPK signaling pathway - plant）、淀粉和蔗糖的代谢（ko00500，starch and sucrose metabolism）和植物激素信号转导（ko04075，plant hormone signal transduction）等通路（图 7-14）。

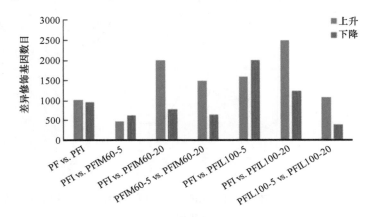

图 7-13　白花泡桐丛枝病发生和恢复过程中 H3K9me1 差异修饰基因统计

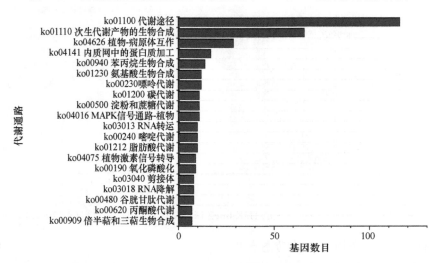

图 7-14　响应植原体入侵的 H3K9me1 差异修饰基因的代谢通路分析（前 20 条）

在 MMS 试剂处理模拟的恢复过程中，PFI vs. PFIM60-5 比较组共鉴定到 1121 个 H3K9me1 差异修饰基因（482 个上升，639 个下降）（PFI 为对照）；PFI vs. PFIM60-20 比较组共鉴定到 2796 个 DMG（2008 个上升，788 个下降）（PFI 为对照）；PFIM60-5 vs. PFIM60-20 比较组中，共鉴定到 2139 个 DMG（1487 个上升，652 个下降）（PFIM60-5 为对照）（图 7-13）。而在 Rif 试剂处理模拟的恢复过程中，PFI vs. PFIL100-5 比较组中有 3598 个基因发生 H3K9me1 差异修饰（1588 个上升，2010 个下降）（PFI 为对照）；PFI vs. PFIL100-20 比较组中有 3713 个基因发生了 H3K9me1 差异修饰（2482 个上升，1231 个下降）（PFI 为对照）；PFIL100-5 vs. PFIL100-20 比较组中，共鉴定到 1473 个 DMG（1083 个上升，390 个下降）（PFIL100-5 为对照）（图 7-13）。KEGG 代谢通路分析显示,恢复过程中的 H3K9me1 差异修饰基因主要参与了植物-病原互作（ko04626，plant-pathogen interaction）、内质网中的蛋白质加工（ko04141，protein processing in endoplasmic reticulum）、泛素介导的蛋白水解（ko04120，ubiquitin mediated proteolysis）、RNA 运输（ko03013，RNA transport）、植物激素信号转导（ko04075，plant hormone signal transduction）以及淀粉和蔗糖的代谢（ko00500，starch and sucrose metabolism）等代谢通路（图 7-15）。

为进一步筛选出与泡桐丛枝病密切相关的基因,同样使用 STEM 软件对白花泡桐丛枝病发生和恢复过程中获得的 771 个（MMS 恢复模拟组）和 1049 个（Rif

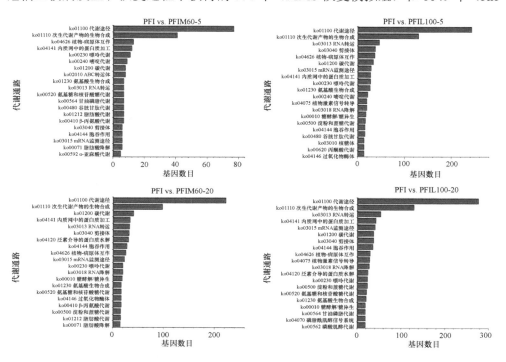

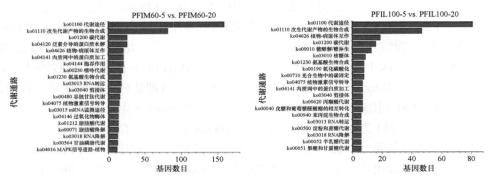

图 7-15　恢复过程中 H3K9me1 差异修饰基因的代谢通路分析（前 20 条）

恢复模拟组）H3K9me1 差异修饰基因进行动态变化模式分析，结果表明，MMS 试剂处理组共得到了 20 组变化趋势基因（图 7-16），其中 6 组基因的 H3K9me1 修饰水平在白花泡桐感染植原体后和恢复过程中变化趋势相反（down-up-up：8；down-uc-up：28；down-up-uc：20；up-down-down：19；up-uc-down：106；up-down-uc：152），这些基因可能与泡桐丛枝病相关；而在 Rif 试剂处理组中，6 组基因 H3K9me1 修饰水平的变化趋势在白花泡桐丛枝病发生和恢复过程中相反（down-up-up：8；down-uc-up：25；down-up-uc：25；up-down-down：14；up-uc-down：16；up-down-uc：364）（图 7-17）。为排除试剂影响，对 MMS 试剂处理组和 Rif 试剂处理组获得的与丛枝病相关的基因取交集，最终获得 221 个基因，这些基因涉及 43 条代谢通路，包括嘧啶代谢（ko00240，pyrimidine metabolism）、嘌呤代谢（ko00230，purine metabolism）、RNA 运输（ko03013，RNA transport）、α-亚麻酸代谢（ko00592，alpha-linolenic acid metabolism）、植物-病原互作（ko04626，plant-pathogen interaction）和 MAPK 信号通路-植物（ko04016，MAPK signaling pathway - plant）等（图 7-18）。

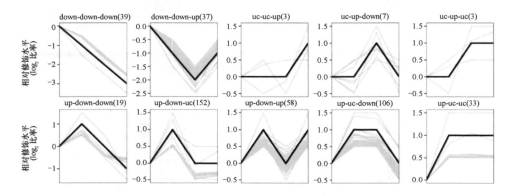

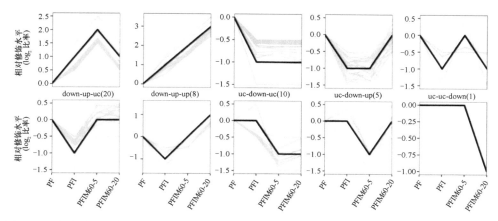

图 7-16 白花泡桐丛枝病发生与恢复过程（MMS 处理组）中 H3K9me1 调控基因修饰水平的
动态变化模式

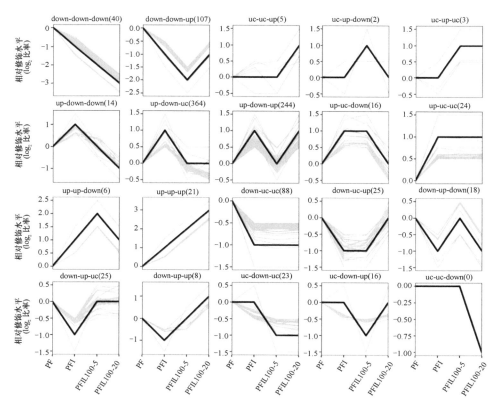

图 7-17 白花泡桐丛枝病发生与恢复过程（Rif 处理组）中 H3K9me1 调控基因修饰水平的动态
变化模式

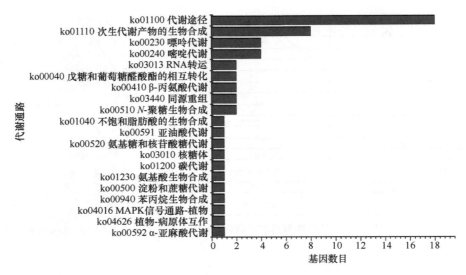

图 7-18　与泡桐丛枝病相关的 H3K9me1 修饰基因代谢通路分析（前 20 条）

五、丛枝病发生和恢复过程中基因表达水平的动态变化

为研究白花泡桐丛枝病发生和恢复过程中基因表达的动态变化，分别使用 MMS 试剂和 Rif 试剂处理丛枝病苗，模拟泡桐丛枝病的恢复过程。使用 DESeq2 软件包对不同组样本进行基因差异表达分析，将满足 Fold change $\geqslant$ 2 且 q-value $\leqslant$ 0.05 的基因作为差异表达基因（differentially expressed gene，DEG）。结果发现，白花泡桐感染植原体后（PF vs. PFI 比较组），共有 7090 个基因差异表达（4244 个上调，2846 个下调）（PF 为对照）（图 7-19），KEGG 代谢通路分析结果显示，这些差异表达基因主要参与了植物激素信号转导（ko04075，plant hormone signal transduction）、碳代谢（ko01200，carbon metabolism）、植物-病原互作（ko04626，plant-pathogen interaction）、苯丙烷生物合成（ko00940，phenylpropanoid biosynthesis）、氨基酸生物合成（ko01230，biosynthesis of amino acids）、核糖体（ko03010，ribosome）、光合作用（ko00195，photosynthesis）和糖酵解/糖异生（ko00010，glycolysis / gluconeogenesis）等通路（图 7-20）。

在 MMS 试剂处理模拟的恢复过程中，PFI vs. PFIM60-5、PFI vs. PFIM60-20 和 PFIM60-5 vs. PFIM60-20 比较组分别鉴定到 5746 个（2857 个上调，2889 个下调）、5899 个（3130 个上调，2769 个下调）和 6247 个（3205 个上调，3042 个下调）DEG（图 7-19）。而在 Rif 试剂处理模拟的恢复过程中，PFI vs. PFIL100-5、PFI vs. PFIL100-20 和 PFIL100-5 vs. PFIL100-20 比较组中分别有 6344 个（3043 个上调，3301 个下调）、5453 个（3150 个上调，2303 个下调）和 6161 个（3483 个上调，2678 个

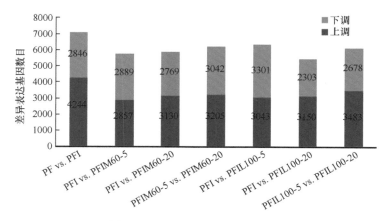

图 7-19　白花泡桐丛枝病发生和恢复过程中差异表达基因统计

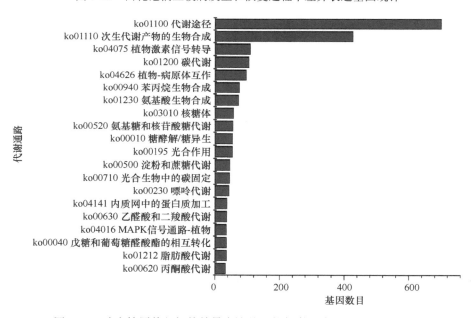

图 7-20　响应植原体入侵的差异表达基因的代谢通路分析（前 20 条）

下调）基因差异表达（图 7-19）。KEGG 代谢通路分析显示，恢复过程中差异表达的基因主要与植物-病原互作（ko04626，plant-pathogen interaction）、植物激素信号转导（ko04075，plant hormone signal transduction）、碳代谢（ko01200，carbon metabolism）、苯丙烷生物合成（ko00940，phenylpropanoid biosynthesis）、氨基酸生物合成（ko01230，biosynthesis of amino acids）以及淀粉和蔗糖代谢（ko00500，starch and sucrose metabolism）等代谢通路相关（图 7-21）。

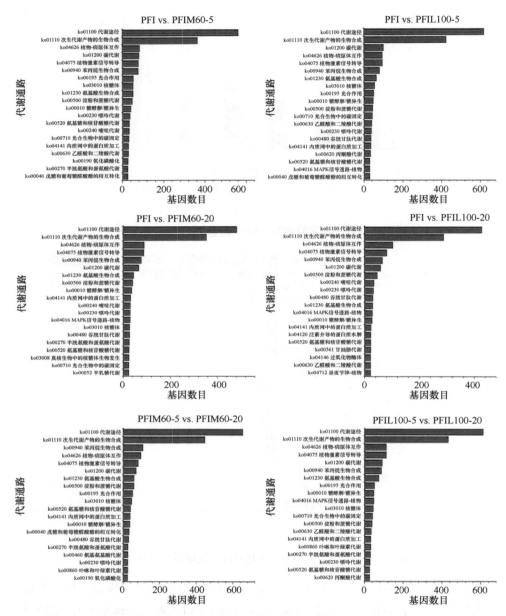

图 7-21 恢复过程中差异表达基因的代谢通路分析（前 20 条）

六、组蛋白甲基化修饰对基因表达的影响

为探究组蛋白甲基化修饰（H3K4me2 和 H3K9me1）与基因表达的关系，对 H3K4me2 和 H3K9me1 修饰与基因表达共同发生的概率进行确定。结果发现，白

花泡桐中（PF），88.36% 的 H3K4me2 修饰基因在转录组中同时表达，而 75.46% 的 H3K9me1 修饰基因在转录组中同时表达（图 7-22），表明这两种组蛋白甲基化修饰类型与白花泡桐基因表达相关。

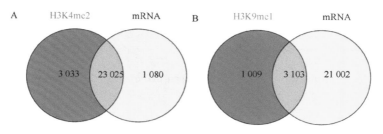

图 7-22　白花泡桐 PF 样本 H3K4me2（A）、H3K9me1（B）修饰基因与表达基因维恩图

　　为进一步研究白花泡桐基因的表达变化是否与组蛋白甲基化修饰的变化相关，将白花泡桐感染植原体前后的差异表达基因与组蛋白甲基化差异修饰基因进行关联。结果发现，仅有 30.20%（2289）的 H3K4me2 差异修饰基因和 23.86%（478）的 H3K9me1 差异修饰基因在转录水平同时差异表达（图 7-23）。这表明，这两种组蛋白甲基化修饰类型调控了部分植原体响应基因的表达。同样地，本研究也将恢复过程中的差异表达基因和组蛋白甲基化差异修饰基因进行关联分析。结果发现，在 MMS 试剂模拟恢复过程中，PFI vs. PFIM60-5、PFI vs. PFIM60-20、PFIM60-5 vs. PFIM60-20 比较组分别有 26.13%（1518）、24.47%（869）、30.31%（1406）的 H3K4me2 差异修饰基因和 18.11%（203）、13.41%（375）、16.74%（358）的 H3K9me1 差异修饰基因同时在转录水平差异表达。而在 Rif 试剂模拟的恢复过程中，PFI vs. PFIL100-5、PFI vs. PFIL100-20、PFIL100-5 vs. PFIL100-20 比较组分别有 31.09%（1797）、27.23%（1129）、32.68%（1198）的 H3K4me2 差异修饰基因和 16.79%（604）、12.55%（466）、21.32%（314）的 H3K9me1 差异修饰基因同时在转录水平差异表达（图 7-24）。这些结果表明，在恢复过程中只有部分组蛋白甲基化差异修饰基因同时差异表达，由 H3K4me2 和 H3K9me1 这两种组蛋白修饰类型介导的转录调控也影响了一部分基因的表达。

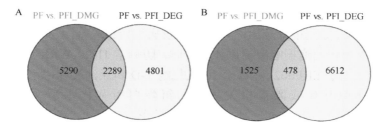

图 7-23　白花泡桐响应植原体入侵的 H3K4me2（A）、H3K9me1（B）差异修饰基因与差异表达基因维恩图

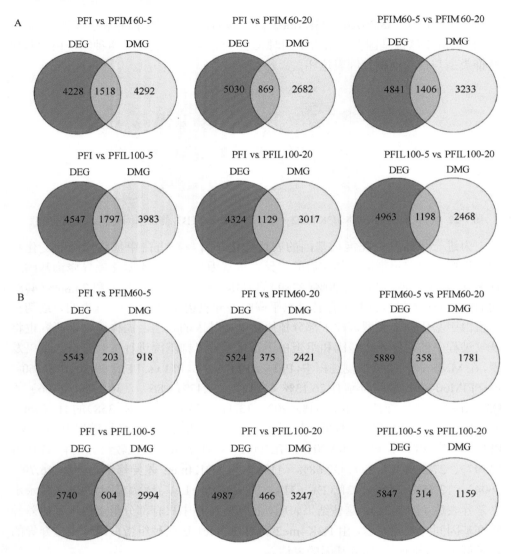

图 7-24　恢复过程中 H3K4me2（A）、H3K9me1（B）差异修饰基因与差异表达基因维恩图

　　将 ChIP-Seq 数据中筛选出的与泡桐丛枝病密切相关基因与转录组数据进行关联，结果发现白花泡桐响应植原体入侵时，防御素 J1-2、WRKY72 转录因子、乙烯响应转录因子 ERF062、赤霉素 20-氧化酶 1-D 和亚油酸 9S-脂氧合酶 6 等一些与植物-病原互作或激素相关基因的组蛋白甲基化水平（H3K4me2 或 H3K9me1）发生了变化，相应地，这些基因在转录水平也响应了植原体的入侵（表 7-3，表 7-4）。

表 7-3　H3K4me2 修饰调控的植物-病原互作相关基因列表

基因 ID	ChIP-Seq	RNA-Seq		功能注释
	差异倍数（PFI/PF）	差异倍数（PFI/PF）	q 值	
Paulownia_LG7G000601	1.29	11.75	5.38E-20	防御素 J1-2
Paulownia_LG14G000446	1.56	13.17	5.15E-06	WRKY 72 转录因子
Paulownia_LG8G001276	1.30	2.11	5.14E-11	钙结合蛋白 PBP1
Paulownia_LG10G000512	1.21	4.13	3.54E-13	乙烯响应转录因子 ERF062
Paulownia_LG16G001301	1.41	3.64	2.90E-63	细胞色素 P450 710A1

表 7-4　H3K4me2 或 H3K9me1 修饰调控的植物激素相关基因列表

修饰类型	基因 ID	ChIP-Seq	RNA-Seq		功能注释
		差异倍数（PFI/PF）	差异倍数（PFI/PF）	q 值	
H3K4me2	Paulownia_LG9G000468	1.21	2.56	1.45E-03	赤霉素 20-氧化酶 1-D
H3K9me1	Paulownia_LG12G001063	1.32	4.23	1.61E-16	亚油酸 9S-脂氧合酶 6

转录因子是一类具有已知的 DNA 结合域，能够与顺式元件相互作用调控基因表达的蛋白质。除了与植物生长发育和形态建成相关外，一些转录因子家族已被证实参与植物对生物胁迫的响应，如 WRKY 超家族、NAC 家族、MYB 家族和 AP2/ERF 家族等。WRKY 转录因子超家族具有高度保守的 WRKY 结构域，在调控植物对病原菌的防御反应相关的转录重编程过程中发挥着重要作用。在植物防御响应过程中，大多数拟南芥 WRKY 转录因子超家族成员的转录水平上调（Dong et al.，2003）。Bhattarai 等（2010）的研究表明 WRKY72 转录因子参与了番茄和拟南芥的基础免疫反应。本研究中，在泡桐感染植原体后，WRKY72 编码基因（Paulownia_LG14G000446）的 H3K4me2 修饰水平升高，其转录水平也显著上调，这表明 WRKY72 可能也参与了白花泡桐的基础防御反应，而 H3K4me2 修饰参与了对其表达的调控。此外，本研究还发现，白花泡桐病苗中，乙烯响应转录因子 ERF062 编码基因（Paulownia_LG16G001301）的 H3K4me2 修饰水平和表达量均显著高于健康苗，这表明 H3K4me2 修饰参与了对乙烯响应转录因子的表达调控。

植物防御素是一类分子质量小、富含半胱氨酸和三维结构的复杂碱性短肽，其主要功能是抑制一系列病原菌的生长繁殖，阻止其进一步入侵寄主植物，是植物防御体系的基本组成成分之一。植物防御素的表达主要有组成型表达和诱导表达（De Coninck et al.，2013）。作为防御响应的一部分，防御素的诱导表达通常可能与植物对生物胁迫的防御相关。Lee 等（2018）研究发现，过表达辣椒防御素 J1-1 基因的转基因烟草植株中，防御素 J1-1 含量增加，将烟草黑胫病菌（*Phytophthora parasitica* var. *nicotianae*）和瓜果腐霉（*Pythium aphanidermatum*）

接种到该转基因烟草后，病症明显被抑制。此外，转基因植株中的 PR 基因同时也被诱导表达。本研究中发现，防御素 J1-2 编码基因（Paulownia_LG7G000601）的 H3K4me2 修饰水平在白花泡桐感染植原体后升高，其表达水平也显著上调，这可能有助于阻止植原体在白花泡桐中进一步地扩散。

植物激素是一类小信号分子，在调控植物生长发育、对非生物和生物胁迫的响应过程中具有重要作用（Bari and Jones，2009）。茉莉酸（jasmonic acid，JA）被认为参与了植物对病原菌的响应（Penninckx et al.，1998）。本研究发现，编码茉莉酸生物合成关键酶的基因在白花泡桐感染植原体后，其组蛋白修饰水平和转录水平同时发生了变化。脂氧合酶（LOX）是 JA 合成过程中的第一个关键酶基因，亚麻酸在 LOX 的催化下氧化生成 13-氢过氧化亚麻酸，后者在丙二烯氧合酶（AOS）的催化作用下转化为 12，13-环氧十八碳三烯酸，随后该物质在丙二烯氧化物环化酶（AOC）作用下生成 12-氧-植物二烯酸，再经过还原和三步 β-氧化形成 JA（Kombrink，2012）。白花泡桐丛枝病苗中，亚油酸 9S-脂氧合酶 6（Paulownia_LG12G001063）编码基因的 H3K9me1 修饰水平高于健康苗，相应地，该基因在白花泡桐病苗中的表达量也显著高于健康苗，表明白花泡桐响应植原体入侵时，H3K9me1 修饰可能参与了对 JA 生物合成的调控。

第二节　丛枝病发生与组蛋白乙酰化的关系

作为固着生物，植物无法通过迁移主动躲避不利的环境条件，因此它们进化出一套复杂的调控机制来响应生物或非生物胁迫。植物感染植原体后，患病植株的基因表达水平发生变化（Mou et al.，2013；Fan et al.，2014；Mardi et al.，2015；Rajesh et al.，2018）。近年来的研究表明，植物通过表观遗传调控机制来调控响应病原菌入侵的基因表达（Alvarez et al.，2010）。作为一种重要的表观遗传调控机制类型，越来越多的研究表明，组蛋白乙酰化也参与了植物对病原菌响应的基因表达调控（Ding and Wang，2015；Ayyappan et al.，2015）。然而，目前有关组蛋白乙酰化在白花泡桐响应植原体入侵的调控机制上的研究尚且匮乏。

为了解组蛋白乙酰化与泡桐丛枝病的关系，本研究分别使用 60mg·L^{-1} 的 MMS 试剂和 100mg·L^{-1} 的 Rif 试剂对白花泡桐丛枝病苗进行处理，模拟丛枝病苗恢复健康的过程（植株内植原体含量从多到无），随后采用 ChIP-Seq 技术对白花泡桐健康苗（PF）、丛枝病苗（PFI）以及试剂处理苗（PFIM60-5，PFIM60-20；PFIL100-5，PFIL100-20）进行测序分析。本研究探究了白花泡桐组蛋白乙酰化（H3K27ac）修饰的全基因组分布模式，并对白花泡桐丛枝病发生和恢复健康过程中 H3K27ac 修饰的动态变化进行分析。此外，本研究还将 ChIP-Seq 数据与 RNA-Seq 数据进行关联分析，以揭示组蛋白乙酰化与基因表达的关系。

一、植原体入侵对白花泡桐组蛋白乙酰化修饰的影响

为探究植原体入侵对白花泡桐组蛋白乙酰化修饰整体水平的影响，采用 Western blot 技术检测了 PF 和 PFI 植株 H3K27ac 修饰的整体水平。结果如图 7-25 所示，PF 和 PFI 植株间的 H3K27ac 修饰水平存在差异，PFI 植株的 H3K27ac 修饰水平整体低于 PF 植株。这说明，植原体入侵后，白花泡桐的组蛋白乙酰化水平发生变化，进而参与到响应植原体入侵的调控过程。

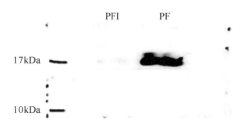

图 7-25　植原体入侵对白花泡桐 H3K27ac 修饰的影响

二、ChIP-Seq 数据处理与比对统计

本试验样本涉及白花泡桐健康苗（PF）、丛枝病苗（PFI）、MMS 处理苗（PFIM60-5 和 PFIM60-20）与 Rif 处理苗（PFIL100-5 和 PFIL100-20），组蛋白乙酰化类型为 H3K27ac，每个样本各设置 3 个生物学重复。测序所得原始序列经过滤后共得到 843M 高质量序列，平均测序错误率为 0.011%，平均 GC 含量为 39.06%，各样本的测序具体信息统计见表 7-5。使用 BWA 软件将高质量序列比对到白花泡桐的参考基因组上，共有 694M 高质量序列可以比对到白花泡桐参考基因组上，平均比对率为 82.2%（表 7-5）。

表 7-5　各样本 ChIP-Seq（H3K27ac）数据统计表

样本	重复编号	原始序列数/M	高质量序列数/M	总碱基数/G	Q20/%	Q30/%	测序错误率/%	GC含量/%	比对到基因组的序列数（比对率）/M
PF	PF-1	49.6	47.9	6.9	99.35	97.51	0.0104	40.62	39.1（81.6%）
	PF-2	51.1	49.1	7.1	99.39	97.62	0.0103	40.70	40.5（82.5%）
	PF-3	45.8	44.1	6.3	99.35	97.52	0.0104	39.28	36.1（81.9%）
PFI	PFI-1	50.0	47.9	6.9	99.39	97.64	0.0103	40.27	40.0（83.5%）
	PFI-2	36.7	35.5	5.1	99.13	96.77	0.0111	40.48	28.7（80.8%）
	PFI-3	53.0	51.3	7.3	99.20	96.96	0.0109	39.80	41.6（81.1%）
PFIM60-5	PFIM60-5-1	39.7	38.4	5.5	99.37	97.61	0.0103	38.20	31.3（81.5%）
	PFIM60-5-2	44.2	42.8	6.1	99.20	96.98	0.0109	38.08	35.1（82.0%）

续表

样本	重复编号	原始序列数/M	高质量序列数/M	总碱基数/G	Q20/%	Q30/%	测序错误率/%	GC含量/%	比对到基因组的序列数（比对率）/M
PFIM60-5	PFIM60-5-3	50.4	47.8	6.8	99.20	97.00	0.0108	37.50	39.8（83.3%）
PFIM60-20	PFIM60-20-1	52.3	50.6	7.3	99.34	97.45	0.0105	38.73	41.1（81.2%）
	PFIM60-20-2	52.7	50.1	7.1	99.18	96.94	0.0109	38.05	41.2（82.2%）
	PFIM60-20-3	48.4	46.0	6.6	99.18	96.93	0.0109	37.72	38.1（82.8%）
PFIL100-5	PFIL100-5-1	59.0	56.8	8.2	99.40	97.67	0.0103	39.52	46.7（82.2%）
	PFIL100-5-2	41.1	39.4	5.6	99.19	96.97	0.0109	38.07	32.5（82.5%）
	PFIL100-5-3	54.5	51.4	7.3	99.18	97.00	0.0109	38.61	42.9（83.5%）
PFIL100-20	PFIL100-20-1	49.9	48.1	6.9	99.41	97.72	0.0102	38.20	39.4（81.9%）
	PFIL100-20-2	50.1	47.4	6.8	99.20	97.02	0.0109	39.42	39.3（82.9%）
	PFIL100-20-3	51.0	48.8	7.0	99.19	96.99	0.0109	39.80	40.3（82.6%）

注：Q20，测序错误率≤1%的碱基数目比例；Q30，测序错误率≤0.1%的碱基数目比例。

　　为评估ChIP-Seq的重复性，分别计算H3K27ac修饰各重复样本间的Spearman相关性系数，结果显示重复样本间Spearman相关性系数均在0.97以上，这表明本研究的ChIP-Seq的重复性高，结果可靠（图7-26）。

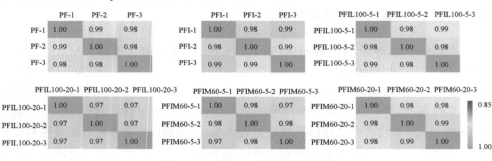

图7-26　ChIP-Seq的重复性分析

三、组蛋白乙酰化修饰的全基因组分布模式

　　为探究白花泡桐组蛋白H3K27ac修饰的全基因组分布模式，使用MACS软件分别鉴定了白花泡桐健康苗（PF）、丛枝病苗（PFI）以及试剂处理苗（PFIM60-5与PFIM60-20；PFIL100-5与PFIL100-20）发生H3K27ac修饰的区域。PF样本中，平均鉴定到29 452个H3K27ac修饰区域，平均peak总长度为28Mb，平均peak长度为946bp，结果表明H3K27ac修饰在白花泡桐基因组中分布广泛（表7-6，图7-27）。感染植原体后（PFI样本），发生H3K27ac修饰的区域数目增多（平均29 964个），修饰区域长度变短（表7-6）。其他样本H3K27ac组蛋白标记的修饰区域统计信息见表7-6。

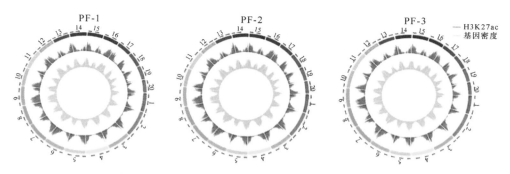

图 7-27 PF 样本 H3K27ac 修饰 peak 在基因组上的分布

表 7-6 各样本组蛋白乙酰化（H3K27ac）修饰区域与修饰基因鉴定统计

样本	重复编号	Peak 数	Peak 总长度/bp	Peak 平均长度/bp	修饰基因
PF	PF-1	31 157	31 932 477	1024.9	20 078
	PF-2	30 534	29 419 304	963.5	
	PF-3	26 666	22 653 772	849.5	
PFI	PFI-1	28 317	24 468 143	864.1	19 926
	PFI-2	29 400	25 858 816	879.6	
	PFI-3	32 175	33 404 604	1038.2	
PFIM60-5	PFIM60-5-1	22 590	15 865 718	702.3	18 796
	PFIM60-5-2	28 682	22 796 285	794.8	
	PFIM60-5-3	33 278	28 337 206	851.5	
PFIM60-20	PFIM60-20-1	27 409	24 041 802	877.1	19 540
	PFIM60-20-2	29 795	30 126 116	1011.1	
	PFIM60-20-3	28 972	28 060 945	968.6	
PFIL100-5	PFIL100-5-1	32 472	29 255 096	900.9	20 737
	PFIL100-5-2	35 926	35 474 050	987.4	
	PFIL100-5-3	35 590	31 641 142	889.0	
PFIL100-20	PFIL100-20-1	26 383	19 686 984	746.2	19 524
	PFIL100-20-2	24 714	17 508 379	708.4	
	PFIL100-20-3	36 362	37 935 157	1043.3	

为进一步了解 H3K27ac 组蛋白修饰在白花泡桐基因组中的位置分布特征，对各样本中鉴定到的 peak 位置信息进行了统计。PF 样本中，H3K27ac 修饰主要发生在白花泡桐基因组的基因区（约 75.9%），包括启动子（promoter）、外显子（exon）和内含子（intron）区域，其中位于外显子区域的 peak 所占比例最大（约 40.8%），而分布在基因间区（intergenic）的 peak 的比例约为 24.1%（图 7-28）。其他样本中，组蛋白标记 H3K27ac 也主要分布于基因区（73.1%～78.1%），不同样本的分

布存在差异。为进一步了解 H3K27ac 修饰在各样本编码基因上的分布情况，分别绘制了 H3K27ac 修饰在编码基因及其上下游 1kb 的分布图。如图 7-29 所示，PF 样本中，H3K27ac 修饰主要富集在编码基因的 TSS 区域。在其他样本中，H3K27ac 修饰也主要富集于编码基因的 TSS 区域，这与其他物种中的研究结果一致（Du et al.，2013）。

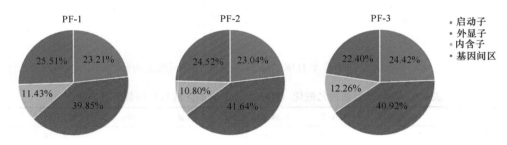

图 7-28　PF 样本 H3K27ac 修饰在基因组不同区域的分布模式

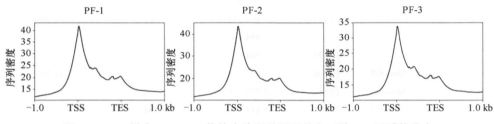

图 7-29　PF 样本 H3K27ac 修饰在编码基因及其上下游 1kb 区域的分布

　　基于 peak 与基因（包括其上下游 2kb 区域）的位置关系，至少 2 个重复样本中的基因与 peak 存在重叠，则认为这个基因发生了该种组蛋白修饰。根据这一条件，PF 样本中鉴定到 20 078 个 H3K27ac 修饰基因。PFI 样本中有 19 926 个基因发生 H3K27ac 修饰。PFIM60-5 样本、PFIM60-20 样本、PFIL100-5 样本和 PFIL100-20 样本中鉴定到的发生 H3K27ac 修饰的基因个数分别为 18 796、19 540、20 737 和 19 524（表 7-6）。

　　有研究表明，不同类型的组蛋白修饰可以以协同或拮抗的方式形成"组蛋白密码"。基因同时被多种不同组蛋白修饰类型共同修饰的现象已在水稻中报道（He et al.，2010；Du et al.，2013；Lu et al.，2018）。为了解白花泡桐中不同类型组蛋白修饰共同发生的情况，将本研究白花泡桐中鉴定的组蛋白甲基化修饰基因与组蛋白乙酰化修饰基因进行关联。如图 7-30 所示，白花泡桐中，20 733 个基因由至少 2 种组蛋白修饰类型共同修饰，这表明不同类型组蛋白修饰共同发生的现象普遍。另外，这些基因中的大多数（19 215）是由 H3K4me2 和 H3K27ac 组蛋白标记共同修饰的，表明这两种修饰类型的共发生频率最高。此外，H3K9me1 修饰的基因中，有 80.71% 的基因同时发生了 H3K4me2 修饰，48.32% 的基因同时发生了 H3K27ac 修饰，而 H3K4me2 和 H3K27ac 修饰的基因中同时发生 H3K9me1 修饰的基因仅占很小的比例。

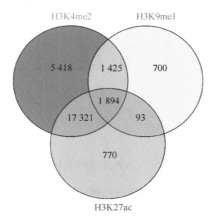

图 7-30　白花泡桐中 H3K4me2、H3K9me1 和 H3K27ac 修饰基因维恩图

四、丛枝病发生和恢复过程中组蛋白乙酰化修饰水平的动态变化

为研究组蛋白乙酰化（H3K27ac）在泡桐丛枝病发生和恢复过程中的动态变化，分别使用 MMS 试剂和 Rif 试剂处理丛枝病苗模拟泡桐丛枝病的恢复过程，并对样本间的 H3K27ac 修饰水平进行比较，将满足差异倍数大于 1.2 倍的基因定义为差异修饰基因（differentially modified gene，DMG）。

根据这一筛选条件，白花泡桐感染植原体后（PF vs. PFI 比较组），共获得 9506 个 H3K27ac 差异修饰的基因，其中 5500 个基因在病苗中的修饰水平升高，4006 个基因的修饰水平降低（图 7-31），对 H3K27ac 差异修饰基因进行 KEGG 代谢通路分析，结果表明这些基因共参与了 131 条代谢通路，主要涉及核糖体（ko03010，ribosome）、植物-病原互作（ko04626，plant-pathogen interaction）、植物激素信号转导（ko04075，plant hormone signal transduction）、碳代谢（ko01200，carbon metabolism）、氨基酸生物合成（ko01230，biosynthesis of amino acids）、内质网中的蛋白质加工（ko04141，protein processing in endoplasmic reticulum）、剪接体（ko03040，spliceosome）和苯丙烷生物合成（ko00940，phenylpropanoid biosynthesis）等通路（图 7-32）。

在 MMS 试剂处理模拟的恢复过程中，PFI vs. PFIM60-5 比较组中共获得 9750 个 DMG（3535 个升高，6215 个下降）（PFI 为对照）；PFI vs. PFIM60-20 比较组共鉴定到 6716 个 DMG（2426 个升高，4290 个下降）（PFI 为对照）；PFIM60-5 vs. PFIM60-20 比较组中共得到 7985 个 DMG（4568 个升高，3417 个

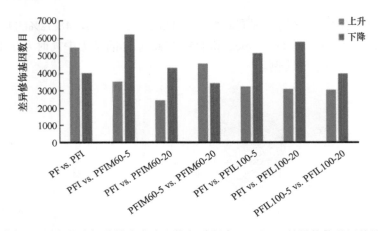

图 7-31　白花泡桐丛枝病发生和恢复过程中 H3K27ac 差异修饰基因统计

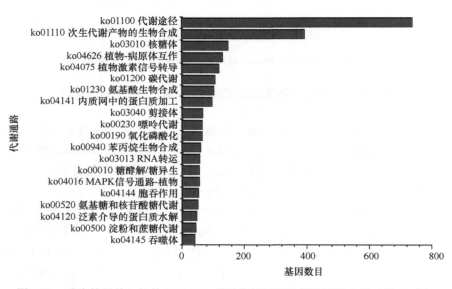

图 7-32　响应植原体入侵的 H3K27ac 差异修饰基因的代谢通路分析（前 20 条）

下降）（PFIM60-5 为对照）（图 7-31）。而在 Rif 试剂处理模拟的恢复过程中，PFI vs. PFIL100-5 比较组中共获得 8347 个 DMG（3235 个升高，5112 个下降）（PFI 为对照）；PFI vs. PFIL100-20 比较组共鉴定到 8886 个 DMG（3097 个升高，5789 个下降）（PFI 为对照）；PFIL100-5 vs. PFIL100-20 比较组中共筛选到 6974 个 DMG（3028 个升高，3946 个下降）（PFIL100-5 为对照）（图 7-31）。KEGG 代谢通路分析显示，恢复过程中的 H3K27ac 差异修饰基因主要与植物激素转导（ko04075，plant hormone signal transduction）、植物-病原互作（ko04626，plant-pathogen interaction）、碳代谢（ko01200，carbon metabolism）、氨基酸生物合成（ko01230，biosynthesis of amino acids）、核糖体（ko03010，ribosome）、内质网中的蛋白质加工（ko04141，protein processing in endoplasmic reticulum）和苯丙烷生物合成（ko00940，phenylpropanoid biosynthesis）等通路相关（图 7-33）。

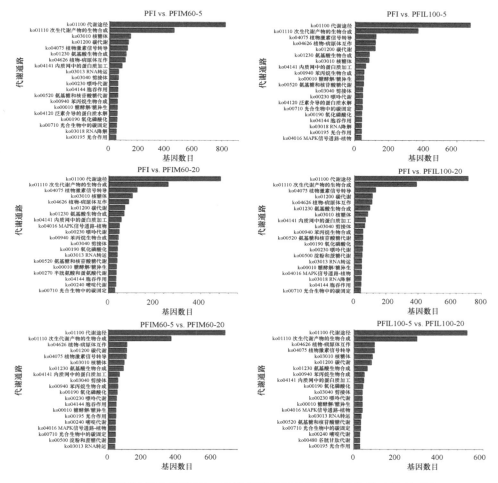

图 7-33　恢复过程中 H3K27ac 差异修饰基因的代谢通路分析（前 20 条）

　　为进一步筛选出与泡桐丛枝病密切相关的基因，使用 STEM 软件对白花泡桐丛枝病发生和 MMS 试剂处理模拟的恢复过程中获得的 6623 个 H3K27ac 差异修饰基因进行动态变化模式分析，共得到了 20 组变化模式基因（图 7-34），其中 6 组基因的 H3K27ac 修饰水平在白花泡桐感染植原体后和恢复过程中的变化趋势相反（down-up-up：94；down-uc-up：384；down-up-uc：359；up-down-down：123；up-uc-down：775；up-down-uc：1409），这些基因可能与泡桐丛枝病相关；同样地，

对白花泡桐丛枝病发生和 Rif 试剂处理模拟的恢复过程中获得的 6366 个 H3K27ac
差异修饰基因进行动态变化模式分析，获得了 20 组变化模式基因（图 7-35），其
中 6 组基因 H3K27ac 修饰水平的变化趋势在白花泡桐感染植原体后和恢复过程中
相反（down-up-up：166；down-uc-up：315；down-up-uc：332；up-down-down：
422；up-uc-down：712；up-down-uc：1175）。为排除试剂影响，对 MMS 试剂
处理组和 Rif 试剂处理组获得的与丛枝病相关的基因取交集，最终获得 1803 个
基因。对这些基因进行 KEGG 代谢通路分析，结果表明，这些基因主要与植物
激素信号转导（ko04075，plant hormone signal transduction）、植物-病原互作
（ko04626，plant-pathogen interaction）、MAPK 信号通路-植物（ko04016，MAPK
signaling pathway - plant）和碳代谢（ko01200，carbon metabolism）等代谢通路
相关（图 7-36）。

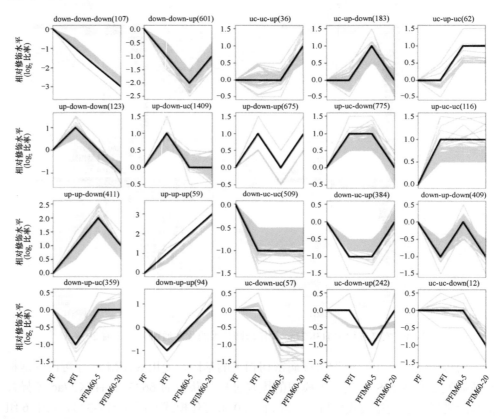

图 7-34　白花泡桐丛枝病发生与恢复过程（MMS 处理组）中 H3K27ac 调控基因修饰水平的
动态变化模式

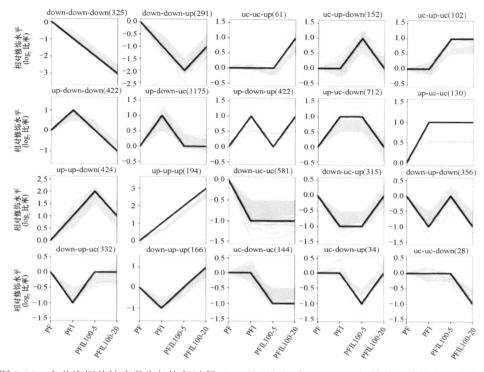

图 7-35　白花泡桐丛枝病发生与恢复过程（Rif 处理组）中 H3K27ac 调控基因修饰水平的动态变化模式

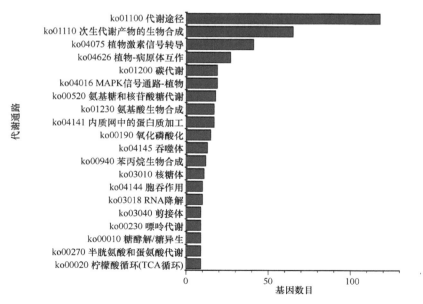

图 7-36　与泡桐丛枝病相关的 H3K27ac 修饰基因代谢通路分析（前 20 条）

五、组蛋白乙酰化修饰对基因表达的影响

为探究组蛋白乙酰化修饰（H3K27ac）与基因表达的关系，对 H3K27ac 修饰与基因表达共同发生的概率进行了确定。结果发现，白花泡桐中（PF），93.60%发生 H3K27ac 修饰的基因在转录组中同时具有表达量（图 7-37），表明组蛋白乙酰化修饰与白花泡桐基因表达相关。

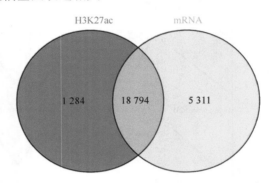

图 7-37　白花泡桐 PF 样本 H3K27ac 修饰基因与表达基因维恩图

植物在响应生物或非生物胁迫时，差异组蛋白修饰能够调控基因的表达，从而使植物能够对这些胁迫做出快速反应。为进一步研究白花泡桐基因的表达变化是否与组蛋白乙酰化修饰的变化相关，将白花泡桐感染植原体前后的差异表达基因与组蛋白甲基化差异修饰基因进行关联。结果发现，白花泡桐响应植原体入侵时，仅有 27.55%（2619）的 H3K27ac 差异修饰基因在转录水平同时差异表达（图 7-38）。这表明组蛋白乙酰化修饰调控了部分植原体响应基因的表达。本研究也将恢复过程中的差异表达基因和组蛋白甲基化差异修饰基因进行关联分析。结果发现，在 MMS 试剂模拟恢复过程中，PFI vs. PFIM60-5、PFI vs. PFIM60-20、PFIM60-5 vs. PFIM60-20 比较组分别有 23.13%（2255）、23.88%（1604）、27.26%（2177）的 H3K27ac 差异修饰基因在转录水平同时差异表达。而在 Rif 试剂模拟的恢复过程中，PFI vs. PFIL100-5、PFI vs. PFIL100-20、PFIL100-5 vs. PFIL100-20 比较组分别有 30.21%（2522）、21.02%（1868）、31.00%（2162）的 H3K27ac 差异修饰基因在转录水平同时差异表达（图 7-39）。这些结果表明，在恢复过程中，组蛋白乙酰化调控了部分基因的表达。

将 ChIP-Seq 数据中筛选出的泡桐丛枝病密切相关的基因与转录组数据进行关联，结果发现白花泡桐响应植原体入侵时，钙结合蛋白 CML45 和 CML41、脱落酸受体 PYL2 和 PYL4、2C 类蛋白磷酸酶 50、丙二烯氧合酶、1-氨基环丙烷-1-羧酸氧化酶等一些与植物-病原互作或激素相关基因的组蛋白乙酰化修饰水平（H3K27ac）

发生了变化，相应地，这些基因在转录水平也响应了植原体的入侵（表 7-7，表 7-8）。

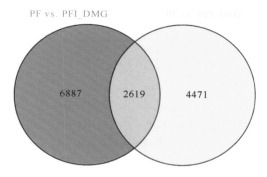

图 7-38　白花泡桐响应植原体入侵的 H3K27ac 差异修饰基因与差异表达基因维恩图

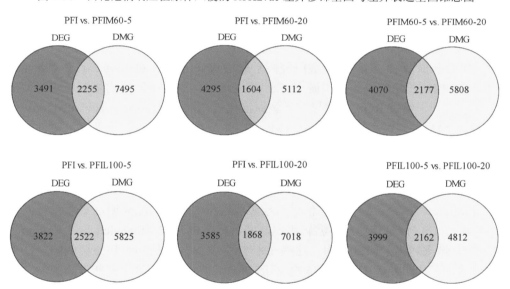

图 7-39　恢复过程中 H3K27ac 差异修饰基因与差异表达基因维恩图

表 7-7　**H3K27ac 修饰调控的植物-病原互作相关基因列表**

基因 ID	ChIP-Seq	RNA-Seq		功能注释
	差异倍数	差异倍数	q 值	
Paulownia_LG11G000989	1.59	5.16	1.15E-61	钙结合蛋白 CML45
Paulownia_LG11G000871	2.81	2.22	7.50E-57	钙结合蛋白 CML41
Paulownia_LG16G001097	1.39	3.20	2.46E-3	钙结合蛋白 PBP1
Paulownia_LG9G000599	1.53	3.00	1.3E-130	乙烯响应转录因子 2

表 7-8　H3K27ac 修饰调控的植物激素相关基因列表

基因 ID	ChIP-Seq	RNA-Seq		功能注释
	差异倍数	差异倍数	q 值	
Paulownia_LG0G001705	1.48	4.29	2.32E-21	丙二烯氧合酶
Paulownia_LG8G001593	1.31	9.08	0	丙二烯氧合酶
Paulownia_LG8G000745	1.89	2.69	0	1-氨基环丙烷-1-羧酸氧化酶
Paulownia_LG9G000737	3.47	2.22	9.73E-26	脱落酸受体 PYL4
Paulownia_LG18G000169	1.64	2.46	1.72E-10	脱落酸受体 PYL2
Paulownia_LG2G000807	0.63	0.06	0	2C 类蛋白磷酸酶 50
Paulownia_LG1G000276	0.75	0.05	1.54E-284	2C 类蛋白磷酸酶 50

植物防御反应涉及一系列的信号级联反应。作为一种重要的第二信使，钙离子（Ca^{2+}）在许多与生物和非生物胁迫相关的植物信号通路中发挥作用（Dodd et al., 2010）。据报道，植物利用 Ca^{2+} 信号作为响应病原菌识别的重要早期信号事件。植物感知病原菌后，由环核苷酸门控离子通道（cyclic nucleotide-gated ion channel，CNGC）控制的植物细胞质中游离 Ca^{2+} 浓度增加，这是激活植物防御反应的关键事件，有利于促进 ROS 的诱导和丝裂原活化蛋白激酶（mitogen-activated protein kinase，MAPK）级联反应的激活（Ma, 2011）。植物中，Ca^{2+} 感受器主要有 4 种类型，即钙调蛋白（calmodulin，CaM）、类钙调蛋白（CaM-like protein，CML）、类钙调蛋白磷酸酶 b 蛋白（calcineurin b-like protein，CBL）和钙离子依赖蛋白激酶（Ca^{2+}- dependent protein kinase，CDPK）。其中，CaM 和 CML 是一类具有 EF-hand 结构域的 Ca^{2+} 结合传感器，在信号转导级联过程中，它们能够通过 Ca^{2+} 诱导的构象变化将 Ca^{2+} 信号传递给下游靶蛋白，并与靶蛋白互作（Snedden and Fromm, 2001）。越来越多的研究表明，这些 Ca^{2+} 感受器参与了植物对病原菌的响应，当 CaM/CML 基因表达失调或功能丧失后，植物的免疫反应将受到严重的影响。例如，烟草中编码 CaM 的基因 NtCaM13 沉默表达后，烟草对烟草花叶病毒（Tobacco mosaic virus，TMV）、青枯雷尔氏菌（Ralstonia solanacearum）、立枯丝核菌（Rhizoctonia solani）和瓜果腐霉（Pythium aphanidermatum）等病原菌的易感性增强（Takabatake et al., 2007）。过表达拟南芥中编码 CML 的 AtCML43 基因可以增强拟南芥对丁香假单胞菌番茄致病变种（Pseudomonas syringae pv. tomato）的超敏反应（Chiasson et al., 2005）。拟南芥的 CML9 也被证实参与了植物防御反应并可能调控植物的防御过程，在拟南芥响应丁香假单胞菌时，CML9 基因被快速诱导表达，而且野生型拟南芥对病原菌入侵的正常响应在 CML9 突变体或过表达株系中会发生变化（Leba et al., 2012）。Xu 等（2017）的研究表明定位于胞间连丝的 CML41 能够介导胼胝质依赖的胞间连丝的关闭以减少共生质体间的连通，从

而作为对抗病原菌的关键防御。本研究中白花泡桐感染植原体后，钙结合蛋白CML45 编码基因（Paulownia_LG11G000989）和钙结合蛋白 CML41 编码基因（Paulownia_ LG11G000871）的 H3K27ac 修饰水平升高。与此同时，在转录水平上，这两个钙结合蛋白 CML 的编码基因在白花泡桐丛枝病苗中的表达量显著高于健康苗中的表达量，与上述文献中报道的结果一致。这些结果表明，白花泡桐感染植原体后通过诱导表达 CML 编码基因来提高白花泡桐的防御反应，限制植原体在宿主体内的进一步传播，从而抵御植原体对白花泡桐的深度伤害。而在这一过程中，组蛋白 H3K27ac 修饰可能参与了对 CML 基因的表达调控。

转录因子是一类具有已知 DNA 结合域，能够与顺式元件相互作用从而调控基因表达的蛋白质。除了与植物生长发育和形态建成相关外，一些转录因子家族已被证实参与植物对生物胁迫的响应，如 WRKY 超家族、NAC 家族、MYB 家族、AP2/ERF 家族等。本研究发现，乙烯响应转录因子 2 编码基因（Paulownia_ LG9G000599）在白花泡桐病苗中的 H3K27ac 修饰水平和表达量均显著高于健康苗，这表明 H3K27ac 修饰可能参与了对乙烯响应转录因子的表达调控。

植物激素在调控植物生长发育和对非生物和生物胁迫的响应过程中发挥着重要作用（Bari and Jones，2009）。脱落酸（abscisic acid，ABA）参与植物生长发育多个阶段的调控，其主要生理功能有调控种子萌发、气孔运动和叶片衰老等。此外，ABA 还参与植物对生物和非生物胁迫的响应，是重要的植物激素之一（Lee and Luan，2012）。有研究表明，ABA 通过诱导气孔关闭，促进胼胝质沉积形成物理屏障，阻止病原菌的入侵，从而增强植物的抗病性（Ton and Mauch-Mani，2004）。ABA 也被发现能够抑制植物茎的伸长和生长（Arney and Mitchell，1969；Kaufman and Jones，1974）。Mou 等（2013）报道泡桐丛枝病患病植株叶片变小和节间缩短的症状也与 ABA 相关。ABA 信号通路被认为介导了大多数 ABA 引起的植物响应过程（Cutler et al.，2010）。ABA 受体 PYR/PYL/RCAR 蛋白、负调控因子 2C 类蛋白磷酸酶（PP2C）和正调控因子 snf1 相关蛋白激酶 2（SnRK2）是 ABA 信号感知和信号转导途径的核心信号元件。作为 ABA 信号转导的负调控因子，PP2C 家族成员通过与 SnRK2 相互作用，使 SnRK2 失去作用，抑制信号转导。当 ABA 被 PYR/PYL/RCAR 受体感知后，与 ABA 结合的 PYR/PYL/RCAR 受体和 PP2C 的磷酸酶结构域相互作用形成 ABA-PYR/PYL/RCARs-PP2C 复合体，解除 PP2C 对 SnRK2 的抑制作用，激活 SnRK2 使其能够靶向下游元件，发挥调控作用（Lee and Luan，2012）。Fan 等（2015e）研究发现泡桐感染植原体后，与 ABA 信号转导相关的基因表达水平发生了改变。在本研究中，ABA 受体 PYL2（Paulownia_ LG18G000169）和 PYL4（Paulownia_LG9G000737）的 H3K27ac 修饰水平在白花泡桐感染植原体后上升。相应地，这两个 ABA 受体编码基因的表达量在感病后也显著上调。而 2 个编码负调控因子 2C 类蛋白磷酸酶 50 基因（Paulownia_LG2G000807

和 Paulownia_LG1G000276）的 H3K27ac 的修饰水平在白花泡桐病苗中降低，其表达量在病苗中显著下调。这些结果表明，在白花泡桐感染植原体的过程中，这些基因附近染色质状态的变化为其转录水平的变化做好了准备。本研究还发现，参与 JA 生物合成的丙二烯氧合酶编码基因（Paulownia_ LG0G001705 和 Paulownia_LG8G001593）的 H3K27ac 修饰水平和表达量在白花泡桐感染植原体后均显著上调。1-氨基环丙烷-1-羧酸氧化酶（ACO）是乙烯合成途径中的最后一个酶，催化 1-氨基环丙烷-1-羧酸（ACC）生成乙烯。本研究中，编码 ACO 的基因（Paulownia_LG8G000745）的 H3K27ac 修饰水平在白花泡桐感染植原体后升高，表达量也同时显著上调。这些结果表明，白花泡桐响应植原体入侵时，H3k27ac 修饰可能也参与了 JA 和 ET 的生物合成调控。

第三节 丛枝病发生与组蛋白甲基化和乙酰化修饰酶的变化分析

组蛋白修饰通过调控基因表达的方式在植物生长发育，如开花时间（He and Amasino，2005）、根伸长（Krichevsky et al.，2009）、胚珠和花药发育（Grini et al.，2009）等，以及对病原菌（Alvarez et al.，2010；Ding and Wang，2015）和非生物胁迫的响应（Kim et al.，2010；Kim et al.，2015）过程中发挥重要作用。组蛋白甲基化和乙酰化修饰是由一系列修饰酶动态调控的。近年来，研究人员对拟南芥、水稻、番茄、柑橘、苹果和荔枝等物种中的组蛋白修饰酶基因家族进行了鉴定和特征分析（Pandey et al.，2002；Springer et al.，2003；Lu et al.，2008；Liu et al.，2012b；Aiese et al.，2013；Xu et al.，2015；Peng et al.，2017；Fan et al.，2018c）。本研究基于白花泡桐基因组，对白花泡桐的组蛋白甲基化/去甲基化以及乙酰化/去乙酰化修饰酶基因家族进行鉴定，同时对各基因家族进化关系、保守结构域等进行分析，此外，还对它们在响应植原体入侵时的表达模式和潜在作用进行研究，为后续进一步研究组蛋白甲基化和乙酰化修饰对白花泡桐响应植原体入侵的调控机制奠定基础。

一、PfHM 基因家族的鉴定

为鉴定泡桐中的组蛋白甲基化（HMT）/去甲基化酶（HDM）、组蛋白乙酰化（HAT）/去乙酰化酶（HDAC）基因家族成员，从 Pfam 数据库（http://pfam.xfam.org）下载各修饰酶基因家族结构域的 HMM 序列，如表 7-9 所示。然后，以这些序列作为查询序列，使用 HMMER3.0 软件（Finn et al.，2011）检索白花泡桐基因组，对白花泡桐组蛋白修饰酶各家族成员进行预测。对于 HDT 基因家族，由于 Pfam

数据库没有可用的 HMM 序列，故从 TAIR 数据库（https：// www.arabidopsis.org/）下载拟南芥 *AtHDT* 基因编码的蛋白序列（*AtHDT1*，At3g44750；*AtHDT2*，At5g22650；*AtHDT3*，At5g03740；*AtHDT4*，At2g27840），并以此作为查询序列对白花泡桐基因组进行 Blastp 比对检索，预测白花泡桐中的 PfHDT 基因家族成员。最后，使用 NCBI CDD（https：//www.ncbi.nlm.nih.gov/ Structure/cdd/wrpsb.cgi）、Pfam（http：//pfam.xfam.org/）和 SMART（http：//smart.embl- heidelberg.de/）数据库对鉴定到的 *PfHMT / PfHDM* 与 *PfHAT / PfHDAC* 基因进行结构域确认，获得最终可靠的泡桐组蛋白修饰酶基因，并对其进行重新命名。为确定各组蛋白修饰酶编码基因的位置，根据 *PfHM* 基因在白花泡桐基因组上的位置，使用 Mapchart 2.3 软件将其定位在白花泡桐基因组染色体上，并绘制染色体定位图。

表 7-9　各组蛋白修饰酶基因家族的 Pfam 登录号

基因类型	家族	登录号
HMT	SDG	PF00856
	PRMT	PF05185
HDM	HDMA	PF04433
	JMJ	PF02373
HAT	HAG	PF00583
	HAM	PF01853
	HAC	PF08214
	HAF	PF09247
HDAC	HDA	PF00850
	SRT	PF02146
	HDT	—

（一）*PfHMT/PfHDM* 基因的鉴定

本研究中，白花泡桐基因组共鉴定到 53 个 *PfHMT* 基因和 28 个 *PfHDM* 基因（表 7-10，图 7-40）。其中，53 个 *PfHMT* 基因包括 51 个 *PfSDG* 基因和 2 个 *PfPRMT* 基因，而 28 个 *PfHDM* 基因由 9 个 *PfHDMA* 基因和 19 个 *PfJMJ* 基因组成。对鉴定到的 PfHMT 和 PfHDM 蛋白进行理化性质分析（表 7-10），结果显示，PfSDG 和 PfPRMT 家族修饰酶的氨基酸数量分别为 145（PfSDG32）～2355（PfSDG37）和 641（PfPRMT2）～650（PfPRMT1），其分子质量范围分别为 16 434.37（PfSDG32）～267 947.16Da（PfSDG37）和 72 646.39（PfPRMT2）～73 214.66Da（PfPRMT1），与其氨基酸数目成正比，而其等电点范围分别为 4.59（PfSDG32）～9.08（PfSDG9）和 5.48（PfPRMT1）～5.82（PfPRMT2）。PfHDMA 和 PfJMJ 家族修饰酶的氨基酸个数分别为 445（PfHDMA6）～1996（PfHDMA9）和 621

（PfJMJ2）～1977（PfJMJ11），分子质量范围分别为 49 620.93（PfHDMA6）～
21 6734.01Da（PfHDMA9）和 70 885.05（PfJMJ2）～217 737.58Da（PfJMJ11），
也与它们的氨基酸个数成正比，等电点范围分别为 4.85（PfHDMA1）～8.85
（PfHDMA4）和 5.6（PfJMJ3）～8.77（PfJMJ8）。这些结果表明，不同的 PfHMT
和 PfHDM 修饰酶之间的氨基酸个数相差比较大，且理化性质差异明显，这种差
异可能是由于它们具有不同的生物学功能，参与不同的生物学过程。

表 7-10   白花泡桐组蛋白甲基化修饰酶基因家族列表

基因名称	基因 ID	长度/bp	正负链	氨基酸	等电点	分子质量/Da
SDG 基因家族						
PfSDG1	Paulownia_LG1G000058	1 005	−	334	6.40	36 747.75
PfSDG2	Paulownia_LG1G000928	1 968	−	655	8.52	71 644.29
PfSDG3	Paulownia_LG0G000286	1 701	−	566	4.90	63 792.42
PfSDG4	Paulownia_LG2G000025	993	+	330	7.54	37 015.34
PfSDG5	Paulownia_WTDBG00068_ERROPOS550008G000005	2 145	−	714	8.47	78 126.32
PfSDG6	Paulownia_LG3G001417	3 144	−	1 047	8.60	118 904.62
PfSDG7	Paulownia_LG4G000080	2 478	+	825	7.87	92 033.00
PfSDG8	Paulownia_LG4G000504	2 655	−	884	5.75	98 222.93
PfSDG9	Paulownia_LG4G000577	1 110	−	369	9.08	41 469.84
PfSDG10	Paulownia_LG5G001077	2 709	+	902	8.85	100 921.94
PfSDG11	Paulownia_LG5G001178	4 407	+	1 468	6.33	165 258.50
PfSDG12	Paulownia_LG7G000596	1 443	−	480	5.72	53 376.58
PfSDG13	Paulownia_LG6G001160	1 152	+	383	4.74	42 601.89
PfSDG14	Paulownia_LG8G000020	1 227	+	408	5.30	47 617.74
PfSDG15	Paulownia_LG8G001493	3 594	−	1 197	5.49	136 551.77
PfSDG16	Paulownia_LG8G001550	1 404	+	467	4.66	52 159.42
PfSDG17	Paulownia_LG8G001947	1 245	+	414	8.89	47 595.71
PfSDG18	Paulownia_LG9G000221	1 050	+	349	8.91	39 779.72
PfSDG19	Paulownia_LG9G000259	3 207	+	1 068	8.99	120 674.21
PfSDG20	Paulownia_LG9G000609	2 928	−	975	5.86	109 413.93
PfSDG21	Paulownia_LG9G000644	2 322	+	773	6.07	86 729.08
PfSDG22	Paulownia_LG9G001084	1 545	−	514	4.93	57 447.65
PfSDG23	Paulownia_LG9G001265	2 154	−	717	6.41	80 551.73
PfSDG24	Paulownia_LG10G000571	2 844	+	947	7.97	107 602.59
PfSDG25	Paulownia_LG10G000634	1 497	+	498	5.56	55 904.61
PfSDG26	Paulownia_LG10G001313	2 277	−	758	5.15	84 636.28
PfSDG27	Paulownia_LG10G001398	5 337	−	1 778	7.95	194 167.41

续表

基因名称	基因 ID	长度/bp	正负链	氨基酸	等电点	分子质量/Da
PfSDG28	Paulownia_LG12G000020	2 496	+	831	7.59	92 960.74
PfSDG29	Paulownia_LG12G000334	1 110	−	369	9.03	41 551.01
PfSDG30	Paulownia_LG12G001093	2 643	−	880	5.69	97 990.15
PfSDG31	Paulownia_LG11G000306	1 458	−	485	5.77	54 492.70
PfSDG32	Paulownia_LG11G000860	438	+	145	4.59	16 434.37
PfSDG33	Paulownia_LG11G001209	2 061	−	686	8.95	76 290.14
PfSDG34	Paulownia_LG15G000331	4 371	+	1 456	6.98	159 912.18
PfSDG35	Paulownia_LG15G001269	3 483	−	1 160	8.64	130 822.20
PfSDG36	Paulownia_LG15G000229	1 545	+	514	8.06	58 676.35
PfSDG37	Paulownia_LG16G000136	7 068	−	2 355	6.60	267 947.16
PfSDG38	Paulownia_LG14G000371	1 485	−	494	4.97	56 195.02
PfSDG39	Paulownia_LG14G000381	1 632	+	543	7.45	60 691.97
PfSDG40	Paulownia_LG18G000013	4 734	−	1 577	8.7	175 864.19
PfSDG41	Paulownia_LG18G000295	3 942	−	1 313	5.73	144 014.65
PfSDG42	Paulownia_LG18G000416	1 386	−	461	5.37	52 217.93
PfSDG43	Paulownia_LG17G000633	1 950	−	649	5.27	73 522.94
PfSDG44	Paulownia_LG17G000634	1 617	−	538	5.59	61 286.31
PfSDG45	Paulownia_LG17G000679	1 953	−	650	6.16	73 083.37
PfSDG46	Paulownia_LG19G000696	2 295	−	764	8.73	85 403.20
PfSDG47	Paulownia_LG19G000911	1 050	−	349	6.72	39 995.60
PfSDG48	Paulownia_CONTIG01587G000002	2 061	−	686	8.55	75 297.14
PfSDG49	Paulownia_WTDBG01492G000001	1 647	+	548	5.62	62 227.36
PfSDG50	Paulownia_WTDBG01492G000002	1 419	+	472	5.43	53 941.86
PfSDG51	Paulownia_WTDBG01628G000003	2 115	+	704	5.53	80 571.80
PRMT 基因家族						
PfPRMT1	Paulownia_LG7G001372	1 953	−	650	5.48	73 214.66
PfPRMT2	Paulownia_LG17G000887	1 926	+	641	5.82	72 646.39
HDMA 基因家族						
PfHDMA1	Paulownia_LG0G001747	1 995	+	664	4.85	73 742.30
PfHDMA2	Paulownia_LG3G000384	2 427	+	808	5.82	88 808.05
PfHDMA3	Paulownia_LG6G000822	1 728	−	575	4.86	64 224.99
PfHDMA4	Paulownia_LG8G001744	2 385	+	794	8.85	88 432.51
PfHDMA5	Paulownia_LG9G001154	3 336	−	1 111	6.70	119 904.96
PfHDMA6	Paulownia_LG10G000765	1 338	+	445	5.38	49 620.93
PfHDMA7	Paulownia_LG10G001410	2 376	−	791	5.82	86 200.23

续表

基因名称	基因 ID	长度/bp	正负链	氨基酸	等电点	分子质量/Da
PfHDMA8	Paulownia_LG15G000308	2 316	+	771	5.92	83 947.91
PfHDMA9	Paulownia_LG15G000636	5 991	+	1 996	5.57	216 734.01
JMJ 基因家族						
PfJMJ1	Paulownia_LG4G000472	2 484	−	827	6.55	92 035.09
PfJMJ2	Paulownia_LG5G000682	1 866	+	621	7.54	70 885.05
PfJMJ3	Paulownia_LG5G000737	3 198	−	1 065	5.60	121 547.29
PfJMJ4	Paulownia_LG5G000738	2 406	−	801	8.20	91 652.86
PfJMJ5	Paulownia_LG5G000751	1 983	+	660	6.74	75 175.81
PfJMJ6	Paulownia_LG7G000794	2 580	+	859	8.12	96 659.89
PfJMJ7	Paulownia_LG7G001139	5 568	−	1 855	6.79	212 199.30
PfJMJ8	Paulownia_LG6G000725	3 936	+	1 311	8.77	146 477.60
PfJMJ9	Paulownia_LG8G000130	2 679	+	892	6.33	101 454.36
PfJMJ10	Paulownia_LG8G000760	3 324	+	1 107	8.21	126 482.54
PfJMJ11	Paulownia_LG9G000246	5 934	+	1 977	8.72	217 737.58
PfJMJ12	Paulownia_LG9G000970	3 762	+	1 252	6.32	140 537.02
PfJMJ13	Paulownia_LG10G000543	3 798	−	1 265	7.43	142 483.12
PfJMJ14	Paulownia_LG16G001107	2 991	+	996	8.48	114 256.87
PfJMJ15	Paulownia_LG16G001145	2 850	+	949	5.90	107 264.43
PfJMJ16	Paulownia_LG18G000982	3 504	−	1 167	7.10	131 955.69
PfJMJ17	Paulownia_LG18G001165	2 640	+	879	6.94	99 201.42
PfJMJ18	Paulownia_LG19G000152	4 260	+	1 419	6.35	157 657.04
PfJMJ19	Paulownia_LG19G000361	3 438	−	1 145	7.16	129 924.17

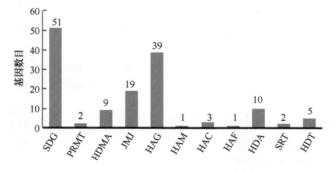

图 7-40　白花泡桐各组蛋白修饰酶家族基因个数

（二）*PfHAT/PfHDAC* 基因的鉴定

如表 7-11 所示，白花泡桐基因组中共鉴定到 44 个 *PfHAT* 基因和 17 个 *PfHDAC*

基因（图 7-40）。其中，44 个 *PfHAT* 基因分为 39 个 *PfHAG* 基因、1 个 *PfHAM* 基因、3 个 *PfHAC* 基因和 1 个 *PfHAF* 基因；而 17 个 *PfHDAC* 基因则包括 10 个 *PfHDA* 基因、2 个 *PfSRT* 基因和 5 个 *PfHDT* 基因。理化性质分析结果表明，PfHAG、PfHAC、PfHAM 和 PfHAF 各家族修饰酶的氨基酸数量范围分别为 155（PfHAG29）～1261（PfHAG21）、1420（PfHAC1）～1794（PfHAC3）、437（PfHAM1）和 1466（PfHAF1），分子质量与其氨基酸数目成正比，范围分别在 17 492.06（PfHAG29）～142 646.4 Da（PfHAG21）、160 312.97（PfHAC1）～202 040.38Da（PfHAC3）、50 499.63Da（PfHAM1）和 164 206.36Da（PfHAF1），等电点范围分别为 4.81（PfHAG8）～9.78（PfHAG34）、7.02（PfHAC1）～8.51（PfHAC3）、6.97（PfHAM1）和 5.19（PfHAF1）。而 PfHDA、PfHDT 和 PfSRT 各家族修饰酶的氨基酸个数分别为 363（PfHDA10）～665（PfHDA3）、241（PfHDT3）～307（PfHDT1）和 386（PfSRT1）～475（PfSRT2），分子质量也与其各自的氨基酸数量呈正比，分别为 40 132.76（PfHDA10）～74 433.21Da（PfHDA3）、26 419.69（PfHDT3）～33 510.47Da（PfHDT1）和 42 956.26（PfSRT1）～52 928.74Da（PfSRT2），等电点范围分别为 4.94（PfHDA5）～6.2（PfHDA1）、4.71（PfHDT1）～4.95（PfHDT4）和 9.28（PfSRT2）～9.42（PfSRT1）。上述结果表明，不同的 PfHAT 和 PfHDAC 修饰酶之间的理化性质和氨基酸数目变化明显，这可能是由于其各自具有的生物学功能和调控的生物学过程不同造成的。

表 7-11　白花泡桐组蛋白乙酰化修饰酶基因家族列表

基因名称	基因 ID	长度/bp	正负链	氨基酸	等电点	分子质量/Da
HAG 基因家族						
PfHAG1	Paulownia_LG1G000763	915	−	304	8.38	34 176.00
PfHAG2	Paulownia_LG0G000715	576	−	191	7.01	21 843.84
PfHAG3	Paulownia_LG2G000846	897	−	298	9.33	34 135.79
PfHAG4	Paulownia_LG3G000990	576	+	191	7.03	21 925.90
PfHAG5	Paulownia_LG4G000758	903	+	300	9.12	34 687.76
PfHAG6	Paulownia_LG5G000987	1 803	+	600	6.49	65 657.29
PfHAG7	Paulownia_LG5G001011	1 248	−	415	8.97	46 293.34
PfHAG8	Paulownia_LG7G001296	1 236	−	411	4.81	46 056.27
PfHAG9	Paulownia_LG7G001470	498	−	165	8.87	18 627.61
PfHAG10	Paulownia_LG6G000742	1 698	−	565	8.75	63 292.81
PfHAG11	Paulownia_LG6G000878	819	−	272	8.97	31 538.66
PfHAG12	Paulownia_LG6G000994	1 227	−	408	9.41	46 494.13
PfHAG13	Paulownia_LG6G001239	1 467	+	488	8.13	54 901.50

续表

基因名称	基因 ID	长度/bp	正负链	氨基酸	等电点	分子质量/Da
PfHAG14	Paulownia_LG9G000010	582	+	193	5.72	22 044.35
PfHAG15	Paulownia_LG9G000099	678	–	225	8.27	25 735.41
PfHAG16	Paulownia_LG9G000647	768	+	255	9.72	27 687.16
PfHAG17	Paulownia_LG9G001187	708	–	235	6.49	26 235.34
PfHAG18	Paulownia_LG9G001199	879	–	292	9.64	31 986.23
PfHAG19	Paulownia_LG12G000193	1 647	+	548	6.16	61 415.52
PfHAG20	Paulownia_WTDBG01285G 000001	3 570	+	1 189	5.97	134 946.75
PfHAG21	Paulownia_LG12G000930	3 786	–	1 261	5.87	142 646.40
PfHAG22	Paulownia_LG11G000744	1 824	+	607	7.84	66 523.25
PfHAG23	Paulownia_LG11G000760	1 284	–	427	8.96	47 510.83
PfHAG24	Paulownia_LG13G000317	1 221	+	406	9.25	46 254.71
PfHAG25	Paulownia_LG15G000145	885	+	294	9.00	33 797.64
PfHAG26	Paulownia_LG16G000220	675	–	224	9.59	26 147.08
PfHAG27	Paulownia_LG14G000248	549	+	182	9.77	20 386.58
PfHAG28	Paulownia_LG14G000550	894	+	297	8.36	33 962.93
PfHAG29	Paulownia_LG18G000334	468	+	155	8.22	17 492.06
PfHAG30	Paulownia_LG19G000143	864	+	287	9.57	31 606.46
PfHAG31	Paulownia_LG19G000153	735	+	244	6.49	26 896.98
PfHAG32	Paulownia _CONTIG01525G000003	750	+	249	5.87	27 781.67
PfHAG33	Paulownia _CONTIG01571G000157	1 962	–	653	6.29	72 227.30
PfHAG34	Paulownia _CONTIG01579G000020	663	–	220	9.78	24 594.33
PfHAG35	novel_model_1325_5afbe647	753	–	250	6.13	27 952.95
PfHAG36	novel_model_1590_5afbe647	1 962	+	653	6.16	72 111.02
PfHAG37	novel_model_231_5afbe647	525	+	174	7.74	20 351.42
PfHAG38	Paulownia_TIG00016941G0 00006	753	+	250	6.13	27 952.95
PfHAG39	Paulownia_WTDBG01843G 000003	525	+	174	7.74	20 351.42
HAM 基因家族						
PfHAM1	Paulownia_LG10G001464	1 314	+	437	6.97	50 499.63
HAC 基因家族						
PfHAC1	Paulownia_LG5G001201	4 263	–	1 420	7.02	160 312.97
PfHAC2	Paulownia_LG8G001876	5 289	+	1 762	8.24	196 935.57
PfHAC3	Paulownia_LG16G000081	5 385	–	1 794	8.51	202 040.38

续表

基因名称	基因 ID	长度/bp	正负链	氨基酸	等电点	分子质量/Da
HAF 基因家族						
PfHAF1	Paulownia_LG0G001430	4 401	−	1 466	5.19	164 206.36
SRT 基因家族						
PfSRT1	Paulownia_LG5G000684	1 161	−	386	9.42	42 956.26
PfSRT2	Paulownia_LG8G001056	1 428	−	475	9.28	52 928.74
HDA 基因家族						
PfHDA1	Paulownia_LG5G000638	1 326	−	441	6.20	48 148.41
PfHDA2	Paulownia_LG5G000650	1 503	−	500	5.17	56 406.26
PfHDA3	Paulownia_LG6G000512	1 998	−	665	5.28	74 433.21
PfHDA4	Paulownia_LG12G000533	1 176	+	391	5.12	42 729.25
PfHDA5	Paulownia_LG12G000596	1 317	−	438	4.94	49 649.95
PfHDA6	Paulownia_LG11G000457	1 479	−	492	5.64	55 414.78
PfHDA7	Paulownia_LG13G000594	1 686	+	561	5.52	62 183.29
PfHDA8	Paulownia_LG13G000945	1 416	+	471	5.36	53 142.50
PfHDA9	Paulownia_LG15G001268	1 395	−	464	5.16	52 318.77
PfHDA10	Paulownia_LG18G000167	1 092	+	363	5.88	40 132.76
HDT 基因家族						
PfHDT1	Paulownia_LG2G001133	924	+	307	4.71	33 510.47
PfHDT2	Paulownia_LG4G001380	879	−	292	4.89	31 257.16
PfHDT3	Paulownia_WTDBG01923G 000003	726	−	241	4.75	26 419.69
PfHDT4	Paulownia_CONTIG01579G 000064	861	+	286	4.95	31 405.55
PfHDT5	novel_model_1677_5afbe647	912	−	303	4.88	32 971.00

二、PfHM 基因在染色体上的分布

（一）PfHMT/PfHDM 基因的分布

根据白花泡桐基因组的注释，使用 Mapchart 2.3 软件将鉴定到的 PfHMT 和 PfHDM 基因定位到白花泡桐基因组上（图 7-41），结果显示 PfSDG 基因在白花泡桐染色体上分布广泛，其在除 chr14 染色体外的所有染色体均有分布，且绝大部分 PfSDG 基因位于 chr10 染色体（PfSDG18-23）。然而，4 个 PfSDG 基因（PfSDG48-51）在染色体上的位置不能确定，这可能是由于目前白花泡桐的物理图谱不完整造成的。PfPRMT1 基因与 PfPRMT2 基因则分别分布在 chr7 和 chr19

染色体上。对于 *PfHDM* 基因家族，*PfHDMA* 基因主要分布在 chr2、chr4、chr8、chr9、chr10、chr11 和 chr15 染色体上，而 *PfJMJ* 基因则广泛分布在白花泡桐 chr5-11、chr16、chr18 和 chr20 染色体上，其中 4 个 *PfJMJ* 基因位于 chr6 染色体上。

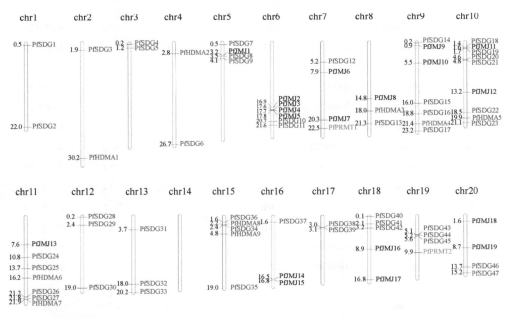

图 7-41　白花泡桐组蛋白甲基转移酶基因 *PfHMT*（*PfSDG* 和 *PfPRMT*）与组蛋白去甲基化酶基因 *PfHDM*（*PfHDMA* 和 *PfJMJ*）在染色体上的分布

（二）*PfHAT/PfHDAC* 基因的分布

如图 7-42 所示，对于 *PfHAT* 基因家族，32 个 *PfHAG* 基因广泛分布在除 chr9、chr11 和 chr19 染色体外的其他 17 条染色体上，而其余 7 个 *PfHAG* 基因（*PfHAG32-36*、*PfHAG38* 和 *PfHAG39*）在染色体上的位置不能确定，这可能是由于白花泡桐的物理图谱不完整造成的。*PfHAC*、*PfHAF* 和 *PfHAM* 基因在白花泡桐基因组染色体上呈局部分布，即 3 个 *PfHAC* 基因（*PfHAC1-3*）分别分布在 chr6、chr9 和 chr16 染色体上，*PfHAF1* 基因分布在 chr2 染色体上，而 *PfHAM1* 则分布在 chr11 染色体上。对于 *PfHDAC* 基因家族，*PfHDA* 家族成员分布在染色体 chr6、chr8、chr12、chr13、chr14、chr15 和 chr18 上，*PfSRT1* 基因和 *PfSRT2* 基因分别分布在 chr6 和 chr9 染色体上，而 3 个 *PfHDT* 家族成员（*PfHDT1-3*）则分别分布在 chr3、chr5 和 chr16 染色体上。

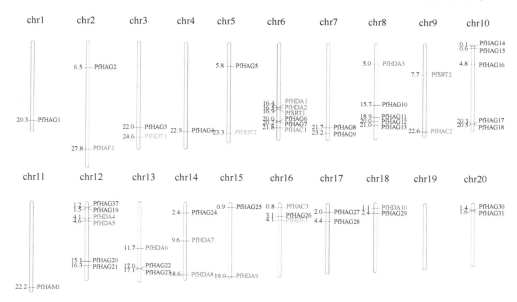

图 7-42 白花泡桐组蛋白乙酰转移酶基因 *PfHAT*（*PfHAG*、*PfHAM*、*PfHAC* 和 *PfHAF*）与组蛋白去乙酰化酶基因 *PfHDAC*（*PfHDA*，*PfSRT* 和 *PfHDT*）在染色体上的分布

三、PfHM 基因家族系统进化和保守结构域分析

不同家族 HM 修饰酶具有不同的保守结构域。将 *PfHMT* 基因的完整氨基酸序列提交至 SMART 数据库（http: //smart.embl-heidelberg.de/），进一步研究 PfHM 修饰酶的结构域组成，包括 Pfam 结构域。为进一步了解白花泡桐和拟南芥 HM 基因家族之间的进化关系，使用拟南芥和白花泡桐的 HM 蛋白序列，分别构建 HMT、HDM、HAT 和 HDAC 系统进化树。

（一）PfHMT 的系统进化和保守结构域分析

基于拟南芥中 SDG 家族的分类标准（Springer et al.，2003），将 51 个 PfSDG 家族成员分为 7 组（图 7-43）。根据 PfSDG 与 AtSDG 的同源进化树，与 AtSDG1、AtSDG5 和 AtSDG10 聚在一起的 PfSDG7、PfSDG10 和 PfSDG28 属于 I 组[E（z）-like]。PfSDG7、PfSDG10 和 PfSDG28 都具有保守的 CXC 和 SET 结构域，PfSDG28 还具有 2 个 SANT 结构域。II 组（ASH1-like）包含 5 个 PfSDG 成员（PfSDG9、PfSDG25、PfSDG27、PfSDG29 和 PfSDG34），它们与 5 个 AtSDG 聚在一起。该组中的 PfSDG 成员包含 AWS 和 SET 结构域，除 PfSDG25 外，其他成员还包含 Post-SET 结构域，而 PfSDG27 和 PfSDG34 还额外具有 1 个 zf-CW 结构域。7 个 PfSDG 成员（PfSDG6、PfSDG15、PfSDG19、PfSDG24、PfSDG35、PfSDG37 和

PfSDG40）属于 III 组（TRX-like），该组成员具有多种结构域，除 SET 和 Post-SET 外，大部分成员还具有 PWWP 和 PHD 结构域。此外，PfSDG24 还包含 FYRN 和 FYRC 结构域，而 PfSDG35 还包含额外的 GYF 结构域。但是，同属于 III 组的成员 PfSDG15 和 PfSDG37 仅具有 SET 结构域。PfSDG18 和 PfSDG47 属于 IV 组，它们具有相同的结构域，包括 1 个 PHD 结构域和 1 个 SET 结构域。进化树结果显示，19 个 PfSDG 成员被分至 V 组[SU（VAR）3-9-like]，这 19 个成员根据各自包含结构域的不同又进一步分为两个亚组，其中 V-I 亚组包括 8 个成员，V-II 亚组包括 11 个成员。V-I 亚组成员除具有 Pre-SET 和 SET 结构域外，所有成员 N 端均具有 SRA 结构域，3 个成员（PfSDG2、PfSDG45 和 PfSDG46）的 C 端缺失 Post-SET 结构域；而有些 V-II 亚组成员 N 端则具有 WIYLD 或 ZnF_C2H2 结构域。其余的 15 个 PfSDG 成员则被划分至 VI 组和 VII 组，其中的 5 个家族成员（PfSDG12、PfSDG17、PfSDG31、PfSDG38 和 PfSDG42）的 C 端包含 Rubis-subs-bind（RBS）结构域，而 2 个家族成员（PfSDG21 和 PfSDG39）还具有 TPR 结构域。对于 PfPRMT 家族，白花泡桐中鉴定到的 2 个 PfPRMT 家族成员（PfPRMT1 和 PfPRMT2）均具有 3 个结构域，即 PRMT5_TIM、PRMT5 和 PRMT5_C 结构域（图 7-44，图 7-45）。

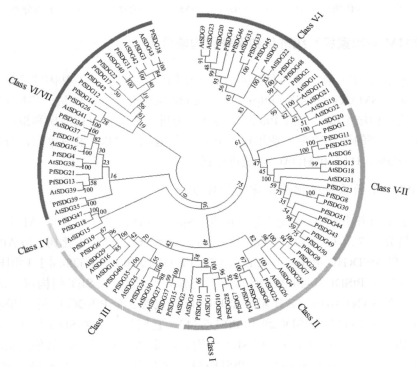

图 7-43　白花泡桐和拟南芥 SDG 家族系统进化分析

利用 MEGA 7.0 软件邻接法构建系统进化树

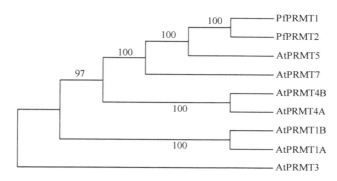

图 7-44　白花泡桐和拟南芥 PRMT 家族系统进化分析

利用 MEGA 7.0 软件邻接法构建系统进化树

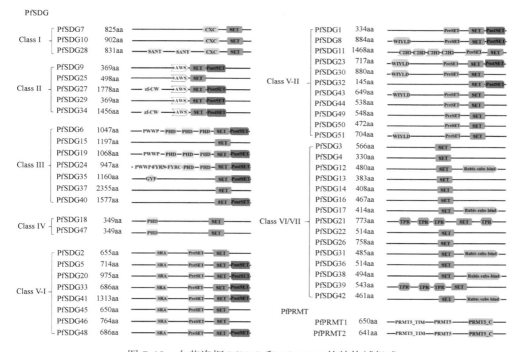

图 7-45　白花泡桐 PfSDG 和 PfPRMT 的结构域组成

（二）PfHDM 的系统进化和保守结构域分析

先前的研究表明，根据序列的相似性，JMJ 家族可以分为 5 组，即 KDM3、KDM4、KDM5、JMJD6 和 JMJ-only（Lu et al.，2008）。如图 7-46 所示，根据 JMJ 家族的系统进化树结果，白花泡桐中鉴定到的 19 个 PfJMJ 家族成员可以分为 3 组。

KDM3 组包括 10 个 PfJMJ 家族成员（PfJMJ2-5、PfJMJ10、PfJMJ11 和 PfJMJ13-16），除 PfJMJ2、PfJMJ5 和 PfJMJ14 外，其余 7 个成员 C 端 JmjC 结构域的前端均具有一个 RING finger 结构域。此外，还有 3 个 KDM3 成员（PfJMJ13-15）的 N 端各具有 1 个 WRC 结构域。根据结构域的组成，PfJMJ 的 KDM4 组又分为 2 个亚组。KDM4-I 亚组（PfJMJ8 和 PfJMJ18）成员的结构域特征是除具有 JmjN 和 JmjC 结构域外，还具有 4 个串联重复的 ZnF_C2H2 结构域，而 KDM4-II 亚组（PfJMJ6 和 PfJMJ17）成员除 JmjN 和 JmjC 结构域外，C 端还各具有 1 个 zf-C5HC2。同样的，根据结构域组成的不同，KDM5 组也可进一步分为 2 个亚组，即 KDM5-I 亚组（PfJMJ1、PfJMJ7）和 KDM5-II 亚组（PfJMJ9、PfJMJ12、PfJMJ19），其中 KDM5-II 亚组的特征结构域包括 JmjN、JmjC、zf-C5HC2、FYRN 及 FYRC。如图 7-47 所示，白花泡桐中鉴定到的 9 个 PfHDMA 家族成员和拟南芥中 4 个 AtHDMA 家族成员聚为两大主支，PfHDMA 所有成员的 N 端均具有保守的 SWIRM 结构域，但只有 4 个家族成员（PfHDMA2、PfHDMA4、PfHDMA5 和 PfHDMA9）的 C 端具有 Amino_oxidase 结构域（图 7-48）。

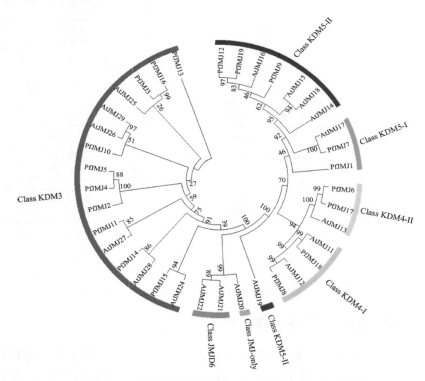

图 7-46　白花泡桐和拟南芥 JMJ 家族系统进化分析

利用 MEGA 7.0 软件邻接法构建系统进化树

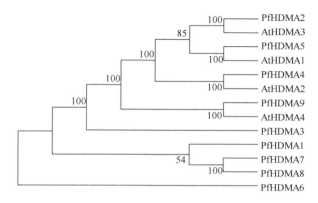

图 7-47　白花泡桐和拟南芥 HDMA 家族系统进化分析
利用 MEGA 7.0 软件邻接法构建系统进化树

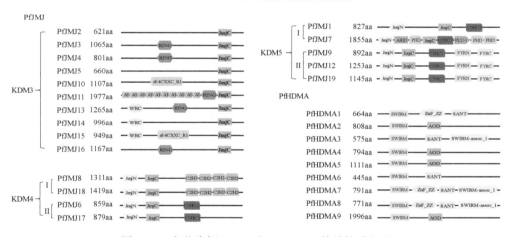

图 7-48　白花泡桐 PfJMJ 和 PfHDMA 的结构域组成

（三）PfHAT 的系统进化和保守结构域分析

本研究中鉴定到的 39 个 PfHAG 家族成员中，大多数成员只具有 Acetyltransf_1 结构域，PfHAG10 的 N 端还具有 1 个 Elp3 结构域，PfHAG19 的还额外含有 1 个 C 端 BROMO 结构域，这两个成员分别与 AtHAG3 和 AtHAG1 聚在一起（图 7-49）。对于 PfHAC 家族，白花泡桐中鉴定到的 3 个家族成员结构域组成相似，均由 PHD、KAT11、ZnF_ZZ 和 ZnF_TAZ 结构域组成，其中 PfHAC2 和 PfHAC3 各含有 2 个 ZnF_TAZ 结构域，而 PfHAC1 只具有 1 个 C 端 ZnF_TAZ 结构域。PfHAM1 则由 HAM 家族的保守结构域构成，包括 CHROMO、ZnF_C2H2 和 MOZ_SAS 结构域。PfHAF1 具有 3 个结构域，分别为 TBP-binding、UBQ 和 ZnF_C2HC 结构域（图 7-50，图 7-51）。

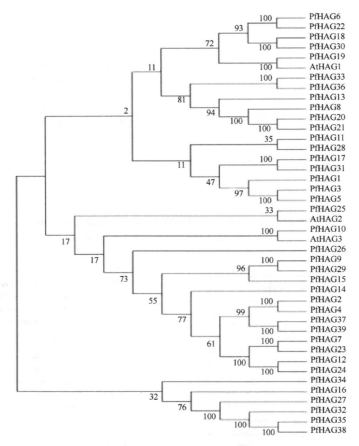

图 7-49 白花泡桐和拟南芥 HAG 家族系统进化分析

利用 MEGA 7.0 软件邻接法构建系统进化树

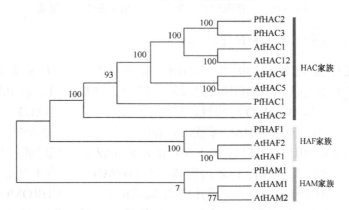

图 7-50 白花泡桐和拟南芥 HAC、HAM 和 HAF 家族系统进化分析

利用 MEGA 7.0 软件邻接法构建系统进化树

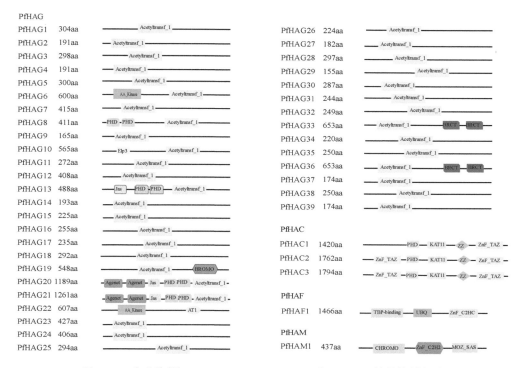

图 7-51　白花泡桐 PfHAG、PfHAC、PfHAF 和 PfHAM 的结构域组成

（四）PfHDAC 的系统进化和保守结构域分析

白花泡桐中鉴定到的 10 个 PfHDA 家族成员均具有典型 Hist_deacetyl 结构域。此外，PfHDA7 还额外具有 1 个 ZnF_RBZ 结构域（图 7-52，图 7-53）。系统进化树分析结果表明，PfSRT 家族的 2 个成员——PfSRT1 和 PfSRT2 分别与 AtSRT2 和 AtSRTF1 聚在一起，其特征结构域为 SIR2 结构域，且 PfSRT2 具有 2 个 SIR2 结构域（图 7-52，图 7-53）。此外，系统进化树还显示，PfHDT 家族 5 个成员（PfHDT1-5）与 AtHDT3 的亲缘关系较近（图 7-52）。结构域组成分析表明，除 PfHDT4 外，其余 4 个 PfHDT 成员均具有 ZnF_C2H2 结构域（图 7-53）。

四、*PfHM* 基因在其他物种中的同源基因分析

为鉴定 *PfHM* 基因在其他已测序物种中的同源基因，使用 Blastp 对白花泡桐中鉴定到的 *PfHM* 与拟南芥（*Arabidopsis thaliana*）、水稻（*Oryza sativa* ssp. *japonica*）、玉米（*Zea mays*）和毛果杨（*Populus trichocarpa*）物种蛋白序列进行检索，当基因间的同源性高于 60%、E 值小于 1E–20 时，则认为其为 *PfHM* 的同源基因。结果如图 7-54 所示，所有 *PfHM* 在拟南芥、水稻、玉米和毛果杨中均存

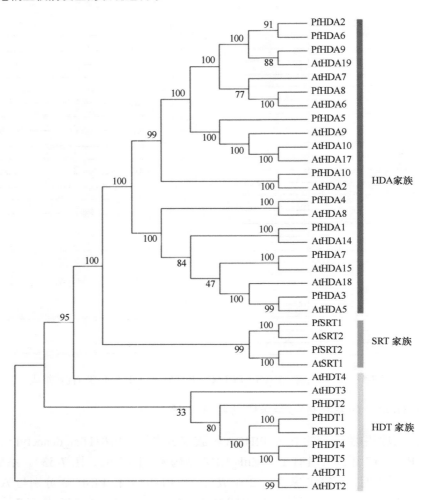

图 7-52 白花泡桐和拟南芥 HDA、SRT 和 HDT 家族系统进化分析

利用 MEGA 7.0 软件邻接法构建系统进化树

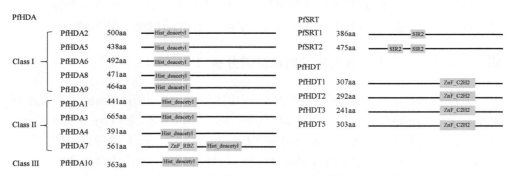

图 7-53 白花泡桐 PfHDA、PfSRT 和 PfHDT 的结构域组成

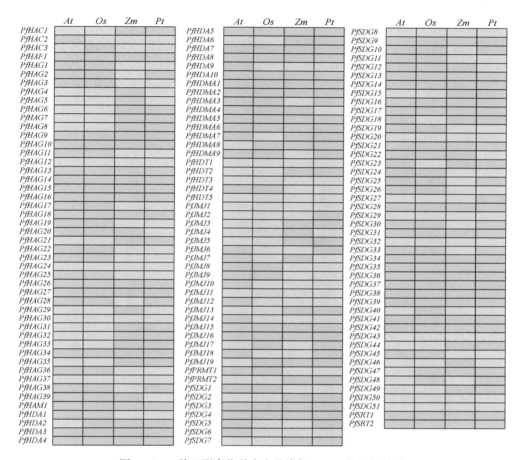

图 7-54　4 种已测序物种中白花泡桐 *PfHM* 的同源基因

蓝色表示该物种存在具有 1 对 1 关系的 *PfHM* 同源基因；灰色表示该物种存在 *PfHM* 的同源基因，但它们之间不
是 1 对 1 的关系；*At*，拟南芥；*Os*，水稻；*Zm*，玉米；*Pt*，毛果杨

在同源基因，其中图中蓝色表示的是某物种中存在一对一关系的 *PfHM* 同源基因，
而灰色表示的是某物种中 *PfHM* 的同源基因，但它们之间并不是一对一的关系。

五、*PfHM* 基因响应植原体入侵的表达模式

越来越多的研究表明，组蛋白修饰酶通过调控基因表达在植物生长发育和对
病原菌的响应过程中发挥了重要作用。为更好地理解 *PfHM* 对植原体入侵的响应，
本研究使用前文中的 RNA-Seq 数据来确定白花泡桐 *PfHM* 基因响应植原体入侵的
表达模式。结果表明，白花泡桐 142 个 *PfHM* 基因中，有 126 个 *PfHM* 基因在 RNA-
Seq 数据中被检测到（图 7-55，图 7-56）。126 个检测到的 *PfHM* 基因中，8 个基
因的表达水平很低（FPKM 小于 1），包括 4 个 *PfSDG* 基因（*PfSDG32*、*PfSDG43*、

PfSDG44 和 *PfSDG46*）、2 个 *PfHAG* 基因（*PfHAG8* 和 *PfHAG20*）、1 个 *PfHDA* 基因（*PfHDA6*）和 1 个 *PfHDT* 基因（*PfHDT3*），这表明它们在白花泡桐响应植原体入侵的过程中可能发挥的作用不大。白花泡桐感染植原体后，27 个 *PfHM* 基因显著差异表达（Fold change≥2，*q* 值≤0.05），包括 9 个 *PfSDG* 基因、6 个 *PfJMJ*

A

	PF	PFI
PfSDG1	4.60	3.25
PfSDG2	17.83	14.93
PfSDG3	14.42	10.52
PfSDG4	15.86	20.52
PfSDG5	19.59	18.99
PfSDG6	20.90	18.97
* *PfSDG7*	27.39	12.31
* *PfSDG8*	40.34	16.17
PfSDG9	25.89	17.64
PfSDG10	7.04	10.52
PfSDG11	11.25	7.17
PfSDG12	12.65	16.08
* *PfSDG13*	5.57	11.37
PfSDG14	34.53	56.54
PfSDG15	25.57	17.59
PfSDG16	22.48	16.15
PfSDG17	41.36	55.60
PfSDG18	0.71	0.95
PfSDG19	31.98	20.25
PfSDG20	0.83	0.90
PfSDG21	6.87	5.08
PfSDG22	10.68	9.43
* *PfSDG23*	3.57	1.37
PfSDG24	19.15	12.88
PfSDG25	26.18	29.13
PfSDG26	3.82	4.44
PfSDG27	13.39	8.21
PfSDG28	9.76	6.59
PfSDG29	18.82	22.09
PfSDG30	12.25	7.61
PfSDG31	7.67	3.77
PfSDG32	0.14	0.34
* *PfSDG33*	20.24	9.47
PfSDG34	12.61	9.73
PfSDG35	14.83	7.65
PfSDG36	26.66	17.64
PfSDG37	16.21	15.72
PfSDG38	21.07	39.30
* *PfSDG39*	0.07	0.34
* *PfSDG40*	1.14	3.04
PfSDG41	9.64	6.82
PfSDG42		
PfSDG43	0.01	0.01
PfSDG44		
PfSDG45	9.15	8.94

	PF	PFI
* *PfSDG46*	0.00	0.11
* *PfSDG47*	0.18	0.50
PfSDG48		
PfSDG49		
PfSDG50		
PfSDG51		

B

	PF	PFI
PfPRMT1	27.51	16.92
PfPRMT2	0.59	0.51

C

	PF	PFI
PfHDMA1	28.08	26.72
PfHDMA2	10.38	7.35
PfHDMA3	15.60	15.13
PfHDMA4	8.63	6.33
PfHDMA5	27.30	19.93
PfHDMA6	21.80	10.85
PfHDMA7	25.79	20.61
PfHDMA8	20.29	11.20
PfHDMA9	8.46	5.25

D

	PF	PFI
PfJMJ1	13.56	8.70
PfJMJ2	1.22	0.93
PfJMJ3	10.08	9.87
* *PfJMJ4*	14.46	6.38
* *PfJMJ5*	4.53	0.66
PfJMJ6	6.63	10.79
PfJMJ7	31.69	20.69
PfJMJ8	16.44	20.55
PfJMJ9	10.77	8.77
PfJMJ10	6.87	5.56
PfJMJ11	8.24	7.36
PfJMJ12	53.05	29.06
* *PfJMJ13*	18.65	8.44
PfJMJ14	7.70	5.70
PfJMJ15	20.29	16.83
* *PfJMJ16*	21.76	10.26
* *PfJMJ17*	3.71	9.54
PfJMJ18	16.79	12.22
* *PfJMJ19*	15.00	6.77

（图例：0 — 60）

图 7-55　白花泡桐 *PfHMT* 基因和 *PfHDM* 基因响应植原体入侵的表达模式

A. PfSDG 基因家族；B. PfPRMT 基因家族；C. PfHDMA 基因家族；D. PfJMJ 基因家族。基因表达水平以 3 次生物学重复 FPKM 的平均值表示。显著差异表达基因（fold change≥2 且 *q* 值≤0.05）用星号（*）标记

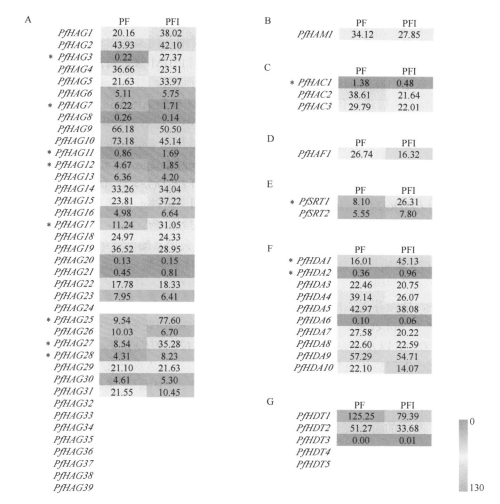

图 7-56　白花泡桐 *PfHAT* 基因和 *PfHDAC* 基因响应植原体入侵的表达模式

A. PfHAG 基因家族；B. PfHAM 基因家族；C. PfHAC 基因家族；D. PfHAF 基因家族；E. PfSRT 基因家族；F. PfHDA 基因家族；G. PfHDT 基因家族。基因表达水平以 3 次生物学重复 FPKM 的平均值表示。显著差异表达基因（fold change ≥ 2 且 q 值 ≤ 0.05）用星号（*）标记

基因、8 个 *PfHAG* 基因、1 个 *PfHAC* 基因、1 个 *PfSRT* 基因和 2 个 *PfHDA* 基因，其中 15 个基因显著上调、12 个基因显著下调，这些 *PfHM* 基因可能参与了白花泡桐响应植原体入侵的调控过程。

近年来，研究人员在植物中鉴定到许多组蛋白修饰酶基因家族，并揭示了部分修饰酶在植物生长发育和胁迫响应过程中的调控作用。一些组蛋白修饰酶被证实在植物防御中发挥了重要作用，然而白花泡桐 PfHM 修饰酶的功能尚不明确。先前许多研究表明，基因同源分析是一种可行的方法，能够预测由于物种形成事

件而进化的不同物种中相似基因的未知功能。由于它们来自于两个或多个物种的最后共同祖先中的一个基因，所以在新的进化类群中，同源基因通常具有相同的功能（Das et al.，2016）。因此，为了预测白花泡桐 PfHM 修饰酶潜在的生物学功能，本研究基于白花泡桐和拟南芥的系统进化分析结果，并结合已有文献报道对 PfHM 修饰酶的功能进行预测。拟南芥组蛋白甲基转移酶 AtSDG8 通过调控 JA 或 ET 信号通路中的基因表达，在植物对真菌的防御中发挥重要作用（Berr et al.，2010），而 AtSDG27 能够激活 WRKY70 和 SA 敏感基因来增强拟南芥对丁香假单胞菌（*Pseudomonas syringae*）的基础防御（Alvarez-Venegas et al.，2007）。本研究的系统进化分析结果表明，白花泡桐 *PfSDG27* 和 *PfSDG34* 是 *AtSDG8* 最近的同源基因，而 *PfSDG24* 是 *AtSDG27* 最近的同源基因。白花泡桐感染植原体后，这3 个基因的表达水平下调，表明 *PfSDG27*、*PfSDG34* 和 *PfSDG24* 可能参与了白花泡桐对植原体入侵的响应调控。具有 H3K9me1/2 去甲基酶活性的 AtJMJ27 通过介导 WRKY25 和病程相关蛋白的表达调控拟南芥对丁香假单胞菌的防御（Dutta et al.，2017）。白花泡桐中，*AtJMJ27* 的同源基因 *PfJMJ11* 表达水平在植原体入侵后下调。此外，拟南芥去乙酰化转移酶 AtHDA6 和 AtHDA19 也参与了拟南芥对病原菌的响应（Choi et al.，2012；Zhou et al.，2005）。白花泡桐中，*AtHDA6* 的同源基因 *PfHDA8*，以及 *AtHDA19* 的同源基因 *PfHDA2*、*PfHDA6* 和 *PfHDA9* 的表达水平在植原体入侵后均发生了变化，其中 *PfHDA2* 的表达水平显著上调。拟南芥 AtSRT2 修饰酶与植物的基础防御相关（Wang et al.，2010a），本研究中，*AtSRT2* 的同源基因 *PfSRT1* 在白花泡桐感染植原体后显著上调。白花泡桐感染植原体后，这些 *PfHM* 基因的表达变化表明，它们可能参与了白花泡桐响应植原体入侵的调控过程。

第八章　丛枝病发生的蛋白质组学研究

　　泡桐作为固生生物，在其生长发育过程中会面临多种胁迫环境。泡桐对这些多变环境的响应是一个精细复杂的过程。当前，泡桐生产中面临着丛枝病发生严重的问题，该病害是由病原菌植原体入侵引起的，其发病的具体分子机制一直是科研工作者研究的热点。近年来，本研究通过对其进行多组学研究找到了一些与丛枝病发生相关的基因和代谢通路，主要涉及光合作用、信号转导、植物昼夜节律和植物病原相互作用等代谢过程。然而，由于植原体难以体外培养，加上一些研究技术手段的限制，使得泡桐丛枝病发生的分子机制尚未完全阐述清楚。蛋白质组学是近年来研究较为火热的领域，它主要是针对某一生物或细胞中所有的蛋白质进行定性定量分析，反映的是一个整体的动态代谢过程；同时它还能够通过分析蛋白质的表达模式为揭示生理病理过程及其分子机制提供理想平台。不断有研究表明，植物在遭受病原菌入侵后能够激活或抑制一部分基因的表达，从而引起一系列蛋白质的表达变化，最终引起植物发病或者产生抗病性。因此，本研究以健康白花泡桐幼苗，以及不同试剂、不同浓度处理条件下的患丛枝病白花泡桐幼苗为研究对象，通过对其进行蛋白质组学分析发现了植原体入侵后白花泡桐体内蛋白质谱的表达变化，结合转录组分析结果，筛选到了一些与泡桐丛枝病发生相关的关键蛋白，为进一步阐明丛枝病发生的分子机理提供理论依据。

第一节　泡桐丛枝病发生与定量蛋白质组测序

一、定量蛋白质组学基本信息

　　为了从蛋白质组学角度探索白花泡桐响应植原体入侵的反应并找出在不同处理条件下的差异表达蛋白质，本研究对两种试剂处理的患丛枝病白花泡桐幼苗的蛋白质进行了提取，然后利用 TMT 标记和定量蛋白质组学技术进行分析。皮尔森相关系数结果表明两种试剂处理条件下，三个生物学重复的数据具有很高的重复性（图 8-1A、B），说明数据能够满足后续分析需求。通过一系列严格的质量控制，本研究得到了大量可靠的多肽片段。两种试剂处理条件下这些多肽的质量误差均分布在 0.02Da 内（图 8-1C、D），且无限接近于零分布，表示质谱分析结果是准确可靠的。对这些高质量的多肽片段进行进一步分析发现，大多数多肽的长度都分布在 7～20 个氨基酸之间（图 8-1E、F），这与胰蛋白酶所消化肽段的特性相一致。最后，通过一系列的生物信息学手段，进行蛋白质的鉴定与定量分析。在 MMS 处理组中共鉴定到 8656 个蛋白质（8606 个白花泡桐蛋白质，50 个丛枝植原体蛋白质），对其中 7800 个蛋白质（7763 个白花泡桐蛋白质，37 个丛枝植原体蛋白质）进行了定量，这与 Cao 等（2019）在 MMS 处理植原体感染的毛泡桐实验中得到的蛋白质个数接近。这 8656 个蛋白质中，1002 个蛋白质的分子质量大于 90kDa，2403 个蛋白质的分子质量为 50～90kDa，4162 个蛋白质的分子质量为 20～50kDa，1089 个蛋白质的分子质量为 0～20kDa。有 2172 蛋白质对应 1～2 个肽段，有 1490 个蛋白质具有 3~5 个特异的肽段，剩余的蛋白质对应多于 5 个特异的肽段。同样地，在利福平处理组中，共鉴定到 7374 个蛋白质（7323 个白花泡桐蛋白质，51 个丛枝植原体蛋白质），对其中 6069 个蛋白质（6039 个白花泡桐蛋白质，30 个丛枝植原体蛋白质）进行了定量，蛋白质分子质量分布及对应蛋白质含有的肽段数量与 MMS 处理组情况类似，即大部分的蛋白质分子质量小于 90kDa，且对应的多肽数量少于 5 个。

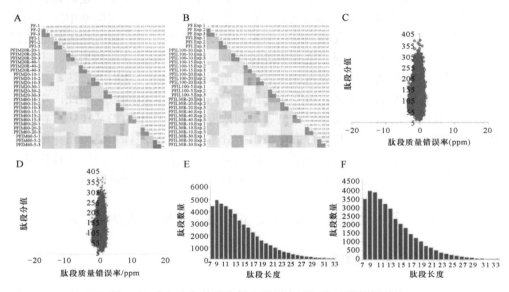

图 8-1　皮尔森相关性分析定量蛋白质组和质谱数据质控

A. MMS 处理样本皮尔森相关系数；B. 利福平处理样本皮尔逊相关系数；C. MMS 处理样本质谱鉴定到的肽段错误率；D. 利福平处理样本质谱鉴定到的肽段错误率；E. MMS 处理样本鉴定到的肽段长度；F. 利福平处理样本鉴定到的肽段长度

二、蛋白质功能分析

为阐明上述定量到的蛋白质的功能和分布，本研究对两种试剂处理条件下的白花泡桐蛋白质进行 GO 功能分类、结构域、功能注释、亚细胞定位等分析。结果显示，MMS 处理和利福平处理条件下得到的大多数蛋白质都定位于叶绿体中。

GO 功能分类结果表明，两种试剂处理条件下所定量到的蛋白质主要参与 mRNA 结合、铜离子结合、核糖体的结构组成和细胞核输入等过程。这些结果与前期本研究用 MMS 处理植原体感染的毛泡桐的蛋白质组学结果相一致。

第二节　泡桐丛枝病发生相关蛋白质的筛选

一、转录组与蛋白质组关联分析

综合分析转录组数据与蛋白质组学数据，能够使科研工作者从整体上理解细胞系统，并能提高基因组注释的完整性（Nagaraj et al.，2011；Fanayan et al.，2013）。通过将转录组和蛋白质组数据进行比较分析，能够使得到的蛋白质谱图数据更加可靠。为描述并比较植原体入侵后泡桐体内的转录水平和转录后水平的变化，本研究分别将两种试剂处理条件下获得的蛋白质与转录组分析得到的这些蛋白质编码基因的表达水平进行比较。在 MMS 处理组中鉴定到的蛋白质有 98.1%都在转录组中有表达，在利福平处理组中有 98.36%的蛋白质在转录组中有表达（图 8-2）。为比较蛋白质与相应的编码基因的表达丰度，本研究采用斯皮尔曼相关系数从整体上评估不同处理条件下每个转录本与其对应蛋白质之间表达量的关系。如图 8-3 所示，在 MMS 和利福平两个处理组中，转录本表达量与蛋白质丰度之间相关系数分别为 63.8%和 74.5%，表明从整体上看，转录本与蛋白质丰度之间没有显著的相关关系。这个结果与前面的研究结果一致，表明蛋白质的表达受到一系列转录后调控机制的影响（Yang et al.，2014）。

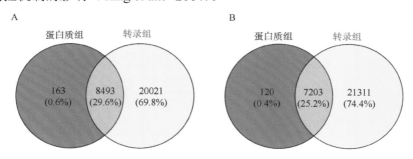

图 8-2　两种试剂处理下转录组与蛋白质组鉴定比较维恩图

A. MMS 处理样本；B. 利福平处理样本

通过转录组与蛋白质组定量相关性的整体分析，本研究发现转录组与蛋白质组之间除了存在正向调节关系外，仍有部分蛋白质与其相应的转录本之间存在负向调节关系。为了进一步了解这些正向调节和负向调节蛋白质或转录本参与的生物学过程，本研究采用 GSEA 的分析方法揭示了不同调节关系下蛋白质或转录本潜在参与的代谢通路（图8-4）。在 MMS 处理组中，本研究发现蛋白质组和

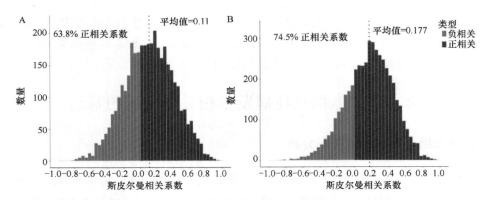

图 8-3　两种试剂处理下转录组与蛋白质组定量斯皮尔曼相关系数累计分布图

A. MMS 处理样本；B. 利福平处理样本

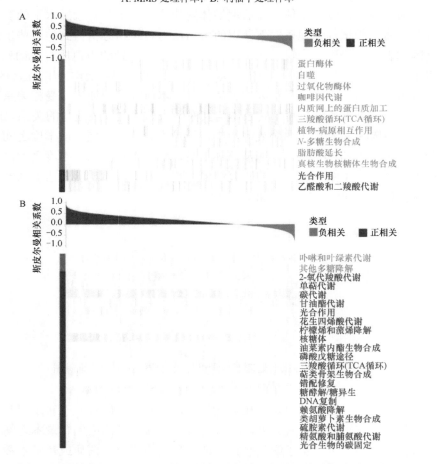

图 8-4　两种试剂处理下基于转录组与蛋白质组定量相关系数的通路分析

A. MMS 处理样本；B. 利福平处理样本

转录组存在正向调节关系的蛋白质主要富集于卟啉和叶绿素代谢及多糖降解这两个代谢通路，而转录组和蛋白质组之间存在负向调节关系的蛋白质功能主要富集于 DNA 复制、油菜素内酯生物合成、光合作用、核糖体及糖酵解等代谢通路。同样地，在利福平处理组中，存在正向调节关系的蛋白质主要富集于光合作用及羧酸和二羧酸代谢这两个代谢通路，存在负向调节关系的蛋白质主要富集于脂肪酸代谢、磷酸戊糖途径和植物病原互作等代谢通路。值得注意的是，在两种试剂处理条件下存在正向调节关系的蛋白质均富集到光合作用代谢通路中，说明植原体入侵影响了白花泡桐的光合作用过程。

　　为了探究多个不同处理实验条件下基因的转录水平和蛋白质水平之间的潜在关系，本研究采用 K-means 方法将基因在两个维度下的表达量进行聚类分析。结果如图 8-5A、C 所示，通过 K-means 聚类方法，在 MMS 和利福平处理组中，本研究将这些蛋白质或转录本均分为 6 大类，每个类别中蛋白质与转录本在表达量上存在特定关系。对每个类别中的蛋白质进行代谢通路富集分析发现（图 8-5B、C），在 MMS 处理组中类别 1 的蛋白质主要富集于碳代谢和光合天线蛋白等代谢通路，类别 2 则富集于 DNA 复制，类别 4 富集于核糖体。在利福平处理组中，本研究发现类别 1 的蛋白质除了富集于光合作用天线蛋白和碳代谢，还富集于光合生物的碳固定和光合作用等代谢通路中，说明植原体入侵后白花泡桐的光合作用及能量代谢相关的转录和翻译途径都发生了变化。

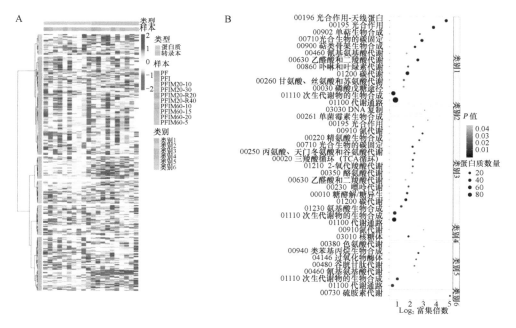

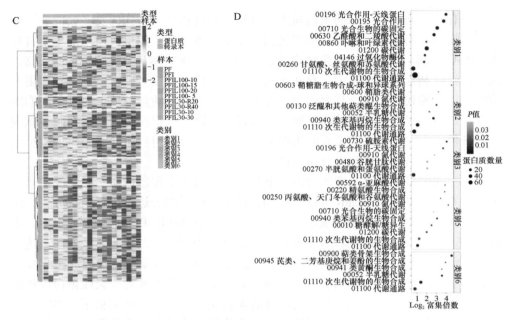

图 8-5　两种试剂处理下转录组与蛋白组表达量聚类热图及功能富集分析
A. MMS 处理样本聚类热图；B. MMS 处理样本功能富集分析；C. 利福平处理样本聚类热图；D. 利福平处理样本功能富集分析

二、非编码 RNA 与蛋白质组关联分析

研究表明生物有机体基因组中存在大量的非编码序列，且绝大部分是可以表达的，同时大量实验表明这些表达的非编码 RNA，从长度为 21～24nt 的 miRNA 到长度为数百至数千核苷酸的 lncRNA，都具有重要的生物学功能。这些非编码的 RNA 通过与蛋白质或 RNA 相互作用来实现对有机体生物学功能的调节。为探究植原体入侵后不同处理条件下白花泡桐非编码 RNA 与蛋白质之间的相互作用，本研究通过分析 miRNA 或 lncRNA 与对应靶基因的蛋白质表达量的相关性系数，可以推测该实验条件下 miRNA 或 lncRNA 实际是否参与了对应靶基因的蛋白质表达调控。结果表明，两种试剂处理条件下的蛋白质表达与 miRNA 的调控上无明显关联。理论上，miRNA 与靶基因 mRNA 的表达量成负向调控关系，因此，通过筛选在两种试剂处理条件下相关系数阈值均小于–0.4 的蛋白质，最终本研究得到 5 个 miRNA 调节的 4 个蛋白质在两种试剂处理条件下都表现为明显的负向调节（表 8-1）。这些蛋白质的主要功能涉及叶绿素生物合成、淀粉合成和光合作用。

同样地，本研究分析了 lncRNA 与蛋白表达量的斯皮尔曼相关系数，通过筛选斯皮尔曼相关系数＞0.95 或斯皮尔曼相关系数＜–0.95，得到潜在 lncRNA 与蛋白质的调控关系，通过对两种试剂处理条件下的蛋白质与 lncRNA 调控关系进行比较分析，本研究最终得到 5 个 lncRNA 调节的 5 个蛋白质（表 8-2），功能主要涉及转录翻译等生物学过程。总之，非编码 RNA 广泛参与了植原体感染的白花泡桐体内的代谢过程。

表 8-1　两种试剂处理下 miRNA 与蛋白质组关联分析结果

miRNA 名称	蛋白质名称	利福平处理关联系数	MMS 处理关联系数	功能注释
gma-miR6300_L+1R+1_1	PAULOWNIA_LG9G000306.1_R0	−0.45	−0.52	几丁质酶 A
gma-miR6300_L+1R+1_2	PAULOWNIA_LG9G000306.1_R0	−0.45	−0.52	几丁质酶 A
gma-miR6300_R+1_1ss1GN	PAULOWNIA_WTDBG01753G000002.1_R0	−0.55	−0.86	二磷酸核酮糖羧化酶小链
ptc-miR156a_1ss14TA	PAULOWNIA_LG16G001203.1_R0	−0.42	−0.63	镁螯合酶亚基 ChlI
stu-miR482a-3p_L-4_1ss8TC	PAULOWNIA_LG5G000937.1_R0	−0.40	−0.49	淀粉合酶 4, 叶绿体/造粉体异构体 X3

表 8-2　两种试剂处理下 lncRNA 与蛋白质组关联分析结果

蛋白 ID	功能描述	lncRNA ID	利福平处理组相关系数	MMS 处理组相关系数
PAULOWNIA_CONTIG01523G000006.1_R0	丙氨酸-tRNA 连接酶	MSTRG.22704.1	0.97	0.98
PAULOWNIA_LG0G000304.1_R0	羧酸酯酶 8	MSTRG.9144.1	−0.98	−0.97
PAULOWNIA_LG12G000542.1_R0	转录因子 E2FB	MSTRG.22704.1	0.97	0.95
PAULOWNIA_LG12G000542.1_R0	转录因子 E2FB	MSTRG.9304.1	0.97	0.96
PAULOWNIA_LG12G000542.1_R0	转录因子 E2FB	MSTRG.22705.1	0.96	0.97
PAULOWNIA_LG12G000542.1_R0	转录因子 E2FB	MSTRG.9144.1	0.98	0.99
PAULOWNIA_LG16G000889.1_R0	RNA 聚合酶 I 和 III 亚基 rpac1	MSTRG.9144.1	0.95	0.99
PAULOWNIA_LG17G000655.1_R0	主要过敏原 Pru ar1	MSTRG.26397.1	0.95	0.96

三、响应植原体入侵的差异蛋白质鉴定

植原体入侵整体上改变了白花泡桐蛋白质的表达水平，不同试剂、不同处理条件下的差异蛋白质数量如表 8-3 所示，从表中可知，两种试剂不同处理条件对白花泡桐蛋白质的表达变化影响不同，在 MMS 处理组中，高浓度处理后随着时间的延长，差异蛋白质的数量先减少后增多再减少，低浓度处理 10d 后差异蛋白质数量变化不明显，在恢复发病阶段差异蛋白质的数量先升高后降低；在利福平处理组中的差异蛋白质数量变化与 MMS 处理组的趋势刚好相反，高浓度处理后随着处理时间的延长差异蛋白质数量先升高再降低再升高，低浓度处理和恢复发病过程都是先增多再减少。造成上述现象的原因可能是两种试剂作用机理不同。

表 8-3 白花泡桐不同比对组中差异蛋白个数

利福平处理组			MMS 处理组		
比较组	上调	下调	比较组	上调	下调
PFIL100-10/PF	286	322	PFIM60-10/PF	186	386
PFIL100-15/PF	238	332	PFIM60-15/PF	121	270
PFIL100-20/PF	215	335	PFIM60-20/PF	198	385
PFIL100-5/PF	203	303	PFIM60-5/PF	474	710
PFIL30-R20/PF	399	302	PFIM20-R20/PF	157	262
PFIL30-R40/PF	234	262	PFIM20-R40/PF	196	213
PFIL30-10/PF	343	332	PFIM20-10/PF	285	504
PFIL30-30/PF	423	331	PFIM20-30/PF	168	309
PFI/PF	244	313	PFI/PF	322	478

为全面了解与泡桐丛枝病发生相关的蛋白质在不同处理条件下的表达情况，本研究对两组试剂处理后定量得到的蛋白质进行了方差分析（ANOVA）。在 MMS处理组中，本研究共鉴定到 4393 个蛋白质（9 个植原体蛋白质，4384 个白花泡桐蛋白质）在不同处理条件下存在差异（FDR<0.01）。这些蛋白质主要参与了蛋白质的生物合成、氧化还原反应和光合反应等生物学进程。

对这些差异蛋白质进行代谢通路富集分析，结果表明差异蛋白质主要富集于氨基糖和核苷糖代谢、脯氨酸代谢、丙酮酸盐代谢、糖酵解和氧化磷酸化等代谢通路中。同样地，在利福平处理组中，本研究鉴定到 2032 个蛋白质（2020 个白花泡桐蛋白质、12 个丛枝植原体蛋白质）在不同处理条件下存在差异（FDR<0.01）。该试剂处理条件下得到的差异蛋白质个数少于 MMS 处理组，这可能是由于试剂本身的原因引起的。对这些差异蛋白质进行功能分析和代谢通路分析发现，响应植原体入侵的相关蛋白质主要与氨基糖和核苷糖代谢、光合作用和能量代谢相关。对上述蛋白质进行深入分析发现，两种试剂处理下有 1744 个蛋白质同时发生差异表达（1737 个白花泡桐蛋白质、7 个丛枝植原体蛋白质），主要参与蛋白质的生物合成、光合作用、氧化还原反应和转录翻译等生物学过程，表明植原体入侵广泛影响了白花泡桐的生长发育。

为进一步找出与丛枝病发生相关的蛋白质，在 ANOVA 分析得到的显著差异表达蛋白质基础上，本研究筛选出在 PFI/PF 比较组中差异倍数大于 1.5 且 P 值小于 0.05 的蛋白质，然后再选取表达量的标准差大于 0.4 的蛋白质用于表达模式聚类分析。最终，本研究在 MMS 处理组中筛选得到 259 个蛋白质（250 个白花泡桐蛋白质、9 个丛枝植原体蛋白质）。基于这些蛋白质在不同处理条件下的表达趋势，通过 Mfuzz 聚类将其分为 16 类群（图 8-6）。对这 16 个类群的蛋白质进行分析发现，

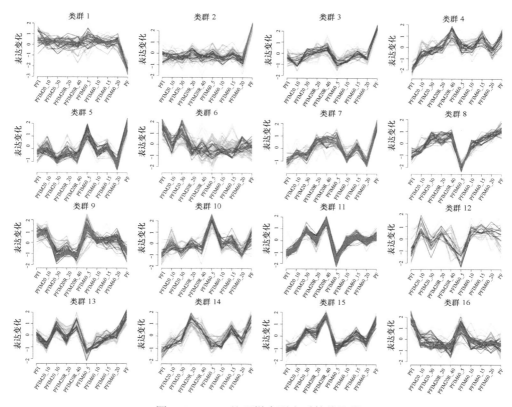

图 8-6　MMS 处理样本蛋白质趋势聚类

这些类群基本上可分为 7 类。Ⅰ 大类包含类群 4、类群 5、类群 7 和类群 10，这几个类群的蛋白质在不同的处理时间或浓度条件下都表现出了相似的表达模式。类群 3、类群 6 和类群 13（Ⅱ 大类）的蛋白质在低浓度处理时表达趋势先降低后升高，恢复阶段随着时间的增长，其相对表达量不断升高，而高浓度处理时则随着处理时间的延长表现出先升高后降低再升高的趋势。Ⅲ 大类蛋白质的表达模式（类群 8、类群 11 和类群 12）与 Ⅰ 大类的表达模式在部分时间段表现出相反的趋势，该类蛋白质在低浓度处理时先升高后降低，恢复阶段随着时间的增长，其相对表达量不断升高，而高浓度处理时先急剧升高，后随着处理时间的延长表现出相对平稳增加的趋势。剩余几个类群的蛋白质表达变化随处理时间或者处理浓度的不同表现较为特殊。这些差异的出现可能是不同的处理浓度及相关蛋白质自身对试剂的敏感性引起的，从一定程度上表明这些差异蛋白质丰度的变化趋势很可能与它们在丛枝病发生过程中的不同阶段发挥不同功能有关。对这些类群进行分析表明蛋白质主要富集于类群 11，该类群包含 33 个蛋白质，功能涉及转录调控、氧化还原和次生代谢物的合成等。为了解每个类群包含的蛋白质参与的生物学过程，本研究分别对这些蛋白质进行 GO 和代谢通路富集分析，结果表明不同类群中所含蛋白质的功能不同。GO 富集分析表明这些蛋白质主要功能是催化活性、水解酶、转运活性、氧化还原活性和类异戊二烯代谢等。代谢通路富集分析结果表明，这些蛋白质主要富集于淀粉和糖代谢、糖酵解、碳代谢及过氧化物酶等能量代谢相关通路。

感染丛枝病的泡桐会呈现丛枝、节间变短、叶片变黄等症状，并伴随着光合作用降低等现象。同时，有研究表明，病原菌分泌的效应因子 SAP54 等通过与转运蛋白结合导致花变叶这一典型症状。因此，本研究重点关注在光合作用、叶绿素合成、防御反应、细胞壁降解、花的生长发育、转运活性、转录和复制等方面显著富集的蛋白质所在的类群。通过结合趋势分析、GO 功能分类及代谢通路分析结果，本研究认为类群 9 和类群 16 所包含的蛋白质可能与丛枝病的发生有密切关系，在类群 9 中，蛋白质在低浓度处理 5d 时变化不大，随着处理时间的延长表达水平逐渐降低，在恢复发病过程中表达水平先增加后不变，而高浓度处理条件下前期变化不大，在 5～10d 表达丰度降低，随着处理时间延长不再变化。同时，分析发现该类群中的蛋白质主要参与细胞氧化还原和 RNA 结合等。而在类群 16 中，蛋白质表达趋势为病苗中的表达量高于健康苗，在低浓度处理时表达量不断降低，恢复阶段不断升高，且在高浓度处理时表达量不断降低。上述两个类群中的蛋白质变化趋势与之前本研究中对相同浓度 MMS 处理相同时间的样本进行植原体含量的检测和植原体转录组测定结果相一致（数据未展示），功能分析显示这类蛋白质主要与转运体活性和 DNA 结合有关，说明这类蛋白质表达丰度的变化可能与丛枝病发生关系密切。

同样地，在利福平处理组中，本研究最终得到 258 个蛋白质用于聚类分析，共得到 10 个类群（图 8-7）。这 10 个类群大体上可以分为以下几个大类：Ⅰ大类主要包含类群 3 和类群 10，这两个类群中的蛋白质在不同浓度、不同处理时间条件下感病的白花泡桐幼苗中表达丰度是先升高后变化缓慢再急剧降低，这两个类群共包含 50 个蛋白质；Ⅱ大类中主要是类群 5 和类群 7，这两个类群的 57 个蛋白质，在感病幼苗中表达丰度低于健康苗，在低浓度处理时表达丰度先不变后降低，恢复阶段蛋白质的表达变化趋势不同。同样，依据趋势分析、GO 功能分类及代谢通路分析结果，本研究最终挑选类群 4、类群 6 和类群 9 这 3 个类群中所包含的蛋白质为可能与丛枝病发生相关的蛋白质。通过对这 3 个类群中的蛋白质进行功能分析发现它们功能多样，主要参与了光合作用和木质素合成等生物学过程。

由于 mRNA 的表达具有时空特异性，因此，在两种试剂处理下与丛枝病发生相关的蛋白质的表达趋势可能不会完全一样。为了尽可能多地筛选与丛枝病发生相关的蛋白质，本研究将两种试剂处理条件下筛选到的与丛枝病发生密切相关的蛋白质取并集，最终得到 80 个与丛枝病发生可能相关的蛋白质。对这些蛋白质进行功能分析，发现它们主要涉及光合作用、能量代谢和抗病等，表明植原体入侵干扰了白花泡桐的大部分生物学过程。

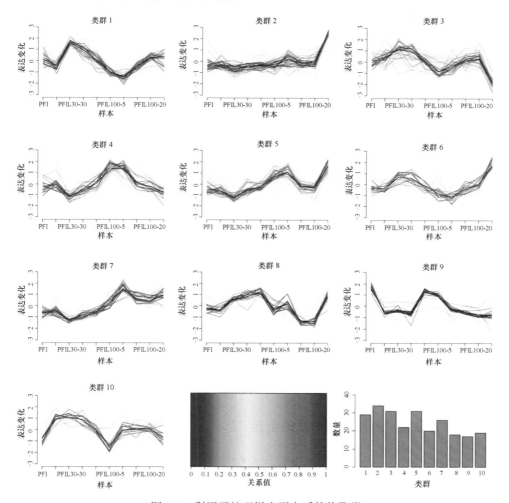

图 8-7　利福平处理样本蛋白质趋势聚类

第九章 丛枝病发生的非组蛋白修饰变化研究

第一节 白花泡桐丛枝病发生与磷酸化

蛋白磷酸化是重要的蛋白质翻译后修饰之一,与蛋白质的功能有密切关系,在细胞信号转导中起着重要的调控作用。有机体生命活动的所有过程几乎都有磷酸化现象的发生,蛋白磷酸化在生命活动中起着关键的作用。蛋白磷酸化所调控的信号转导是生物界中最为常见的信号转导机制,大规模鉴定蛋白磷酸化已成为揭示生命体调控网络不可或缺的方法。在病原菌侵入过程中,寄主和病原之间的相互识别及信号转导都有磷酸化的参与。到目前为止,科研工作者已经对许多植物中磷酸化蛋白进行了研究,包括水稻、玉米、杨树、葡萄等,然而关于丛枝植原体入侵的泡桐(本章提到的泡桐均指白花泡桐)磷酸化蛋白质组学研究还未见报道。在本研究中,为初步探究蛋白磷酸化与丛枝植原体入侵引起的丛枝病之间的关系,本研究运用 HPLC-MS/MS 结合 TiO$_2$ 富集磷酸化肽段的方法对两种试剂处理条件的丛枝植原体入侵的白花泡桐进行了磷酸化蛋白质组学研究。本研究是迄今为止第一个泡桐丛枝植原体入侵的磷酸化蛋白质组学研究,通过定性、定量分析该过程中磷酸化蛋白的动态变化,对揭示泡桐和植原体之间相互识别、信号转导及防御反应的响应等有着重要的意义;同时,这些结果也为深入理解和揭示磷酸化调控泡桐丛枝病发生提供了丰富的数据资源。

一、磷酸化位点、肽段及蛋白质的鉴定

蛋白磷酸化是一个重要的翻译后细胞信号传递机制,磷酸化通过激酶与磷酸酶的共同作用对有机体的生物学过程(特别是植物体内的信号转导途径)起着核心的调控作用。为确定感染丛枝植原体的泡桐在两种试剂处理条件下是否存在蛋白磷酸化变化,本研究利用磷酸化泛抗体、TMT 标记技术及串联质谱首次对两种试剂处理条件下泡桐进行磷酸化蛋白质组学研究。

在两种试剂处理条件下分别鉴定到 4096 个(4089 个泡桐蛋白、7 个丛枝植原体蛋白,MMS 处理组样本)和 2322 个磷酸化蛋白(2 个丛枝植原体蛋白、2320 个泡桐蛋白),对应了 10 752(10 742 个泡桐蛋白修饰位点、10 个丛枝植原体蛋白修饰位点,MMS 处理组样本)和 4579 个(2 个丛枝植原体蛋白位点、4577 个泡桐蛋白位点)磷酸化位点,平均的磷酸化水平分别为 2.63 和 1.97。从鉴定到的磷

酸化位点和多肽结果来看：在 MMS 处理条件下磷酸化肽段主要发生 1 次磷酸化修饰，有 32.4%左右的肽段发生了 2～3 次修饰，仅有 824 个肽段发生了 4 次及更多的磷酸化修饰。同样地，本研究发现在利福平处理组中蛋白质发生磷酸化的次数表现出与 MMS 处理相同的表达模式（1311 个蛋白质发生 1 次修饰，716 个蛋白质发生 2～3 次修饰，273 个蛋白质发生 4 次及以上修饰）。在这两种试剂处理条件下共发现 3688 个同时发生磷酸化的位点，对应 1934 个蛋白质。对鉴定发生磷酸化修饰的氨基酸残基进行分析发现，在本研究中两种试剂处理条件下丝氨酸、苏氨酸和酪氨酸的比例与前人的研究结果类似（邱结华，2017），说明这些结果是准确可靠的，可用于后续磷酸化组学分析。

磷酸化蛋白质组数据表明，拟南芥和杨树中大部分的磷酸化位点发生在蛋白质保守功能域外（Sugiyama et al.，2008）。为综合分析泡桐中是否也存在类似的表达趋势，本研究对所有鉴定到的蛋白磷酸化位点进行 Pfam 分析。在两种试剂处理条件下分别有 544 个（利福平）和 1043 个（MMS）蛋白质与已知 Pfam 同源。这些蛋白质中有 402 个（利福平）和 1412 个（MMS）磷酸化位点发生在蛋白质保守的功能结构域之外，这也与前期的结果不一致。引起这种现象的原因一方面可能是由于物种的特异性引起的，另一方面也可能是试剂处理造成的。蛋白磷酸化通常能引起蛋白质空间构象发生变化，以及诱导与之相互作用的蛋白质空间结构发生改变来调节自身的活性（Schulze，2010）。因此，即使磷酸化发生在蛋白质功能域之外，它们也可以直接或间接改变蛋白质的空间构象，继而实现调节蛋白功能的目的。

二、泡桐磷酸化蛋白功能分析

为全面了解发生磷酸化修饰的泡桐蛋白质所参与的生物学过程，本研究对两种试剂处理条件下定量到的所有磷酸化蛋白进行 GO 功能分类、亚细胞定位、KEGG 代谢通路分析及蛋白结构域分析。结果显示，MMS 处理和利福平处理条件下得到的大多数磷酸化蛋白都定位于细胞核中，并具有蛋白激酶结构域、RNA 识别结构域、酪氨酸蛋白激酶结构域和 KH 结构域。GO 功能分类结果表明，两种试剂处理条件下定量到的磷酸化蛋白主要参与的生物学过程有所差异，MMS 处理条件下磷酸化蛋白主要参与细胞骨架蛋白结合、mRNA 结合、蛋白丝氨酸/苏氨酸激酶活性、mRNA 核输出、蛋白自磷酸化等生物学过程；而利福平处理条件下，磷酸化蛋白除了参与蛋白丝氨酸/苏氨酸激酶活性、mRNA 结合、mRNA 核输出、蛋白自磷酸化等生物学过程外，还具有蛋白激酶活性和蛋白磷酸化生物学过程。这些结果说明了磷酸化广泛参与泡桐生长发育过程，同时也反映了两种试剂调控的作用机理存在差异。

三、磷酸化位点 motif 分析及序列二级结构分析

磷酸化位点附近的氨基酸序列有一定的特性，本研究利用 Motif-X 工具，以磷酸化位点为中心分析左右各 6 个氨基酸的序列特性。MMS 处理组中，在所有鉴定到的磷酸化位点中得到了 9603 个序列可以用于 motif 分析。其中有 9254 个序列是以丝氨酸为中心，349 个序列是以苏氨酸为中心，通过对这些位点序列进行 motif 分析，本研究共得到 16 个具有代表性的 motif。同样地，在利福平处理组，本研究得到 3983 个序列用于 motif 分析，其中有 3667 个序列是以丝氨酸为中心，有 316 个序列是以苏氨酸为中心。通过分析得到 13 个具有代表性的 motif，在这两种试剂处理下，有 9 个相同的 motif（图 9-1）。值得注意的是，在两种试剂处理条件下得到的以酪氨酸为中心的序列比较少，不足以进行 motif 分析。有研究表明，磷酸化位点可以特异性决定激酶的底物结合情况。目前，在拟南芥中已经分离并鉴定得到一些蛋白激酶，这些激酶通过大规模磷酸化蛋白质组分析找到了大部分的底物及功能互作的蛋白质（Sugiyama et al.，2008）。然而，蛋白激酶是否参与了植物-病原菌互作调控仍知之甚少。为全面了解该信息，利用在两种试剂处理条件下得到的蛋白磷酸化位点信息推断丛枝植原体入侵过程中负责蛋白磷酸化的激酶就显得尤为重要。在本研究中，发现显著富集的 motif [SP/TP] 与已知

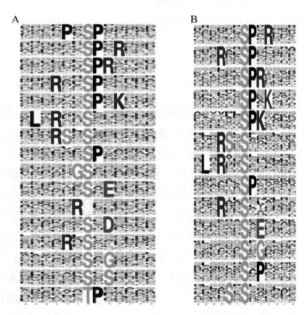

图 9-1　显著富集的磷酸化蛋白 motif

A. MMS 处理样本；B. 利福平处理样本

脯氨酸介导的蛋白激酶 motif 极为相似，该基序在拟南芥、玉米和水稻中都有发现（Van Wijk et al.，2014；Wang et al.，2014b；Zhang et al.，2014b）。前期研究表明，大部分含有[SP]的蛋白质大都定位于细胞质和细胞核内，它们可能的激酶作用底物是 MPK、SnRK2、CDK、CDK-like、CDPK 和 SLK 等（Van Wijk et al.，2014）。[R**S/T]是另一个较为常见的 motif（*代表任意一个氨基酸），含有该类基序的蛋白质可以被CaMK-II、PKA、PKC 和 MAPKK 所识别（Zhang et al.，2014b）；同时，该 motif 与 14-3-3 的结合基序相似，含有该基序的蛋白激酶可以特异地结合并参与调控液泡钾离子通道 KCO1 的活性，以及液泡 ATP 酶活性。本研究发现一些调节因子含有[SP]或[R**S/T]基序，如 WRKY32、WRKY20、bHLH130-like、GTE4-like、RF2b-like、bZIP56 等，表明这些调节因子可能是相应激酶的底物。WRKY20 能够与 meATG8 互作，在调控植物免疫反应中起到重要作用（Yan et al.，2017）。[TP]也是常见的磷酸化 motif（Van Wijk et al.，2014）。在本研究中 motif [SP*R]、[P*SP]、[RS*S]和[S*D]等也具有显著的代表性，但是前人研究发现这些motif 出现的频率较低，没有相关功能报道。上述的结果也说明蛋白激酶可能参与了调控植物-病原相互作用过程。总的来说，保守 motif 一方面可以预测未知蛋白质的功能，另一方面也可以揭示潜在的磷酸化底物。

先前的研究表明蛋白乙酰化修饰（Kac）位点的分布与蛋白质二级结构有关。为了解泡桐蛋白磷酸化位点的分布与其二级结构是否有关系，本研究对两种试剂处理下鉴定到的修饰蛋白质进行二级结构预测。两种试剂处理条件下，泡桐中 Kst 位点都倾向于分布在无规则卷曲结构中（泡桐中两种试剂处理下的 Kst 位点在无规则卷曲结构中所占的比例分别为 83.8%和83.4%）。此外，与所有苏氨酸和丝氨酸在某一结构中所占比例相比，两种试剂处理的泡桐蛋白 α 螺旋和 β 折叠结构中磷酸化修饰的丝氨酸、苏氨酸所占比例均下降，而在无规则卷曲结构中所占的比例上升；同时，表面可及性分析结果显示，与所有的丝氨酸、苏氨酸残基相比，在两种试剂处理条件下发生修饰的丝氨酸、苏氨酸的可及性仅略有下降（图 9-2），说明丝氨酸、苏氨酸磷酸化修饰没有改变泡桐蛋白质表面的可及性。

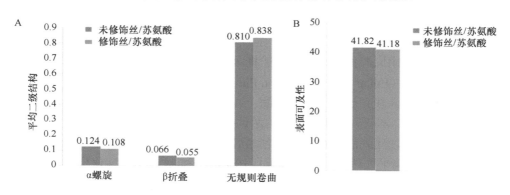

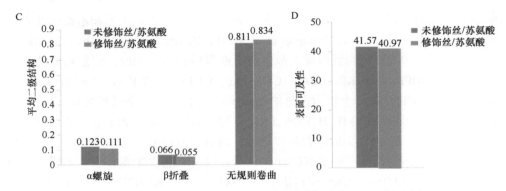

图 9-2　两种试剂处理下磷酸化蛋白二级结构及表面可及性分析

A. MMS 处理样本的磷酸化蛋白二级结构分析；B. MMS 处理样本的磷酸化蛋白表面可及性分析；C.利福平处理样本的磷酸化蛋白二级结构分析；D.利福平处理样本的磷酸化蛋白表面可及性分析

四、保守磷酸化蛋白鉴定

为获得泡桐中磷酸化蛋白质组的保守性，本研究将泡桐的磷酸化蛋白与 6 种物种的已知磷酸化蛋白进行同源分析。结果发现在两种试剂处理条件下鉴定到的蛋白质中，MMS 处理组有 3713 个在其他 6 个物种有同源蛋白、有 50 个泡桐特有的磷酸化蛋白，利福平处理组有 2135 个同源蛋白存在于其他 6 个物种中、有 195 个泡桐特有的磷酸化蛋白。两种试剂处理条件下，共有 1879 个蛋白质在 6 个物种中均有同源蛋白。对这些共有的蛋白质进行功能分析，发现它们主要参与核糖体、光合作用、防御反应和植物激素信号转导等生物学过程，说明磷酸化可以调控不同植物中保守蛋白质的功能。

总之，磷酸化蛋白的鉴定将为科技工作者后续解析细胞信号转导的抑制与激活机制提供重要的线索，同时也为鉴定依赖可逆磷酸化的信号级联组分，以及可逆磷酸化应答环境信号功能提供有用的数据。

五、蛋白激酶预测

为分析泡桐丛枝病发生过程中哪些蛋白质作为蛋白激酶参与调控蛋白质的磷酸化，本研究利用同源蛋白比对的方法将两种试剂处理条件下泡桐中所有的蛋白质匹配到 EKPD（Eukaryotic Kinase and Phosphatase Database）数据库中。最终，本研究在泡桐中共找到 598 个蛋白激酶。同时，为找到磷酸化修饰位点对应的上游调控蛋白激酶，本研究利用磷酸化上游调控激酶预测软件 GPS 3.0，通过磷酸化位点所在修饰肽段序列的 motif 形式预测潜在调控的激酶家族。通过分析，本研究在 MMS 和利福平处理组中分别预测到 10 433 个和 4493 个磷酸化位点对应的上游调控激酶家族。为进一步分析参与丛枝病发生相关的蛋白激酶家族，本研究利用 GSEA 方法在利福平处理条件下分析得到 14 个激酶家族，它们在丛枝病发生过程中起到了显著调控作用，其中共有 5 个家族的激酶为激活状态，9 个激酶家族处于抑制状态（图 9-3A）；在 MMS 处理条件下得到 14 个激酶家族，其中有 3 个处

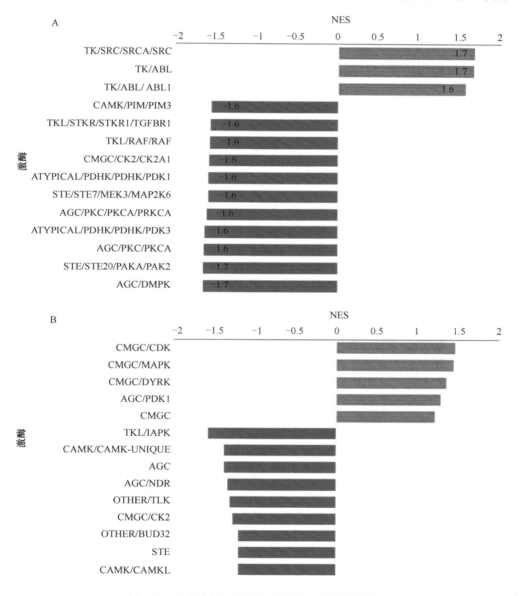

图 9-3 两种试剂处理下丛枝病发生相关激酶预测

A. MMS 处理样本中相关激酶；B. 利福平处理样本中相关激酶

于激活状态，有 11 个处于抑制状态（图 9-3B）。此外，本研究利用 STRING 蛋白互作数据库并结合 GSEA 方法分析得到的激酶构建了磷酸化修饰位点与这些激酶之间的调控关系网络，在利福平处理条件下共有 11 个 CMGC/CDK 激酶家族蛋白显著参与了丛枝病发生过程的磷酸化修饰水平调控，在 MMS 处理条件下共有 17 个 CMGC/CDK 或 TKL/IRAK 等激酶家族蛋白参与了丛枝病发生过程的磷酸化修饰水平调控。

六、差异磷酸化蛋白及磷酸化位点鉴定

蛋白磷酸化修饰在植物响应病原菌侵染过程中起到重要作用。发生修饰的靶蛋白在不同处理浓度及不同处理时间点被差异磷酸化修饰，可以反映靶蛋白在不同时间点发挥的特定生物学功能。在本研究中，MMS 处理组和利福平处理组中分别定量到 10 058 个（10 049 个泡桐蛋白质位点、9 个植原体蛋白质位点）和 2374 个（2373 个泡桐蛋白质位点、1 个植原体蛋白质位点）磷酸化位点。不同试剂、不同处理条件下的差异磷酸化蛋白及磷酸化位点数量如表 9-1 所示（fold-change >1.5，$P<0.05$），从表中可知，两种试剂低浓度处理条件下，随着处

表 9-1　白花泡桐不同比较组中差异磷酸化蛋白及位点个数

类型	MMS 处理组			利福平处理组		
	比较组	上调	下调	比较组	上调	下调
位点	PFIM20R-20 vs. PF	273	518	PFIL30R-20 vs. PF	46	188
蛋白质		212	394		41	143
位点	PFIM20R-40 vs. PF	226	487	PFIL30R-40 vs. PF	41	194
蛋白质		164	409		38	146
位点	PFIM20-10 vs. PF	465	541	PFIL30-10 vs. PF	81	169
蛋白质		338	404		66	135
位点	PFIM20-30 vs. PF	351	462	PFIL30-30 vs. PF	52	155
蛋白质		283	359		49	123
位点	PFIM60-10 vs. PF	365	509	PFIL100-10 vs. PF	98	140
蛋白质		262	383		77	111
位点	PFIM60-15 vs. PF	254	426	PFIL100-15 vs. PF	120	154
蛋白质		205	339		93	114
位点	PFIM60-20 vs. PF	375	566	PFIL100-20 vs. PF	98	150
蛋白质		262	427		78	109
位点	PFIM60-5 vs. PF	623	717	PFIL100-5 vs. PF	67	186
蛋白质		446	510		52	136
位点	PFI vs. PF	471	578	PFI vs. PF	51	125
蛋白质		337	417		48	95

理时间的延长，处理样本与健康苗之间的差异修饰蛋白数量呈现减少的趋势，恢复过程是逐渐发病的过程，此时两种处理样本与健康苗之间呈现出缓慢的变化，高浓度处理条件下，随着处理时间的延长，发病的幼苗逐渐表现出健康症状，此时处理样本与健康苗之间的差异修饰蛋白质数量在利福平处理过程中前期变化不明显，到15d时差异较大，20d后趋于不变，在MMS处理组中在前期变化较大，10~20d时变化不明显。两种试剂中差异磷酸化蛋白变化的不同可能是由于作用机理不一样所造成的。

七、丛枝病发生相关磷酸化蛋白鉴定

通过对两组试剂处理后定量到的蛋白质修饰位点进行 ANOVA 分析，在 MMS 处理组中共鉴定到 4289 个蛋白磷酸化修饰位点（1 个丛枝植原体磷酸化修饰蛋白位点、4288 个泡桐磷酸化修饰蛋白位点），在不同处理时间或处理浓度条件下存在差异（FDR＜0.01），对应 2191 个蛋白质（1 个丛枝植原体蛋白质、2190 个泡桐蛋白质）。这些磷酸化蛋白包含了一些重要的调节因子，如转录因子、激酶、表观遗传调控因子等，这也说明磷酸化广泛参与了泡桐的生长发育过程。对这些差异蛋白进行 KEGGd 代谢通路富集分析，表明这些磷酸化蛋白主要富集在植物激素信号转导、MAPK 级联信号传递、植物-病原互作、剪接体和 mRNA 转运等代谢通路。

同样地，在利福平处理组中，本研究鉴定到 1079 个蛋白磷酸化修饰位点（1 个丛枝植原体磷酸化修饰蛋白位点、1078 个泡桐磷酸化修饰蛋白位点）在不同处理时间或处理浓度条件下存在差异，对应 757 个蛋白质（1 个丛枝植原体蛋白质、756 个泡桐蛋白质）。该试剂处理条件下的磷酸化修饰蛋白除了 MMS 组中所包含的一些调节因子外，还包含一部分能量、光合作用相关蛋白及转运相关蛋白等，如生长素输出载体、叶绿素 a/b 结合蛋白。KEGG 代谢通路富集分析表明该试剂处理条件下的磷酸化蛋白主要富集在光合作用天线蛋白、MAPK 级联信号传递、植物-病原互作、剪接体和肌醇磷酸化代谢等通路。这些结果表明在白花泡桐丛枝病发生过程中，磷酸化修饰主要参与了植物抗病信号转导过程。

根据蛋白质聚类分析的标准，最终在 MMS 处理组中筛选得到 264 个磷酸化修饰位点（均为泡桐修饰位点），对应 203 个蛋白质可用于 mfuzz 分析。最终得到 10 个类群（图 9-4）。通过对这 10 个类群中的磷酸化蛋白位点表达趋势进行分析，大致可以分为以下几个类别：第一类中主要是类群 8 和类群 10 的磷酸化蛋白，这两个类群中蛋白质修饰位点随不同处理时间修饰表达水平变化一致，即在低浓度处理时修饰水平先升高再降低，恢复阶段同样是先降低再升高，高浓度处理时先升高后变化缓慢；第二类主要包含类群 3 和类群 4 中的修饰蛋白质，这两个类群中的蛋白质修饰位点在低浓度试剂处理时变化不明显，高浓度处理前 5d 修饰水平急剧下降后变化缓慢；其他的几个类群则变化趋势各异。这些修饰蛋白质不同的变化趋势可能是由于功能特异性和对试剂等的敏感性不同决定的。依据趋势分析、功能分类以及代谢通路分析最终筛选到类群 5 和类群 8 中所含的磷酸化蛋白可能与丛枝病的发生有一定的关系，这两个类群包含 85 个修饰位点，对应 66 个磷酸化蛋白。在类群 5 中，磷酸化蛋白主要是与光合作用和信号转导相关，类群 8 中磷酸化蛋白主要与转录调控和抗病等相关。

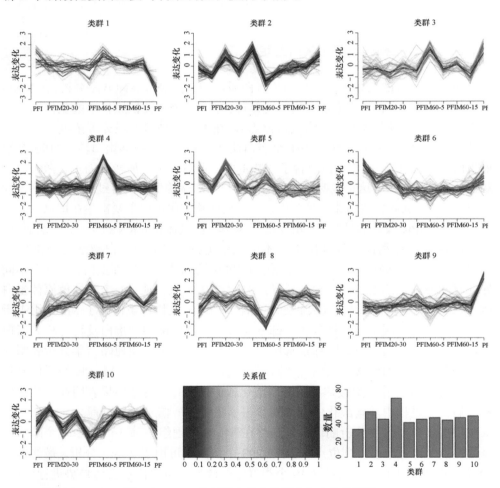

图 9-4　MMS 处理样本磷酸化蛋白位点趋势聚类

同样地，利福平处理组样本共得到 264 个可用于类群分析的修饰位点。通过 mfuzz 聚类分析共得到 16 个类群（图 9-5），对这 16 个类群的蛋白质修饰位点的表达趋势进行分析发现，这些类群基本上可分为 4 类。I 类包含类群 3、类群 4、

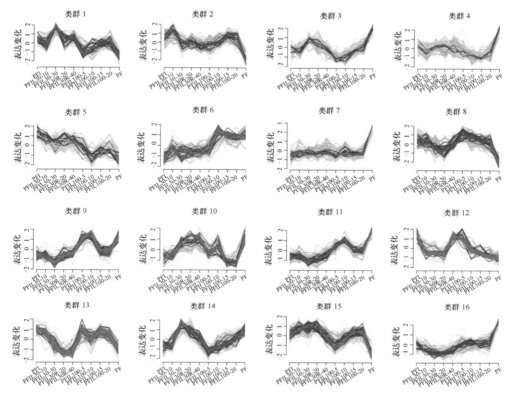

图 9-5 利福平处理样本磷酸化蛋白质位点趋势聚类

类群 9 和类群 14，共 53 个修饰位点，对应 41 个蛋白质。这几个类群的蛋白质修饰位点在不同的处理时间或浓度条件下都表现出了相似的表达模式，即随着不同的处理条件，蛋白质修饰位点的表达水平呈现先降低、再升高、再减低、再升高的表达趋势。II 类（类群 9 和类群 11）包含 15 个蛋白质修饰位点，这些蛋白质修饰位点在低浓度处理时前期基本没有变化，随着时间延长，修饰水平降低，恢复阶段修饰水平持续升高，高浓度处理是先升高、再降低，之后变化缓慢。III 类蛋白质修饰位点的表达模式（类群 2 和类群 15）则随着处理时间或处理浓度的变化表现出先升高后降低，然后升高再降低的趋势。然而，剩余几个类群的蛋白质修饰位点变化随处理时间或者处理浓度的不同表现较为特殊。这些差异的变化可能是不同处理浓度及相关蛋白质自身对试剂的敏感性引起的，这也从一定程度上表明这些差异磷酸化蛋白丰度的变化趋势很可能与它们在丛枝病发生过程中的不同阶段发挥功能有关。对这些类群进行分析表明，磷酸化蛋白主要富集于类群 4、类群 16 和类群 7，该类群包含 49 磷酸化蛋白位点，对应 33 个磷酸化蛋白。对这些修饰蛋白质进行 GO 和 KEGG 代谢通路富集分析，结果表明不同的类群中所含蛋白质的功能不同。GO 富集分析表明这些修饰蛋白质的主要功能是肽酶活性、转运活性、氧化还原活性、DNA 结合等。KEGG 代谢通路富集分析结果表明，这些蛋白质主要富集于光合作用、苯丙烷生物合成、植物-病原互作、淀粉和糖代谢及 MAPK 信号转导等相关代谢通路。同样，依据趋势分析、GO 富集分析及 KEGG 代谢通路分析，最终筛选出类群 6、类群 12 和类群 14 这三个类群中的修饰蛋白质可能与丛枝病的发生有密切关系。这三个类群包含 17 个磷酸化位点，对应 15 个磷酸化蛋白，这些磷酸化蛋白主要与抗病和光合作用等相关。

生物体内蛋白质的磷酸化和去磷酸化状态是动态平衡的，且磷酸化的发生是瞬时的。因此，为尽可能地筛选与丛枝病发生相关的磷酸化蛋白，本研究将两种试剂处理条件下筛选到的与丛枝病发生可能相关的磷酸化蛋白都认为是潜在的丛枝病发生相关蛋白质，最终共找到 79 个与丛枝病发生相关的磷酸化蛋白，这些蛋白质功能多样，主要参与信号转导、呼吸作用和光合作用等。

第二节　泡桐丛枝病发生与乙酰化

蛋白乙酰化是一种普遍存在于真核和原核生物中且可逆的翻译后修饰，由乙酰转移酶和去乙酰化酶共同调控，广泛参与了转录、新陈代谢、细胞信号转导、细胞凋亡和病原微生物感染调控等多个生理病理过程。目前，随着测序技术及蛋白质分析技术的不断发展，对于蛋白质功能的确定、翻译后修饰鉴定及蛋白质结构的分析也越来越多，使得大规模鉴定蛋白乙酰化修饰成为可能。研究表明，病原菌侵染可以改变寄主植物的蛋白乙酰化水平，同时，一些病原菌分泌的效应蛋白能够抑制寄主植物中蛋白质与蛋白质之间的相互作用，从而减弱寄主植物抵御病害的能力。这些结果说明蛋白乙酰化修饰在植物病原互作中发挥重要的作用。但是有关植原体入侵植物后蛋白质的乙酰化修饰变化情况的研究还很少，仅在毛泡桐中有报道。丛枝植原体入侵能引起泡桐叶绿素合成相关基因表达量下调、光合作用降低，但是机制尚未阐明。前期研究发现丛枝植原体入侵可以影响泡桐叶绿素合成及光合作用相关蛋白质的乙酰化水平，但是泡桐丛枝病的发生是一个复杂的过程，叶片变黄和光合作用降低仅仅是丛枝病症状的一个方面，而不同的症状是由不同的基因或蛋白质调控的，因此，为了深入了解泡桐丛枝病症状的发生，本研究利用两种试剂处理条件下不同浓度、不同处理时长的患丛枝病白花泡桐来模拟丛枝植原体的入侵过程，以期找到丛枝病发生与蛋白乙酰化修饰之间的关系。

一、泡桐总蛋白乙酰化 Western blot 检测

为了解泡桐丛枝病发生过程中蛋白乙酰化修饰的基本情况，本研究利用乙酰

化泛抗体对泡桐总蛋白质进行 Western blot 分析。为确保实验结果准确可靠，本研究首先对泡桐总蛋白进行 SDS-PAGE 电泳，并用考马斯亮蓝进行染色，结果显示蛋白质在 PAGE 胶上移动均匀（图 9-6A、B），说明操作规范，制备的蛋白质样本满足后续试验分析需求。对上述分析后的总蛋白质进行泛乙酰化分析，结果表明除组蛋白外（11～15kDa 或约 26kDa），在不同浓度、不同时间点处理的泡桐样本中还发现许多清晰或呈明显弥散的非组蛋白乙酰化条带（图 9-6C、D）。乙酰化修饰最初是在组蛋白上发现的，而非组蛋白乙酰化修饰可能揭示了乙酰化蛋白调控泡桐生长发育的新机制。同时，在两种试剂不同浓度、不同处理时间条件下，泡桐的蛋白质泛乙酰化水平都发生了明显的变化。这一结果也说明，蛋白乙酰化修饰可能在泡桐丛枝病发生过程中发挥着重要作用。

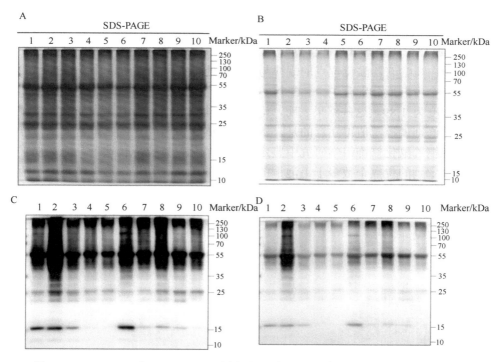

图 9-6　SDS-PAGE 和 Western blot 分析不同试剂处理下泡桐蛋白乙酰化的总体情况
A. MMS 样本 SDS-PAGE 图；B. 利福平样本 SDS-PAGE 图；C. MMS 处理样本蛋白乙酰化；D. 利福平处理样本蛋白乙酰化

二、乙酰化位点、肽段及蛋白质的鉴定

乙酰化是一种普遍存在的、动态的可逆蛋白质翻译后修饰，主要通过改变蛋白质功能而调节基因的表达，在生物有机体中具有十分重要的作用。近年来，随

着测序技术的不断发展，大量植物乙酰化修饰蛋白被鉴定（Walley et al.，2018；Li et al.，2018）。本研究利用 TMT 标记和乙酰化多肽以及免疫富集结合高分辨率的 HPLC-MS/MS 技术，大规模鉴定了白花泡桐丛枝病发生过程的乙酰化组。

从不同浓度、不同处理时间的 MMS 和利福平处理的白花泡桐中分别鉴定到11 060、10 743 个得分超过 40 且母离子的质量误差小于 5 的乙酰化多肽。这些多肽的长度集中在 7～20 个氨基酸（图 9-7A、B）。在得到的乙酰化多肽中，本研究在 MMS 和利福平处理组样本中分别鉴定到 6107 个（20 个位点属于丛枝植原体、6087 位点来自于泡桐）和 5047 个（72 个位点属于丛枝植原体、4975 位点来自于泡桐）修饰位点，分别对应 2511 个（17 个丛枝植原体蛋白质、2494 个泡桐蛋白质）和 2674 个（44 个丛枝植原体蛋白质、2630 个泡桐蛋白质）乙酰化修饰蛋白质。从两种试剂处理条件下鉴定到的乙酰化修饰位点和肽段结果来看，在 MMS 处理组中约有 54.2%、18.4%、8.2%和 19.2%的蛋白质分别有 1 个、2 个、3 个和 >4 个乙酰化修饰位点（Kac 位点），乙酰化修饰的平均程度为 2.43。利福平处理组中的蛋白质含有乙酰化位点的规律与 MMS 处理组类似（1543 个、563 个、279 个和 289 个蛋白质分别有 1 个、2 个、3 个和 4 个以上的 Kac 位点），平均的乙酰化修饰程度为 1.89。这些结果表明，泡桐的多个生物学过程和蛋白质功能普遍受到乙酰化修饰调控。值得注意的是，本研究 MMS 处理组中的乙酰化修饰位点与之前毛泡桐乙酰化修饰组学研究中鉴定到的乙酰化修饰位点较接近，而利福平处理组中鉴定到的位点个数多于毛泡桐的乙酰化组学研究结果，这可能是由于两个原因引起：①试剂的影响；②本研究与之前毛泡桐修饰组学的参考基因组版本不同，该研究中所用基因组版本更为精细。总之，本研究扩大了泡桐蛋白乙酰化修饰组学的数据库。

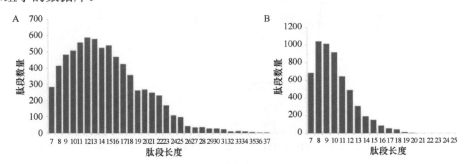

图 9-7　两种试剂处理下乙酰化肽段长度

A. MMS 处理样本；B. 利福平处理样本

三、泡桐乙酰化蛋白功能分析

为阐明这些乙酰化蛋白在泡桐中发挥的生物学功能，本研究分别对两种试剂处理下鉴定到的所有乙酰化蛋白进行 GO 功能分类、亚细胞定位、KEGG 代谢通路分析及蛋白结构域分析。在 GO 三个生物学分类中（生物学过程、分子功能和细胞组分），发现在 MMS 处理组中大量乙酰化蛋白参与了一系列的生物学过程，包括核糖体结构组成、铜离子结合和三羧酸循环等，这些结果表明乙酰化在泡桐生长发育中发挥着重要作用（图 9-8A）。利福平处理下的乙酰化蛋白所参与的生物学过程与 MMS 处理组结果有一定差异，除了上述生物学过程外，还包含 mRNA 结合和连接酶活性等。真核生物的细胞是由多个细胞器组成的，如细胞核、线粒体、核糖体、细胞质和高尔基体等（图 9-8B）。翻译后形成的蛋白质前体经过一系列的加工折叠后被转运到不同的细胞器中发挥生物学功能，因此蛋白质亚细胞定位分析将有助于揭示蛋白质的特定生物学功能。两种处理组鉴定到的乙酰化修饰蛋白亚细胞定位结果表现出了类似的分布趋势：大部分乙酰化修饰蛋白定位于叶绿体，其次是细胞质、细胞核等部位，而分布在高尔基体、液泡膜及线粒体膜上的乙酰化蛋白较少。乙酰基转移酶被认为是主要的核或线粒体蛋白，在 MMS 处理组中几个含有乙酰基转移酶活性的蛋白质自身也发生了乙酰化，其中有 2 个预测位于细胞质中，这与细胞质中存在大量乙酰化蛋白的亚细胞定位预测结果相一致（图 9-8C、D）。然而，细胞质中的蛋白乙酰化修饰是否由这两个细胞质乙酰基转移酶催化，还有待进一步研究证明。

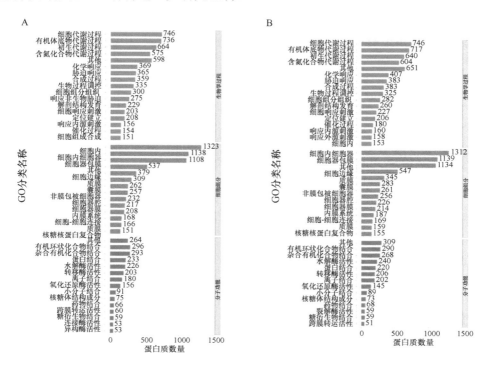

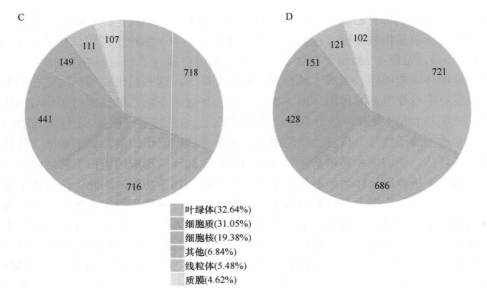

图 9-8　MMS 和利福平处理条件下得到的乙酰化蛋白功能分析
A. MMS 样本 GO 分析；B. 利福平样本 GO 分析；C. MMS 样本亚细胞定位；D. 利福平样本亚细胞定位

结构域分析结果表明这些乙酰化蛋白主要包含 AAA+ ATPase、aldolase-type TIM barrel、DEAD/DEAH 盒解旋酶和蛋白激酶结构域等，值得注意的是，AAA+ 家族和 DEAD/DEAH 解旋酶属于 P-loop NTPase 超家族，其家族成员可以调控多个生物学过程，如 DNA 复制和 RNA 代谢，说明乙酰化蛋白在泡桐代谢过程中具有重要作用。值得注意的是，在本研究中也发现有一部分乙酰化位点富集在 H2A 结构域以及组蛋白 H2A/H2B/H3 结构域，表明这些乙酰化蛋白可能参与调控泡桐基因的表达或者转录起始和延伸。

四、乙酰化位点 motif 及序列二级结构分析

为分析在这些修饰位点附近的氨基酸序列特征，本研究对两种试剂处理下鉴定到的蛋白质修饰位点附近的氨基酸序列进行 motif 分析。结果显示，这些 Kac 位点附近的氨基酸序列分布具有一定的偏好性。在 MMS 处理组中，共有 4635 个乙酰化位点用于 motif 分析。通过对这些位点的特异序列进行 motif 分析，本研究找到了 14 个在统计学上有意义的显著富集 motif（图 9-9），其中 K******KK 和 R******KK 两个有代表性的 motif 分别与 131 个和 80 个特异的序列匹配（K 代表乙酰化的赖氨酸，*代表任意一个氨基酸残基）。此外，进一步的分析表明这些 motif 至少代表两种类型：一种类型包含一个极性氨基酸，如组氨酸（H）、精氨酸（R）、赖氨酸（K）、谷氨酸（E）、天冬氨酸（D）或苏氨酸（T）；另一种包含一个非极

性氨基酸，如苯丙氨酸（F）。相对于发生修饰的 Kac 位点，在这些 motif 中大多数于+6 位置富集的氨基酸也在其他植物中有报道（Zhou et al.，2018a），表明一些乙酰化赖氨酸基序在植物中是保守的。Intensity map 分析结果表明在 Kac 位点附近的 20 个氨基酸位点上，丙氨酸（A）在+10 到+1 位置上和 10 到 2 位置上，尤其是在+8、+5、+4、+3、+2、3、4 和 10 位置上出现的频率较高，R 在+10 到+4 位置及 1、5 到 10 位置上出现的频率较高，而丝氨酸（S）、亮氨酸（L）和色氨酸（W）在乙酰化 Kac 附近出现的频率较低。利福平处理组的保守 motif 分析结果与 MMS 组有一定的差异，在利福平处理组中共鉴定到 12 个统计学意义上显著富集的保守 motif，包括 KNE、YKN、LKN、KY、KN、KT、KF、KKS、KH、KR、K*K 和 K******K（K 代表乙酰化的赖氨酸，*代表任意一个氨基酸残基）。Intensity map 分析结果显示在 Kac 位点附近的 20 个氨基酸位点上，丙氨酸（A）在+10 到+8 位置上、+6 到+1 位置上和 2 到 10 位置上，尤其是在+5、+4、+1、7 和 10 位置上出现的频率较高，G 在+6 到+1 位置及 3、5 到 7 位置上出现的频率较高，K 在+10 到+6 和 1，2 和 4 到 10 位置上出现频率较高，酪氨酸（Y）在+3 到+1 及 1 到 5 位置出现的频率较高。相反，丝氨酸（S）、甲硫氨酸（M）和半胱氨酸（C）在乙酰化 Kac 附近出现的频率较低。

　　Kac 位点的分布可能与蛋白质的二级结构有关，先前的研究表明 Kac 位点更加倾向于分布在蛋白质无序结构区域。在水稻、家蚕、硅藻、*Streptomtces roseosporus* 和人细胞的研究中，Kac 位点主要分布于无规则卷曲和少量的 α 螺旋及 β 折叠中

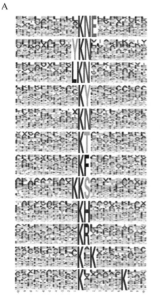

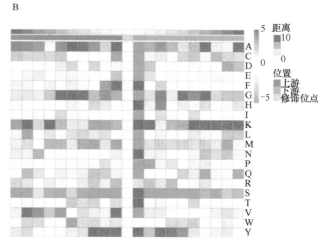

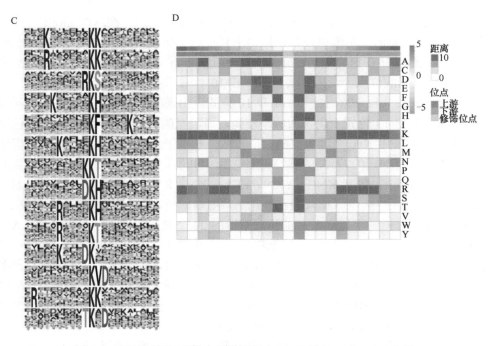

图 9-9　两种试剂处理样本乙酰化蛋白 motif 及 intensity map 分析

A. MMS 处理样本 motif；B. MMS 处理样本 intensity map；C.利福平处理样本 motif；

D. 利福平处理样本 intensity map

（Choudhary et al.，2009；Nallamilli et al.，2014；Liao et al.，2014）。为了解泡桐发生乙酰化修饰的蛋白质的结构特征，本研究对两种试剂处理下鉴定到的乙酰化修饰蛋白进行二级结构预测。泡桐中 Kac 位点的分布与上述物种的研究结果相一致，也倾向于分布在无规则卷曲结构中（泡桐中两种试剂处理下的 Kac 位点在无规则卷曲结构中所占的比例分别为 67.1%和 65.6%）。此外，与所有赖氨酸在某一结构中所占比例相比，两种试剂处理的泡桐中乙酰化修饰的赖氨酸所占比例的富集区域有所不同，在利福平处理组中表现出仅在 α 螺旋结构中得到富集（由 27.4%提高至 28.5%），在 β 折叠和无规卷曲结构中，泡桐赖氨酸乙酰化修饰所占的比例下降，这与在人类和 *S. roseosporus* 中的分布情况存在差异，但与家蚕的研究结果相一致。在人类细胞的研究结果中，乙酰化赖氨酸在 α 螺旋和 β 折叠结构中得到富集，而在无规则卷曲结构中所占的比例降低；而在 *S. roseosporus* 中，乙酰化赖氨酸在蛋白质的 α 螺旋和 β 折叠结构中没有明显的富集，乙酰化位点似乎与蛋白质的有序结构无关；MMS 处理组则富集在无规则卷曲结构中（由 65.9%提高至 67.1%）（图 9-10）。同时，表面可及性分析结果显示，与所有的赖氨酸残基相比，在两种试剂处理条件下发生修饰的赖氨酸的可及性仅略有下降（图 9-10），说明赖氨酸乙酰化修饰没有改变泡桐蛋白质表面的可及性。

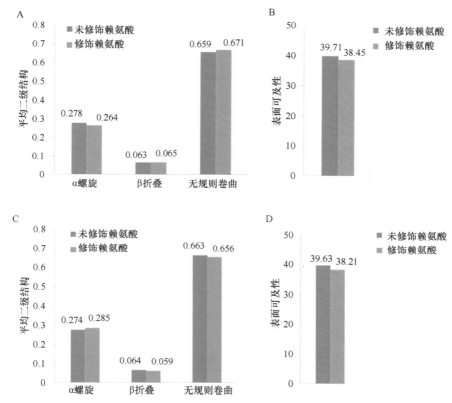

图 9-10　两种试剂处理样本乙酰化蛋白二级结构分析和表面可及性分析
A. MMS 处理样本乙酰化蛋白二级结构；B. MMS 处理样本乙酰化蛋白表面可及性；C. 利福平处理样本乙酰化蛋白二级结构；D. 利福平处理样本乙酰化蛋白表面可及性

五、保守乙酰化蛋白鉴定

蛋白乙酰化是原核生物和真核生物中普遍存在且保守的 PTM。为探讨这些保守的乙酰化蛋白在泡桐和其他植物中的潜在功能，本研究利用 BLAST 序列同源性分析将两种试剂处理条件下鉴定到的泡桐乙酰化修饰蛋白与已知的 6 种植物乙酰化组学数据进行比对，包括水稻、毛果杨、拟南芥、番茄、葡萄和大豆。结果表明，泡桐中大部分乙酰化蛋白都可在其他 6 种植物的乙酰化蛋白中检测到（MMS 组 2489 个，利福平组 2624 个）。其中，利福平处理组中分别有 2519 个、2580 个、2557 个、2570 个、2592 个和 2587 个修饰蛋白质在水稻、毛果杨、拟南芥、番茄、葡萄和大豆中有同源保守蛋白，此外，本研究发现有 2592 个修饰蛋白质在毛泡桐中也发生了乙酰化修饰。同样地，在 MMS 处理组中有 2355 个修饰蛋白质同时在 6 个物种中有同源保守蛋白。进一步分析发现，在两种试剂处理条件下同时存在

1373 个保守修饰蛋白质，这些蛋白质的功能多样，参与调控泡桐大多数代谢过程。综上，这些结果表明乙酰化能调节不同物种中功能保守的蛋白质。

六、响应丛枝植原体侵染的差异乙酰化蛋白鉴定

植原体感染可能干扰宿主植物的多种代谢过程，包括初级代谢和次级代谢。先前的研究已经表明 PTM 在植物病原菌的互作中起着重要作用（Walley et al., 2018）。发生修饰的靶蛋白在不同处理浓度及不同处理时间点被差异乙酰化修饰，可以反映靶蛋白在不同时间点发挥的特定生物学功能，因此差异乙酰化蛋白的分析有助于发现重要的调控蛋白。本研究中，在 MMS 处理组和利福平处理组中分别定量到 5254 个、3444 个乙酰化位点。不同试剂，不同处理条件下的差异乙酰化蛋白数量如表 9-2 所示，从表中可知，在两种试剂低浓度处理前期，差异乙酰化修饰蛋白的数量都是先升高再降低，而后随着处理时间的延长，两种试剂处理条件下差异乙酰化修饰蛋白数目基本无变化，这可能是由于高浓度处理条件下两种试剂对乙酰化修饰蛋白表达的影响主要集中在处理前期；低浓度处理及恢复发病条件下两种试剂对乙酰化修饰蛋白的表达变化影响不一，可能是由于两种试剂对乙酰化修饰蛋白的表达调控不一样所引起的。

表 9-2 白花泡桐不同比较组中差异乙酰化蛋白及位点个数

类型	利福平处理组			MMS 处理组		
	比较组	上调	下调	比较组	上调	下调
位点	PFIL100-10 vs. PF	90	131	PFIM60-10 vs. PF	66	214
蛋白质		75	112		62	142
位点	PFIL100-15 vs. PF	128	113	PFIM60-15 vs. PF	135	131
蛋白质		112	97		110	95
位点	PFIL100-20 vs. PF	116	114	PFIM60-20 vs. PF	95	186
蛋白质		98	101		83	124
位点	PFIL100-5 vs. PF	104	140	PFIM60-5 vs. PF	302	358
蛋白质		90	120		231	205
位点	PFIL30R-20 vs. PF	94	155	PFIM20R-20 vs. PF	37	123
蛋白质		83	129		33	84
位点	PFIL30R-40 vs. PF	84	146	PFIM20R-40 vs. PF	57	123
蛋白质		71	120		39	88
位点	PFIL30-10 vs. PF	105	110	PFIM20-10 vs. PF	227	272
蛋白质		91	86		180	174
位点	PFIL30-30 vs. PF	83	149	PFIM20-30 vs. PF	137	158
蛋白质		71	121		100	114
位点	PFI vs. PF	121	107	PFI vs. PF	228	235
蛋白质		108	85		186	150

　　为分析与泡桐丛枝病发生相关的乙酰化修饰蛋白在不同处理条件下的表达情况，本研究对两组试剂处理后定量到的蛋白质修饰位点进行了方差分析（ANOVA）。在 MMS 处理组中，本研究共鉴定到 1291 个乙酰化修饰蛋白位点（3个丛枝植原体乙酰化修饰蛋白位点、1288 个泡桐乙酰化修饰蛋白位点），在不同处理时间或处理浓度条件下存在差异（FDR<0.01），对应 791 个蛋白质（3 个丛枝植原体蛋白质、788 个泡桐蛋白质）。这些乙酰化蛋白包含了一些重要的调节因子，如核糖体蛋白、光合作用相关蛋白以及参与氧化还原的酶等，这也表明了乙酰化广泛参与了泡桐的生物学过程。对这些差异蛋白质进行 KEGGd 代谢通路富集分析表明，这些乙酰化蛋白主要富集在氧化磷酸化、糖酵解、谷胱甘肽代谢、乙醛酸和二羧酸代谢以及光合有机体碳固定等代谢通路。同样地，在利福平处理组中，本研究鉴定到 979 个蛋白乙酰化修饰位点（17 个丛枝植原体乙酰化修饰蛋白位点、962 个泡桐乙酰化修饰蛋白位点）在不同处理时间或处理浓度条件下存在差异（FDR<0.01），对应 699 个蛋白质（13 个丛枝植原体蛋白质、686 个泡桐蛋白质）。该试剂处理条件下的乙酰化蛋白除了 MMS 组中所包含的一些调节因子外，还包含一部分组蛋白，如组蛋白 H2A 亚型 3、组蛋白 H3.2 及一些组蛋白甲基转移酶等。KEGG 代谢通路富集分析表明该试剂处理条件下的乙酰化蛋白主要富集在甘氨酸、丝氨酸和甲硫氨酸代谢、戊糖磷酸途径、糖酵解、乙醛酸和二羧酸代谢、卟啉和叶绿素代谢等通路。这些结果表明，在泡桐丛枝病发生过程中乙酰化修饰主要参与了能量代谢。

　　表达模式聚类分析在一定程度上更能反映蛋白质的表达变化与环境适应的关系，为进一步找出与丛枝病发生相关的乙酰化修饰蛋白及修饰位点，在 ANOVA 分析得到的显著差异表达蛋白质和修饰位点基础上，本研究进一步筛选出在 PFI vs. PF 比较组中差异倍数大于 1.5 且 P 值小于 0.05 的修饰蛋白质及修饰位点，然后选取表达量的标准差大于 0.4 的蛋白质和修饰位点用于表达模式聚类分析。最终本研究在 MMS 处理组中筛选得到 189 个乙酰化修饰位点（186 个泡桐修饰位点、3 个丛枝植原体修饰位点），对应 140 个蛋白质（137 个泡桐蛋白质、3 个丛枝植原体蛋白质）。根据乙酰化蛋白在不同处理浓度及不同处理时间的表达趋势，本研究利用 Mfuzz 方法将这些发生乙酰化修饰的蛋白质分为 10 个类群（图 9-11）。通过对这 10 个类群的蛋白质修饰位点进行分析发现，它们的乙酰化修饰蛋白聚类模式多样，其中类群 4 和类群 6 所包含的乙酰化修饰蛋白随试剂处理的表达变化趋势较为相似，即在低浓度处理、恢复发病及高浓度试剂处理过程中，这两类乙酰化修饰蛋白的表达水平均呈现先降低后升高的趋势。剩余的几个类群的表达变化趋势各异，这些类群的蛋白质修饰位点变化随处理时间或者处理浓度的不同，表现较为特殊。这些差异的变化可能是不同处理浓度及相关蛋白质自身对试剂的敏感性引起的，也在一定程度上表明这些差异乙酰化蛋白丰度的变化趋势很可能与它们在丛枝病发生过程中的不同阶段发挥的功能有关。通过对这些蛋白质进行功能分析、趋势分析并结合前期的研究结果，本研究认为类群1、类群8和类群9中所含的修饰蛋白质可能是与丛枝病发生相关的乙酰化蛋白。这三个类群共含有76个修饰位点，对应59个修饰蛋白质。这些蛋白质功能涉及较多，但主要与核糖体蛋白、能量代谢及叶绿素合成相关。感染丛枝病的泡桐会伴随光合作用降低、叶绿素含量减少，该结果也与前期毛泡桐乙酰化修饰组学研究结果有相似之处，说明蛋白乙酰化修饰在泡桐丛枝病发生过程中起到重要的作用。

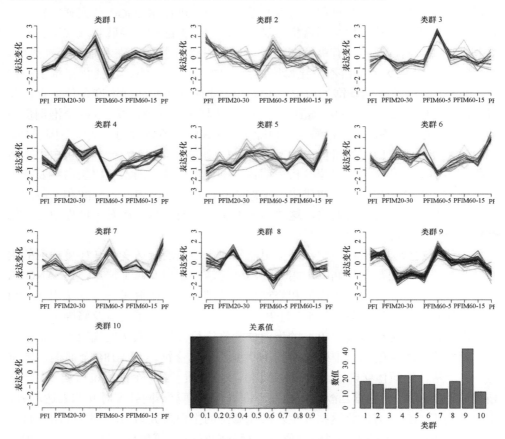

图 9-11　MMS 处理样本乙酰化蛋白位点趋势聚类

同时，本研究对利福平处理组的乙酰化修饰蛋白也进行了差异分析，共得到317个（304个泡桐蛋白质，13个丛枝植原体蛋白质）乙酰化修饰蛋白的410个乙酰化修饰位点（393个泡桐蛋白质修饰位点，17个丛枝植原体蛋白质修饰位点）。趋势聚类分析结果显示这些蛋白质可分为10个类群（图9-12）。通过分析这些类群的修饰蛋白质表达差异变化，发现类群4和类群7在不同处理条件下表现出相同的趋势：

随着处理时间或处理浓度的变化表现出先升高再减低、再升高后降低的表达趋势，这两个类群共包含 72 个蛋白质修饰位点。剩余的几个类群则表现出修饰水平随处理浓度和处理时间变化趋势各不相同。最终本研究根据功能分析、GO 分析、表达趋势分析及文献报道筛选出类群 3、类群 6 和类群 9 所含的乙酰化修饰蛋白是可能与丛枝病发生相关，这三个类群共包含 138 个乙酰化修饰位点，对应 122 个修饰蛋白质。这些蛋白质主要参与光合作用、能量代谢和核糖体蛋白等。

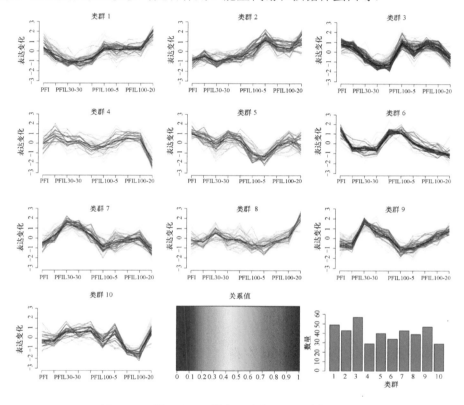

图 9-12　利福平处理样本乙酰化蛋白位点趋势聚类

蛋白乙酰化修饰和磷酸化修饰都是动态平衡的，因此，为尽可能找到与丛枝病发生相关的乙酰化蛋白，本研究将两种试剂处理下鉴定到的乙酰化修饰位点都作为与丛枝病发生相关的乙酰化修饰位点，最终共筛选得到 214 个修饰位点（其中 17 个为丛枝植原体蛋白质修饰位点）为两种试剂处理后与丛枝病发生相关的修饰位点，对应 167 个乙酰化蛋白（其中 14 个为　　丛枝植原体蛋白质）。对这些蛋白质进行功能分析发现，它们与叶绿体合成、光合作用和呼吸作用等相关，这与之前在毛泡桐中的研究结果相似。虽然本研究中有些结果与前期毛泡桐乙酰化修饰组学中筛选到的与丛枝病发生相关的蛋白质有不同之处，但是由于乙酰化修饰组学的动态可逆性，本研究认为这些结果整体上仍然与前期结果相一致。

第三节　泡桐丛枝病发生与巴豆酰化

蛋白质翻译后修饰在多种生物学途径中起重要作用（Verdin and Ott，2015；Kouzarides et al.，2007），随着基于质谱的蛋白质组学的应用，越来越多的新型组蛋白 PTM 已被发现，涉及小型的化学修饰（如乙酰化和磷酸化）和大的完整蛋白修饰（如泛素化）（Huang et al.，2014；Fu et al.，2018）。蛋白质的翻译后修饰是生物体中普遍存在的现象，它调控着许多重要的细胞过程，包括酶的激活、蛋白质定位和蛋白质降解等。作为一种新的进化保守型 PTM，蛋白巴豆酰化修饰在调控植物生长发育过程中发挥重要的作用。蛋白巴豆酰化最早是在组蛋白上发现的，随后越来越多的非组蛋白巴豆酰化修饰被发现，这些发生修饰的蛋白质参与了大量的代谢途径，包括细胞新陈代谢、细胞周期和细胞代谢等过程。最近，非组蛋白的巴豆酰化修饰相继在烟草、水稻、茶树和木瓜中有报道（Sun et al.，2017a；2019a；Lu et al.，2018；Liu et al.，2018b），这些研究表明巴豆酰化与信号转导和细胞生理学有关。然而，到目前为止还没有植物非组蛋白赖氨酸巴豆酰化修饰响应病原菌入侵的相关文献报道，尤其是泡桐响应植原体入侵的非组蛋白巴豆酰化修饰。在本研究中，为探究巴豆酰化修饰是否与植原体入侵有关，首次利用高亲和性的巴豆酰化抗体和质谱联用技术对植原体入侵前后的白花泡桐丛枝病苗进行巴豆酰化修饰组学分析，并对发生修饰的蛋白质进行功能富集分析。本研究不仅提供了泡桐中发生巴豆酰化修饰的蛋白质信息，而且为解析巴豆酰化修饰在泡桐丛枝病中的作用提供了数据支撑。

一、总蛋白巴豆酰化 Western blot 检测

巴豆酰化是新发现的组蛋白修饰类型，主要发生在转录活性区域及增强子区域的赖氨酸残基上。组蛋白巴豆酰化修饰能促进转录从而调控基因的表达。多项研究发现巴豆酰化修饰不仅可以发生在组蛋白上，在非组蛋白上也有大量修饰位点被发现，而且大部分与细胞信号转导有关。为了解泡桐丛枝病发生过程中蛋白质赖氨酸巴豆酰化修饰的基本情况，本研究利用赖氨酸巴豆酰化泛抗体对泡桐总蛋白质进行 Western blot 分析。结果表明，除组蛋白外（11～15kDa 或约 26kDa），在不同浓度、不同时间点处理的泡桐样本中还发现许多清晰或呈明显弥散的非组蛋白巴豆酰化条带（图 9-13）。同时，在不同浓度及不同处理时间条件下泡桐蛋白质的巴豆酰化水平都发生了明显的变化。这一结果也说明，蛋白巴豆酰化修饰可能在泡桐丛枝病发生过程中发挥着重要作用。

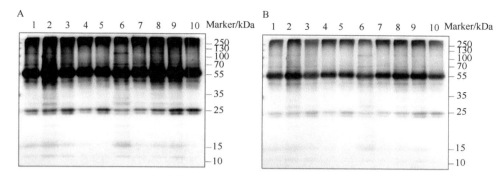

图 9-13　Western-blot 分析不同试剂处理下泡桐蛋白巴豆酰化的总体情况

A. MMS 处理样本蛋白巴豆酰化；B. 利福平处理样本蛋白巴豆酰化

二、巴豆酰化位点、肽段及蛋白质的鉴定

在本研究中，利用巴豆酰化修饰泛抗体富集 Kcr 多肽并结合 MS 质谱分析及生物信息学预测等方法对可能的非组蛋白巴豆酰化修饰进行鉴定。在本研究中，检测到的多肽的质谱错误率都小于 5ppm，表明质谱数据准确可靠。鉴定到的多肽长度基本都在 7～20 个氨基酸范围内，这也与胰蛋白酶酶解蛋白质的特性相一致，说明样本准备过程操作正确（图 9-14）。每个样本 3 个生物学重复，最终在两种试剂处理条件下分别鉴定到 6093 个（6060 个泡桐蛋白质修饰位点、33 个丛枝植原体蛋白质修饰位点）（利福平处理条件下）和 10 202 个（10 168 个泡桐蛋白质修饰位点、34 个丛枝植原体蛋白质修饰位点）（MMS 处理条件下）个修饰位点，分别对应 2469 个（2454 个泡桐蛋白质、15 个丛枝植原体蛋白质）和 2949 个修饰蛋白质（2927 个泡桐蛋白质、22 个丛枝植原体蛋白质）。平均的巴豆酰化修饰水平分别为 2.47（利福平处理条件下）和 3.46（MMS 处理条件下）。在利福平处理组中，这些鉴定到的修饰蛋白中有 1192 个蛋白质具有一个修饰位点，503 个蛋白质具有 2 个修饰位点，287 个蛋白质具有 3 个修饰位点，487 个蛋白质具有 4 个及以上的修饰位点。同样地，在 MMS 处理组中，大部分发生巴豆酰化修饰的蛋白质具有 1～2 个修饰位点。此外，本研究还发现在两种试剂处理下分别有 36 个（MMS 处理样本）和 29 个（利福平处理样本）修饰位点发生于组蛋白上。这些结果表明泡桐的多个生物学过程和蛋白质功能普遍受到巴豆酰化修饰调控。在这两种试剂处理条件下同时发生巴豆酰化修饰的蛋白质有 1790 个，有 933 个蛋白质可以同时发生乙酰化和巴豆酰化两种修饰，该结果为研究者全面认识泡桐中乙酰化和巴豆酰化修饰提供了数据支撑。

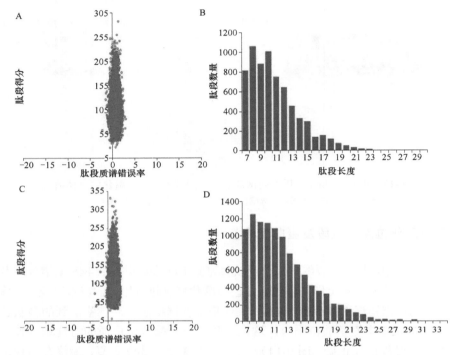

图 9-14　两种试剂处理下巴豆酰化肽段质量误差和肽段长度

A. MMS 处理样本肽段质量误差；B. 巴豆酰化肽段长度分布；C. 利福平处理样本肽段质量误差；D. 巴豆酰化肽
段长度分布

三、巴豆酰化蛋白功能分类、motif 及二级结构分析

　　为深入了解发生巴豆酰化修饰的蛋白质在泡桐中所参与的生物学过程，本研究对鉴定到的修饰蛋白质进行了亚细胞定位分析和 GO 功能分类。结果表明，在两种试剂处理条件下大部分发生巴豆酰化修饰的蛋白质都定位于叶绿体、细胞质和细胞核中，表明巴豆酰化修饰蛋白广泛存在于泡桐中。分子功能分析显示两种试剂处理条件下发生巴豆酰化修饰的蛋白质呈现出相同的表达模式，并且大部分蛋白质都参与了核糖体结构、铜离子结合、丙酮酸代谢和三羧酸代谢等过程。这些结果与乙酰化修饰蛋白的功能富集结果相一致，说明巴豆酰化蛋白在泡桐代谢过程中也发挥重要的调控作用。结构域分析结果表明两种试剂处理条件下发生修饰的蛋白结构域有所不同，在利福平处理条件下这些巴豆酰化蛋白主要包含的结构域有蛋白酶体亚基、乙醇脱氢酶 GroEs-like 结构域和糖基水解酶家族等，而在 MMS 处理条件下的巴豆酰化修饰蛋白的主要结构域有 RNA 识别 motif 结构域、乙醇脱氢酶 GroEs- like 结构域和糖基水解酶家族等，这也暗示了两种试剂处理对蛋白质的影响不同。

　　巴豆酰化修饰位点附近氨基酸序列特异性分析结果显示两种试剂处理条件下

分别鉴定到 22 个（利福平处理条件下）和 28 个（MMS 处理条件下）motif（图 9-15）。

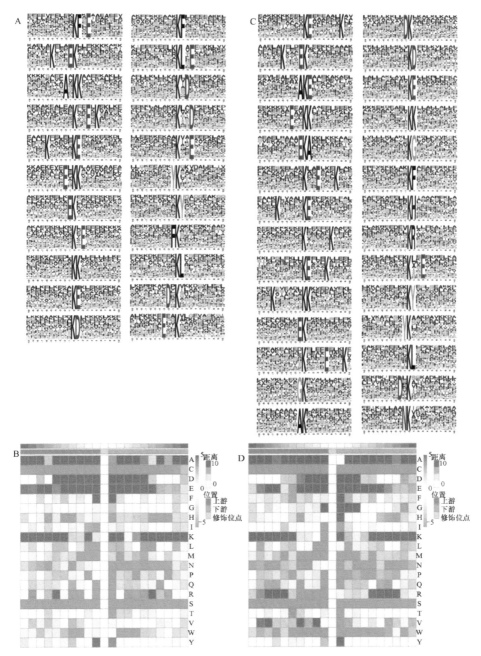

图 9-15　MMS 和 Rif 处理样本巴豆酰化蛋白 motif 及 intensity map 分析

A. MMS 样本 motif；B. MMS 样本 intensity map；C. Rif 样本 motif；D. Rif 样本 intensity map

两种试剂处理条件下这些 motif 中的 KE、EK、KD、YK、AK、DK、K***EK、KE***K、KE******K、K*****EK、KD 和 K*****K（*代表任意氨基酸）在其他物种中已有报道（Liu et al.，2018a；Sun et al.，2017a；Sun et al.，2019a；Wei et al.，2017a），说明一些巴豆酰化修饰蛋白在不同物种中是保守的，可能调控功能保守的蛋白质。同时，还有一些 motif 是在本研究中首次发现。在利福平处理条件下，本研究发现 EK、KD、EK、GK、KD 和 K*****K 的丰度要比其他 motif 高；同样地，在 MMS 处理条件下，也发现了相似的结果，这就表明巴豆酰化优先发生在谷氨酸、丙氨酸和赖氨酸附近的赖氨酸残基上，这也与 intensity map 结果相一致（图 9-15）。进一步分析发现，在两种修饰组学中同时存在的修饰位点 motif 为 K*****KE、K***EK、D*K、EK、KD、KE、KF、KK、KL、K**E、KY 和 YK，这些结果表明拥有较长侧链的氨基酸更容易发生酰化修饰。

　　巴豆酰化修饰的蛋白质的二级结构分析结果显示，在两种试剂处理条件下发生修饰的巴豆酰化位点的分布情况与乙酰化和磷酸化的趋势一致，更倾向分布于无规则卷曲结构中。这个结果与在烟草中的发现不一致，烟草中鉴定到的修饰位点大部分分布于 α 螺旋中，这可能与物种的特异性有关。同时，表面可及性分析结果显示，与所有的赖氨酸残基相比，在两种试剂处理条件下发生修饰的赖氨酸的可及性仅略有下降（图 9-16），说明赖氨酸巴豆酰化修饰没有改变泡桐蛋白质表面的可及性。

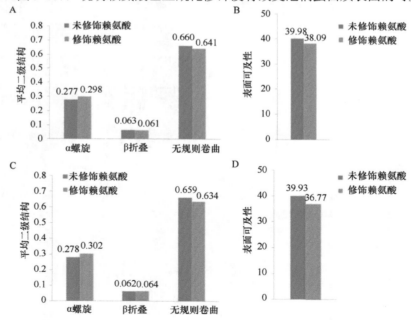

图 9-16　两种试剂处理样本巴豆酰化蛋白二级结构分析和表面可及性分析

A. MMS 处理样本巴豆酰化蛋白二级结构；B. MMS 处理样本巴豆酰化蛋白表面可及性；C. 利福平处理样本巴豆酰化蛋白二级结构；D. 利福平处理样本巴豆酰化蛋白表面可及性

四、保守巴豆酰化蛋白的鉴定

为分析巴豆酰化蛋白是否在不同物种中也具有保守性的特点，本研究对泡桐的巴豆酰化蛋白与已报道的 4 个物种的已知巴豆酰化蛋白进行了同源比较鉴定。结果发现，在两种试剂处理条件下鉴定到的巴豆酰化蛋白中，MMS 处理组有 371 个在其他 4 个物种中有同源蛋白，利福平处理组中分别有 2428 个、2365个、319 个和 2318 个同源蛋白存在于烟草、水稻、木瓜和茶树中，有 41 个泡桐特有的巴豆酰化蛋白。通过对比两种试剂处理条件下的保守蛋白质个数，本研究发现在木瓜中鉴定到的保守蛋白质个数最少，可能的原因是木瓜和泡桐的进化关系较远，导致同源性较低。对这些保守的巴豆酰化修饰蛋白进行功能分析发现它们主要参与核糖体、光合作用和能量代谢等生物学过程，说明巴豆酰化可以调控不同植物中保守蛋白质的功能。

五、差异巴豆酰化修饰蛋白的鉴定

为研究丛枝植原体入侵前后泡桐蛋白质的巴豆酰化水平是否发生变化，本研究对两种试剂处理条件下的巴豆酰化修饰蛋白位点进行差异分析。在 MMS 处理组和利福平处理组中，本研究分别定量到 9204 个和 4279 个巴豆酰化修饰位点。不同试剂、不同处理条件下的差异巴豆酰化修饰蛋白数量如表 9-3 所示，从表中可知，两种试剂在高浓度处理条件下蛋白质的表达趋势相似，即随着处理时间的延长，差异蛋白质数量先减少后增多，增多可能是由于处理过程中试剂抑制了泡桐蛋白质的表达，随着时间延长，试剂的作用减弱，该部分蛋白质的表达恢复正常；低浓度处理时，两种试剂发生修饰的蛋白质的表达趋势不一样，可能是由于试剂的作用对发生修饰蛋白质的影响不一样造成的，利福平处理对巴豆酰化蛋白的影响主要集中在处理的前几天，因此影响了大部分巴豆酰化修饰蛋白的表达，而 MMS 处理对巴豆酰化蛋白的影响主要集中在处理后期，恢复过程是泡桐逐渐发病的过程，在此过程中两种试剂处理条件下发生修饰的蛋白质表达趋势也不一致，利福平处理后恢复过程差异修饰蛋白质数量是增多的；MMS 处理后恢复过程差异修饰蛋白质是降低的，这与它们对巴豆酰化修饰蛋白的作用原理是一致的，MMS 处理对巴豆酰化蛋白质的作用在后期，因此在刚开始恢复阶段大部分巴豆酰化修饰蛋白质的表达情况是处于抑制状态，随后逐渐正常表达。

为分析与泡桐丛枝病发生相关的巴豆酰化修饰蛋白在不同处理条件下的表达情况，本研究对两组试剂处理后定量到的蛋白质修饰位点进行了方差分析（ANOVA）。在 MMS 处理组中共鉴定到 2397 个巴豆酰化蛋白位点（6 个丛枝植原体巴豆酰化修饰蛋白位点、2391 个泡桐巴豆酰化修饰蛋白位点）在不同处

表 9-3　白花泡桐不同比较组中差异巴豆酰化修饰蛋白及位点个数

类型	利福平处理组			MMS 处理组		
	比较组	上调	下调	比较组	上调	下调
位点	PFIL100-10 vs. PF	173	133	PFIM60-10 vs. PF	77	290
蛋白质		125	98		68	157
位点	PFIL100-15 vs. PF	106	103	PFIM60-15 vs. PF	61	188
蛋白质		87	82		54	108
位点	PFIL100-20 vs. PF	111	112	PFIM60-20 vs. PF	175	380
蛋白质		82	91		134	239
位点	PFIL100-5 vs. PF	187	131	PFIM60-5 vs. PF	272	652
蛋白质		141	102		171	282
位点	PFIL30R-20 vs. PF	86	108	PFIM20R-20 vs. PF	143	255
蛋白质		74	84		116	155
位点	PFIL30R-40 vs. PF	126	98	PFIM20R-40 vs. PF	144	183
蛋白质		98	77		92	113
位点	PFIL30-10 vs. PF	69	76	PFIM20-10 vs. PF	344	472
蛋白质		56	61		255	246
位点	PFIL30-30 vs. PF	76	92	PFIM20-30 vs. PF	136	218
蛋白质		59	70		87	134
位点	PFI vs. PF	103	80	PFI vs. PF	251	405
蛋白质		79	67		165	211

理时间或处理浓度条件下存在差异（FDR＜0.01），对应 1092 个蛋白质（3 个丛枝植原体蛋白质、1089 个泡桐蛋白质）。这些巴豆酰化蛋白包含了一些重要的调节因子，如核糖体蛋白、光合系统相关蛋白以及参与氧化还原的酶等，这也表明了巴豆酰化广泛参与了泡桐的生物学过程。对这些差异蛋白进行 KEGGd 代谢通路富集分析表明，这些巴豆酰化蛋白主要富集在核糖体、乙醛酸和二羧酸代谢以及光合有机体碳固定等代谢通路。同样地，在利福平处理组中鉴定到 905 个蛋白巴豆酰化修饰位点（7 个丛枝植原体巴豆酰化修饰蛋白位点、898 个泡桐巴豆酰化修饰蛋白位点）在不同处理时间或处理浓度条件下存在差异（FDR＜0.01），对应 594 个蛋白质（4 个丛枝植原体蛋白质、590 个泡桐蛋白质）。KEGG 代谢通路富集分析表明该试剂处理条件下的巴豆酰化蛋白主要富集在核糖体、硫代谢、糖酵解/糖异生和脂肪酸代谢等通路中。这些结果表明在泡桐丛枝病发生过程中，巴豆酰化修饰主要参与了蛋白质合成和能量代谢等生物学过程。

对 ANOVA 分析得到的显著差异表达巴豆酰化修饰位点进行表达模式聚类分析，最终在 MMS 处理组中筛选得到 209 个巴豆酰化蛋白修饰位点（204 个泡桐蛋白质修饰位点、5 个丛枝植原体蛋白质修饰位点），对应 131 个蛋白质（129 个泡桐蛋白质、2 个丛枝植原体蛋白质）。根据巴豆酰化蛋白在不同处理浓度、不同处理时间的表达趋势，本研究利用 Mfuzz 方法将这些发生修饰的蛋白质分为 10 个类群（图 9-17）。对这 10 个类群中的修饰蛋白质表达趋势进行分析，可将其分为以下几个大类。第一类包含类群 2、类群 6、类群 7 和类群 10，这 4 个类群包含 127 个修饰位点，对应 95 个修饰蛋白质，这些蛋白质的变化趋势较为相似，即在低浓度处理下变化缓慢或者先降低随后升高，在恢复发病阶段也是先降低后升高，而高浓度处理条件下不断升高后变化缓慢；第二类包含类群 1 和类群 4，这两个类群中的蛋白质修饰水平在低浓度试剂处理时先增加后降低，在恢复阶段先升高后变化缓慢，在高浓度处理时这些蛋白质的修饰水平先降低后不变然后再降低，这两个类群包含 69 个修饰位点，对应 49 个修饰蛋白质。剩余的几个类群变化趋势随处理浓度和处理时间变化各异。这些蛋白质不同修饰水平的变化可能是由于转移酶和去修饰酶的共同调控作用，也可能是由于在不同的生命阶段发挥的生

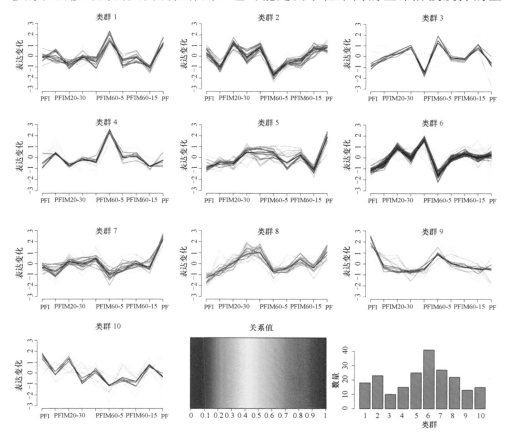

图 9-17　MMS 处理样本巴豆酰化蛋白位点趋势聚类

物学功能不同所引起的。最终依据功能分析、趋势聚类以及前期文献报道筛选出类群 6 和类群 9 所含的修饰蛋白质可能与丛枝病的发生有密切关系，这两个类群包含 54 个修饰位点，对应 29 个蛋白质。这些蛋白质功能涉及较多，主要与氧化还原酶相关。

对利福平处理组的修饰蛋白质也进行差异分析，共得到 310 个巴豆酰化修饰位点（303 个泡桐蛋白质修饰位点、7 个丛枝植原体蛋白质修饰位点），对应 214 个修饰蛋白质（210 个泡桐蛋白质、4 个丛枝植原体蛋白质）。趋势聚类分析结果显示这些修饰蛋白质位点也可分为 10 个类群（图 9-18）。对这 10 个类群中的修饰蛋白质表达趋势进行分析，可将其分为以下几个大类：第一类包含类群 8 和类群 10，这两个类群包含 37 个修饰位点，对应 27 个修饰蛋白质，这两个类群中的蛋白质修饰水平表达趋势一致，即随着处理时间或处理浓度的变化表现出先升高再降低再升高后续变化缓慢的趋势；第二类包含类群 2 和类群 4，这两个类群中的蛋白质功能主要与光合作用和叶绿素合成等相关；第三类包含类群 1、类群 5 和

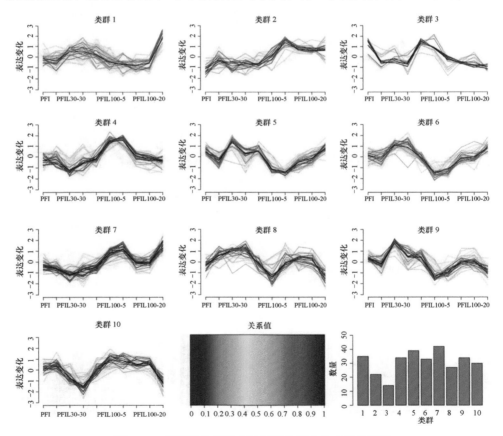

图 9-18　利福平处理样本巴豆酰化蛋白位点趋势聚类

类群 6，这三个类群包含的蛋白修饰水平随处理时间和处理浓度表现出先降低、再升高、再降低的变化趋势，蛋白质功能主要是光合作用等。剩下的几个类群我们将其归为第四类，在这类中几个类群的修饰水平变化不同。这些差异变化可能是不同的蛋白质功能决定的。依据上述 MMS 样本分析原则，最终筛选出类群 2、类群 3 和类群 6 所含的修饰蛋白质可能与丛枝病的发生有密切关系，这三个类群包含 61 个修饰位点，对应 59 个蛋白质。这些蛋白质功能涉及较多，主要是与核糖体蛋白和酶活性相关。

同样地，蛋白巴豆酰化修饰水平也是由修饰酶和去修饰酶的动态变化所决定的，因此不同时间点蛋白质的修饰水平可能存在差异。为了最大范围地筛选与丛枝病发生相关的巴豆酰化修饰蛋白，本研究将两种试剂处理条件下得到的可能与丛枝病发生相关的巴豆酰化修饰蛋白作为最终潜在的、与丛枝病发生相关的蛋白质。本研究最后得到 121 个蛋白修饰位点可能与丛枝病的发生相关，对应 75 个修饰蛋白，通过对这些修饰蛋白质进行功能分析发现，这些蛋白质主要参与核糖体蛋白、光合作用、能量代谢和氧化还原等生物学过程。感染丛枝病的泡桐，通常情况下光合作用降低，这也与前期的研究结果相一致。

蛋白磷酸化和乙酰化是研究得最多、最透彻的蛋白质翻译后修饰，而巴豆酰化修饰作为新兴的蛋白质翻译后修饰，最近也引起了研究者的广泛关注。研究表明，乙酰化转移酶和蛋白激酶催化的蛋白修饰能够识别特定的氨基酸序列，即其底物的磷酸化或乙酰化位点附近的氨基酸有一定的保守性，如在沼泽假单胞菌中的乙酰化转移酶 RpPat 能够识别并乙酰化 PK/RTXS/T/V/NGKX2K/R（Crosby et al.，2014）。在本研究中，除了磷酸化和乙酰化外，还发现发生巴豆酰化修饰的赖氨酸附近的氨基酸也有一定的保守性。例如，14-3-3 的不同亚型乙酰化肽段含有 KcrE 和 AKcr 基序，26S 蛋白酶体的不同调控亚基乙酰化肽段含有 KcrY 和 K******KcrK 等基序，乙酰辅酶 A 乙酰基转移酶的乙酰化肽段含有 AKcr、GKcr 和 KcrR 等基序。14-3-3 蛋白在调控植物响应病原菌侵染的防御反应中起到重要作用（Oh et al.，2010；Teper et al.，2014），26S 蛋白酶体是生物体内降解蛋白质的主要途径，前期有研究表明植原体分泌的效应因子引起丛枝病主要是依赖于 26S 蛋白酶体途径（MacLean et al.，2011），蛋白质的巴豆酰化修饰可能会引起这些蛋白质的空间构象或功能发生变化，推测这些蛋白质的巴豆酰化修饰可能与丛枝病症状的产生具有一定的关系，但具体机制还有待后续试验进一步验证。

六、蛋白磷酸化、乙酰化和巴豆酰化修饰相互作用

生物体中，蛋白质的各种翻译后修饰过程相互影响、相互协调，共同调控生命体的活动。本研究在 MMS 处理组中分别鉴定到 2322 个、2630 个和 2927 个磷

酸化、乙酰化和巴豆酰化蛋白，在利福平处理组中分别鉴定到 4089 个、2494 个和 2454 个磷酸化、乙酰化和巴豆酰化蛋白。为确定在丛枝病发生过程中，这三种修饰之间是否存在相互作用，本研究将两种试剂处理条件下鉴定到的蛋白质进行两两修饰组学比对，如图 9-19 所示，在 MMS 处理组中有 841 个蛋白质同时发生了磷酸化和乙酰化修饰，1613 个蛋白质同时发生了乙酰化和巴豆酰化修饰，922 个蛋白质同时发生了磷酸化和巴豆酰化修饰，同时本研究还发现有 573 个蛋白质同时发生了三种修饰。通过对这些同时发生三种修饰的蛋白质进行功能分析，发现它们主要富集在核糖体结构、RNA 结合、蛋白质特定结构域结合、单羧酸生物合成、翻译终止和核苷酸磷酸化等生物学过程。KEGG 代谢通路分析显示，它们主要参与了光合作用、生物有机体碳固定和光合作用天线蛋白等代谢通路。同样地，在利福平处理组中，有 1489 个蛋白质同时发生了乙酰化和巴豆酰化修饰，有 492 个蛋白质同时发生了巴豆酰化和磷酸化修饰，有 557 个蛋白质同时发生了磷酸化和乙酰化修饰，有 312 个蛋白质同时发生了三种修饰。GO 功能富集显示同时发生三种修饰的蛋白质主要富集在光受体活性、RNA 结合、原叶绿素酸酯还原酶活性、糖异生、调控 miRNA 代谢和核苷酸磷酸化等生物学过程。代谢通路分析发现这些发生三种修饰的蛋白质主要参与了生物有机体碳固定、光合作用天线蛋白和卟啉和叶绿素代谢这几个生物学过程。进一步对两种试剂处理下同时发生三种修饰的蛋白质进行分析显示，179 个蛋白质在两种试剂处理下同时发生了三种修饰，这些蛋白质大都定位在叶绿体中，并且参与糖酵解/糖异生、光合作用、核糖体和 RNA 转运等代谢通路。本研究及前期的文献都表明乙酰化和巴豆酰化修饰的主要作用是调控碳代谢和光合作用。本研究进一步分析发现在光合作用中有 8 个蛋白质同时发生了磷酸化、乙酰化和巴豆酰化修饰，表明这三种修饰在调控感染丛枝病泡桐的光合作用中起到重要作用。光合作用是植物有机体生命活动最重要的代谢过程，主要发生在叶绿体中，其基本过程是将光能转化为化学能，并将其储存在糖键中。植原体入侵能引起泡桐光合作用降低，因此，三种蛋白质翻译后修饰在丛枝病发生的过程中有重要的调控作用。值得注意的是，本研究中还发现三个参与卟啉和叶绿素代谢的蛋白质，已知在感染植原体的泡桐中叶绿素合成减少，而叶绿素是光合作用的主要色素，因此该结果揭示了三种修饰可能在调控患丛枝病泡桐光合作用降低中发挥作用。

有机体蛋白质组的重要特征就是通过翻译后修饰来调节和精细调控蛋白质的功能。作为两种在原核生物和真核生物中研究最为广泛的蛋白质翻译后可逆修饰，蛋白磷酸化和乙酰化积极参与各种细胞活动，具有多种生物学功能。巴豆酰化修饰是新型蛋白翻译后修饰，在染色体构象和调控基因表达方面有重要的作用。因此，这三种修饰机制之间的相互作用对于调节细胞活动具有非常重要的意义。然而，到目前为止，磷酸化和乙酰化这两个组学的联合分析只在有限的物种中有报道，巴豆酰化也仅在 4 个植物中有研究。同时，有关这三个修饰组学的联合分析在植物中的研究还未见报道，尤其是在植原体感染的泡桐中。蛋白质的不同修饰类型之间相互协作，共同调控有机体的生命活动。泡桐在丛枝病的发生是一个复杂的过程，不同的表型症状可能是由不同的因素所调控的。因此，系统研究不同的蛋白质翻译后修饰并分析它们之间的相互关系，是阐明丛枝病发生分子机制的有效途径。

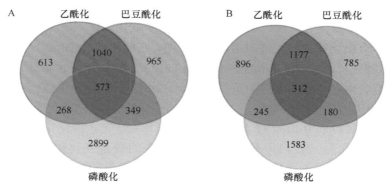

图 9-19 同时发生三种修饰的蛋白质
A. MMS 处理样本；B. 利福平处理样本

本研究系统地分析了两种不同试剂处理条件下泡桐的蛋白磷酸化、乙酰化和巴豆酰化修饰的变化情况。利用抗体富集和质谱技术，本研究证实了泡桐中蛋白磷酸化、乙酰化和巴豆酰化之间存在一定的相关性。在两种试剂处理条件下，本研究共找到了 179 个同时发生三种修饰的蛋白质，这些蛋白质位于多种细胞组分中，调控多种生物学功能。磷酸化在细胞信号转导系统中扮演着重要的角色，乙酰化和巴豆酰化在能量代谢和光合作用中有重要的作用。这也说明蛋白磷酸化修饰、乙酰化修饰和巴豆酰化修饰在泡桐丛枝病发生过程中具有重要的调控作用。为了证实这一假设，本研究又进一步对这些同时发生三种修饰的蛋白质进行了 GO 功能注释和 KEGG 代谢通路分析，结果表明参与糖酵解/糖异生、光合作用、核糖体和 RNA 转运等途径的蛋白质由这三种蛋白质翻译后修饰共同调控，表明植原体入侵可能影响上述生物学过程的变化，但这仅仅是推测，还需后续进一步的实验验证。

本研究分别利用 MMS 和利福平两种试剂的高浓度和低浓度处理来模拟植原体入侵和在泡桐体内丛枝植原体消失的过程。蛋白质组和三个修饰组学中，通过 Mfuzz 聚类对 18 个样本的修饰组数据进行趋势分析，最终分别找到 80 个、79 个、167 个和 75 个与丛枝病发生相关的磷酸化、乙酰化和巴豆酰化修饰蛋白。但是本研究还发现一些表达变化不明显的蛋白质不一定与丛枝病发生无关；另一些在蛋白质水平表达无差异但修饰水平上有差异的蛋白质也参与了泡桐的多个生物学途径，可能与丛枝病某些形态的变化有直接的关系。另外，通过趋势聚类分析会隐藏一些与丛枝病相关的修饰或非修饰蛋白质，因此后续还需要进一步挖掘 Mfuzz 聚类分析的数据。

大量文献报道感染植原体的泡桐会出现一系列畸形症状，如腋芽丛生、叶片发黄、节间变短、叶片皱缩和花变叶等。丛枝病的发生是个复杂精细的过程，这些症状可能是由不同的机制调控的。蛋白乙酰化可以通过影响酶的活性或蛋白质的功能来调节细胞的代谢状态（Walley et al.，2018）。在植原体入侵的植物中已发现了光合作用降低的相关酶，如参与淀粉合成的 RuBisCO。RuBisCO 是限制植物光合作用和有机物积累的关键因素。研究表明，在植物中 RuBisCO 特定位点的乙酰化修饰能够降低其活性（Finkemeier and Leister，2010；Gao et al.，2016）。同时，有研究表明在植原体入侵的植物中光合作用会降低，RuBisCO 活性的降低可能是光合作用下降的关键因素，这在前期的毛泡桐研究中已得到证实。在本研究中，编码 RuBisCO 和 RuBisCO 小亚基的蛋白质均发生了乙酰化修饰，且 RuBisCO 修饰水平的变化与丛枝植原体在泡桐植株体内的含量变化情况是一致的，而 RuBisCO 的小亚基修饰水平与泡桐植株体内植原体含量的变化不一致。本研究发现 RuBisCO 小亚基同时还发生了巴豆酰化修饰，并且修饰水平在患丛枝病的植株体内升高，那么最终引起 RuBisCO 活性降低的原因一方面可能是由于这两种修饰之间的竞争关系和 RuBisCO 大亚基这三者之间共同调控引起的，另一方面也可能仅仅是 RuBisCO 大亚基引起的，但这还需要本研究进一步的实验验证。在毛泡桐中我们检测到 RuBisCO 的大亚基发生了乙酰化修饰，且通过体外酶活实验验证了修饰水平的增加降低了 RuBisCO 的活性（Cao et al.，2019）。两次实验中检测到的修饰亚基不同的原因可能是由于蛋白质的乙酰化修饰是个动态变化的过程，在某些采样时间点，它的修饰水平未能符合本研究预期的蛋白质表达丰度趋势，这也反过来说明了乙酰化修饰的可逆性。综上情况，说明 RuBisCO 的乙酰化可能与丛枝病光合作用的降低相关。

叶片变黄是泡桐丛枝病发生的另一个典型症状，该症状可能是由于较低的叶绿素含量导致的。原叶绿素酸酯还原酶（POR）可以催化原叶绿素形成叶绿素，该酶在叶绿素生物合成中起主要的调控作用。据报道，在蓝藻 por 突变体中，叶绿素的含量降低（Kada et al.，2003）。在本研究中，发现 POR 的乙酰化修饰水平在受感染的幼苗中升高，同时该酶在毛泡桐中的修饰水平也发生了同样的变化，且乙酰化修饰负调控 POR 的活性（Cao et al.，2019）。值得注意的是，POR 还发生了巴豆酰化和琥珀酰化修饰。那么该酶活性的降低是不是由这三种修饰同时介导的目前还不清楚，这需要后续试验进一步验证（Cao et al.，2019）。此外，本研究在毛泡桐健康植株和感染丛枝病的植株中检测到叶绿素 a 和叶绿素 b 的含量要低于健康植株中的含量，这说明 POR 的乙酰化修饰导致了酶活的降低，同时也表明 POR 与叶绿素的合成相关。这些结果表明患病泡桐叶片黄化可能与乙酰化修饰之间存在密切的关系。

　　植物的免疫系统能够识别外源病原菌或微生物，并通过调控一些蛋白质的磷酸化和去磷酸化事件来激活植物的防御反应（Park et al.，2012）。丝裂原活化蛋白激酶（MAPK）和磷酸酶调控的级联反应主要是通过改变下游靶标蛋白的磷酸化状态向细胞内转导受体产生的信号，这些级联反应对寄主植物产生的抗性反应具有重要作用（Meng and Zhang，2013）。磷酸化和去磷酸化的级联能够激活植物的防御反应，包括调节一些转录因子和酶的反应，最终引起寄主生成一些防御相关的激素或抗菌化合物（Tena et al.，2011）。*CTR1* 是乙烯信号转导中的负调控元件，能够编码一个 Raf-like 丝氨酸/苏氨酸蛋白激酶，该酶属于丝裂原活化蛋白激酶，位于乙烯受体的下游能够并参与 MAPK 介导的级联反应。CTR1 的磷酸化在其活性与非活性状态中发挥重要的作用，磷酸化能够激活其活性状态（Mayerhofer et al.，2012）。在 *ctr1* 突变体中，拟南芥表现出持续的乙烯信号转导反应（Bleeker et al.，2000）。乙烯不敏感因子 *EIN2* 和 *EIN3* 是 *CTR1* 的直接上位效应基因，这两个因子中的任意一个突变都能导致植物对乙烯不敏感（Bleeker et al.，2000）。*EIN3* 主要是作为转录因子调控乙烯响应因子的表达。有研究表明，乙烯响应因子 *AP1* 与花发育有直接关系，在植原体入侵的拟南芥中 AP1 被 26S 蛋白酶体降解，拟南芥植株表现出花变叶的典型症状（MacLean et al.，2014）；在本研究中发现，患丛枝病的泡桐中 CTR1 的磷酸化水平要高于健康植株。CTR1 和 EIN3 具有拮抗作用，表明 CTR1 活性的升高意味着 EIN2 的减少，而其调控的转录因子的表达也会随之减少，这也可能是引起花不育的直接原因。这些结果表明 CTR1 磷酸化可能与感染植原体的泡桐表现出花不育有一定的关系。同时还有研究发现，在病原菌感染的小麦中，TaEIL1 的表达量上调，使其抗病性增强。TaEIL1 是 EIN3 的同源物，表明 EIN3 在植物抗病中起到关键作用。上述结果也暗示着 CTR1 磷酸化的增强可能会引起泡桐抵抗植原体入侵的能力降低，导致泡桐防御系统被破坏，从而引起植原体在泡桐体内大量繁殖。

　　除了上述几个修饰蛋白质与泡桐丛枝病的发生有一定的关系之外，本研究还发现一些水通道蛋白在磷酸化组学中表达变化明显。有研究表明，致病原菌感染的植物中，水通道蛋白的含量会大量增加（Melo-Braga，2012）。但是磷酸化修饰与水通道蛋白在抗病反应中的关系目前还不清楚，这可能是我们后续研究的关注点。综上所述，本研究利用 PTMomics 方法研究了植原体入侵的幼苗中蛋白质修饰水平的变化情况。结果表明，在泡桐中蛋白磷酸化、乙酰化和巴豆酰化修饰广泛存在。最终，本研究通过分析找到了部分与丛枝病症状发生相关的修饰蛋白质。虽然这些修饰蛋白质的功能有待进一步验证，但本研究丰富了泡桐蛋白质修饰组学信息，同时也为解析泡桐丛枝病的发生机理奠定了重要的理论基础。

第十章 丛枝病发生与泡桐 ceRNA 变化关系

第一节 丛枝病发生与 ceRNA 表达谱分析

随着生物技术的蓬勃发展，在高通量测序的数据中出现了许多传统实验无法挖掘的 RNA。近几年流行的 lncRNA、circRNA 已成为了科研工作者新的研究热点。这类新型的非编码 RNA 除了转录调控等功能外，一个重要的功能是可吸附 miRNA，这种具有 miRNA 吸附作用的 RNA，称为竞争性内源 RNA（competitive endogenous RNA，ceRNA）。目前，常见的 ceRNA 有 lncRNA、miRNA 和 circRNA 等不同种类。miRNA 是一类长 20～25nt 的内源性、具有调控功能的非编码 RNA，其通过调节靶基因行使多种重要的调节作用；lncRNA 是长度大于 200 个核苷酸的非编码 RNA，参与生物体内多种调控过程；circRNA 是一类不具有 5′端帽子和 3′端 poly（A）尾巴，并以共价键形成环形结构的非编码 RNA，参与基因表达的转录和转录后调控（Li et al.，2019c）。目前，植物病害研究中，关于 mRNA、miRNA、lncRNA 和 circRNA 的研究越来越多（Fan et al.，2014；Gai et al.，2014；Wang et al.，2017c；Zhang et al.，2020）。在桑树黄化型萎缩病的研究中，鉴定出 75 个影响植原体入侵的 miRNA，其功能主要涉及植物激素信号转导和生长发育的调控（Gai et al.，2014）。在棉花黄萎病的研究中，发现 GhlncNAT-ANX2 和 GhlncNAT-RLP7 是与抗性相关的 lncRNA（Zhang et al.，2017）。在猕猴桃细菌性溃疡病研究中，鉴定到 ciRNA04898 和 ciRNA04177 在植物免疫中起重要作用（Wang et al.，2017b）。在之前的 PaWB 研究中，发现了一些 PaWB 相关的 mRNA、miRNA、lncRNA 和 circRNA（Liu et al.，2013；Fan et al.，2016；Wang et al.，2017c；李冰冰等，2018），但这些研究中部分是以转录组为背景，准确度不高，并且这些 RNA 分子之间的关联度不大，不利于后期的深入研究。鉴于白花泡桐在河南省种植面积较大，且基因组已测序，因此，本研究以白花泡桐基因组为背景，利用前期建立的泡桐丛枝病发生模拟系统，以 PF、PFI 及不同浓度的 MMS 和 Rif 处理的 PFI 等为材料，通过高通量测序，分析泡桐丛枝病发病不同阶段的 ceRNA 表达变化，为阐明 PaWB 发病机理提供理论基础。

一、白花泡桐转录本表达谱

（一）转录本的鉴定及功能分析

首先对经过 Illumina Hiseq 4000（PE150）测序下机的原始序列（raw data）进行预处理，原始序列文件内是一些 150bp 左右的短序列，这些短序列不能直接用于分析。为了确保分析结果的准确可信，采用 Cutadapt（Martin，2011）对原始数据进行预处理，去除测序接头和低质量的序列，本次测序得到 12 714 937 960 个原始序列，12 423 427 214 个高质量序列，Q20 大于 98.91%，Q30 大于 90.84%，结果表明测序质量可靠。Bowtie2（Langmead and Salzberg，2012）和 TopHat2（Kim et al.，2011）将高质量序列比对到白花泡桐基因组（http：//Paulownia.genomics.cn），比对率约为 65.69%。

与白花泡桐基因组比对后，将比对上的序列进行组装，结果共鉴定到 28 514 个转录本，其表达水平采用 FPKM 计算，不同样本中的表达丰度如图 10-1A 所示，说明样本重复性较好，可用于后续分析。本研究比较了各样本的表达量密度（图 10-1B），结果显示各样本的表达密度符合正态分布。

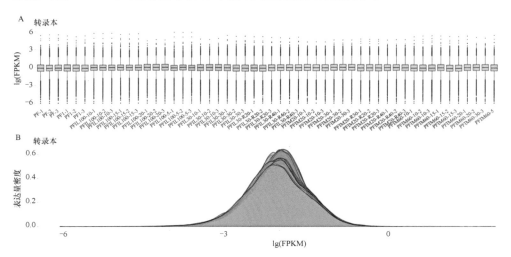

图 10-1　样本转录本表达量

A. 表达丰度；B. 表达量密度

为了研究白花泡桐转录本的功能，对其进行了 GO 和 KEGG 分析。GO 分类结果如图 10-2 所示，在生物过程类别中，占比最多的 5 类是生物过程（GO：0008150，biological process）、转录（GO：0006351，transcription，DNA-templated）、转录调控（GO：0006355，regulation of transcription，DNA-templated）、氧化还原

过程（GO：0055114，oxidation-reduction process）和蛋白磷酸化（GO：0006468，protein phosphorylation）；在细胞组分类别中，细胞核（GO：0005634，nucleus）、膜的组成部分（GO：0016021，integral component of membrane）、细胞质（GO：0005737，cytoplasm）、质膜（GO：0005886，plasma membrane）和叶绿体（GO：0009507，chloroplast）是占比较大的前 5 个；在分子功能类别中，分子功能（GO：0003674，molecular function）、转录因子活性（GO：0003700，transcription factor activity，sequence-specific DNA binding）、DNA 结合（GO：0003677，DNA binding）、ATP 结合（GO：0005524，ATP binding）和蛋白结合（GO：0005515，protein binding）是占比较大的前 5 个。随后又进行了 KEGG 分析，结果表明白花泡桐转录本一共参与了 138 条 KEGG 代谢通路，表 10-1 展示了参与转录本个数最多的前 20 条代谢通路，其中参与植物病原体相互作用（ko04626，plant-pathogen interaction）的转录本个数最多，其次是植物激素信号转导（ko04075，plant hormone signal transduction）、淀粉和蔗糖代谢（ko00500，starch and sucrose metabolism）、胞吞作用（ko04144，endocytosis）和碳代谢（ko01200，carbon metabolism）。

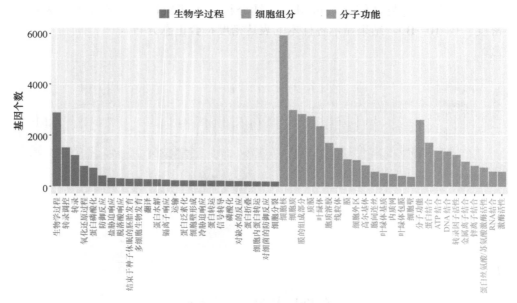

图 10-2　白花泡桐转录本的 GO 分类

表 10-1　白花泡桐转录本的 KEGG 分析

序号	代谢通路编号	代谢通路名称	基因个数
1	ko04626	植物-病原体相互作用	1043
2	ko04075	植物激素信号转导	791

续表

序号	代谢通路编号	代谢通路名称	基因个数
3	ko00500	淀粉和蔗糖代谢	609
4	ko04144	内吞作用	519
5	ko01200	碳代谢	478
6	ko03040	剪接体	474
7	ko04141	内质网中的蛋白质加工	455
8	ko03013	RNA 转运	447
9	ko01230	氨基酸的生物合成	441
10	ko03010	核糖体	390
11	ko00520	氨基糖和核苷糖代谢	390
12	ko03018	RNA 降解	363
13	ko00940	苯丙烷生物合成	306
14	ko00190	氧化磷酸化	282
15	ko04120	泛素介导的蛋白水解	266
16	ko03015	mRNA 代谢	264
17	ko00230	嘌呤代谢	258
18	ko00010	糖酵解/糖异生	244
19	ko00040	戊糖和葡萄糖醛酸相互转化	244
20	ko00561	甘油酯代谢	239

（二）丛枝病恢复和发病过程中白花泡桐转录本变化

为了探究 PaWB 发生和恢复过程中转录本的表达变化，本研究分析了不同样本间的情况，图 10-3A 展示了几个关键点的转录本表达量热图，结果表明，从表达量上来看，PF 和 PFIM60-20、PFIM30-30、PFIL100-20、PFIL30-30 这四个样本更接近，PFI 和 PFIM20-R40、PFIL30-R40 这两个样本更接近，这与本研究第二章中形态及植原体含量的变化情况相吻合，试剂处理后形态恢复健康的幼苗转录本表达量和 PF 接近，复培后又发病的幼苗转录本表达量和 PFI 接近。为了进一步研究转录本表达变化，以 PFI 为对照，将 PFI 和其他样本之间的差异表达转录本（differentially expressed transcript，DET）进行了比较（图 10-3B），结果发现在 MMS 和 Rif 高浓度处理后，DET 个数随着时间的增加呈下降趋势，但 MMS 和 Rif 处理组之间，相同处理时间点 DET 个数不同；在 MMS 和 Rif 低浓度处理中，DET 个数呈现先增加后减小的趋势，但两种试剂在相同处理时间点 DET 个数不同，可能是两种试剂的作用机理不同造成的。

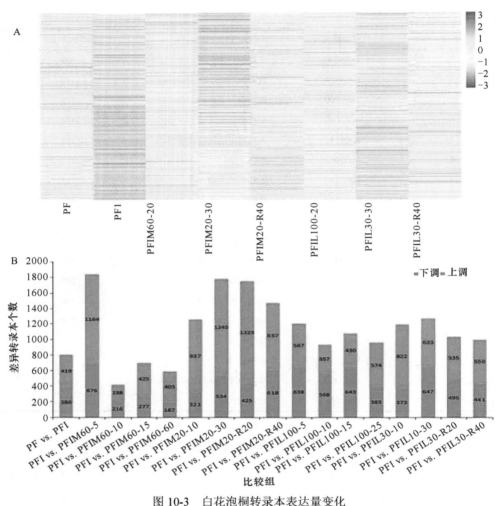

图 10-3　白花泡桐转录本表达量变化

A. 转录本表达量；B. 差异表达转录本

　　通过高通量测序，在 18 个样本中，鉴定到转录组本个数分别是 24 387（PF）、23 954（PFI）、23 634（PFIM60-5）、24 058（PFIM60-10）、23 986（PFIM60-15）、23 781（PFIM60-20），其他见图 10-4。60mg·L^{-1}MMS 处理的 4 个样本（PFIM60-5、-10、-15、-20）鉴定到的转录本个数比 100mg·L^{-1}Rif 处理的多，60mg·L^{-1}MMS 处理组的 4 个样本转录本数量变化趋势是先增加后减少，而 100mg·L^{-1}Rif 处理组（PFIL100-5、-10、-15、-20）是先增加后减少之后又增加，整体上 MMS 和 Rif 处理均呈增加趋势；20mg·L^{-1}MMS 处理的 4 个样本（PFIM20-10、-30、-R20、-R40）鉴定到的转录本个数和 30mg·L^{-1}Rif 处理的 4 个样本（PFIL30-10、-30、-R20、-R40）不同，其变化趋势均呈现先降低后升高之后又降低。结果表明，不同试剂对转录

本个数的影响不同，但对转录本个数变化趋势影响相同。该结果从转录本数量的变化验证了第二章建立泡桐丛枝病模拟系统的可靠性。

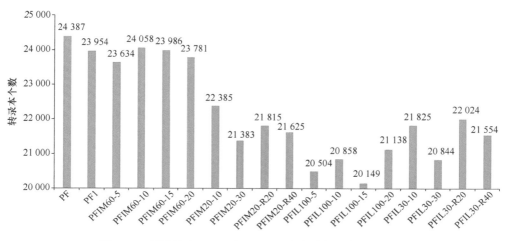

图 10-4　不同浓度 MMS 和 Rif 处理白花泡桐的转录本个数

（三）qRT-PCR 验证转录本的表达

为了验证测序的准确性，随机挑选了 10 个转录本进行 qRT-PCR 验证，从结果可以看出，测序结果和 PCR 结果整体变化趋势是一致的（图 10-5），证明了本次测序数据的可靠性。

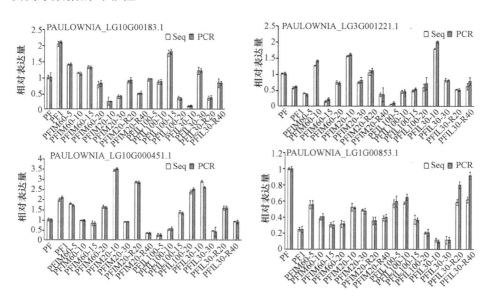

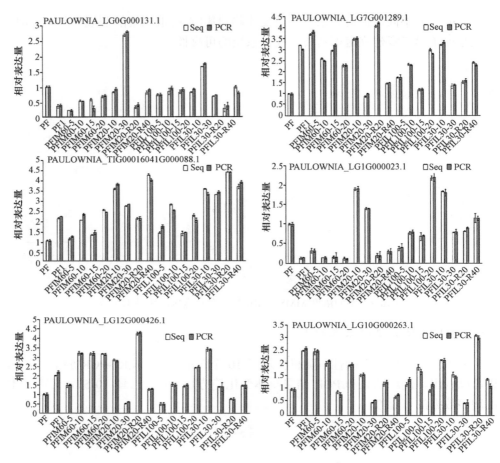

图 10-5 白花泡桐转录本的 qRT-PCR 验证

二、泡桐 miRNA 表达谱

（一）泡桐 miRNA 的鉴定及其靶基因预测

经 Illumina Hiseq 2500（SE50）lncRNA 测序获得原始数据 705 982 419 个序列。过滤掉以下序列：3′接头序列，碱基长度小于 18nt 的序列，富含（80%）A 或 C、G 或 T 的序列，只有 A、C 没有 G、T 或只有 G、T 没有 A、C，连续的核苷酸二聚体、三聚体。然后将测得序列与 mRNA、RFam（包含 rRNA、tRNA、snRNA 和 snoRNA 等）和 Repbase 数据库进行比对，过滤后得到高质量序列共 401 203 924 个，高质量序列用于 miRNA 的比对鉴定和预测分析。在比对到的 rRNA、snoRNA、snRNA、tRNA 等非 miRNA 中，rRNA 占比较大。对测序数据的长度分布进行统计，结果表明（图 10-6），长度分布范围为 18～25 nt，大部分在 20～24 nt，符合

Dicer 酶切割的特征，和之前研究的结果类似（徐恩凯，2015；王园龙，2016），说明测序数据可靠。

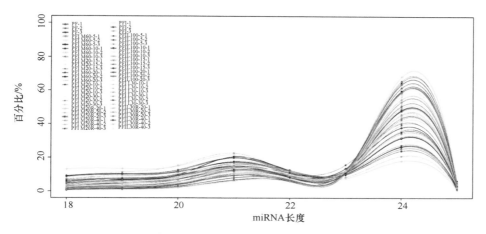

图 10-6　白花泡桐 miRNA 长度分布

通过与白花泡桐基因组和 miRbase 的比对，本研究共鉴定到 668 个 miRNA，其中 427 个是已知 miRNA，这些 miRNA 属于 86 个 miRNA 家族，44 个家族都是只有 1 个 miRNA；241 个是新 miRNA，属于 191 个家族，命名从 pf-mir1 到 pf-mir191。对已知 miRNA 的 86 个家族进行分析（图 10-7），结果表明 miRNA 个数最多的是 miR156 家族（30 个），其次是 miR166 和 miR169 家族（29 个），接下来是 miR160 家族（19 个），8 个 miRNA 家族有 2 个 miRNA，44 个 miRNA 家族只有 1 个 miRNA。

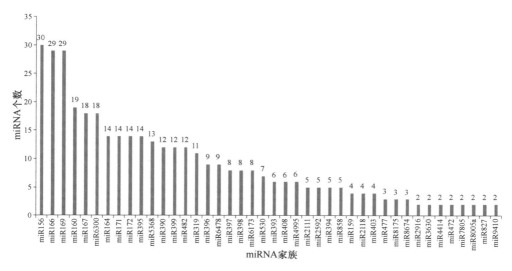

图 10-7　白花泡桐已知 miRNA 家族

为了研究这 688 个 miRNA 的功能，用 Target Finder 软件预测靶基因，总共 433 个 miRNA 预测出 4395 个靶基因，其中 385 个已知 miRNA，48 个新 miRNA。有些靶基因与 miRNA 是一对一，也有一对多的现象。例如，Paulownia_LG9G001240.1 是 4 个 miRNA 的靶基因，pf-mir108-3p 有 3 个靶基因。对这些靶基因进行 GO 分类，结果表明（图 10-8），靶基因分为三大类：生物过程这一类的 GO term 中，生物学过程（biological process，GO：0008150）、转录调控（regulation of transcription，GO：0006355）和转录（transcription，GO：0006351）是靶基因最多的三个；细胞组分这一类中，细胞核（nucleus，GO：0005634）、膜的整体组成（integral component of plasma membrane，GO：0005887）和细胞质膜（plasma membrane，GO：0005886）是占比最大的三个；分子功能分类中，靶基因个数最多的三个 GO term 是分子功能（molecular function，GO：0003674）、ATP 结合（ATP binding，GO：0005524）和蛋白质结合（protein binding，GO：0005515）。KEGG 分析结果显示，这些靶基因参与 134 条 KEGG 代谢通路，靶基因的基因个数最多的前 20 条如表 10-2 所示，其中植物-病原体相互作用（ko04626，Plant-pathogen interaction）是基因个数最多的，其次是植物激素信号转导（ko04075，plant hormone signal transduction）、淀粉和蔗糖代谢（ko00500，Starch and sucrose metabolism）。这一结果与转录组的 GO 和 KEGG 结果类似，说明这几个代谢通路可能与泡桐丛枝病发生相关。

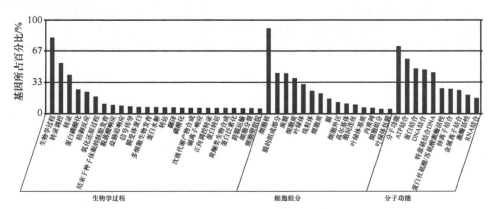

图 10-8　白花泡桐 miRNA 靶基因 GO 分类

表 10-2　白花泡桐 miRNA 靶基因 KEGG 分类

序号	代谢通路编号	代谢通路名称	靶基因个数
1	ko04626	植物-病原体相互作用	488
2	ko04075	植物激素信号转导	290
3	ko00500	淀粉和蔗糖代谢	225

续表

序号	代谢通路编号	代谢通路名称	靶基因个数
4	ko03040	剪接体	217
5	ko03013	RNA 转运	173
6	ko04144	内吞作用	165
7	ko03018	RNA 降解	151
8	ko01200	碳代谢	146
9	ko01230	氨基酸的生物合成	129
10	ko04141	内质网中的蛋白质加工	129
11	ko00520	氨基糖和核苷糖代谢	121
12	ko00190	氧化磷酸化	98
13	ko00940	苯丙烷生物合成	88
14	ko03008	真核生物中的核糖体生物发生	86
15	ko03010	核糖体	84
16	ko03015	mRNA 代谢	76
17	ko00240	嘧啶代谢	74
18	ko02010	ABC 转运	73
19	ko04146	过氧化物酶体	73
20	ko00561	甘油酯代谢	73

（二）丛枝病恢复和发病过程中白花泡桐 miRNA 变化

为了研究不同样本间 miRNA 表达变化情况，比较了 PFI 和其他样本之间的差异表达 miRNA（differentially expressed miRNA，DEM）个数，结果显示（图 10-9），60mg·L^{-1} MMS 处理组中 DEM 个数随着处理天数的延长先降低后升高，

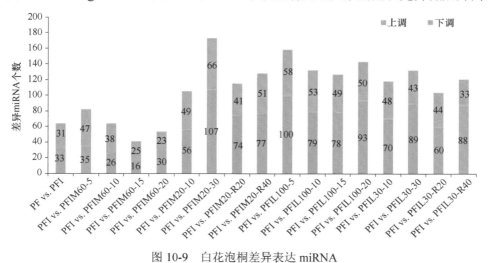

图 10-9 白花泡桐差异表达 miRNA

整体呈下降趋势，100mg·L⁻¹ Rif 处理组情况类似，20mg·L⁻¹ MMS 处理组 DEM 个数随着天数的延长先增加后降低，30mg·L⁻¹ Rif 处理组 DEM 个数也呈现先增加后降低的趋势。从整体上看，高浓度试剂处理组 DEM 个数呈下降趋势，低浓度试剂处理组 DEM 个数呈增加趋势。结果表明，不同试剂对 DEM 个数的影响不同，但对 DEM 个数变化趋势的影响相同。

18 个样本鉴定到的 miRNA 个数分别 575 个（PF）、486 个（PFI）、521 个（PFIM60-5）、533 个（PFIM60-10）、539 个（PFIM60-15）、541 个（PFIM60-20），其他见图 10-10。60mg·L⁻¹ MMS 处理组 4 个样本中 PFIM60-20 鉴定到的 miRNA 个数最多，100mg·L⁻¹ Rif 处理组 4 个样本中 PFIL100-20 鉴定到的 miRNA 个数最多，高浓度处理组鉴定到的 miRNA 数量整体变化趋势是相同的，均呈升高趋势；20mg·L⁻¹ MMS 处理组 4 个样本中 PFIM20-30 鉴定的 miRNA 个数最多，30mg·L⁻¹ Rif 处理组 4 个样本中 PFIL30-30 鉴定到的 miRNA 个数最多，低浓度处理组鉴定到的 miRNA 数量均呈先上升后下降趋势。以上结果表明，MMS 和 Rif 对处理幼苗鉴定到的 miRNA 数量的影响存在差异，但在 PaWB 恢复过程中，miRNA 数量的整体变化趋势相同，和 PaWB 发病过程的趋势相反。

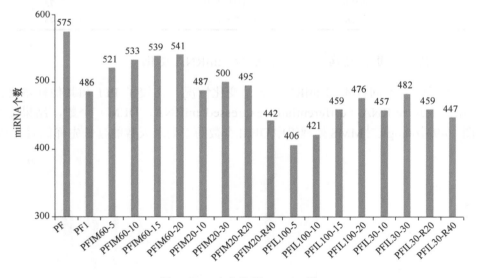

图 10-10 白花泡桐 miRNA 数

（三）白花泡桐 miRNA 的 qRT-PCR 验证

为了验证测序结果的准确性，利用 qRT-PCR 技术，随机挑选 10 个 miRNA 进行验证。具体步骤参见 Fan 等（2018b）的方法，每个样本三次生物学重复。miRNA 以 U6 作为内参，其他以 18S rRNA 为内参，数据处理使用 $2^{-\Delta\Delta Ct}$ 法（Livak and

Schmittgen，2001），PF 的表达量归一化为 1。结果显示差异倍数有不同，整体变化趋势是相同的，说明本次测序数据是可靠的（图 10-11）。

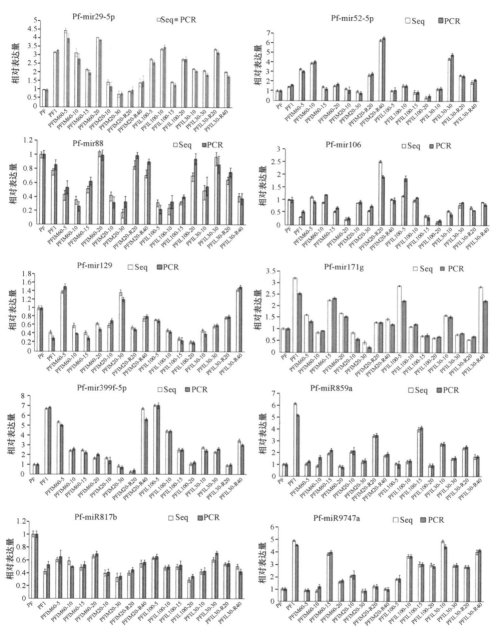

图 10-11　白花泡桐 miRNA 的 qRT-PCR 验证

三、白花泡桐 lncRNA 表达谱

(一) lncRNA 的鉴定、分类和功能分析

以白花泡桐基因组为背景,将高质量序列比对到基因组上,使用转录本组装软件 StringTie(Pertea et al., 2015)将和基因组比对上的序列进行组装后,去除已知的 mRNA 和小于 200bp 的转录本,再对剩下的转录本进行 lncRNA 预测。用 CPC(Coding Potential Calculator)和 CNCI(Coding-Non-Coding Index)进行编码潜能预测,滤掉 CPC score < −1 和 CNCI score < 0 的转录本,剩下的即为 lncRNA,将其中有编码潜能的转录本去掉,结果显示 18 个样本鉴定到了 5118 个 lncRNA。分析每个样本中鉴定到 lncRNA 的 CPC score 和 CNCI score,结果显示本次鉴定到的所有 lncRNA 的 CPC score 小于−1,CNCI score 小于 0(图 10-12)。根据 lncRNA 基因组位置,将其分为五类:i 为位于内含子区的转录本,j 为新转录本,o 与参考基因的外显子有一定交集,u 为基因间区的转录本,x 为参考基因的反义链与外显子有交集的转录本。按照不同的种类绘制了 lncRNA 的染色体分布图(图 10-13A),结果表明不同类型 lncRNA 在染色体上的分布情况是不同的。这五种 lncRNA 分别有 469 个、121 个、43 个、3015 个和 1470 个(图 10-13B);样本中不同类型 lncRNA 所占比例是类似的(图 10-13C),其中 u 类是最多的,这和其他物种如油菜(Joshi et al., 2016)、木薯(Li et al., 2017a)和毛泡桐(Wang et al., 2018b)等的情况是类似的。

为了研究 lncRNA 的生物学功能,对 lncRNA 进行 *cis* 和 *trans* 靶基因预测(顺式和反式靶基因)。使用 Python 脚本选择了在 lncRNA 上游和下游 100 000bp 的编码基因作为 *cis* 靶基因,利用 RNAplex 软件来预测 *trans* 靶基因,靶基因功能注释通过 GO 和 KEGG 分析(Wang et al., 2018g)。对本研究鉴定到的 5118 个 lncRNA 进行靶基因预测,结果显示有 1760 个 lncRNA 靶向 7242 个基因。在这个过程中,发现有的 lncRNA 可以靶向多个基因,也出现多个 lncRNA 靶向同一个基因,可能与 lncRNA 的位置及其序列有关。然后对这些靶基因进行 GO 和 KEGG 分析,GO 分类结果表明(图 10-14),在生物过程类别中,含靶基因数量最多的前 5 个 GO term 是生物过程(GO:0008150)、转录调控(GO:0006355)、转录(GO:0006351)、氧化还原过程(GO:0055114)和蛋白磷酸化(GO:0006468);在细胞组分类别中,细胞核(GO:0005634)、细胞质(GO:0005737)、膜的组成部分(GO:0016021)、质膜(GO:0005886)和叶绿体(GO:0009507)是含靶基因数量最多的 5 个的 GO term;在分子功能类别中,分子功能(GO:0003674)、蛋白质结合(GO:0005515)、DNA 结合(GO:0003677)、转录因子活性(GO:

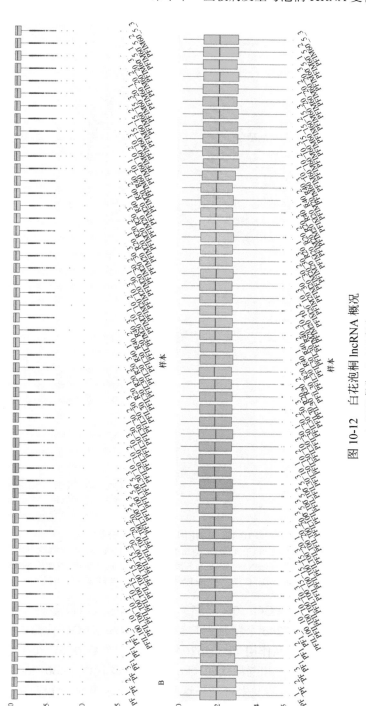

图 10-12　白花泡桐 lncRNA 概况

A. CNCI 得分；B. CPC 得分

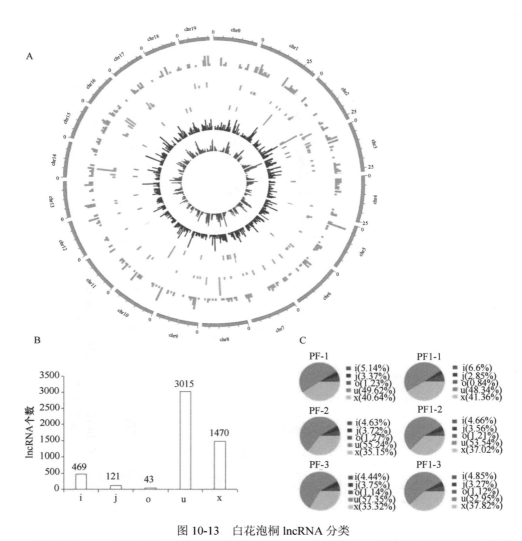

图 10-13　白花泡桐 lncRNA 分类

A. 不同类型 lncRNA 染色体分布，i，位于内含子区的 lncRNA；j，新 lncRNA；o，与参考基因的外显子有一定交集的 lncRNA；u，位于基因间区的 lncRNA；x，与参考基因的反义链上的外显子有交集的 lncRNA。B. 不同类型 lncRNA 个数。C. 样本中 lncRNA 类型占比，以 PF 和 PFI 为例

0003700）和 ATP 结合（GO：0005524）是含靶基因数量最多的 5 个 GO term。KEGG 分析结果表明，7242 个靶基因共参与了 137 条 KEGG 代谢通路（表 10-3），其中参与植物病原体相互作用（ko04626）的靶基因个数最多，其次是植物激素信号转导（ko04075）、淀粉和蔗糖代谢（ko00500）、碳代谢（ko01200）和胞吞作用（ko04144），说明丛枝病的发生可能与这些 Go term 和代谢途径密切相关。

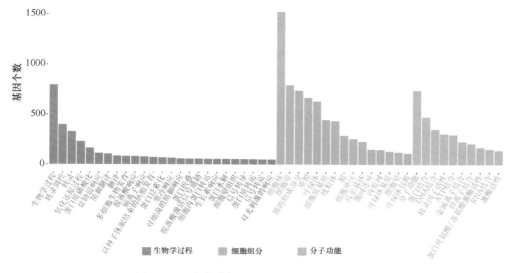

图 10-14　白花泡桐 lncRNA 靶基因的 GO 分类

表 10-3　白花泡桐 lncRNA 靶基因的 KEGG 分析

序号	代谢通路编号	代谢通路名称	靶基因个数
1	ko04626	植物-病原体相互作用	873
2	ko04075	植物激素信号转导	685
3	ko00500	淀粉和蔗糖代谢	519
4	ko01200	碳代谢	428
5	ko04144	内吞作用	411
6	ko01230	氨基酸的生物合成	391
7	ko03040	剪接体	364
8	ko04141	内质网中的蛋白质加工	361
9	ko03010	核糖体	345
10	ko03013	RNA 转运	343
11	ko00520	氨基糖和核苷糖代谢	325
12	ko03018	RNA 降解	306
13	ko00940	苯丙烷生物合成	282
14	ko00190	氧化磷酸化	266
15	ko04120	泛素介导的蛋白水解	264
16	ko03015	mRNA 代谢	258
17	ko00230	嘌呤代谢	244
18	ko00010	糖酵解/糖异生	244
19	ko00040	戊糖和葡萄糖醛酸相互转化	239
20	ko00561	甘油酯代谢	235

（二）丛枝病恢复和发病过程中白花泡桐 lncRNA 变化

为了研究白花泡桐 lncRNA 在 PaWB 发生过程中表达的变化，根据建立的泡桐丛枝病发生模拟系统，绘制了几个关键时间点的热图（图 10-15A），发现健康苗与两种试剂处理后形态恢复为健康苗（PFIM60-20、PFIM20-30、PFIL100-20 和 PFIL30-30）的表达量较接近，丛枝病苗和两种试剂处理后复培后转丛枝症状的幼

A

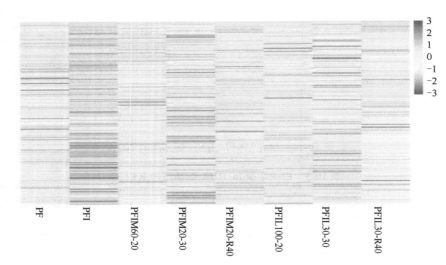

B

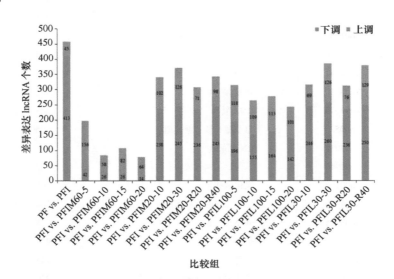

图 10-15　白花泡桐 lncRNA 表达变化

A. lncRNA 表达量；B. 差异表达 lncRNA

苗（PFIM20-R40 和 PFIL30-R40）表达量较接近。此外，以 PFI 为对照，将 PFI 和其他样本做了差异分析（图 10-15B），高浓度 MMS 和 Rif 处理苗比对组中差异表达 lncRNA（differentially expressed lncRNA，DEL）数量均呈下降趋势；MMS 和 Rif 低浓度处理苗比对组中差异数量均呈先升高再下降又升高的趋势。这表明不同试剂对 DEL 个数影响不同，但对其个数变化趋势的影响相同。

本研究在不同样本中鉴定到的 lncRNA 个数是 3765（PF）、3765（PFI）、3476（PFIM60-5）、3668（PFIM60-10）、3684（PFIM60-15）、3620（PFIM60-20），其他见图 10-16。模拟 PaWB 恢复过程的 60mg·L^{-1} MMS 处理组中 4 个样本（PFIM60-5、-10、-15、-20）鉴定到的 lncRNA 个数变化整体呈上升趋势，100mg·L^{-1} Rif 处理组的 4 个样本数量变化趋势也是呈增长趋势；20mg·L^{-1} MMS 和 30mg·L^{-1} Rif 处理组中模拟 PaWB 恢复和发病过程，恢复过程的样本中（PFIM20-10、-30，PFIL30-10、-30）lncRNA 数量均呈增长趋势，而发病过程的样本中（PFIM20-R20、-R40，PFIL30-R20、-R40）lncRNA 数量变化呈下降趋势。结果表明，不同浓度 MMS 处理和 Rif 处理在 PaWB 恢复及发病过程中对白花泡桐 lncRNA 数量的影响是不同的，对 lncRNA 数量变化趋势的影响相同。

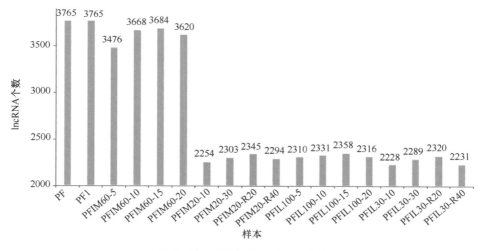

图 10-16　白花泡桐 lncRNA 个数

（三）mRNA 和 lncRNA 特征的比较

对白花泡桐 mRNA 和 lncRNA 进行比较分析，结果表明，lncRNA 的表达量低于 mRNA（图 10-17A），mRNA 的表达量范围比 lncRNA 宽；lncRNA 数量小于 mRNA（图 10-17B），lncRNA 的外显子数目分布较为集中，大部分是 1，而 mRNA 的分布较为广泛，在不同外显子数目 mRNA 之间的占比相差不大（图 10-17C）。

转录本长度方面，lncRNA 在小于 300bp 这一范围占比较大，其次是 300～400bp
和大于 1000 bp 这两个范围，而 mRNA 在大于 1000 bp 这一范围占比较大，其他
长度范围占比变化不大（图 10-11D）。研究结果和番茄（Cui et al.，2017）、香蕉
（Li et al.，2017b）、杨树（Tian et al.，2016）等物种类似，说明本研究鉴定到的
lncRNA 测序结果可信度高。

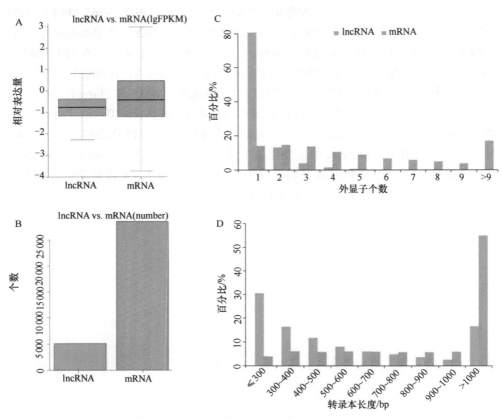

图 10-17　白花泡桐 lncRNA 和 mRNA 的比较
A. 表达量；B. 个数；C. 外显子个数；D. 长度

（四）lncRNA 的 qRT-PCR 验证

　　为了验证测序的准确性，随机挑选了 10 个 lncRNA 进行 qRT-PCR 验证，结
果表明，测序和 PCR 的整体变化趋势是一致的（图 10-18），说明测序质量准确可靠。

四、白花泡桐 circRNA 表达谱

（一）白花泡桐 circRNA 的鉴定及功能分析

　　高通量测序后，采用 Cutadapt（Martin，2011）去除含有接头、低质量的序列

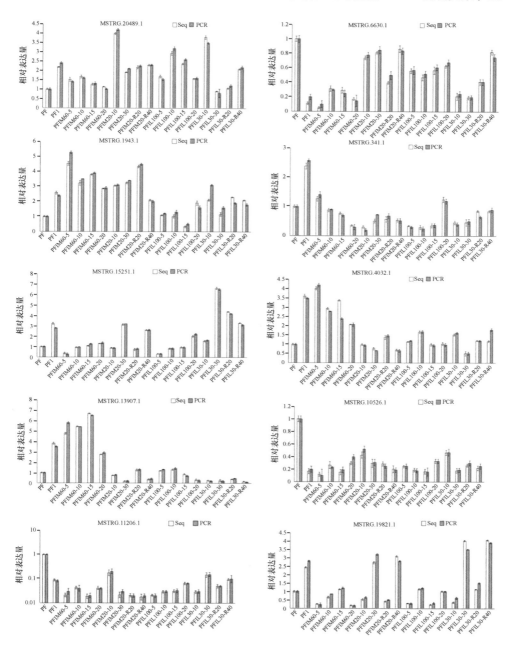

图 10-18　白花泡桐 lncRNA 的 qRT-PCR 验证

或未确定碱基的序列。共获得 69 032 342 条序列，使用 Bowtie2（Langmead and Salzberg，2012）和 TopHat2（Kim et al.，2011）将高质量序列比对到白花泡桐基因

组。剩余的序列（未比对上的序列）使用 tophat-fusion（Kim and Salzberg，2011）比对到白花泡桐基因组。参考 Hansen 等（2016）、Szabo 和 Salzman（2016）的方法，进行 circRNA 鉴定。结果共鉴定到 9927 个 circRNA。如图 10-19 所示，样本间的重复性较好。

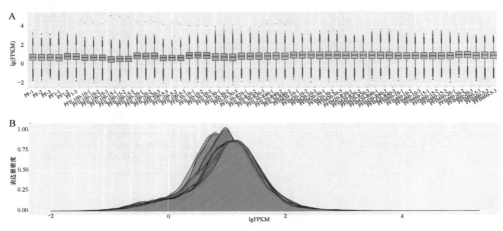

图 10-19　白花泡桐 circRNA 表达量
A. 表达丰度；B. 表达量密度

为了研究白花泡桐 circRNA 的生物学功能，基于 circRNA 在基因组中的位置以及与基因的关系，对筛选获得的 circRNA 进行功能注释，主要根据 circRNA hosting 基因进行 GO 和 KEGG 分析。首先对 circRNA 的 hosting 基因进行分析，结果显示 9927 个 circRNA 对应 5045 个 hosting 基因，其中有的 hosting 基因只对应一个 circRNA，同一个 hosting 基因对应多个 circRNA。然后对这 5045 个 hosting 基因进行 GO 和 KEGG 分析。GO 分类如图 10-20 所示，在生物过程类别中，占比最多的三个 GO term 是转录调控（GO：0006355）、转录（GO：0006351）、氧化还原过程（GO：0055114）；在细胞组分类别中，细胞核（GO：0005634）、细胞质（GO：0005737）和叶绿体（GO：0009507）是所占比例前 3 的 GO term；分子功能类别中，蛋白质结合（GO：0005515）、DNA 结合（GO：0003677）和 ATP 结合（GO：0005524）是占比较大的前 3 个 GO term。KEGG 分析结果显示，这些 hosting 基因参与 131 条代谢通路（表 10-4），其中植物-病原相互作用（ko04626，plant-pathogen interaction）参与的 hosting 基因数量最多，其次是胞吞作用（ko04144，Endocytosis）、植物激素信号转导（ko04075，plant hormone signal transduction）、碳代谢（ko01200，carbon metabolism）和内质网上的蛋白质合成（ko04141，protein processing in endoplasmic reticulum）。

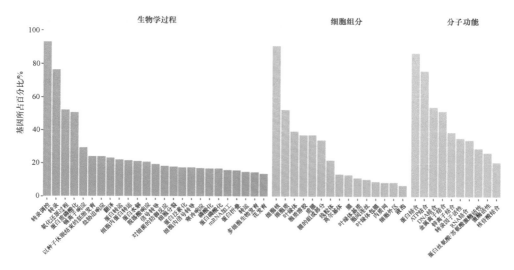

图 10-20 白花泡桐 circRNA hosting 基因的 GO 分类

表 10-4 白花泡桐 circRNA hosting 基因的 KEGG 分类

	代谢通路编号	代谢通路名称	Hosting 基因个数
1	ko04626	植物-病原体相互作用	188
2	ko04144	内吞作用	179
3	ko04075	植物激素信号转导	175
4	ko01200	碳代谢	149
5	ko04141	内质网中的蛋白质加工	141
6	ko01230	氨基酸的生物合成	141
7	ko03013	RNA 转运	140
8	ko03040	剪接体	135
9	ko00500	淀粉和蔗糖代谢	115
10	ko03018	RNA 降解	107
11	ko03010	核糖体	102
12	ko03015	mRNA 代谢	98
13	ko04120	泛素介导的蛋白水解	94
14	ko03420	核苷酸切除修复	82
15	ko03008	真核生物中的核糖体生物发生	78
16	ko00520	氨基糖和核苷酸糖代谢	75
17	ko00230	嘌呤代谢	74
18	ko00970	氨酰-tRNA 生物合成	72
19	ko00010	糖酵解/糖异生	69
20	ko00240	嘧啶代谢	60

接着对白花泡桐 circRNA 的长度分布进行了统计，结果显示 0～500 bp 这一范围占比最大，随着长度的增加，占比越来越小（图 10-21A）。外显子统计显示：9927 个 circRNA 中有 2593 个 circRNA 只有一个外显子，2340 个 circRNA 仅有两个外显子，这两部分将近占了全部 circRNA 的一半（图 10-21B）。circRNA 的 hosting 基因个数分布图表明，有 2882 个 circRNA 只有一个 hosting 基因，1099 个 circRNA 有 2 个 hosting 基因，有 1 个 circRNA 对应 15 个 hosting 基因（图 10-21C）。

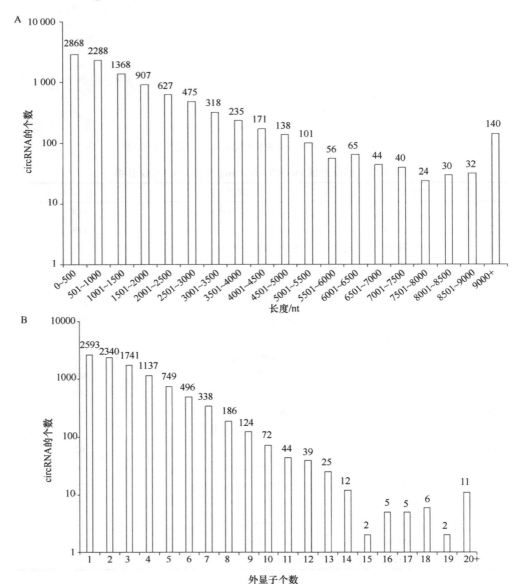

图 10-21　白花泡桐 circRNA 概况
A. 长度分布；B. 外显子个数；C. hosting 基因个数

（二）丛枝病恢复和发病过程中白花泡桐 circRNA 变化

为了研究 circRNA 在 PaWB 发病和恢复过程中的表达变化情况，绘制了几个关键时间点 circRNA 表达量的热图（图 10-22A），PF 和试剂处理后形态恢复健康的几个样本较为接近，PFI 和复培后发病的样本较为接近。PFI 和其他样本间差异表达 circRNA（differentially expressed circRNA，DEC）个数的比较结果显示（图 10-22B），60mg·L^{-1} MMS 处理组，PFI vs. PFM60-5 中 DEC 个数最多；100mg·L^{-1} Rif 处理组中，PFI vs. PFIL100-5 的 DEC 个数最多，两个处理组 DEC 个数不同，DEC 个数整体上呈下降趋势。20mg·L^{-1} MMS 处理组和 30mg·L^{-1} Rif 处理组 4 个时间点的 DEC 个数是先增加再减少再增加，整体上呈上升趋势，这表明 MMS 和 Rif 对 DEC 个数的影响不同，但对 DEC 个数变化趋势的影响是相同的。

18 个样本分别鉴定到的 circRNA 个数分别是 9924 个（PF）、9919 个（PFI）、9922 个（PFIM60-5）、9916 个（PFIM60-10）、9920 个（PFIM60-15）、9913 个（PFIM60-20），其他见图 10-23。从整体上看，不同样本鉴定到的 circRNA 数量相差不大，PF 鉴定到的 circRNA 个数最多，PFIL100-10 鉴定到的最少，两个样本 circRNA 个数相差 57。60mg·L^{-1} MMS 处理的 4 个样本（PFIM60-5、-10、-15、-20）鉴定到的转录本个数比 100mg·L^{-1} Rif 处理（PFIL100-5、-10、-15、-20）的多，60mg·L^{-1} MMS 处理组的 4 个样本鉴定到的 circRNA 数量变化呈先减少后增加的

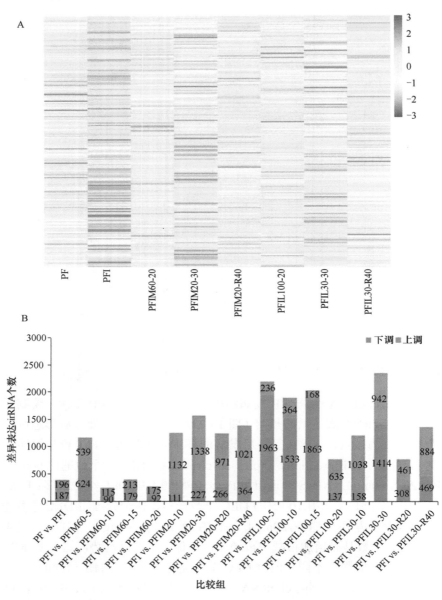

图 10-22　白花泡桐 circRNA 表达量变化

A. circRNA 表达量；B. 差异表达 circRNA

趋势，而 100mg·L^{-1} Rif 处理组也呈先减后增的趋势；20mg·L^{-1} MMS 处理的 4 个样本（PFIM20-10、-30、-R20、-R40）鉴定到的 circRNA 数量变化与 30mg·L^{-1} Rif 处理的 4 个样本（PFIL30-10、-30、-R20、-R40）类似，整体均呈降低趋势。从 circRNA 数量变化上来看，不同浓度的 MMS 和 Rif 对白花泡桐 circRNA 数量的影

响是不同的。可能是因为 MMS 和 Rif 的作用机理不同。以上结果表明，不同浓度的 MMS 和 Rif 处理，在模拟 PaWB 恢复和发病过程中 circRNA 数量变化的整体趋势是类似的。

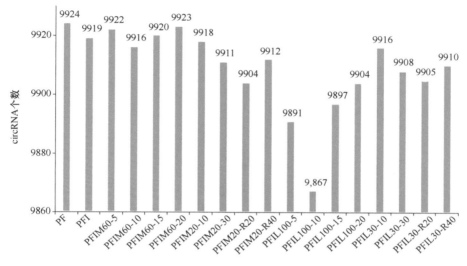

图 10-23　白花泡桐 circRNA 数

（三）白花泡桐 circRNA 的 qRT-PCR 验证

为了验证测序数据的可靠性，随机挑选了 7 个 circRNA 进行验证，qRT-PCR 和测序结果整体变化趋势是一致的（图 10-24），该结果进一步验证了测序结果的可靠性。

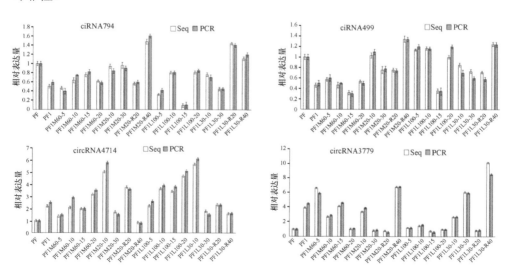

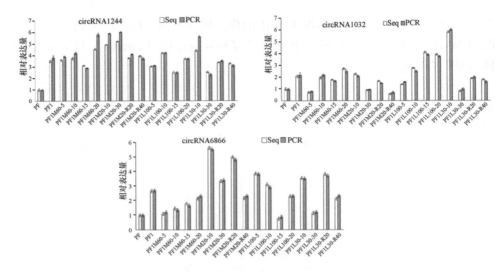

图 10-24　白花泡桐 circRNA 的 qRT-PCR 验证

第二节　丛枝病发生特异相关 ceRNA 研究

随着组学研究技术的不断深入，单一的 mRNA 或 ncRNA 研究已无法满足科研需求，这些非编码 RNA 会竞争结合 miRNA，导致 miRNA 调控的靶基因发生变化，进而影响下游代谢通路。结合多种 RNA 信息进行整合分析，探索潜在的调控网络机制，已成为植物病害研究中的新方法。在番茄黄化曲叶病毒病研究中，发现了 Slylnc0195-miR166-*HD-Zip TF* 基因这一调控关系，Slylnc0195 充当 miR166 的"海绵"，进而影响其靶标 *HD-Zip TF* 基因的表达（Wang et al.，2015b）。在番茄疫霉病的研究中，鉴定出 lncRNA23468-miR482b-NBS-LRR 这一 ceRNA 关系对，lncRNA23468 在番茄中过表达时，miR482b 的表达显著降低，并且其靶基因 NBS-LRR 的表达显著升高，导致其对致病疫霉的抗性增强。而沉默 lncRNA23468 则导致 miR482b 的积累升高、NBS-LRR 的积累降低，从而对致病疫霉的抗性减弱（Jiang et al.，2018）。在玉米响应 MIMV 的研究中，发现了 33 个 circRNA 可能会结合 23 个 miRNA，参与植物代谢过程的调控（Ghorbani et al.，2018）。在 PaWB 的研究中，Fan 等（2017）在毛泡桐中发现 23 个 lncRNA 可与 33 个 miRNA 相结合。关于 ceRNA 网络的研究在白花泡桐丛枝病中未见报道。

因此，本研究利用第二章建立的泡桐丛枝病发生模拟系统及第三章鉴定出的转录本、miRNA、lncRNA 和 circRNA，根据 Meng 等（2012）的方法，利用 Cytoscape 软件对 circRNA（或 lncRNA）–miRNA–mRNA 三者之间的关系进行分析，并构建白花泡桐丛枝病发生相关 ceRNA 调控网络，进一步找出了该网络中的关键 ceRNA，并在毛果杨中进行转基因验证，该结果为阐明泡桐丛枝病发病机理提供了新的证据。

一、丛枝病发生特异相关 RNA 的鉴定

利用第十章第一节 18 个白花泡桐样本的转录组数据，鉴定出 PaWB 相关转录本。在 MMS 处理组中，$60mg·L^{-1}$ MMS 组模拟 PaWB 恢复的过程，找出表达量升高（图 10-25B）或下降（图 10-25A）的转录本；$20mg·L^{-1}$ MMS 组模拟 PaWB 恢复及发病的过程，在恢复过程中，鉴定出表达量升高（图 10-25D）或下降（图 10-25C）的转录本，发病过程中，找出表达量下降（图 10-25E）或升高（图 10-25B）的转录本，再找出恢复和发病过程中表达量相反的转录本；为了消除 MMS 的影响，找出 $60mg·L^{-1}$ MMS 组和 $20mg·L^{-1}$ MMS 组共同鉴定到的 PaWB

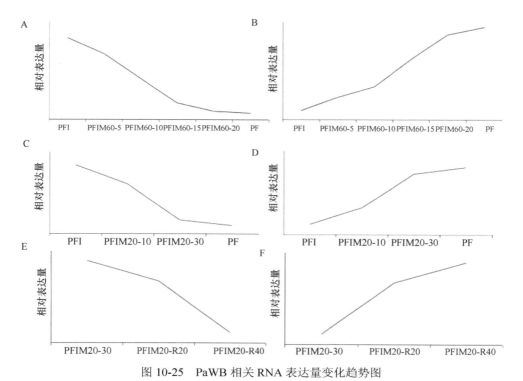

图 10-25　PaWB 相关 RNA 表达量变化趋势图

A. $60mg·L^{-1}$MMS 模拟 PaWB 恢复过程中 RNA 表达量呈下降趋势；B. $60mg·L^{-1}$MMS 模拟 PaWB 恢复过程中 RNA 表达量呈升高趋势；C. $20mg·L^{-1}$MMS 模拟 PaWB 恢复过程中 RNA 表达量呈下降趋势；D. $20mg·L^{-1}$MMS 模拟 PaWB 恢复过程中 RNA 表达量呈上升趋势；E. $20 mg·L^{-1}$MMS 模拟 PaWB 发病过程中 RNA 表达量呈下降趋势；F. $20mg·L^{-1}$MMS 模拟 PaWB 发病过程中 RNA 表达量呈上升趋势

相关转录本。对于 Rif 处理组,100mg·L^{-1} Rif 处理组参考 60mg·L^{-1} MMS 组,30mg·L^{-1} Rif 处理组参考 20mg·L^{-1} MMS 组,再找出共同鉴定到的 PaWB 相关转录本。最终,为了消除试剂的影响,找出 MMS 处理组和 Rif 处理组共同鉴定到的响应 PaWB 转录本。

利用第一节的白花泡桐 lncRNA、circRNA 和 miRNA 数据,采用转录组分析方法,鉴定出 PaWB 相关的 lncRNA、circRNA 和 miRNA。

(一)丛枝病发生特异相关转录本的鉴定

1. MMS 模拟 PaWB 恢复和发生过程中转录本的鉴定

在 60mg·L^{-1} MMS 模拟 PaWB 恢复过程中,本研究筛选到 184 个表达量呈下降趋势的转录本(图 10-25A)和 225 个呈升高趋势(图 10-25B)的转录本(表 10-5)。同理,在 20mg·L^{-1} MMS 模拟 PaWB 恢复过程中(图 10-25C、D),鉴定到表达量呈下降趋势的转录本 961 个,呈上升趋势的转录本 1104 个(表 10-6);在 20mg·L^{-1} MMS 模拟 PaWB 发病过程中(图 10-25E、F),鉴定到呈表达量呈下降和上升趋势的转录本 3903 和 3003 个;然后找出同时在恢复过程中上调和发病过程中下调的转录本,结果鉴定到 293 个转录本,又鉴定到 169 个同时在恢复过程中下调和发病过程中上调的转录本(图 10-26)。

表 10-5 60mg·L^{-1} MMS 处理白花泡桐丛枝病苗对转录本的影响

比较组	表达量同时上升	表达量同时下降
PFI vs. PFIM60-5 和 PFIM60-5 vs. PF	3835	2747
PFI vs. PFIM60-10 和 PFIM60-10 vs. PF	6282	3813
PFI vs. PFIM60-15 和 PFIM60-15 vs. PF	5694	3512
PFI vs. PFIM60-20 和 PFIM60-20 vs. PF	5082	3384
所有比较组共同取交集	1083	557
去除不符合趋势后获得的转录本	225	184

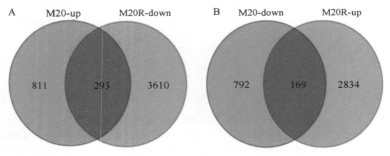

图 10-26 20mg·L^{-1} MMS 处理组鉴定 PaWB 相关转录本

M20-up/down 表示 20mg·L^{-1} MMS 处理组恢复过程中表达量升高/下降的转录本;M20R-up/down 表示 20 mg·L^{-1} MMS 处理组发病过程中表达量升高/下降的转录本

表 10-6　20mg·L⁻¹MMS 处理白花泡桐丛枝病苗对转录本的影响

比较组	表达量同时上升	表达量同时下降
PFI vs. PFIM20-10 和 PFIM20-10 vs. PF	3590	2631
PFI vs. PFIM20-30 和 PFIM20-30 vs. PF	3172	2654
所有比较组共同取交集	1972	1203
去除不符合趋势后获得的转录本	1104	961

　　为了排除 MMS 试剂的影响，分别将 60mg·L⁻¹ 和 20mg·L⁻¹ MMS 组中获取的下调的转录本取交集，结果鉴定到 9 个 PaWB 相关的转录本。同理，在 60mg·L⁻¹ 和 20mg·L⁻¹ MMS 组中获取的上调的转录本筛选到 18 个 PaWB 相关的转录本（图 10-27）。这 27 个转录本是 MMS 处理组鉴定到的响应 PaWB 的转录本。

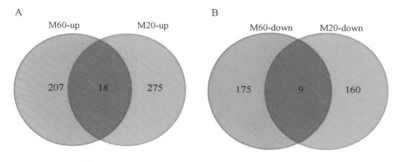

图 10-27　MMS 处理组鉴定 PaWB 相关转录本

M60-up/down 表示 60mg·L⁻¹ MMS 处理组恢复过程中表达量升高/下降的转录本；M20-up/down 表示 20mg·L⁻¹ MMS 处理组恢复过程中表达量升高/下降的转录本

2. Rif 模拟 PaWB 恢复和发病过程中转录本的鉴定

　　在 100mg·L⁻¹Rif 模拟 PaWB 恢复过程中，本研究筛选到表达量呈下降（图 10-25A）和升高（图 10-25B）趋势的转录本分别为 47 个和 79 个（表 10-7）。同理，在 30mg·L⁻¹ Rif 模拟 PaWB 恢复过程中（图 10-25C、D），鉴定到表达量呈下降趋势的转录本 687 个，上升趋势的转录本 691 个（表 10-8）；在 30mg·L⁻¹ Rif 模拟 PaWB 发病过程中（图 10-25E、F），鉴定到呈表达量呈下降和上升趋势的转录本 2000 和 4554

表 10-7　100mg·L⁻¹ Rif 处理白花泡桐丛枝病苗对转录本的影响

比较组	表达量同时上升	表达量同时下降
PFI vs. PFIL100-5 和 PFIL100-5 vs. PF	2398	1961
PFI vs. PFIL100-10 和 PFIL100-10 vs. PF	2747	2294
PFI vs. PFIL100-15 和 PFIL100-15 vs. PF	2275	2016
PFI vs. PFIL100-20 和 PFIL100-20 vs. PF	3307	3001
所有比较组共同取交集	335	277
去除不符合趋势后获得的转录本	79	47

表 10-8 30mg·L^{-1} Rif 处理白花泡桐丛枝病苗对转录本的影响

比较组	表达量同时上升	表达量同时下降
PFI vs. PFIL30-10 和 PFIL30-10 vs. PF	3295	2084
PFI vs. PFIL30-30 和 PFIL30-30 vs. PF	2366	2289
所有比较组共同取交集	1072	897
去除不符合趋势后获得的转录本	691	687

个；然后找出同时在恢复过程中上调和发病过程中下调的转录本，结果鉴定到 50
个转录本，又鉴定到 62 个同时在恢复过程中下调和发病过程中上调的转录本
（图 10-28）。

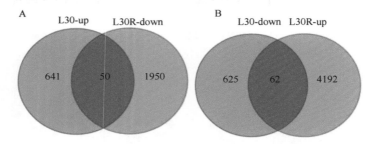

图 10-28 30mg·L^{-1} Rif 处理组鉴定 PaWB 相关转录本

L30-up/down 表示 30mg·L^{-1} Rif 处理组恢复过程中表达量升高/下降的转录本；L30R-up/down 表示 30mg·L^{-1} Rif 处理组发病过程中表达量升高/下降的转录本

为了排除 Rif 试剂的影响，分别将 100mg·L^{-1} 和 30mg·L^{-1} Rif 组中获取的下调
的转录本取交集，结果鉴定到 8 个 PaWB 相关的转录本。同理，在 100mg·L^{-1} 和
30mg·L^{-1} Rif 组中获取的上调的转录本中筛选到 11 个与 PaWB 相关的转录本
（图 10-29）。这 19 个转录本是 Rif 处理组鉴定到的响应 PaWB 的转录本。

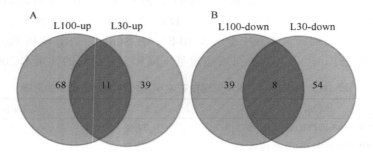

图 10-29 Rif 处理组鉴定 PaWB 转录本

L100-up/down 表示 100mg·L^{-1} Rif 处理组恢复过程中表达量升高/下降的转录本；L30-up/down 表示 30mg·L^{-1} Rif 处理组恢复过程中表达量升高/下降的转录本

为了进一步排除 MMS 和 Rif 试剂的影响，本研究将 MMS 处理组和 Rif 组处

理组分别鉴定到的 27 个和 19 个 PaWB 相关的转录本进行对比，结果鉴定到 16 个与 PaWB 发生特异相关的转录本（表 10-9，图 10-30）。其中，在病苗中上调的基因主要有肌醇加氧酶（MIXO）、葡糖醛酸激酶（GLCAK）、9-顺式-环氧类胡萝卜素双加氧酶（NCED）等的基因，这些基因主要参与了 ABA 信号转导、抗坏血酸代谢、磷酸肌醇代谢、糖类代谢、精氨酸和脯氨酸代谢以及蛋白质的合成；下调的基因主要有 cullin 1（CUL1）、泛素结合酶 E2（E2）、squamosa 启动子结合蛋白 3（SPL3）等的基因，它们主要参与泛素化介导的蛋白质降解以及油菜素内酯的合成等。

表 10-9 PaWB 相关转录本

	转录本编号	功能注释	PF vs.PFI
1	Paulownia_LG6G001100.1	多聚半乳糖醛酸酶（Pg）	down
2	Paulownia_LG3G000746.1	cullin 1（CUL1）	up
3	Paulownia_LG5G000813.1	泛素结合酶 E2（E2）	down
4	Paulownia_LG1G000147.1	squamosa 启动子结合蛋白 3（SPL3）	down
5	Paulownia_LG6G000583.1	squamosa 启动子结合蛋白 6（SPL6）	down
6	Paulownia_LG18G001137.1	脱落酸受体 Pyr1（Pyr1）	up
7	Paulownia_LG2G000706.1	肌醇加氧酶（MIXO）	up
8	Paulownia_LG12G000481.1	葡糖醛酸激酶（GLCAK）	up
9	Paulownia_LG19G000854.1	延伸因子 1-α（eEF1A）	up
10	Paulownia_LG11G000198.1	MADS box 蛋白（MADS-box）	up
11	Paulownia_LG0G000678.1	9-顺式-环氧类胡萝卜素双加氧酶（NCED）	up
12	Paulownia_LG0G001995.1	泛素化结构域蛋白 DSK2a（DSK2）	down
13	Paulownia_LG5G000863.1	质体移动受损蛋白 2（PMI2）	down
14	Paulownia_LG10G001080.1	蓝光下的叶绿体运动蛋白 1（WEB1）	down
15	Paulownia_LG5G000832.1	泛素化受体 Rad23c（RAD23）	down
16	Paulownia_LG16G001329.1	叶绿体积累响应所需的 J 结构域蛋白（JAC1）	down
17	Paulownia_LG14G000206.1	BRANCHED1-like（BRC1）	up

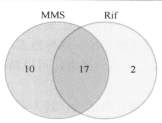

图 10-30 PaWB 相关转录本

多聚半乳糖醛酸酶（Pg）是一种果胶酶，在细胞壁的降解过程中起重要作用，先前研究表明，在泡桐中，木质素合成相关基因在感病后表达上调，以加固细胞壁来抵抗植原体的入侵（Fan et al.，2015b）。在本研究中，感病后 Pg 下调，可能与增强细胞壁强度有关，这是泡桐对植原体入侵的一种响应。

Cullin 在真核细胞中能够调节细胞周期的调控因子。Cullin1 是泛素连接酶复合体的核心成分，其作为支架蛋白与 SKP1 蛋白、ROC 蛋白及 F-box 蛋白一起构成 Skp-Cullin-F-box protein（SCF）复合体，SCF 在生长素、茉莉酸信号转导、昼夜节律、泛素化等方面有重要的作用（任春梅，2004），这些代谢过程都和 PaWB 相关（Fan et al.，2015b；2015d；2015e）。*Cullin1* 的上调可以促进细胞增殖（周海云，2017）。本研究中，感病后 *Cullin1* 表达量升高，可能和腋芽丛生相关。

泛素结合酶 E2 是催化泛素和底物蛋白结合的第二个酶，在泛素化过程中起到关键作用，可将第一步活化的泛素转移到 E2 的半胱氨酸巯基上，进而与底物蛋白结合，对泛素化修饰的特异性和精准性起关键作用（Baloglu and Patir，2014）。在拟南芥中，泛素结合酶 E2 可以通过调控抗病基因来调节植物的抗病性（Unver et al.，2013）。水茄泛素结合酶 E2 基因能够响应黄萎病菌诱导过程（刘炎霖等，2015）。这些研究表明，泛素结合酶 E2 直接或者间接调控植物的逆境反应过程，推测泛素结合酶 E2 参与了对 PaWB 的响应。

SPL 家族蛋白是植物特有的一类具有多功能的转录因子，该家族成员蛋白质都含有 SBP 结构域，该结构域包含 2 个 Zn^{2+} 结合位点和 1 个核定位信号序列，在植物的生长发育和抗逆中起重要的调控作用（雷凯健和刘浩，2016）。大豆中，*SPL9d* 参与了分枝的调控（Sun et al.，2019b）。水稻中，*SPL14* 的突变可产生"理想株型"的水稻，突变体分蘖减少，抗倒伏，产量增加（Jiao et al.，2010；Miura et al.，2010）。同时，Wang 等（2018f）发现 *SPL6* 和穗顶端退化的"秃顶"表型有关，会造成顶端优势丧失。有研究表明，SPL 基因能影响类胡萝卜素合成相关基因类胡萝卜素裂解二氧合酶 7 的表达，该基因可以调控分蘖表型（Wang et al.，2020）。因此，推测 *SPL3/6* 可能与 PaWB 丛枝症状的产生相关。

植物生活在复杂多变的环境中，在这些环境中，植物与各种各样的微生物或病原体相互作用。植物与其攻击者之间相互作用的进化为植物提供了高度复杂的防御系统，与动物先天免疫系统一样，能识别病原体分子并激活防御反应。多种激素在该网络的调节中发挥着关键作用，这些激素的信号通路以拮抗或协同方式交叉联系，为植物提供了强大的适应能力，可以精细调节其免疫反应（Pieterse et al.，2009）。

植物激素参与调控各种生理代谢活动，较为典型的五类激素是生长素、赤霉素、细胞分裂素、脱落酸和乙烯。在泡桐丛枝病的研究中，科研工作者发现泡桐丛枝病的发生和激素水平的变化有关（王蕤等，1981）。脱落酸（ABA）在植物生长发育过程中起着重要的作用，9-顺式-环氧类胡萝卜素双加氧酶（9-*cis*-epoxycarotenoid dioxygenase，NCED）在 ABA 的生物合成中起着重要的作用，是一个关键酶（Zhang et al.，2009）。*NCED* 在病苗中的上调，可能会引起 ABA 合成的增加。有研究表明，ABA 有抑制植物茎生长的作用，在之前的研究中也发现 NCED 与泡桐丛枝病有关（Liu et al.，2013；Fan et al.，2014；2015b；2015d；2015e），故推断 NCED 可能和节间变短这一泡桐丛枝病症状相关。

抗坏血酸又称维生素 C，是一种多功能代谢物质，可以通过各种方式清除体内过剩的活性氧，在植物生长发育及抗逆中具有非常重要的作用。在响应 PaWB 的转录本中，葡萄糖醛酸激酶（glucuronokinase，GLCAK）和肌醇加氧酶（inositol oxygenase，MIOX）在感病后表达量上调，这可能会造成抗坏血酸合成的增加。研究表明，抗坏血酸有促进有丝分裂和细胞伸长的作用（Arrigoni et al.，1997；Fry，1998），推测这可能与泡桐丛枝病的腋芽丛生症状相关。

泛素化结构域蛋白 DSK2a（ubiquitin domain-containing protein DSK2a-like isoform X1，DSK2）和泛素化受体 Rad23c（ubiquitin receptor RADIATION SENSITIVE23c-like，RAD23）属于含有 N 端类泛素化结构域和 C 端泛素相关结构域的蛋白质家族，DSK2 和 RAD23 都作为穿梭蛋白，能将泛素化标记的蛋白质转运到蛋白酶体（Lowe et al.，2006）。在植原体感染的拟南芥中，RAD23 与花变叶形态的产生有关（MacLean et al.，2014）。Bri1-EMS-suppressor 1（BES1）是油菜素内酯信号传递的正调节剂，DSK2 和 BES1 互作参与了分枝的调控（Wang et al.，2013b；Nolan et al.，2017）。根据 DSK2 和 RAD23 的功能推测，DSK2 可能和丛枝形态有关，RAD23 可能和花变叶有关，这两种形态都是泡桐丛枝病的症状。

MADS-box 是一类调控植物生长发育的转录因子，含有约 58 个氨基酸组成的保守 DNA 结合结构域，在花、茎、叶等器官的发育中起着关键作用（李成儒等，2020；Tang et al.，2020）。在马铃薯中，MADS-box 在腋生分生组织中高表达，其通过调节细胞生长来介导腋芽的发育（Rosin et al.，2003）。在台湾泡桐中，MADS-box 可调控植株的形态建成，过表达 MADS 的转基因泡桐会出现腋芽增多的现象（Prakash and Kumar，2002）。Duan 等（2006）发现 MADS-box 可负调控植物分枝分蘖的激素——油菜素内酯（brassinosteroid，BR）的信号转导。Fan 等（2014）在白花泡桐丛枝病的研究中鉴定到了和 PaWB 相关的油菜素内酯不敏感-相关受体激酶 1（BAK1），BAK1 参与了 BR 信号转导（Li et al.，2002）。本研究中，MADS-box（Paulownia_LG11G000198.1）在病苗中表达量升高，brassinosteroid-6-oxidase 2（*BR6OX2*，Paulownia_LG5G001261.1）是 BR 合成的关键基因（Shimada et al.，2003），*BR6OX2* 和 *BAK1* 在病苗中表达量降低，推测 MADS-box 可能通过 BR6OX2 和 BAK1 调控 BR 的合成及信号转导，进而调控分枝，造成丛枝症状出现。

TCP 转录因子家族在植物的生长发育中起着重要的作用，可调节植株形态建成，并通过激素信号转导途径响应生物和非生物胁迫（冯雅岚等，2018）。玉米中的 TEOSINTE BRANCHED 1（TB1）是最早发现的可调控分枝的 TCP 转录因子（Doebley et al.，1997）。在拟南芥中，编码 AtTCP18 的 BRANCHED1（BRC1）在腋芽的分枝信号调控中起着非常关键的作用，BRC1 是 TB1 的同源基因（Aguilar-Martínez，2007）。在马铃薯中，StBRC1a 在腋芽中特异性高表达，并可调控分枝（冯爽爽等，2020）。Hu 等（2020）发现 BRCI 参与了有调控分枝作用的 BR 和独脚金内酯（strigolactone，SL）的信号转导。在豌豆中，PsBRC1 的表达受 SL 和细胞分裂素（cytokinin，CK）的影响，其可调控腋芽的生长（Braun et al.，2012）。Wang 等（2018b）发现小麦蓝矮植原体的效应子 SWP1 和 BRC1 互作，并导致丛枝症状的出现。本研究中，BRC1（Paulownia_LG14G000206.1）可能也与泡桐丛枝植原体的效应子互作，导致丛枝症状产生。之前的研究中发现 PaWB 的发生和 CK 含量变化有关，病苗中的 CK 合成相关基因表达量升高（王蘧等，1981；Mou et al.，2013），BRC1 也可能影响了 BR、SL 和 CK 的信号转导，造成了丛枝。

（二）丛枝病发生特异相关 miRNA 的鉴定

1. MMS 模拟 PaWB 恢复和发病过程中 miRNA 的鉴定

在 60mg·L^{-1}MMS 模拟 PaWB 恢复过程中，本研究筛选到表达量呈下降和升高趋势的 miRNA 分别有 14 个和 4 个。同理，在 20mg·L^{-1} MMS 模拟 PaWB 恢复过程中，鉴定到表达量呈下降趋势的 miRNA 19 个，呈上升趋势的 miRNA 24 个；在 20mg·L^{-1} MMS 模拟 PaWB 发病过程中，鉴定到表达量呈下降和上升趋势的 miRNA 分别有 64 个和 52 个；然后找出同时在恢复过程中上调和在发病过程中下调的 miRNA，结果鉴定到 5 个 miRNA，又鉴定到 4 个同时在恢复过程中下调和发病过程中上调的 miRNA。

为了排除 MMS 试剂的影响，分别将 60mg·L^{-1} 和 20mg·L^{-1} MMS 组中获取的下调的 miRNA 取交集，结果鉴定到 3 个 PaWB 相关的 miRNA。同理，在 60mg·L^{-1} 和 20mg·L^{-1} MMS 组中获取的上调的 miRNA 中筛选到 2 个与 PaWB 相关的 miRNA。这 5 个 miRNA 是 MMS 处理组鉴定到的响应 PaWB 的 miRNA。

2. Rif 模拟 PaWB 恢复和发病过程中 miRNA 的鉴定

在 100 mg·L^{-1}Rif 模拟 PaWB 恢复过程中，本研究筛选到表达量呈下降和上升趋势的 miRNA 分别有 4 个和 3 个。同理，在 30mg·L^{-1} Rif 模拟 PaWB 恢复过程中，鉴定到表达量呈下降趋势的 miRNA 36 个，呈上升趋势的 miRNA 29 个；在 30mg·L^{-1} Rif 模拟 PaWB 发病过程中，鉴定到表达量呈下降和上升趋势的 miRNA 分别有 90 个和 61 个；然后找出同时在恢复过程中上调和发病过程中下调的 miRNA，结果鉴定到 8 个 miRNA，又鉴定到 7 个同时在恢复过程中下调和发病过程中上调的 miRNA。

为了排除 Rif 试剂的影响，分别将 $100mg \cdot L^{-1}$ 和 $30mg \cdot L^{-1}$ Rif 组中获取的下调 miRNA 取交集，结果鉴定到 3 个与 PaWB 相关的 miRNA。同理，在 $100mg \cdot L^{-1}$ 和 $30mg \cdot L^{-1}$ Rif 组中获取的上调的 miRNA 筛选到 2 个 PaWB 相关 miRNA。这 5 个转录本是 Rif 处理组鉴定到的 PaWB 相关 miRNA。

为了进一步排除 MMS 和 Rif 试剂的影响，本研究将 MMS 处理组和 Rif 组处理组鉴定到的 5 个 PaWB 相关 miRNA 进行对比，结果鉴定到 4 个与 PaWB 发生特异相关的 miRNA（表 10-10）。

表 10-10　PaWB 相关 miRNA

	miRNA 名称	靶基因个数	PF vs. PFI
1	pf-mir122	24	down
2	pf-miR156f-5p	17	up
3	pf-miR159a-3p	15	up
4	pf-miR169f	2	up

对在病苗中上调的 pf-miR156f-5p、pf-miR159a-3p 和 pf-miR169f 的靶基因进行 GO 和 KEGG 分析，结果显示，最显著富集的 5 个 GO 条目（图 10-31A）是花

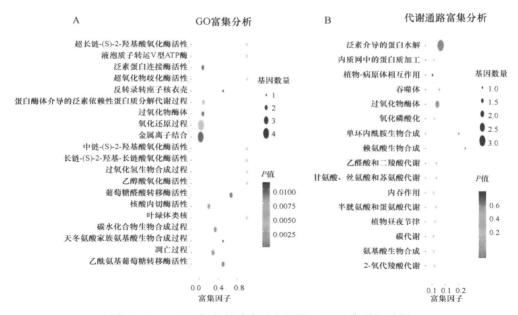

图 10-31　PaWB 相关且感病后上调的 miRNA 靶基因分析

A. GO 富集；B. KEGG 代谢通路富集

药发育（GO：0048653，anther development）、DNA 结合转录因子活性（GO：0003700，DNA-binding transcription factor activity）、DNA 结合（GO：0003677，DNA binding）、以 DNA 为模板的转录调控（GO：0006355，regulation of transcription，DNA-templated）、花粉精细胞分化（GO：0048235，pollen sperm cell differentiation）。植物激素信号转导（ko04075，plant hormone signal transduction）、类胡萝卜素的生物合成（ko00906，carotenoid biosynthesis）、植物与病原体的相互作用（ko04626，plant-pathogen interaction）、植物昼夜节律（ko04712，circadian rhythm - plant）、脂肪酸延长（ko00062，fatty acid elongation）是最显著富集的 5 个 KEGG 代谢通路（图 10-31B）。上调的 miRNA 主要涉及植物激素、昼夜节律和植物病原互作等过程。

pf-mir122 在病苗中表达量降低，对其靶基因进行 GO 和 KEGG 分析，GO 富集结果显示，葡萄糖醛酸转移酶活性（GO：0015020，glucuronosyltransferase activity）、乙酰氨基葡萄糖转移酶活性（GO：0008375，acetylglucosaminyltransferase activity）、碳水化合物的生物合成过程（GO：0016051，carbohydrate biosynthetic process）、凋亡过程（GO：0006915，apoptotic process）、核酸内切酶活性（GO：0004519，endonuclease activity）是最显著富集的 5 个 GO term（图 10-32A）。最显著富集的 5 个 KEGG 代谢通路（图 10-32B）是泛素介导的蛋白水解（ko04120，

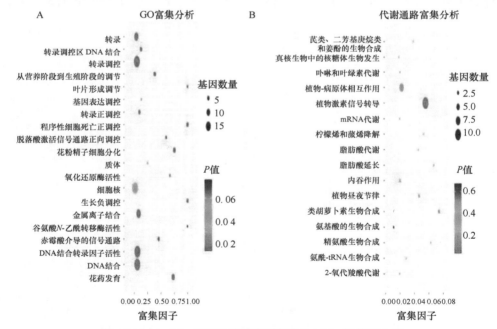

图 10-32　PaWB 相关且感病后下调的 miRNA 靶基因分析

A. GO 富集；B. KEGG 富集

ubiquitin mediated proteolysis）、赖氨酸生物合成（ko00300，lysine biosynthesis）、过氧化物酶体（ko04146，peroxisome）、抗生素生物合成（ko00261，monobactam biosynthesis）、吞噬体（ko04145，phagosome）。pf-mir122 主要和吞噬、泛素介导的蛋白水解、过氧化物酶体等有关。

经过上述分析，发现转录因子 MYB 在很多研究中都与植物抗逆有关（Thomas，2005；Fan et al.，2015b）。拟南芥感染丁香假单胞菌时，MYB30 在过敏反应中起到了调节作用（Raffaele et al.，2006）。在杨树中，MYB134 能响应病原体的侵染，同时发现 MYB134 的上调显著增加了转基因杨树中原花青素的浓度（Mellway et al.，2009）。pf-mir122 的靶基因 LRR 受体样丝氨酸/苏氨酸蛋白激酶 FLS2（LRR receptor-like serine/threonine-protein kinase FLS2，FLS2）基因、pf-miR159a-3p 的靶基因 MYB 功能域蛋白 30（MYB domain protein 30，MYB30）基因都参与了植物与病原相互作用。*FLS2* 在 Mou 等（2013）和 Liu 等（2013）的研究中被鉴定为响应丛枝病的基因。

光为高等植物的生长和发育提供了各种信号。在之前的研究中，Fan 等（2014）发现 MYB 转录因子 LHY、生物钟相关基因 1 和锌指蛋白 CO 基因等通过植物昼夜节律以响应植原体的入侵。pf-mir122 和 pf-miR159a-3p 共同的靶基因 MYB 转录因子 75（transcription factor MYB75）、pf-miR159a-3p 的靶基因自由基锌指蛋白 DOF5.5（Dof zinc finger protein DOF5.5，CDF1）都参与了植物昼夜节律这一代谢通路，本次鉴定到的 MYB75 是 MYB 转录因子 LHY 的下游基因，因此推测 pf-mir122 和 pf-miR159a-3p 可能通过植物昼夜节律来响应泡桐丛枝植原体的入侵。

miRNA156 是一种在植物中广泛存在的 miRNA，和植物的形态发育相关（Wang et al.，2019a）。在拟南芥中，miR156 的过表达抑制了顶芽分生组织的活性，促进了腋芽的萌发和生长（Schwarz et al.，2008）。miR156 可调控 SPL 基因在拟南芥叶原基中的表达量，抑制茎尖分生组织中新叶的生成，从而影响叶片的大小（Wang et al.，2008）。在水稻中，过表达 *OsmiR156f* 会造成分蘖增多的现象，同时也影响植株高度（Liu et al.，2015b）。OsmiR156 及其靶基因 OsSPL14 影响水稻株形和产量（Jiao et al.，2010；Miura et al.，2010）。在苜蓿中，miRNA156 过表达植株出现了分枝增多、节间变短等表型；沉默其靶基因 *SPL13* 后，植株表现出侧枝增多（Gao et al.，2018）。在大豆中，miRNA156 过表达后，植株分枝增多、产量提高（Sun et al.，2019b）。泡桐中 miR156f 在感病后表达上调，在毛果杨中过表达后植株出现异常分枝，推测其可能和 PaWB 的腋芽丛生相关。

（三）丛枝病发生特异相关 lncRNA 的鉴定

1. MMS 模拟 PaWB 恢复和发病过程中 lncRNA 的鉴定

在 60mg·L^{-1}MMS 模拟 PaWB 恢复过程中，本研究筛选到表达量分别呈下降和上升趋势的 lncRNA 21 个和 49 个。在 $20mg \cdot L^{-1}$ MMS 模拟 PaWB 恢复过程中，鉴定到表达量呈下降趋势的 lncRNA 74 个，呈上升趋势的 lncRNA 91 个；在 $20mg \cdot L^{-1}$ MMS 模拟 PaWB 发病过程中，鉴定到表达量分别呈下降和上升趋势的 lncRNA 414 个和 351 个；然后找出同时在恢复过程中上调和发病过程中下调的 lncRNA，结果鉴定到 20 个 lncRNA，又鉴定到 15 个同时在恢复过程中下调和发病过程中上调的 lncRNA。

为了排除 MMS 试剂的影响，分别将 $60mg \cdot L^{-1}$ 和 $20mg \cdot L^{-1}$ MMS 组中获取的下调的 lncRNA 取交集，结果鉴定到 5 个 PaWB 相关的 lncRNA。同理，在两组中获取的上调 lncRNA 中筛选到 3 个 PaWB 相关的 lncRNA。这 8 个 lncRNA 是 MMS 处理组鉴定到的 PaWB 相关 lncRNA。

2. Rif 模拟 PaWB 恢复和发病过程中 lncRNA 的鉴定

在 $100mg \cdot L^{-1}$ Rif 模拟 PaWB 恢复过程中，本研究筛选到表达量分别呈下降和上升趋势的 lncRNA 6 个和 4 个。同理，在 $30mg \cdot L^{-1}$ Rif 模拟 PaWB 恢复过程中，鉴定到表达量呈下降趋势的 lncRNA 80 个，呈上升趋势的 lncRNA 62 个；在 $30mg \cdot L^{-1}$ Rif 模拟 PaWB 发病过程中，鉴定到表达量分别呈下降和上升趋势的 lncRNA 248 个和 500 个；然后，找出同时在恢复过程中上调和发病过程中下调的 lncRNA，结果鉴定到 6 个 lncRNA，又鉴定到 21 个同时在恢复过程中下调和发病过程中上调的 lncRNA。

为了排除 Rif 试剂的影响，分别将 $100mg \cdot L^{-1}$ 和 $30mg \cdot L^{-1}$ Rif 组中获取的下调 lncRNA 取交集，结果鉴定到 3 个 PaWB 相关的 lncRNA。同理，在 $100mg \cdot L^{-1}$ 和 $30mg \cdot L^{-1}$ Rif 组中获取的上调 lncRNA 中筛选到 3 个 PaWB 相关的 lncRNA。Rif 处理组鉴定到 6 个 PaWB 相关 lncRNA。

为了进一步排除 MMS 和 Rif 试剂的影响，本研究将 MMS 处理组和 Rif 处理组分别鉴定到的 8 个和 6 个 PaWB 相关 lncRNA 进行对比，结果鉴定到 4 个与 PaWB 发生特异相关 lncRNA（表 10-11）。

表 10-11 PaWB 相关 lncRNA

	lncRNA 编号	靶基因个数	PF vs.PFI
1	MSTRG.18394.1	193	down
2	MSTRG.22708.1	121	up
3	MSTRG.29927.1	67	up
4	MSTRG.33514.1	211	down

病苗中表达量升高的是 MSTRG.22708.1 和 MSTRG.29927.1，对其靶基因进行 GO 和 KEGG 功能分析，结果显示，对光刺激的反应（GO: 0009416, response to light stimulus）、合胞体形成（GO: 0006949, syncytium formation）、对线虫的反

应（GO：0003735，structural constituent of ribosome）、叶绿体类囊体膜（GO：0009535，chloroplast thylakoid membrane）、叶绿素结合（GO：0016168，chlorophyll binding）是最显著富集的 5 个 GO term（图 10-33A）。显著富集的 5 个 KEGG 代谢通路（图 10-33B）是核糖体（ko03010，ribosome）、光合作用-天线蛋白质（ko00196，photosynthesis - antenna proteins）、碳代谢（ko01200，carbon metabolism）、光合生物中的碳固定（ko00710，carbon fixation in photosynthetic organisms）、糖酵解/糖异生（ko00010，glycolysis/gluconeogenesis）。上调的 lncRNA 涉及光合作用及碳水化合物代谢等过程。

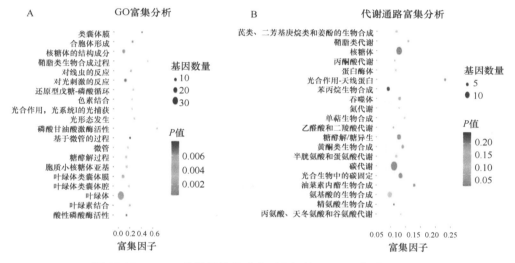

图 10-33　PaWB 特异相关且感病后上调的 lncRNA 靶基因分析
A. GO 富集；B. KEGG 代谢通路富集

MSTRG.18394.1 和 MSTRG.33514.1 在病苗中表达量下降，对其靶基因进行 GO 和 KEGG 功能分析，结果显示，RNA 聚合酶 II 调控转录（GO：0006357，regulation of transcription by RNA polymerase II）、对氧化应激的反应（GO：0006979，response to oxidative stress）、对 karrikin 的响应（GO：0080167，response to karrikin）、叶绿体（GO：0009507，chloroplast）、生长素生物合成过程的调控（GO：0010600，regulation of auxin biosynthetic process）是最显著富集的 5 个 GO 条目（图 10-34A）。显著富集的 5 个 KEGG 代谢通路（图 10-34B）是植物昼夜节律（ko04712，circadian rhythm - plant）、苯丙烷生物合成（ko00940，phenylpropanoid biosynthesis）、泛醌和其他萜类醌生物合成（ko00130，ubiquinone and other terpenoid-quinone biosynthesis）、油菜素内酯生物合成（ko00905，brassinosteroid biosynthesis）、苯丙氨酸代谢（ko00360，phenylalanine metabolism）。下调的 lncRNA 主要参与生长素、karrikin、油菜素内酯等激素代谢以及苯丙烷类代谢。

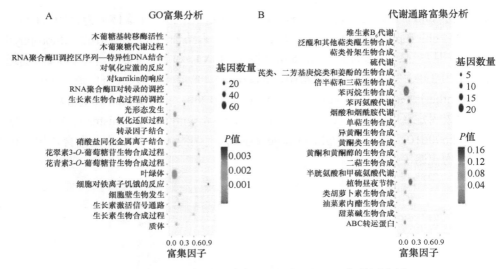

图 10-34　PaWB 相关且感病后下调的 lncRNA 靶基因分析

A. GO 富集；B. KEGG 代谢通路富集

　　植物收获光能以产生光合同化物。鉴于代谢中间产物在植物防御反应期间会发生改变，光合作用代谢产物很可能在其调整以满足机体需求时受到影响。在抗性反应期间，非必需细胞活动的数量减少（Somssich and Hahlbrock，1998）。许多研究表明，在接种病原体后、受伤后或激素处理后，光合作用速率会降低（Bolton，2009）。这反映了一个事实，即为了防御反应，合成防御相关化合物是首要任务，植物的光合作用速率降低是植物的一种适应策略（Niyogi，2000；Blokhina，2003）。MSTRG.29927.1 的靶基因参与了光合作用相关代谢通路（ko00195，photosynthesis，ko00196，Photosynthesis‑antenna proteins）。MSTRG.29927.1 的靶基因光系统 II psbS 蛋白（photosystem II 22kDa protein，PSBS）、捕光系统 I 叶绿素 a/b 结合蛋白 2（light‑harvesting complex I chlorophyll a/b binding protein 2，LHCA2）、捕光系统 I 叶绿素 a/b 结合蛋白 3（light‑harvesting complex I chlorophyll a/b binding protein 3，LHCA3）、捕光系统 II 叶绿素 a/b 结合蛋白 3（light‑harvesting complex II chlorophyll a/b binding protein 3，LHCB3）都参与了光合作用。LHCA2、LHCA3、LHCB3 这些基因都在光合作用中和天线蛋白一起行使吸收光能的作用（Alboresi et al.，2008），MSTRG.29927.1 可能是通过其靶基因影响光吸收速率，进而影响光合作用（Chen et al.，2016）。其中，LHCA3 在植原体侵染的梨树中被发现是响应植原体入侵的蛋白质（Prete et al.，2011）。MSTRG.33514.1 的靶基因原/粪卟啉原 III 氧化酶（protoporphyrinogen/coproporphyrinogen III oxidase，HEMY）、MSTRG.29927.1 的靶基因叶绿素 a 加氧酶（chlorophyllide a oxygenase，CAO）参与了叶绿素的合成。HEMY 是叶绿素生物合成中的一种重要酶类（Hansson and Hederstedt，1994；

Che et al.，2000），CAO 是叶绿素 b 生物合成中的关键酶（Oster et al.，2000）。MSTRG.33514.1 和 MSTRG.29927.1 可能是通过其靶基因调节叶绿素的合成以响应植原体的入侵。

白花泡桐丛枝病发生特异相关 lncRNA（MSTRG.22708.1、MSTRG.29927.1、MSTRG.33514.1）的靶基因参与淀粉和蔗糖的代谢，如葡萄糖-1-磷酸腺苷酰转移酶、蔗糖合成酶、1,4-β-D-木聚糖合成酶、葡聚糖内切-1,3-β-D-葡萄糖苷酶、海藻糖 6-磷酸合成酶、β-淀粉酶、β-葡萄糖苷酶、葡聚糖内切-1,3-β-葡糖苷酶 1/2/3。这些 lncRNA 通过其靶基因可以调控泡桐体内淀粉和蔗糖的代谢，当光合作用受抑制时，泡桐为了抵抗植原体，必须做出反应，以保证免疫反应的正常进行（Monavarfeshani et al.，2013）。从植原体的角度来说，由于植原体缺乏代谢的蔗糖酶，它们可以使用葡萄糖或果糖为其供能（Oshima et al.，2004）。

（四）丛枝病发生特异相关 circRNA 的鉴定

1. MMS 模拟 PaWB 恢复和发病过程中 circRNA 的鉴定

在 60mg·L⁻¹MMS 模拟 PaWB 恢复过程中，本研究筛选到 133 个表达量呈下降趋势的 circRNA 和 73 个呈升高趋势的 circRNA。同理，在 20mg·L⁻¹ MMS 模拟 PaWB 恢复过程中，鉴定到表达量呈下降趋势的 circRNA 397 个，呈上升趋势的 circRNA 304 个；在 20mg·L⁻¹ MMS 模拟 PaWB 发病过程中，鉴定到表达量呈下降和上升趋势的 circRNA 分别有 2030 个和 1254 个；然后找出同时在恢复过程中上调和发病过程中下调的 circRNA，结果鉴定到 62 个 circRNA，又鉴定到 85 个同时在恢复过程中下调和发病过程中上调的 circRNA。

为了排除 MMS 试剂的影响，分别将 60mg·L⁻¹ 和 20mg·L⁻¹ MMS 组中获取的下调 circRNA 取交集，结果鉴定到 8 个 PaWB 相关的 circRNA。同理，在 60mg·L⁻¹ 和 20mg·L⁻¹ MMS 组中获取的上调 circRNA 中筛选到 4 个 PaWB 相关 circRNA。这 12 个 circRNA 是 MMS 处理组鉴定到的 PaWB 相关 circRNA。

2. Rif 模拟 PaWB 恢复和发病过程中 circRNA 的鉴定

在 100mg·L⁻¹Rif 模拟 PaWB 恢复过程中，本研究筛选到表达量分别呈下降和上升趋势的 circRNA 7 个和 27 个。同理，在 30mg·L⁻¹ Rif 模拟 PaWB 恢复过程中，鉴定到表达量呈下降趋势的 circRNA 232 个，呈上升趋势的 circRNA 164 个；在 30mg·L⁻¹ Rif 模拟 PaWB 发病过程中，鉴定到表达量分别呈下降和上升趋势的 circRNA 393 个和 296 个；然后找出同时在恢复过程中上调和发病过程中下调的 circRNA，结果鉴定到 10 个 circRNA，又鉴定到 51 个同时在恢复过程中下调和发病过程中上调的 circRNA。

　　为了排除 Rif 试剂的影响，分别将 100mg·L⁻¹ 和 30mg·L⁻¹ Rif 组中获取的下调 circRNA 取交集，结果鉴定到 4 个 PaWB 相关 circRNA。同理，在 100mg·L⁻¹ 和 30mg·L⁻¹ Rif 组中获取的上调 circRNA 中筛选到 3 个 PaWB 相关 circRNA。这 7 个 circRNA 是 Rif 处理组鉴定到的 PaWB 相关 circRNA。

　　为了进一步排除 MMS 和 Rif 试剂的影响，本研究将 MMS 处理组和 Rif 组处理组分别鉴定到的 12 个和 7 个 PaWB 相关的 circRNA 进行对比，结果鉴定到 6 个与 PaWB 发生特异相关的 circRNA（表 10-12）。感病后 circRNA7714、circRNA7714 和 circRNA6865 都下调，它们主要涉及油菜素内酯的合成和抗坏血酸的代谢；circRNA466、circRNA2705 和 circRNA6438 均上调，这三个 circRNA 与 ABA 的合成及泛素化介导的蛋白质降解有关。

表 10-12　PaWB 相关 circRNA

circRNA 编号	hosting 基因	PF vs.PFI
circRNA7714	SPL3	down
circRNA315	GLACK	down
circRNA6856	GLACK	down
circRNA466	RAD23	up
circRNA2705	NCED	up
circRNA6438	NCED	up

　　在泡桐丛枝病的研究中，科研人员发现 PaWB 的发生和激素水平的变化有关（王蘧等，1981）。PaWB 相关 circRNA 的 hosting 基因参与了植物激素信号转导（ko04075，plant hormone signal transduction）。circRNA2705 和 circRNA6438 的 hosting 基因是 NCED，NCED 参与了 ABA 的生物合成，这两个 circRNA 可能通过其 hosting 基因影响 ABA 合成，改变 ABA 和细胞分裂素的比例，从而引起泡桐丛枝病发生（Fan et al.，2014；2015d）。

　　circRNA315 和 circRNA6856 的 hosting 基因葡萄糖醛酸激酶（glucuronokinase，GLCAK）基因是抗坏血酸合成中的关键基因。GLCAK 是鉴定到的响应 PaWB 的转录本，这两个 circRNA 可能是通过 GLCAK 参与对 PaWB 的响应。

二、白花泡桐丛枝病发生特异相关 ceRNA 网络的构建及分析

　　利用本章第一节鉴定到的 mRNA、miRNA、lncRNA 和 circRNA 来构建 ceRNA 网络。根据 Meng 等（2012）的方法，使用 Perl 或 Python 等脚本语言构建 circRNA（或 lncRNA）–miRNA–mRNA 三者的网络关系。针对三种 RNA 之间的关系，使用 Cytoscape 画出 ceRNA 网络关系图，在 ceRNA 研究中，任何一类 RNA 分子都不是孤立的。例如，lncRNA 可以在 mRNA 的 5′端结合发挥增强子的功能，提升

mRNA 的转录水平。circRNA 可以竞争结合 miRNA，间接提升 miRNA 对应靶基因的转录水平（Beermann et al.，2016）。根据第三章鉴定到的 28 514 个转录本、5118 个 lncRNA、9927 个 circRNA 和 668 个 miRNA 构建 circRNA-miRNA-mRNA 和 lncRNA-miRNA-mRNA 调控网络，结果显示本研究共获得 36 531 条 lncRNA-miRNA-mRNA 和 84 445 条 circRNA-miRNA-mRNA 互作关系。鉴于全部互作网络过于庞大和复杂，本研究仅展示鉴定到的与丛枝病有关的 17 个转录本、4 个 lncRNA、6 个 circRNA、4 个 miRNA 涉及的调控关系，结果见图 10-35，从图中发现了 circRNA7714-pf-miR156f-5p-SPL3/6 是关键的 ceRNA，感病后，circRNA7714 下调，pf-miR156f-5p（以下简称 miR156f）上调，SPL3/6 下调。

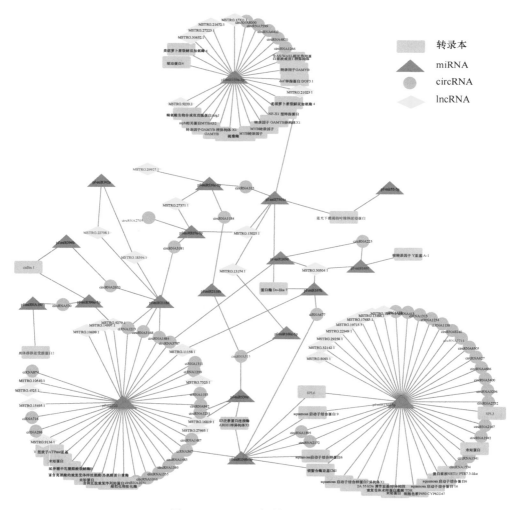

图 10-35　PaWB 相关 ceRNA 网络

此外，利用本研究鉴定到的 PaWB 相关的 17 个转录本、4 个 lncRNA 及其靶基因、4 个 miRNA 及其靶基因、6 个 circRNA 及其 hosting 基因，以及 STRING 网站，对它们之间的调控网络进行分析，结果表明：9-顺式-环氧类胡萝卜素双加氧酶（Paulownia_LG0G000678.1，NCED）涉及 ABA 的生物合成，与其有调控关系的有 MSTRG.18394.1、pf-miR159a-3p、circRNA2705 和 circRNA6438。葡糖醛酸激酶（Paulownia_LG12G000481.1，GLCAK）是 MSTRG.33514.1 的靶基因，也是 circRNA315 和 circRNA6856 的 hosting 基因。肌醇加氧酶（Paulownia_LG2G000706.1，MIOX）和延伸因子 1α（Paulownia_LG19G000854.1，eEF1A）是 MSTRG.22708.1 的靶基因。squamosa 启动子结合蛋白 3（Paulownia_LG1G000147.1，SPL3）是 miR156f 的靶基因。泛素化受体 Rad23c（Paulownia_LG5G000832.1，RAD23）是 circRNA466 的 hosting 基因（图 10-36）。

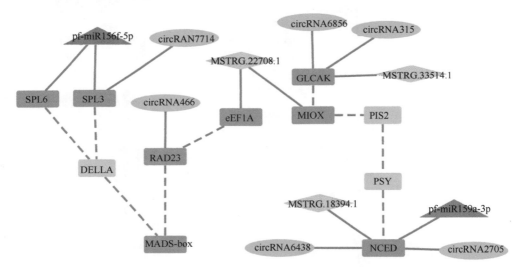

图 10-36　PaWB 相关 RNA 之间的关系图

GLACK，葡糖醛酸激酶；MIXO，肌醇加氧酶；NCED，9-顺式-环氧类胡萝卜素双加氧酶；SPL3，squamosa 启动子结合蛋白 3；eEF1A，延伸因子 1-α；RAD23，泛素化受体 Rad23c；MADS-box，MADS-box 蛋白

结合本研究结果和文献报道，对以上 RNA 分子和 PaWB 之间的关系进行了分析，*MIOX* 和 *GLCAK* 参与了抗坏血酸合成途径，可能调控抗坏血酸的合成。抗坏血酸有促进细胞壁多糖分裂的功能，其可以促进细胞伸长（Arrigoni et al.，1997；Fry，1998），此外，抗坏血酸有清除 ROS 的作用，参与植物超敏（hypersensitive response，HR）反应。在烟草中，*SPL* 转录因子和 TIR-NB-LRR 受体之间的相互作用介导了植物 HR 反应。*SPL* 和穗顶端退化的"秃顶"表型有关，它通过抑制 ER 胁迫信号输出控制水稻穗细胞死亡，造成了顶芽死亡（Wang et al.，2018f），顶端优势丧失，这和 PaWB 的腋芽丛生可能相关，会导致侧枝生长。在植原体入

侵的拟南芥中，RAD23 将 MADS-box 蛋白转运到 26S 蛋白酶体，导致了花变叶形态的产生，eEF1A 会影响 RAD23 参与的蛋白质降解（Chuang et al.，2005；MacLean et al.，2014）。SPL 和 DELLA 蛋白的结合也通过调控 *MADS* 基因，进而影响植物开花（Yu et al.，2012）。*NCED* 调控 ABA 的合成。感染后，*NCED* 上调，可能造成 ABA 合成的增加，这可能与感病泡桐的节间变短、叶片变小这种形态相关（Fan et al.，2014），ABA 含量的增加和 PYR1 的上调激活了 ABA 信号转导途径，*SPL* 会通过 PYR1 来影响 ABA 信号转导，这可能增强了泡桐的抗逆性（刘研等，2016；Chao et al.，2017）。分析结果表明，*PfSPL3* 可能调控多个基因进而造成病苗形态的变化。

为了进一步研究 PfSPL 在泡桐丛枝病中的作用，本研究首先对白花泡桐基因组中的 *SPL* 基因家族成员进行了鉴定，步骤如下：①利用白花泡桐蛋白质数据构建本地蛋白质数据库；②从 Pfam 数据库（http：//pfam.xfam.org/）下载 SBP 蛋白的隐马尔可夫模型文件（HMM，PF03110），并用 HMMER3.0 软件的 hmmsearch 工具（Finn et al.，2011）比对本地蛋白质数据库，鉴定匹配的 SBP 蛋白序列，阈值设为 $E<10^{-5}$；③搜索得到的 SBP 蛋白序列再提交到 PFAM（http://pfam.xfam.org/）数据库、NCBI 中对保守结构域进行分析预测的在线软件网站（https://www.ncbi.nlm.nih.gov/Structure/cdd/wrpsb.cgi）和蛋白结构域分析系统 SMART（http://smart.embl-heidelberg.de/），进一步确认是否含有完整的 SBP 结构域，最终得到白花泡桐 SPL 基因家族的蛋白质序列；④利用 ExPASy（https://web.expasy.org/protparam/）工具计算 SPL 蛋白的物理和化学性质，包括氨基酸个数、分子质量大小和等电点。利用在线软件 GSDS 对 *SPL3* 进行基因结构示意图的构建和分析（http://gsds.cbi.pku.edu.cn/）；利用蛋白互作分析网站 STRING（https://string-db.org）分析 SPL3 及其互作蛋白之间的关系，结果获得 23 个 *PfSPL* 家族成员，其基因编号为 *PfSPL1~PfSPL23*（表 10-13）。随后，利用 SMART 数据库和 GenBank 的 CDD 程序对获得的候选基因的蛋白序列进一步分析，结果显示，23 个蛋白质全部含有完整的 SBP 保守结构域，其中 3 个 PfSPL 还具有锚蛋白 ANK 结构域。23 个 PfSPL 蛋白分子质量从 22.15kDa 到 119.21kDa，最长的 PfSPL20 含有 1084 个氨基酸，而最短的 PfSPL11 只有 134 个氨基酸，等电点从 6.06~10.30，所有 PfSPL 蛋白均为不稳定蛋白。染色体分布统计结果表明，白花泡桐 20 条染色体中 chr6、chr8 和 chr16 分布最多，均有 3 个 *PfSPL* 基因，而 chr 5、chr 9、chr 11、chr 12、chr 13、chr 15、chr 17、chr 19 染色体上没有 *PfSPL* 分布（图 10-37）。

其次，将白花泡桐 SPL 家族的蛋白序列与已报道的大豆、水稻、苜蓿中调控分枝分蘖的 SPL 序列（Jiao et al.，2010；Liu et al.，2015b；Gao et al.，2018；Sun et al.，2019b）进行分析，结果表明（图 10-38），*PfSPL4* 和 *PfSPL23* 这两个基因与大豆 *GmSPL9* 及水稻 *OsSPL14* 关系较近；*PfSPL3*、*PfSPL9*、*PfSPL17* 这三个基

表 10-13 白花泡桐 PfSPL 基因家族

基因名称	结构域	基因 ID	蛋白质预测			
			氨基酸	分子质量/kDa	等电点 pI	原子组成
PfSPL1	SBP	Paulownia_LG0G000401	408	44.84	8.38	C1934H3016N586O612S18
PfSPL2	SBP	Paulownia_LG0G000402	325	36.05	8.46	C1556H2374N474O497S12
PfSPL3	SBP	Paulownia_LG1G000147	492	53.59	6.06	C2313H3652N666O746S27
PfSPL4	SBP	Paulownia_LG2G000070	367	39.19	8.96	C1692H2630N506O539S16
PfSPL5	SBP	Paulownia_LG3G001218	278	31.39	8.18	C1375H2088N412O414S12
PfSPL6	SBP	Paulownia_LG6G000583	433	48.38	7.61	C2074H3269N615O679S22
PfSPL7	SBP，ANK	Paulownia_LG4G000028	827	92.11	6.00	C4035H6330N1148O1248S38
PfSPL8	SBP	Paulownia_LG7G000029	326	36.01	8.32	C1545H2428N472O493S16
PfSPL9	SBP	Paulownia_LG7G000042	469	51.30	8.47	C2227H3469N643O713S20
PfSPL10	SBP	Paulownia_LG7G000348	477	52.44	8.35	C2264H3613N669O725S20
PfSPL11	SBP	Paulownia_LG8G000491	134	15.31	7.00	C637H1038N214O216S8
PfSPL12	SBP	Paulownia_LG8G001455	200	22.15	9.53	C917H1517N313O307S10
PfSPL13	SBP	Paulownia_LG8G001682	196	22.17	7.04	C928H1508N296O305S15
PfSPL14	SBP，ANK	Paulownia_LG10G000012	1006	111.41	6.98	C4881H7721N1399O1504S42
PfSPL15	SBP	Paulownia_LG10G000165	783	87.33	6.17	C3841H6094N1074O1165S43
PfSPL16	SBP	Paulownia_LG14G000280	471	51.76	8.45	C2252H3601N659O709S16
PfSPL17	SBP	Paulownia_LG14G000778	473	51.79	8.55	C2245H3512N654O706S26
PfSPL18	SBP	Paulownia_LG14G000793	159	17.78	10.30	C753H1226N250O228S11
PfSPL19	SBP	Paulownia_LG15G001258	1078	118.81	6.41	C5162H8164N1500O1617S53
PfSPL20	SBP	Paulownia_LG15G001260	1084	119.21	8.59	C5198H8247N1515O1603S50
PfSPL21	SBP，ANK	Paulownia_LG17G000022	1004	111.61	8.17	C4887H7761N1411O1501S41
PfSPL22	SBP	Paulownia_LG17G000272	793	87.96	7.13	C3851H6152N1088O1175S46
PfSPL23	SBP	Paulownia_TIG00016041G000006	370	39.42	9.35	C1705H2637N513O539S15

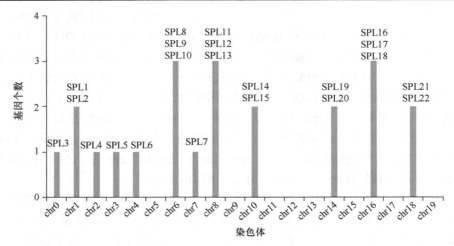

图 10-37 白花泡桐 PfSPL 家族染色体分布

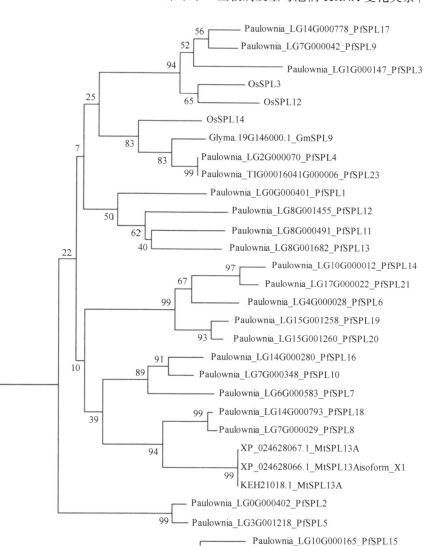

图 10-38　白花泡桐 PfSPL 家族

因与水稻 *OsSPL3*、*OsSPL12* 关系较近；*PfSPL8*、*PfSPL18* 与苜蓿的 *MtSPL13A* 关系比较近。结合它们的表达变化情况，可以得出 *PfSPL3* 与泡桐丛枝病发生密切相关，接着又对 SPL3 开展了蛋白保守结构和基因结构分析，结果显示 SPL3 具有 SBP 保守结构域，属于 SPL 基因家族（图 10-39A），且 SPL3 含有 3 个内含子、4 个外显子（图 10-39B）；其编码区长度 1479bp，492 个氨基酸，分子质量 53kDa，等电点 6.06。

A

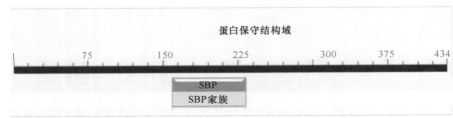

B

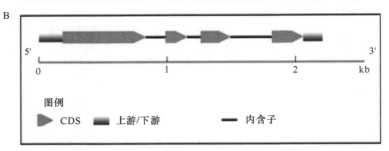

图 10-39　SPL3 蛋白的保守结构域（A）和基因结构（B）

SPL 基因家族是一种具有重要调控功能的转录因子，已相继在许多基因组已测序的植物中被鉴定，随着白花泡桐基因组测序的完成，泡桐 SPL 基因家族的研究亟待开展。本研究从白花泡桐全基因组中共鉴定得到 23 个具有完整 SBP 结构域的 *PfbSPL* 基因。

已有研究表明，植物中许多 SPL 家族基因是 miR156 的靶基因，且 miR156/SPL 调控模式已成为调节植物生长发育的枢纽。拟南芥 16 个 *AtSPL* 基因中的 10 个（Gandikota et al.，2007）、番茄 15 个 *SlySPL* 基因中的 10 个（Salinas et al.，2012）、大豆 41 个 *GmSPL* 基因中的 17 个（Tripathi et al.，2017）、葡萄 18 个 *VvSPL* 基因中的 12 个（Hou et al.，2013）、水稻 19 个 *OsSPL* 基因中的 11 个（Xie et al.，2006）以及油菜 58 个 *BnaSBP* 基因中的 44 个（Cheng et al.，2016）均被证明是 miR156 的靶基因。

本研究通过 PaWB 相关 RNA 分子之间的调控关系分析和对 ceRNA 的网络预测均发现了 miR156f-SPL3/6 之间的靶向关系，PfSPL3 涉及其他 PaWB 相关转录本参与的调控网络，且 PfSPL3 和水稻中调控分蘖的 SPL 基因关系较近。过表达 miR156f 转基因植株出现异常分枝。在拟南芥、水稻、苜蓿和大豆等植物中均发现 miRNA156 和植物形态相关，特别是分枝。miR156 对 SPL9 和 SPL15 的调控可影响拟南芥的株型、发育阶段、花序结构等，造成分枝增多的现象（Schwarz et al.，2008）。MiR156-SPL 模块在水稻的形态建成中起到了重要的作用（Wang et al.，2018f）。改变 miR156e 的表达量后，可造成丛枝、分蘖增加、株高降低、抽穗期延长，这些改变是依赖于 miR156e 对独脚金内酯代谢途径的调控（Chen et al.，2015）。过表达 OsmiR156f 植株中 *OsSPL3*、*OsSPL12* 和 *OsSPL14* 的表达显著下调，影响了株高和分蘖（Liu et al.，2015b）。在大豆中，GmmiR156b 负调控 *GmSPL3* 和 *GmSPL9*，进而影响下游基因 *GmSOC1* 和 *GmFUL*，造成营养生长期延长、开花时间延迟（Gao et al.，2015）。过表达 GmmiR156b 可大幅度增加大豆的分枝数目、主茎节数、主茎的粗度和三出复叶数目，进而显著增加单株荚果的数量，种子变大，单株产量可提高 46%～63%，这些变化由 GmmiR156b 的靶基因 GmSPL9d 和调控茎尖、侧生分生组织关键调控因子 GmWUS 之间的互作所造成，miR156-SPL-WUS 为大豆高产育种提供了新思路（Sun et al.，2019b）。在紫花苜蓿中，miR156-SPL13 模块参与调控枝条的分枝发育，过表达 miR156 的转基因植株表现出分枝增多、节间变短、开花时间延迟等，在 SPL13 沉默植株中观察到更多的侧枝及开花时间延迟（Gao et al.，2018）。以上结果表明，miR156 是通过其靶基因 SPL 或者与靶基因互作的某些蛋白质来调控顶端和腋生分生组织的活性，最终调控分枝的形成。故推测在白花泡桐中 miR156f 可能也是通过影响其靶基因的表达，进而改变下游相关代谢通路，最终造成了腋芽丛生症状。

三、白花泡桐丛枝病发生特异相关 ceRNA 的 qRT-PCR 验证

为了验证分析和测序结果的准确性，在 PF 和 PFI 中对鉴定到的响应 PaWB 的 RNA 中随机挑选了 10 个转录本、4 个 miRNA、6 个 circRNA、4 个 lncRNA 进行 qRT-PCR 验证，从结果可以看出，PCR 变化趋势和测序结果是一致的（图 10-40），

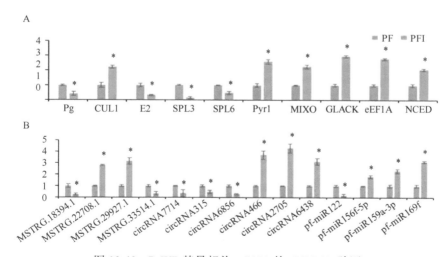

图 10-40　PaWB 特异相关 ceRNA 的 qRT-PCR 验证

A. 转录本；B. lncRNA、circRNA 和 miRNA。*表示 PF 和 PFI 之间差异显著（$P<0.05$）；Pg，多聚半乳糖醛酸酶；CUL1，cullin 1；E2，泛素结合酶 E2；SPL3，squamosa 启动子结合蛋白 3；SPL6，squamosa 启动子结合蛋白 6；Pyr1，脱落酸受体 Pyr1；MIXO，肌醇加氧酶；GLCAK，葡糖醛酸激酶；eEF1A，延伸因子 1-α；NCED，9-顺式-环氧类胡萝卜素双加氧酶

证明了本次实验测序数据的可靠性。从表达量变化上看，miR156f、circRNA7714、SPL3 之间存在竞争性结合的关系，circRNA7714 和 SPL3 的表达呈正相关，circRNA7714 和 miR156f 的表达呈负相关，miR156f 和 SPL3 的表达呈负相关。

四、miR156f 及其靶基因 *PfSPL3* 的功能验证

为了进一步了解 miR156f 和 *PfSPL3* 在泡桐丛枝病形态变化中的作用，本研究在毛果杨（*Populus trichocarpa*）中进行了 miR156f 和 *PfSPL3* 过表达分析，miR156f 和 *PfSPL3* 的克隆及过表达载体构建参考王莹（2015）的方法，毛果杨的遗传转化参考甄成（2015）的方法，PCR 鉴定参考王莹（2015）的方法。结果显示，miR156f 过表达的转基因苗中呈现了分枝增多、植株矮小、叶片减小现象（图 10-41A），*PfSPL3* 过表达植株未出现分枝增多现象（图 10-41B），利用 PCR 对转基因植株进行了鉴定（图 10-41C，D）。

图 10-41　miR156f 与 PfSPL3 的过表达验证

A. miR156f；B. *PfSPL3*；C. miR156f 的 PCR 检测；D. *PfSPL3* 特异片段的 PCR 检测。M，BM2000 maker；P，阳性质粒对照；N，水对照；WT，野生型毛果杨；OE，转基因植株

第三节　丛枝病发生与特异相关 miR156f 的分子功能分析

MiR156 家族在植物界高度保守，主要参与调节植物的生长发育过程、代谢调节、分枝/分蘖、果实成熟、对胁迫的响应等（Jiao et al.，2010；Gao et al.，2018；Sun et al.，2019b）。miR156 的靶基因是 SPL 基因，SPL 基因家族是植物特有的一类具有多功能的转录因子家族，主要通过结合下游基因启动子区的顺式作用元件 GTAC 基序，从而参与调控下游基因的表达（吴艳等，2019）。越来越多的研究表明，miR156 及 SPL 家族参与了植物生命周期中的多种生物过程，成为植物生长发育的调控枢纽。例如，在拟南芥中，Wang 等（2009a）发现高表达量的 miR156 可抑制植物开花，其靶基因 SPL 通过激活可促进开花的 MADS-box 基因调控开花时间。在大豆中，Sun 等（2019b）揭示了过表达 GmmiR156b 可大幅度增加大豆

的分枝数目、主茎节数。在柳枝稷中，miR156 通过抑制其靶基因 SPL 来调控顶端优势和开花过程（Fu et al.，2012）。在水稻中，Wang（2015c）发现 miR156 通过调节 SPL 基因决定水稻的分蘖过程。Wang 等（2018b）发现稻瘟病菌侵染水稻后，OsSPL14 在其 DNA 结合结构域内的第 163 位氨基酸 Ser 被磷酸化，磷酸化的 OsSPL14 结合到病原体防御基因 WRKY45 的启动子，并激活其表达，导致抗病性增强。

在植原体入侵的泡桐中，Cao 等（2018）在硫酸二甲酯处理泡桐丛枝病苗中，发现 miRN156 在 3 种泡桐丛枝病苗中表达升高，推测其与丛枝病发病相关，但是未对其靶基因进行深入分析。本研究以泡桐丛枝病模拟系统为基础，利用构建的 ceRNA 网络分析中获取的泡桐丛枝病发生特异相关 miR156f 及其靶基因进行分析，采用降解组、RLM-5′ RAC 和双萤光素酶报告进一步验证 miR156f 和其靶基因 *PfSPL3* 之间的靶向关系，并采用 Y2H、BiFC、Co-IP 和 GST-pull-down 技术确定靶基因与其互作蛋白之间的关系，该结果为探索 miR156f 及其靶基因在 PaWB 发生过程中的作用提供了理论基础。

一、miR156f 与 *PfSPL3* 的关系

1. 降解组测序验证 miR156f 和 *PfSPL3* 间的靶向关系

为了验证 miR165f 和 *PfSPL3* 之间的靶向关系，通过降解组数据发现了具有 miR156f 剪切位点的靶基因，其中 *PfSPL3* 的剪切位点是 1104nt，剪切位点对应的氨基酸是丝氨酸（图 10-42A）。

2. RLM-5′ RACE 确定 miR156f 剪切 *PfSPL3* 位点

根据降解组结果中的剪切位点，依据 Invitrogen 的 RLM-5′ RACE 说明书，采用巢氏 PCR 扩增目的基因片段，结果扩增出清晰、大小与预测结果一致的条带，然后将上述条带切胶回收，与 T 载体连接、克隆和测序，结果显示克隆的目的片段序列与预测结果一致，miR156f 作用于靶基因 *PfSPL3* 的 TCACTCTC TTCTGTCA 片段（图 10-42B）。

3. 双萤光素酶报告试验确定 miR156f 靶向调控 *PfSPL3*

为了确定 miR156f 靶向调控 *PfSPL3*，本研究通过双萤光素酶报告试验进行验证，结果显示，当 SPL3 未突变（SPL3WT），miRNA156 不表达（Mimic NC）和表达（miRNA156 Mimic）之间萤光素酶活性显著差异。SPL3 突变后（SPL3MT），miRNA156 不表达（Mimic NC）和表达（miRNA156 Mimic）之间萤光素酶活性变化不显著（图 10-42C），结果表明 miR156f 能够靶向调控 *PfSPL3*。

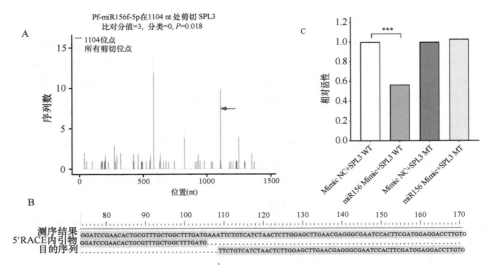

图 10-42　白花泡桐 miR156f-PfSPL3 关系验证

A. 降解组鉴定 PfSPL3 剪切位点；B. RLM-5′ RACE 验证剪切位点；C. 双萤光素酶实验确认 miR156f 和 SPL3 的关系

　　miR156-SPL 在其他植物中的调控作用已被广泛报道，在大豆中，miR156 通过调控其靶基因 GmSPL9，可改变株型，增加大豆的长分枝数，促进腋芽的形成（Sun et al.，2019b）。在拟南芥中，miR156 调控 SPL 基因在叶原基中的表达，抑制茎尖分生组织生成新叶；miR156-SPL 共同调控叶片的生长速率和叶片大小（Wang et al.，2008）。Wang 等（2018f）发现 miR156-SPL 可调控水稻分蘖和穗部分枝。Usami 等（2009）发现 miR156-SPL15 可影响拟南芥叶片细胞数和细胞面积，该结果表明 SPL15 参与了植物叶片细胞数目和大小的调控过程。以上植物中 SPL 调控的表型均与丛枝、叶片变小等相关，也说明了 miR156-SPL 可能在 PaWB 中起着某种重要的作用。

二、miR156f 的模拟靶标

　　lncRNA 可以作为 miRNA 的 target mimics。参考 Wu 等（2013）的方法，鉴定可以作为 miR156f 的 target mimics 的 lncRNA。结果显示鉴定到 1 个 lncRNA，即 MSTRG.21584.1 可以作为 miR156f 的 target mimics。

三、丛枝病发生特异相关 miR156f 靶基因 SPL3 互作蛋白

（一）酵母双杂试验筛选 SPL3 互作蛋白

　　构建酵母双杂文库，将 pGBKT7-SPL3 以及空载体 pGADT7 共转至酵母

AH109 中，发现其在 SD/-Leu/-Trp/-His/-Ade 平板上能够正常生长，所以 pGBKT7-SPL3 确实存在自激活现象，同时诱饵载体对酵母 AH109 的生长没有影响，说明其没有毒性。当SPL3 氨基酸长度为275aa 时，pGBKT7-SPL3-275 在 SD/-Leu/-Trp/-His/-Ade 培养基中无法生长，不存在自激活现象（图 10-43），所以后续选用 pGBKT7-SPL3-275 作为筛库诱饵。

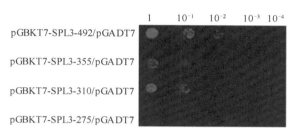

图 10-43　SPL3 诱饵载体在 SD/-Leu/-Trp/-His/-Ade 培养基中的生长情况

将转化产物涂布在 SD/-Leu/-Trp/-His/-Ade（5mmol·L^{-1} 3AT）的平板上共计 45 个，同时取 10μl 转化菌体进行 1000 倍稀释，取 100μl 并涂布在 SD/-Trp/-Leu 上进行转化效率计算。结果显示文库转化效率＞10^8，符合文库筛选要求。从第 3 天开始对 SPL3 的转化产物进行画圈计数，将 SD/-Trp/-Leu 上的单克隆重新点至加有 X-α-gal 的 SD/-Leu/-Trp/-His/-Ade 培养基进行二次筛选，显蓝色的即为潜在互作蛋白（图 10-44）。同时对相应显示蓝色的转化子进行酵母质粒抽提、扩增电泳检测，部分结果如图 10-45 所示，插入片段多数集中于 1000bp 左右，然后将其 PCR 产物测序。经过三次筛选得到了 106 个阳性克隆，测序后，经比对发现 106 个阳性克隆共获得 6 个与 SPL3 相互作用的蛋白质（表 10-14），比对结果显示其编码蛋白包括细胞周期蛋白、26S 蛋白酶体亚基 RPN3、多聚泛素蛋白、磷酸吡哆醛酶、小核糖核蛋白 D1、线粒体 ADP/ATP 转运蛋白等。

图 10-44　利用 X-α-gal 进行阳性克隆的筛选

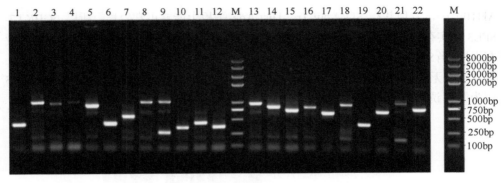

图 10-45　PCR 扩增阳性克隆中 pGADT7 的插入片段

1～22：阳性菌落的扩增产物；M：Marker

表 10-14　NCBI 序列比对结果

基因 ID	功能注释
Paulownia_LG14G000997	cyclin-J18 样异构体（CycJ18）
Paulownia_LG0G001927	26S 蛋白酶体调控复合物（RPN3）
Paulownia_LG8G001234	多聚泛素
Paulownia_LG0G001047	磷酸吡哆醛依赖酶（PLP）
Paulownia_LG0G001602	小核核糖核蛋白 D1（SMD1）
Paulownia_LG4G000637	线粒体 ADP/ATP 载体蛋白（AAC）

　　将筛选出的互作蛋白在 SD/-Leu/-Trp 中进行培养后，离心，将 OD_{600} 调整为 0.02 后，分别在 SD/-Leu/-Trp 和 SD/-Leu/-Trp/-His/-Ade 平板上分别稀释 10 倍、10^2 倍、10^3 倍和 10^4 倍点菌，以人体抑癌基因 *p53* 基因连接到表达载体 pGBKT7 构建成 pGBKT7-53 融合表达载体作为阳性对照，同时构建 pGBKT7-lam 融合表达载体作为阴性对照，结果表明这 6 个单菌落及 2 个对照组分别涂布在 SD/-Leu/-Trp 和 SD/-Leu/-Trp/-His/-Ade 培养基上（图 10-46）。这 6 个单菌落与 pGADT7-sv40/pGBKT7-p53 阳性对照组的生长情况大致相似，均能在 SD/-Leu/-Trp/-His/-Ade（5mmol·L^{-1} 3AT）培养基上正常生长，同时发现阴性对照组在不同的稀释浓度下均不能长菌，进一步证实了本次酵母双杂交筛选的互作蛋白的可靠性。

　　根据筛选到的 6 个互作蛋白的序列，构建其基因组全长载体，然后和诱饵载体再次共转到酵母细胞中，通过菌落生长情况对蛋白互作情况进行二次验证。结果显示（图 10-47），这 6 个单菌落均能在 SD/-Leu/-Trp/-His/-Ade 培养基上正常生长，证实了这 6 个蛋白质（细胞周期蛋白 J18、26S 蛋白酶体亚基 RPN3、多聚泛素蛋白、磷酸吡哆醛酶、小核糖核蛋白 D1、线粒体 ADP/ATP 转运蛋白）与 SPL3 互作。

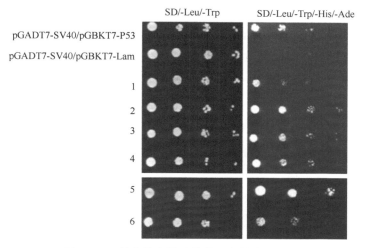

图 10-46　单菌落在筛选培养基中的生长情况

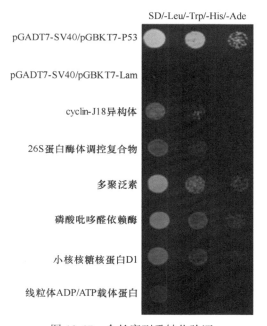

图 10-47　全长序列重转化验证

（二）SPL3 互作蛋白的体内验证

1. SPL3 互作蛋白的 BiFC 验证

在上述鉴定到的互作蛋白中，RPN3 属于 26S 蛋白酶体的 19S 调节复合体，多分布于分生组织，在烟草中，*RPN3* 可能参与了细胞分裂、细胞分化与细胞死亡等（Lee et al.，2003）。为了证实 SPL3 和 RPN3 之间的相互作用，本研究利用 BiFC 验证 SPL3 和 RPN3 之间互作关系。首先将携带 nYFP-SPL3 和 cYFP-RPN3 质粒的两种农杆菌共注射烟草，结果发现只有两种菌液同时注射的烟草观察到了黄色的 YFP 荧光信号（图 10-48A），说明 SPL3 与 RPN3 蛋白互作。

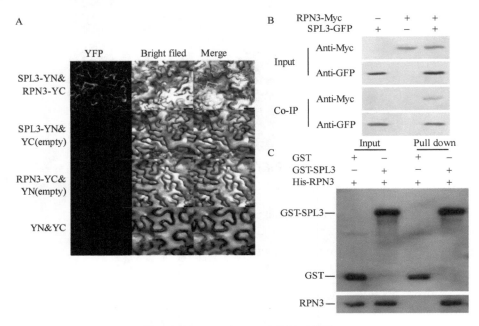

图 10-48 SPL3 和 RPN3 的相互作用

A. 用烟草叶片进行的 BiFC 实验证明 SPL3 与 RPN3 相互作用；B. Co-IP 实验证实 SPL3 与 RPN3 与之间存在相互作用；C. GST-pull down 实验证实 SPL3 与 RPN3 与之间存在相互作用

2. SPL3 互作蛋白的 Co-IP 验证

本研究同时进行了 Co-IP 试验，验证 SPL3 和 RPN3 之间的相互作用。将 SPL3 构建至 pBI121-SPL3-EGFP，同时将 RPN3 构建至 pCAMBIA1307-6×myc-RPN3，将含有上述两种质粒的农杆菌侵染烟草叶片，提取蛋白质进行 Co-IP 分析。免疫共沉淀结果表明，带有 Myc 标签的 RPN3 蛋白可以被带有 GFP 标签的 SPL3 蛋白免疫沉淀（图 10-48B），表明 SPL3 与 RPN3 蛋白互作。

3. SPL3 互作蛋白的体外 GST-pull-down 验证

除了 BFC 和 Co-IP 体内验证，本研究还开展了体外 GST-pull-down 试验进一步验证 SPL3 和 RPN3 之间的相互作用，结果显示（图 10-48C），在 pull-down 组，加入 GST 空载时，没有检测到 His-RPN3，当加入 GST-SPL3 时，可以检测到 His-RPN3 的存在，该结果说明二者之间确实存在互作关系。

上述实验均表明 SPL3 和 RPN3 互作，因 RPN3 是 26S 泛素/26S 蛋白酶体亚基，因此推测 SPL3 可能发生了泛素化，为验证此推测结果，本研究利用泛素化预测网站（http：//www.ubpred.org）对 SPL3 泛素化位点进行预测分析，结果显示 SPL3 蛋白共有两个高得分的潜在泛素化赖氨酸位点（表 10-15），其中一个位于第 65 个氨基酸，另一个位于第 130 个氨基酸，结果说明白花泡桐丛枝病的发生与泛素化相关。

表 10-15　SPL3 泛素化位点分析

氨基酸位置	得分	泛素化
24	0.73	中等置信度 [b]
65	0.86	高置信度 [a]
76	0.64	低置信度 [c]
84	0.74	中等置信度
130	0.84	高置信度
142	0.78	中等置信度

[a] 高置信度，得分范围 $0.84 \leqslant s \leqslant 1.00$，敏感性 0.197，特异性 0.989。
[b] 中等置信度，得分范围 $0.69 \leqslant s \leqslant 0.84$，敏感性 0.346，特异性 0.950。
[c] 低置信度，得分范围 $0.62 \leqslant s \leqslant 0.69$，敏感性 0.464，特异性 0.903。

生物体内蛋白质的合成和降解需要严格的时空调控，当蛋白质的合成或者降解出现异常，生物体就会表现出病态甚至死亡。在植物研究中，泛素化正在作为控制一系列细胞过程的常见调控机制而出现，泛素-蛋白酶体途径广泛参与调节植物免疫反应，在植物对病原菌的识别、防卫反应的信号转导等一系列生物过程都离不开蛋白酶体介导的泛素化和蛋白降解。泛素-蛋白酶体通路的一个或多个组分发生改变会导致异常的免疫反应（Dielen et al.，2010）。本研究发现 SPL3 和 RPN3 互作，之前的研究中发现与 SPL6 互作的蛋白质中有 RPT5（冀蒙蒙，2019），推测 SPL3/6 可能是通过泛素化起着调控作用。RPN3 和 RPT5 都是 26S 蛋白酶体的 19S 调节复合体的组成部分，它们与 SPL3/6 的相互作用可能会引起 PaWB 发生过程中免疫反应的改变。

有研究发现 RPT5 参与 ABA 信号途径（潘晓英和唐晓艳，2018），Fan 等（2015d）研究发现泡桐感染植原体后，与 ABA 信号转导相关的基因表达水平发生了改变。此外，有研究表明，ABA 通过诱导气孔关闭，促进胼胝质沉积形成物理屏障，阻止病原菌的入侵，从而增强植物的抗病性（Ton and Mauch-Mani，2004）。Mou 等（2013）报道泡桐丛枝病患病植株叶片变小和节间缩短的症状也与 ABA 相关。SPL6 可能是通过和 RPT5 相互作用来影响 ABA 信号途径，进而在 PaWB 的发生过程中起某种调控作用。在烟草中，RPN3 参与了细胞分裂、细胞分化等信号转导途径（Lee et al.，2003）。PaWB 的病征之一是腋芽丛生，这可能和异常的细胞分化分裂相关，此外，有研究表明，具有促进植物细胞分裂、组织分化作用的细胞分裂素与 PaWB 的发生有密切关系（王蓂等，1981）。范国强等（2006）认为 PaWB 的发生与植物体内源细胞分裂素含量的变化有关。SPL3/6 对 PaWB 的调控作用可能是通过泛素化来影响植物免疫反应、ABA 和细胞分裂素的代谢过程。

四、*PfSPL3* 调控基因预测

通过 PlantTFDB 数据库（http：//planttfdb.cbi.pku.edu.cn/）查询得知，SBP 转录因子存在核心识别基序 GATC。然后通过 tomtom 软件（Bailey et al.，2009）在 JASPAR 数据库（http：//jaspar.genereg.net/）搜索，最终找到 PFM 文件 MA0578.1。再使用 fimo 软件（Grant et al.，2011）在白花泡桐基因组搜索 MA0578.1 的匹配位点（FIMO-site）。匹配位点通过两种方法进行基因注释：①最近 TSS 注释，使用 PeakAnnotator 软件（Salmon-Divon et al.，2010）；②启动子注释，使用 bedtools 软件（Quinlan and Hall，2010）的 intersect 工具。根据 SPL3 的氨基酸序列在 JASPAR 网站（http：//jaspar.genereg.net/）中找到了其作为转录因子的结合位点，根据其 MA0578.1 特征（图 10-49），在白花泡桐基因组比对后，共找到了 20 966 个可能与 SPL3 结合的基因，然后将其中的差异基因与转录组测序中的差异基因进行比对，结果在 PF vs. PFI 中筛选到 591 个可能与 SPL3 结合的差异靶基因（262 个下调，392 个上调），因 SPL3 在 PF vs. PFI 下调表达，为了进一步研究 SPL3 调控的下游基因，本研究对 262 个下调基因进行了 KEGG 代谢通路分析（表 10-16），结果表明其共参与 90 条 KEGG 代谢通路，其中基因个数最多的通路是植物激素信号转导，其次是苯丙烷生物合成、碳代谢和油菜素内酯生物合成，说明泡桐丛枝病发生是通过 miR156f 与其靶基因 PfSPL3 的调控，进而影响植物激素信号转导、苯丙烷生物合成、碳代谢和油菜素内酯生物合成，从而造成 PaWB 症状的产生，但是 PfSPL3 调控基因在泡桐丛枝病症状形成中的作用还需要进一步研究。

图 10-49　SPL3 的结合序列的序列标识

表 10-16　SPL3 靶基因 KEGG 分析

序号	代谢通路	靶基因个数
1	植物激素信号转导	18
2	苯丙烷生物合成	10
3	碳代谢	8
4	油菜素内酯生物合成	7
5	氨基酸生物合成	7
6	剪接体	7
7	淀粉和蔗糖代谢	6
8	植物-病原体相互作用	6
9	硫代谢	5
10	RNA 转运	5

参 考 文 献

曹喜兵, 赵改丽, 范国强. 2012. 泡桐 MSAP 反应体系的建立及引物筛选. 河南农业大学学报, 46(5): 535-541.

曹喜兵, 赵振利, 范国强, 等. 2014. 甲基磺酸甲酯对毛泡桐丛枝病苗 DNA 甲基化的影响. 林业科学, 50(03): 99-108.

曹亚兵, 翟晓巧, 邓敏捷, 等. 2017. 泡桐丛枝病发生与代谢组变化的关系. 林业科学, 53(6): 85-93.

陈哲, 黄静, 赵佳, 等. 2020. 草莓应答炭疽菌入侵的转录组分析. 植物保护, 46(3): 138-146.

代微, 刘继强. 2018. DNA 甲基化检测技术研究进展. 生物化工, 4(2): 126-128.

邓卉, 鄂志国, 牛百晓, 等. 2019. DNA 甲基化抑制剂 5-氮脱氧胞苷对水稻基因组甲基化及幼苗生长发育的影响. 中国水稻科学, 33(2): 108-117.

邓大君. 2014. DNA 甲基化和去甲基化的研究现状及思考. 遗传, 36(5): 403-410.

杜驰, 张冀, 张丽丽, 等. 2017. 盐胁迫下盐穗木 DNA 甲基化程度与去甲基化酶基因(*Ros1*)表达的相关性研究. 新疆农业科学, 54(5): 878-885.

杜绍华, 卜志国, 刘洋. 2013. 植原体浸染对枣树内源激素含量的影响. 北方园艺, (13): 12-15.

范国强, 冯志敏, 翟晓巧, 等. 2006. 植物生长调节物质对泡桐丛枝病株幼苗形态和叶片蛋白质含量变化的影响. 河南农业大学学报, 40 (2): 137-141.

范国强, 蒋建平. 1997. 泡桐丛枝病发生与叶片蛋白质和氨基酸变化关系的研究. 林业科学研究, 10(6): 570-573.

范国强, 李有, 郑建伟, 等. 2003. 泡桐丛枝病发生相关蛋白质的电泳分析. 林业科学, 39(2): 119-122.

范国强, 曾辉, 翟晓巧, 等. 2008. 泡桐丛枝病发生特异相关蛋白质亚细胞定位及质谱鉴定. 林业科学, 44(4): 83-86.

范国强, 翟晓巧, 刘心诚, 等. 2002. 不同种泡桐叶片愈伤组织诱导及其植株再生. 林业科学, 38(1): 29-35.

范国强, 翟晓巧, 马新业, 等. 2005b. 两种基因型泡桐体细胞胚胎发生及植株再生. 核农学报, 19(4): 274-278

范国强, 翟晓巧, 秦河锦, 等. 2005a. 泡桐丛枝病株体外植株再生系统研究. 河南农业大学学报, 39(3): 254-258.

范国强, 张胜, 翟晓巧, 等. 2007b. 抗生素对泡桐丛枝病植原体和发病相关蛋白质的影响, 林业科学, 43 (3): 138-142.

范国强, 张变莉, 翟晓巧, 等. 2007a. 利福平对泡桐丛枝病幼苗形态和内源植物激素变化的影响, 河南农业大学学报, 41(4): 387-390.

范建成, 刘宝, 王隽媛, 等. 2010. 萘胁迫对水稻基因组 DNA 甲基化模式及水平的影响. 环境科学, 31(3): 793-800.

冯爽爽, 罗嘉翼, 朱曦鉴, 等. 2020. 二倍体马铃薯 *StBRC1a* 功能缺失突变体的获得及其功能分析. 园艺学报, 47 (1): 63-72.

冯雅岚, 熊瑛, 张均, 等. 2018. TCP 转录因子在植物发育和生物胁迫响应中的作用. 植物生理学报, 54 (5): 709-717.

冯志敏, 汪新娥, 万开军. 2007. 泡桐丛枝病植原体研究综述. 信阳农业高等专科学校学报, 17(4): 126-128.

付胜杰, 王晖, 冯丽娜, 等. 2008. 小麦与叶锈菌互作前后基因组甲基化模式分析. 华北农学报, 23(4): 38-40.

郭广平. 2011. 竹类植物生长发育过程中的 DNA 甲基化研究. 北京: 中国林业科学研究院硕士学位论文.

洪舟, 施季森, 郑仁华, 等. 2009. 杉木亲本自交系及其杂交种 DNA 甲基化和表观遗传变异. 分子植物育种, 7(3): 591-598.

胡佳续, 田国忠, 林彩丽, 等. 2013. 泡桐丛枝植原体 tRNA 异戊烯基焦磷酸转移酶基因克隆、原核表达及功能分析. 微生物学报, 53(8): 832-841.

冀蒙蒙. 2019. 泡桐丛枝病发生相关 miR156 功能研究. 郑州: 河南农业大学硕士学位论文.

贾峰, 张变莉, 翟晓巧, 等. 2007. 泡桐叶片总 DNA 甲基化水平测定方法. 中国农学通报, 23(3): 228-230.

蒋建平. 1990. 泡桐栽培学. 北京: 中国林业出版社.

金开璇, 梁成杰, 邓丹荔. 1981. 泡桐丛枝病传毒昆虫研究 (I). 林业科技通讯, 12: 23-24.

鞠正, 曹东艳, 梁岩, 等. 2018. 利用加权基因共表达网络分析(WGCNA)的方法挖掘番茄果实成熟相关的转录因子. 中国食品学报, 18(6): 240-248.

巨关升, 王蕤, 周银莲, 等. 1996. 泡桐丛枝病的抗性与维生素 C 关系的研究. 林业科学研究, 9(4): 431-434.

蒯元璋. 2012. 桑树病原原核生物及其病害的研究进展(I). 蚕业科学, 38(1): 898-913.

赖帆, 李永, 徐启聪, 等. 2008. 植原体的最新分类研究动态. 微生物学通报, 35(2): 291-295.

蓝华辉, 叶柳青, 任思琳, 等. 2017. 黄曲霉菌组蛋白去乙酰化酶 hosA 基因功能研究. 中国菌物学会 2015 年学术年会论文摘要集: 181.

雷凯健, 刘浩. 2016. 植物调控枢纽 miR156 及其靶基因 SPL 家族研究进展. 生命的化学, 36(1): 13-20.

雷启义, 董志, 周江菊, 等. 2008. 泡桐丛枝病的分子生物学研究进展. 安徽农业科学, (22): 279-280, 302.

黎明, 翟晓巧, 范国强, 等. 2008. 土霉素对豫杂一号泡桐丛枝病幼苗形态和DNA甲基化水平的影响. 林业科学, 44 (9): 152-156.

李涛, 黎振兴, 李植良, 等. 2017. 番茄组蛋白去乙酰化酶基因 VIGS 载体构建及接种青枯病的表型分析. 园艺学报, 44(S1): 2578.

李冰冰, 王哲, 曹亚兵, 等. 2018. 丛枝病对白花泡桐环状 RNA 表达谱变化的影响. 河南农业大学学报, 52(3): 327-334.

李成儒, 董钠, 李笑平, 等. 2020. 兰科植物花发育调控 MADS-box 基因家族研究进展. 园艺学报, 47(10): 2047-2046

李东明, 宋渊, 安黎哲, 等. 2014. 植物染色质免疫共沉淀方法. 草业科学, 031(004): 659-667.

李海林, 吴春太, 李维国. 2011. 巴西橡胶树 DNA 甲基化的 MSAP 分析. 分子植物育种, 9(1): 69-73.

李义良, 赵奋成, 钟岁英, 等. 2018. 湿加松及亲本DNA甲基化和表观遗传分析. 分子植物育种, 16(1): 76-81.

廖登群, 祁建军, 李先恩, 等. 2017. 地黄甲基转移酶/去甲基化酶基因的注释及其在块根发育过程中的表达分析. 中国科技论文, 12(18): 2135-2140.

廖晓兰, 朱水芳, 陈红运, 等. 2002. 植原体 TaqMan 探针实时荧光 PCR 检测鉴定方法的建立. 植物病理学报, 32(4): 361-367.

刘妍, 孟志刚, 孙国清, 等. 2016. 陆地棉GhPYR1基因的克隆和功能分析. 生物技术通报, 32(2): 90-99.

刘炎霖, 陈钰辉, 刘富中, 等. 2015. 水茄泛素结合酶 E2 基因 StUBCc 的克隆及黄萎病菌诱导表达分析. 园艺学报, 42(6): 1185-1194.

刘仲健, 罗焕亮, 张景宁. 1999. 植原体病理学. 北京: 中国林业出版社.

陆光远, 伍晓明, 陈碧云, 等. 2005. 油菜种子萌发过程中DNA甲基化的MSAP分析. 科学通报, 50(24): 2750-2756.

潘丽娜, 王振英. 2013. 植物表观遗传修饰与病原菌胁迫应答研究进展. 西北植物学报, 33(1): 210-214.

潘晓英, 唐晓艳. 2018. 植物中 19S 调节复合体各亚基的研究进展. 植物生理学报, 54(9): 1373-1383.

彭海, 张静. 2009. 胁迫与植物 DNA 甲基化: 育种中的潜在应用与挑战. 自然科学进展, 19(3): 248-256.

邱结华. 2017. 水稻种子磷酸化蛋白质组学研究与 OsbZIP72 的功能分析. 北京: 中国农业科学院博士学位论文.

任春梅. 2004. 拟南芥 Cullin1 点突变影响茉莉素信号传导的研究. 长沙: 湖南农业大学博士学位论文.

任争光, 王合, 林彩丽, 等. 2015. 实时荧光定量PCR检测不同抗枣疯病枣树品种嫁接接穗中的植原体浓度. 植物病理学报, 45(5): 520-529.

石玉波, 钱长根, 卓丽环, 等. 2018. 百子莲花芽分化过程中DNA甲基化的差异分析. 北方园艺, 415(16): 105-110.

宋传生. 2014. 泡桐丛枝植原体胸苷酸激酶及 tRNA¬异戊烯基焦磷酸转移酶基因研究. 北京: 中国林业科学研究院博士学位论文.

宋传生, 林彩丽, 田国忠, 等. 2011. 苦楝丛枝植原体质粒的测定与分子特征. 微生物学报, 51(9): 1158-1167.

宋晓斌, 张学武, 郑文锋, 等. 1993. 罹丛枝病泡桐组织结构的解剖观察. 陕西林业科技, (4): 38-40.

宋晓斌, 郑文锋, 张学武, 等. 1997. 类菌原体的侵入对泡桐组织和细胞的影响. 林业科学研究, 10(4): 429-434.

孙广鑫, 栾雨时, 崔娟娟. 2014. 番茄中与致病密切相关miRNA的挖掘及特性分析. 遗传, 36(1): 69-76.

田国忠, 黄钦才, 袁巧平, 等. 1994. 感染 MLO 泡桐组培苗代谢变化与致病机理的关系. 中国科学, 24(5): 484-490.

田国忠, 李永, 梁文星, 等. 2010. 丛枝病植原体侵染对泡桐组培苗组织内 H_2O_2 产生的影响. 林业科学, 46(9): 96-104.

田国忠, 张锡津, 熊耀国, 等. 1994. 泡桐筛管内胼胝质与抗丛枝病关系的研究. 植物病理学报, (4): 352.

田国忠, 张志善, 李志清, 等. 2002. 我国不同地区枣疯病发生动态和主导因子分析. 林业科学, 38 (2): 83-91.

万琼莲, 杨子祥, 王连春, 等. 2014. 云南花生丛枝植原体 16S rRNA 和核糖体蛋白基因序列分析. 植物病理学报, 44 (4): 370-378.

王蟒, 王守宗, 孙秀琴. 1981. 激素对泡桐丛枝发生的影响. 林业科学, 17(3): 281-286.

王莹. 2015. *miR156* 在光叶百脉根中的功能研究及百脉根转录组深度测序分析. 西安: 西北大学博士学位论文.

王军辉. 2010. 黄瓜遗传图谱构建及抗 CMV 基因的定位. 杨凌: 西北农林科技大学硕士学位论文.

王双寅. 2012. 基因组三维结构的数据处理、结构预测和功能分析. 武汉: 华中农业大学硕士学位论文.

王园龙. 2016. 干旱胁迫对不同种(品种)泡桐基因表达的影响. 郑州: 河南农业大学硕士学位论文.

吴艳, 侯智红, 程群, 等. 2019. SPL 转录因子的研究进展. 大豆科学, 38(2): 304-310.

肖星星, 曾智, 王莉, 等. 2019. 赖氨酸巴豆酰化修饰与疾病的研究进展. 医学理论与实践, 32(08): 33-35.

熊肖, 李博, 龚强, 等. 2017. 大麦不同组织成熟过程中 DNA 甲基化的 MSAP 分析. 长江大学学报(自科版), 14(10): 29-33.

徐恩凯. 2015. 四倍体泡桐优良特性的分子机制研究. 郑州: 河南农业大学博士学位论文.

徐均焕, 冯明光. 1998. 桑萎缩病的类菌原体病原物及其超微病变特征. 微生物学报, 38(5): 386-389.

薛俊杰, 王永琳, 张淑改, 等. 2000. 泡桐丛枝病过氧化物酶和多酚氧化酶研究. 山西农业科学, 28(1): 62-64.

杨丽娟, 李世访, 卢美. 2020. miRNA 在植物病原调控方面的研究进展. 生物技术通讯, 36(1): 101-109.

杨秀玲, 丁波, 杨秋颖, 等. 2016. DNA 甲基化在植物与双生病毒互作中的作用. 中国科学(生命科学), 46(5): 514-523.

腰政懋, 曹喜兵, 翟晓巧, 等. 2009. 2 种泡桐的丛枝病器官体外植株再生系统的建立. 河南农业大学学报, 43(2): 145-150.

袁巧平, 田国忠, 黄钦才. 1994. 泡桐丛枝病病原 MLO 在寄主离体培养组织中的保存与增殖. 植物病理学报, 24(2): 115-119.

岳红妮, 吴宽, 吴云锋, 等. 2009a. 泡桐丛枝植原体 Sec 分泌蛋白转运系统 3 个亚基基因的克隆及蛋白特性分析. 植物保护, 35(2): 25-31.

岳红妮, 吴云锋, 史英姿. 2009b. 泡桐丛枝植原体抗原膜蛋白基因序列分析与蛋白结构预测. 林业科学, 45(2): 147-151.

曾子入, 贺从安, 张小康, 等. 2018. 高温胁迫诱导萝卜基因组甲基化变异分析. 分子植物育种, 16(7): 2094-2098.

翟晓巧. 2000. 泡桐叶片愈伤组织诱导及再生植株. 郑州: 河南农业大学硕士学位论文.

翟晓巧, 曹喜兵, 范国强, 等. 2010. 甲基磺酸甲酯处理的豫杂一号泡桐丛枝病幼苗的生长及 SSR 分析. 林业科学, 46(12): 176-181.

翟晓巧, 王国周, 毕会涛, 等. 2000. 泡桐丛枝病发生与叶片酚和氨基酸变化关系研究. 河南科学, 18(3): 277-279.

翟晓巧, 王政权, 范国强, 等. 2004. 泡桐体外器官直接发生的植株再生. 核农学报, 18(5): 5.

张颖, 樊秀彩, 姜建福, 等. 2019. 基于microRNA测序分析 miRNA 在刺葡萄抗白腐病中的作用.

果树学报, 36(2): 143-152.

赵会杰, 吴光英, 林学梧, 等. 1995. 泡桐丛枝病与超氧物歧化酶的关系. 植物生理学报, 31(4): 266-267.

甄成. 2015. 毛果杨组培再生及遗传转化体系研究. 哈尔滨: 东北林业大学硕士学位论文.

周俊, 范旭东, 董雅凤, 等. 2016. 葡萄扇叶病毒实时荧光定量 RT-PCR 检测方法的建立及应用. 园艺学报, 43(3): 538-548.

周海云. 2017. *Cullin1* 在乳腺癌中的表达及其对人乳腺癌细胞株生物学行为影响的研究. 苏州: 苏州大学博士学位论文.

周朋, 余乃通, 章绍延, 等. 2014. 应用实时荧光定量 PCR 研究 BBTV DNA1 在香蕉不同组织中的含量. 热带作物学报, 35(7): 1388-1392.

左荣芳. 2014. 组蛋白乙酰转移酶 MoHat1 及五个 bZIP 转录因子在稻瘟病菌中的功能研究. 南京: 南京农业大学硕士学位论文.

Acemel R D, Maeso I, Gómez-Skarmeta J L. 2017. Topologically associated domains: a successful scaffold for the evolution of gene regulation in animals. Wiley Interdisciplinary Reviews: Developmental Biology, 6(3): e265.

Aguilar-Martínez J A, Poza-Carrión C, Cubas P. 2007. *Arabidopsis BRANCHED1* acts as an integrator of branching signals within axillary buds. Plant Cell, 19(2): 458-472.

Aiese C R, Sanseverino W, Cremona G, et al. 2013. Genome-wide analysis of histone modifiers in tomato: gaining an insight into their developmental roles. BMC Genomics, 14: 57.

Akalin A, Kormaksson M, Li S, et al. 2012. MethylKit: a comprehensive R package for the analysis of genome-wide DNA methylation profiles. Genome Biology, 13(10): R87.

Alboresi A, Caffarri S, Nogue F, et al. 2008. In *silico* and biochemical analysis of *Physcomitrella patens* photosynthetic antenna: identification of subunits which evolved upon land adaptation. PLoS One, 3(4): e2033.

Allfrey V G, Faulkner R, Mirsky A E. 1964. Acetylation and methylation of histones and their possible role in the regulation of RNA synthesis. Proceedings of the National Academy of Sciences, 51(5): 786-794.

Alvarez M E, Nota F, Cambiagno D A. 2010. Epigenetic control of plant immunity. Molecular Plant Pathology, 11(4): 563-576.

Alvarez-Venegas R, Abdallat A A, Guo M, et al. 2007. Epigenetic control of a transcription factor at the cross section of two antagonistic pathways. Epigenetics, 2(2): 106-113.

Andersen M T, Liefting L W, Havukkala I, et al. 2013. Comparison of the complete genome sequence of two closely related isolates of 'Candidatus *Phytoplasma australiense*' reveals genome plasticity. BMC Genomics, 14(1): 529.

Andika I B, Jamal A, Kondo H, et al. 2017. SAGA complex mediates the transcriptional up-regulation of antiviral RNA silencing. Proceedings of the National Academy of Sciences of the United States of America, 114(17): E3499-E3506.

Andreeva K and Cooper N G F. 2015. Circular RNAs: new players in gene regulation. Advances in Bioscience and Biotechnology, 6(6): 433-441.

Arney S E, Mitchell D L. 1969. The effect of abscisic acid on stem elongation and correlative inhibition. New Phytologist, 68(4): 1001-1015.

Arribas-Hernández L, Bressendorff S, Hansen M H, et al. 2018. An m^{6}A-YTH module controls developmental timing and morphogenesis in arabidopsis. Plant Cell, 30(5): 952-967.

Arrigoni O, Calabrese G, Gara L D, et al. 1997. Correlation between changes in cell ascorbate and growth of *Lupinus albus* seedlings. Journal of Plant Physiology, 150(3): 302-308.

Ay F, Bailey T L, Noble W S, et al. 2014. Statistical confidence estimation for Hi-C data reveals regulatory chromatin contacts. Genome Research, 24(6): 999-1011.

Ayyappan V, Kalavacharla V, Thimmapuram J, et al. 2015. Genome-wide profiling of histone modifications (H3K9me2 and H4K12ac) and gene expression in rust (*Uromyces appendiculatus*) inoculated common bean (*Phaseolus vulgaris* L.). PLoS One, 10(7): e0132176.

Bai X, Correa V R, Toruño T Y, et al. 2009. AY-WB phytoplasma secretes a protein that targets plant cell nuclei. Molecular Plant-Microbe Interactions, 22 (1): 18-30.

Bai X, Zhang J H, Ewing A, et al. 2006. Living with genome instability: the adaptation of phytoplasmas to diverse environments of their insect and plant hosts. Journal of Bacteriology, 188(10): 3682-3696

Baidyaroy D, Brosch G, Ahn J H, et al. 2001. A gene related to yeast *HOS2* histone deacetylase affects extracellular depolymerase expression and virulence in a plant pathogenic fungus. The Plant Cell, 13(7): 1609-1624.

Bailey T L, Boden M, Buske F A, et al. 2009. MEME SUITE: tools for motif discovery and searching. Nucleic acids research, 37(Web Server issue): W202-W208.

Balacco D L, Soller M. 2019. The m^{6}A writer: rise of a machine for growing tasks. Biochemistry, 58(5): 363-378.

Baloglu M C, Patir M G. 2014. Molecular characterization, 3D model analysis, and expression pattern of the *CmUBC* gene encoding the melon ubiquitin-conjugating enzyme under drought and salt stress conditions. Biochemical Genetics, 52(1): 90-105.

Bannister A J, Kouzarides T. 2011. Regulation of chromatin by histone modifications. Cell Research, 21(3): 381-395.

Baránek M, Čechová J, Raddová J, et al. 2015. Dynamics and reversibility of the DNA methylation landscape of grapevine plants (*Vitis vinifera*) stressed by *in vitro* cultivation and thermotherapy. PLos One, 10(5): e0126638.

Barbazuk W B, Fu Y, McGinnis K M. 2008. Genome-wide analyses of alternative splicing in plants: opportunities and challenges. Genome Research. 18(9): 1381-1392.

Barbier J, Vaillant C, Volff J N, et al. 2021. Coupling between sequence-mediated nucleosome organization and genome evolution. Genes, 12(6): 851.

Barbieri I, Tzelepis K, Pandolfini L, et al. 2017. Promoter-bound METTL3 maintains myeloid leukaemia by m^{6}A-dependent translation control. Nature, 552(7683): 126-131.

Bari R, Jones J D. 2009. Role of plant hormones in plant defence responses. Plant Molecular Biology, 69(4): 473-488.

Bartels A, Han Q, Nair P, et al. 2018. Dynamic DNA methylation in plant growth and development. International Journal of Molecular Sciences, 19(7): 2144.

Barutcu A R, Lajoie B R, Mccord R P, et al. 2015. Chromatin interaction analysis reveals changes in small chromosome and telomere clustering between epithelial and breast cancer cells. Genome Biology, 16(1): 214.

Batalha I L , Lowe C R , Roque A C. 2012. Platforms for enrichment of phosphorylated proteins and peptides in proteomics. Trends in Biotechnology, 30(2): 100-110.

Baylin S B, Herman J G, Graff J R, et al. 1998. Alterations in DNA methylation: a fundamental aspect of neoplasia. Advances in Cancer Research, 72: 141-196.

Beermann J, Piccoli M T, Viereck J, et al. 2016. Non-coding RNAs in development and disease: background, mechanisms, and therapeutic approaches. Physiological Reviews, 96(4): 1297-1325.

Ben Amor B, Wirth S, Merchan F, et al. 2009. Novel long non-protein coding RNAs involved in

Arabidopsis differentiation and stress responses. Genome Research, 19(1): 57-69.

Ben Maamar M, Sadler-Riggleman I, Beck D, et al. 2018. Alterations in sperm DNA methylation, non-coding RNA expression, and histone retention mediate vinclozolin-induced epigenetic transgenerational inheritance of disease. Environmental Epigenetics, 4(2): 1-19.

Berger S L. 2002. Histone modifications in transcriptional regulation. Current Opinion In Genetics & Development, 12(2): 142-148.

Berr A, McCallum E J, Alioua A, et al. 2010. Arabidopsis histone methyltransferase SET DOMAIN GROUP8 mediates induction of the jasmonate/ethylene pathway genes in plant defense response to necrotrophic fungi. Plant Physiology, 154(3): 1403-1414.

Bertamini M, Grando M S, Muthuchelian K, et al. 2002. Effect of phytoplasmal infection on photosystem II efficiency and thylakoid membrane protein changes in field grown apple (*Malus pumila*) leaves. Physiological & Molecular Plant Pathology, 61 (6): 349-356.

Bertamini M, Grando M S, Nedunchezhian N. 2003. Effects of phytoplasma infection on pigments, chlorophyll-protein complex and photosynthetic activities in field grown apple leaves. Biologia Plantarum, 47 (2): 237-242.

Bertamini M, Nedunchezhian N, Tomasi F, et al. 2002. Phytoplasma [Stolbur-subgroup (Bois Noir-BN)] infection inhibits photosynthetic pigments, ribulose-1, 5-bisphosphate carboxylase and photosynthetic activities in field grown grapevine (*Vitis vinifera* L. cv. Chardonnay) leaves. Physiological & Molecular Plant Pathology, 61 (6): 357-366.

Bhattarai K K, Atamian H S, Kaloshian I, et al. 2010. WRKY72-type transcription factors contribute to basal immunity in tomato and Arabidopsis as well as gene-for-gene resistance mediated by the tomato *R* gene *Mi-1*. Plant Journal, 63(2): 229-240.

Bird A. 2007. Perceptions of Epigenetics. Nature, 447 (7143): 396-398.

Bleecker A B, Kende H. 2000. Ethylene: a gaseous signal molecule in plants. Annual Review of Cell and Developmental Biology, 16: 1-18.

Blokhina O, Virolainen E, Fagerstedt K V. 2003. Antioxidants, oxidative damage and oxygen deprivation stress: a review. Annals of Botany, 91(2): 179-194.

Bodi Z, Zhong S, Mehra S, et al. 2008. Adenosine methylation in *Arabidopsis* mRNA is associated with the 3' end and reduced levels cause developmental defects. Frontiers in Plant Science, 3(48): 141-146.

Bokar J A, Rath-Shambaugh M E, Ludwiczak R, et al. 1994. Characterization and partial purification of mRNA N^6-adenosine methyltransferase from HeLa cell nuclei: Internal mRNA methylation requires a multisubunit complex. Journal of Biological Chemistry, 269(26): 17697-17704.

Bokar J A, Shambaugh M E, Polayes D, et al. 1997. Purification and cDNA cloning of the AdoMet-binding subunit of the human mRNA (N^6-adenosine)-methyltransferase. RNA, 3(11): 1233-1247.

Bolger A M, Lohse M, Usadel B. 2014. Trimmomatic: a flexible trimmer for Illumina sequence data. Bioinformatics, 30(15): 2114-2120.

Bolton M D. 2009. Primary metabolism and plant defense-fuel for the fire. Molecular Plant-Microbe Interactions, 22(5): 487-497.

Bolzer A, Kreth G, Solovei I, et al. 2005. Three-dimensional maps of all chromosomes in human male fibroblast nuclei and prometaphase rosettes. PLoS Biology, 3(5): e157.

Boyko A, Kathiria P, Zemp F J, et al. 2007. Transgenerational changes in the genome stability and methylation in pathogen-infected plants: (Virus-induced plant genome instability). Nucleic Acids Research, 35(5): 1714-1725.

Branco M R, Pombo A. 2006. Intermingling of chromosome territories in interphase suggests role in translocations and transcription-dependent associations. PLoS Biology, 4(5): e138.

Braun N, de Saint Germain A, Pillot J P, et al. 2012. The pea TCP transcription factor PsBRC1 acts downstream of strigolactones to control shoot branching. Plant Physiology, 158(1): 225-238.

Bruggeman Q, Garmier M, Bont L D, et al. 2014. The polyadenylation factor subunit cleavage and polyadenylation specificity factor30: a key factor of programmed cell death and a regulator of immunity in *Arabidopsis*. Plant Physiology, 165(2): 732-746.

Brusslan J A, Bonora G, Rus-Canterbury A M, et al. 2015. A Genome-wide chronological study of gene expression and two histone modifications, H3K4me3 and H3K9ac, during developmental leaf senescence. Plant Physiology, 168(4): 1246-1261.

Buenrostro J D, Giresi P G, Zaba L C, et al. 2013. Transposition of native chromatin for fast and sensitive epigenomic profiling of open chromatin, DNA-binding proteins and nucleosome position. Nature Methods, 10(12): 1213.

Burton J N, Adey A, Patwardhan R P, et al. 2013. Chromosome-scale scaffolding of de novo genome assemblies based on chromatin interactions. Nature Biotechnology, 31(12): 1119-1125.

Burton J N, Liachko I, Dunham M J, et al. 2014. Species-level deconvolution of metagenome assemblies with Hi-C-based contact probability maps. G3(Bethesda), 4(7): 1339-1346.

Butcher L M, Beck S. 2010. AutoMeDIP-seq: A high-throughput, whole genome, DNA methylation assay. Methods, 52(3): 223-231.

Cabili M N, Trapnell C, Goff L, et al. 2011. Integrative annotation of human large intergenic noncoding RNAs reveals global properties and specific subclasses. Genes & Development, 25(18): 1915-1927.

Callan, H G. 1986. Historical Introduction. In: Lampbrush Chromosomes. Molecular Biology, Biochemistry and Biophysics, 36: 1-24.

Cao X B, Fan G Q, Deng M J, et al. 2014a. Identification of genes related to Paulownia witches' broom by AFLP and MSAP. International Journal of Molecular Sciences, 15(8): 14669-14683.

Cao X B, Fan G Q, Dong Y P, et al. 2017. Proteome profiling of paulownia seedlings infected with phytoplasma. Frontiers in Plant Science, 8: 342.

Cao X B, Fan G Q, Zhao Z L, et al. 2014b. Morphological changes of paulownia seedlings infected phytoplasmas reveal the genes associated with witches' broom through AFLP and MSAP. PLoS One, 9(11): e112533.

Cao X B, Zhai X G, Zhang Y, et al. 2018a. Comparative analysis of microRNA expression in three *Paulownia* species with phytoplasma infection. Forests, 9(6): 302.

Cao Y B, Fan G Q, Wang Z, et al. 2019. Phytoplasma-induced changes in the acetylome and succinylome of *Paulownia tomentosa* provide evidence for involvement of acetylated proteins in witches' broom disease. Molecular & Cellular Proteomics, 18(6): 1210-1226.

Cao Y B, Fan G Q, Zhai X Q, et al. 2018b. Genome-wide analysis of lncRNAs in *Paulownia tomentosa* infected with phytoplasmas. Acta Physiologiae Plantarum, 40(3): 49.

Carginale V, Maria G, Capasso C, et al. 2004. Identification of genes expressed in response to phytoplasma infection in leaves of *Prunus armeniaca* by messenger RNA differential display. Gene, 332 (1): 29-34.

Cattoni D I, Valeri A, Le Gall A, et al. 2015. A matter of scale: how emerging technologies are redefining our view of chromosome architecture. Trends Genet, 31(8): 454-464.

Chao L M, Liu Y Q, Chen D Y, et al. 2017. *Arabidopsis* transcription factors SPL1 and SPL12 confer plant thermotolerance at reproductive stage. Molecular Plant, 10(5): 735-748.

Chatterjee A, Ozaki Y, Stockwell P A, et al. 2013. Mapping the zebrafish brain methylome using reduced representation bisulfite sequencing. Epigenetics, 8(9): 979-989.

Che F S, Watanabe N, Iwano M, et al. 2000. Molecular characterization and subcellular localization of protoporphyrinogen oxidase in spinach chloroplasts. Plant Physiology, 124(1): 59-70.

Chen L, Zhang P, Fan Y, et al. 2018. Circular RNAs mediated by transposons are associated with transcriptomic and phenotypic variation in maize. New Phytologist, 2018, 217(3): 1292-1306.

Chen T A, Jiang X F. 1988. Monoclonal antibodies against the maize bushy stunt agent. Canadian Journal of Microbiology, 34(1): 6-11.

Chen X, Hu Y, Zhou D X. 2011. Epigenetic gene regulation by plant jumonji group of histone demethylase. Biochim Biophys Acta, 1809: 421-426.

Chen Y E, Liu W J, Su Y Q, et al. 2016. Different response of photosystem II to short and long-term drought stress in *Arabidopsis thaliana*. Physiologia Plantarum, 158(2): 225-235.

Chen Z, Gao X, Zhang J. 2015. Alteration of *osa-miR156e* expression affects rice plant architecture and strigolactones (SLs) pathway. Plant Cell Reports, 34(5): 767-781.

Cheng H, Hao M, Wang W, et al. 2016. Genomic identification, characterization and differential expression analysis of *SBP-box* gene family in *Brassica napus*. BMC Plant Biology, 16(1): 1-17.

Chereji R V, Bryson T D, Henikoff S. 2019. Quantitative MNase-seq accurately maps nucleosome occupancy levels. Genome Biology, 20(1): 198.

Chiasson D, Ekengren S K, Martin G B, et al. 2005. Calmodulin-like proteins from Arabidopsis and tomato are involved in host defense against *Pseudomonas syringae* pv. *tomato*. Plant Molecular Biology, 58(6): 887-897.

Choe J, Lin S, Zhang W, et al. 2018. mRNA circularization by METTL3-eIF3h enhances translation and promotes oncogenesis. Nature, 561: 556-560

Choi S M, Song H R, Han S K, et al. 2012. HDA19 is required for the repression of salicylic acid biosynthesis and salicylic acid-mediated defense responses in *Arabidopsis*. Plant Journal, 71(1): 135-146.

Choudhary C, Kumar C, Gnad F, et al. 2009. Lysine acetylation targets protein complexes and co-regulates major cellular functions. Science, 325(5942): 834-840.

Chuang C H, Belmont A S. 2007. Moving chromatin within the interphase nucleus-controlled transitions. Seminars in Cell & Developmental Biology, 18(5): 698-706.

Chuang S M, Chen L I, Lambertson D, et al. 2005. Proteasome-mediated degradation of cotranslationally damaged proteins involves translation elongation factor 1A. Molecular and Cellular Biology, 25(1): 403-413.

Ci D, Song Y, Tian M, et al. 2015. Methylation of miRNA genes in the response to temperature stress in *Populus simonii*. Frontiers in Plant Science, 6: 921.

Cokus S J, Feng S, Zhang X, et al. 2008. Shotgun bisulfite sequencing of the *Arabidopsis* genome reveals DNA methylation patterning. Nature, 452(7184): 215-219.

Concia L, Veluchamy A, Ramirez-Prado J S, et al. 2020. Wheat chromatin architecture is organized in genome territories and transcription factories. Genome Biology, 21: 1-20.

Crane E, Bian Q, McCord R P, et al. 2015. Condensin-driven remodelling of X chromosome topology during dosage compensation. Nature, 523(7559): 240-244.

Cremer C, Cremer T, Gray JW. 1982. Induction of chromosome damage by ultraviolet light and caffeine: correlation of cytogenetic evaluation and flow karyotype. Cytometry Part A, 2(5): 287-290.

Cremer C, Münkel Ch, Granzow M, et al. 1996. Nuclear architecture and the induction of chromosomal aberrations. Mutation Research-Reviews in Mutation Research, 366(2): 97-116.

Cremer T, Cremer C. 2006. Rise, fall and resurrection of chromosome territories: a historical perspective. Part II. Fall and resurrection of chromosome territories during the 1950s to 1980s.

Part III. Chromosome territories and the functional nuclear architecture: experiments and models from the 1990s to the present. European Journal of Histochemistry, 50(4): 223-272.

Crespo-Salvador Ó, Escamilla-Aguilar M, López-Cruz J, et al. 2018. Determination of histone epigenetic marks in Arabidopsis and tomato genes in the early response to *Botrytis cinerea*. Plant Cell Reports, 37(1): 153-166.

Crosby H A, Escalante-Semerena J C. 2014. The acetylation motif in AMP-forming acyl coenzyme a synthetases contains residues critical for acetylation and recognition by the protein acetyltransferase Pat of *Rhodopseudomonas palustris*. Journal of Bacteriology, 196(8): 1496-1504.

Cui J, Jiang N, Meng J, et al. 2019. LncRNA33732-respiratory burst oxidase module associated with WRKY1 in tomato-*Phytophthora infestans* interactions. Plant Journal, 97(5): 933-946.

Cui J, Luan Y S, Jiang N, et al. 2017. Comparative transcriptome analysis between resistant and susceptible tomato allows the identification of lncRNA 16397 conferring resistance to *Phytophthora infestans* by co-expressing glutaredoxin. Plant Journal, 89(3): 577-589.

Curtis I S, Ward D A, Thomas S G, et al. 2000. Induction of dwarfism in transgenic *Solanum dulcamara* by over-expression of a gibberellin 20-oxidase cDNA from pumpkin. Plant Journal, 23(3): 329-338.

Cutler S R, Rodriguez P L, Finkelstein R R, et al. 2010. Abscisic acid: emergence of a core signaling network. Annual Review of Plant Biology, 61: 651-679.

Das M, Haberer G, Panda A, et al. 2016. Expression pattern similarities support the prediction of orthologs retaining common functions after gene duplication events. Plant Physiology, 171(4): 2343-2357.

De Coninck B, Cammue B P A, Thevissen K. 2013. Modes of antifungal action and in planta functions of plant defensins and defensin-like peptides. Fungal Biology Reviews, 26(4): 109-120.

Dechat T, Adam S A, Goldman R D, et al. 2009. Nuclear lamins and chromatin: when structure meets function. Advances in Enzyme Regulation, 49(1): 157-166.

Dekker J, Marti-Renom M, Mirny L. 2013. Exploring the three-dimensional organization of genomes: interpreting chromatin interaction data. Nature Reviews Genetics, 14(6): 390-403

Dekker J, Mirny L. 2016. The 3D genome as moderator of chromosomal communication. Cell, 164(6): 1110-1121.

Dekker J, Rippe K, Dekker M. 2002. Capturing chromosome conformation. Science, 295(5558): 1306-1311.

Delaney K J, Xu R, Zhang J, et al. 2006. Calmodulin interacts with and regulates the RNA-binding activity of an *Arabidopsis* polyadenylation factor subunit. Plant Physiology, 140(4): 1507-1521.

Deng S, Hiruki C. 1991. Genetic relatedness between two nonculturable mycoplasma like organisms revealed by nucleic acid hybridization and polymerase chain reaction. Phytopathology, 81(12): 1475-1479.

Dielen A S, Badaoui S, Candresse T, et al. 2010. The ubiquitin/26S proteasome system in plant–pathogen interactions: a never-ending hide-and-seek game. Molecular Plant Pathology, 11(2): 293-308.

Ding B, Bellizzi Mdel R, Ning Y, et al. 2012. HDT701, a histone h4 deacetylase, negatively regulates plant innate immunity by modulating histone h4 acetylation of defense-related genes in rice. Plant Cell, 24(9): 3783-3794.

Ding B, Wang G L. 2015. Chromatin versus pathogens: the function of epigenetics in plant immunity. Frontiers in Plant Science, 6: 675.

Ding J H, Lu Q, Ouyang Y D, et al. 2012. A long noncoding RNA regulates photoperiod-sensitive male sterility, an essential component of hybrid rice. Proceedings of the National Academy of Sciences of the United States of America, 109(7): 2654-2659.

Ding S L, Liu W, Iliuk A, et al. 2010. The tig1 histone deacetylase complex regulates infectious growth in the rice blast fungus *Magnaporthe oryzae*. Plant Cell, 22(7): 2495-2508.

Dixon JR, Selvaraj S, Yue F, et al. 2012. Topological domains in mammalian genomes identified by analysis of chromatin interactions. Nature, 485(7398): 376-380.

Dodd A N, Kudla J, Sanders D. 2010. The language of calcium signaling. Annual Review of Plant Biology, 61: 593-620.

Doebley J, Stec A, Hubbard L. 1997. The evolution of apical dominance in maize. Nature, 386(6624): 485-488.

Doi Y, Tetranaka M, Yora K, et al. 1967. Mycoplasma or PLT-group-like organisms found in the phloem elements of plants infected with mulberry dwarf, potato witches' broom, aster yellows or paulownia witches' broom. Japanese Journal of Phytopathology, 33(4): 259-266.

Dominissini D, Moshitch-Moshkovitz S, Salmon-Divon M, et al. 2013. Transcriptome-wide mapping of N^6-methyladenosine by m^{6}A-seq based on immunocapturing and massively parallel sequencing. Nature Protocols, 8(1): 176-189.

Dominissini D, Moshitch-Moshkovitz S, Schwartz S, et al. 2012. Topology of the human and mouse m^{6}A RNA methylomes revealed by m^{6}A-seq. Nature, 485(7397): 201-206.

Dong F, Jiang J. 1998. Non-Rabl patterns of centromere and telomere distribution in the interphase nuclei of plant cells. Chromosome Research, 6(7): 551-558.

Dong J X, Chen C H, Chen Z X. 2003. Expression profiles of the *Arabidopsis* WRKY gene superfamily during plant defense response. Plant Molecular Biology, 51(1): 21-37.

Dong P, Tu X, Chu PY, et al. 2017. 3D chromatin architecture of large plant genomes determined by local A/B compartments. Molecular Plant, 10(12): 1497-1509.

Dong P, Tu X, Li H, et al. 2020. Tissue-specific Hi-C analyses of rice, *foxtail millet* and maize suggest non-canonical function of plant chromatin domains. Journal of Integrative Plant Biology, 62(2): 201-217.

Dong Q, Li N, Li X, et al. 2018a. Genome-wide Hi-C analysis reveals extensive hierarchical chromatin interactions in rice. Plant Journal, 94(6): 1141-1156.

Dong Y P, Zhang H Y, Fan G Q, et al. 2018b. Comparative transcriptomics analysis of phytohormone-related genes and alternative splicing events related to witches' broom in paulownia. Forests, 9(6): 318-319.

Dor Y, Cedar H. 2018. Principles of DNA methylation and their implications for biology and medicine. Lancet, 392(10149): 777-786.

Dostie J, Richmond T A, Arnaout R A, et al. 2006. Chromosome conformation capture carbon copy (5C): a massively parallel solution for mapping interactions between genomic elements. Genome Research, 16(10): 1299-1309.

Dou D, Zhou J M. 2012. Phytopathogen effectors subverting host immunity: different foes, similar battleground. Cell Host & Microbe, 12 (4): 484-495.

Dowen R H, Pelizzola M, Schmitz R J, et al. 2012. Widespread dynamic DNA methylation in response to biotic stress. Proceedings of the National Academy of Sciences, 109(32): E2183-E2191.

Dryden N H, Broome LR, Dudbridge F, et al. 2014. Unbiased analysis of potential targets of breast cancer susceptibility loci by capture Hi-C. Genome Research, 24(11): 1854-1868.

Du Z, Li H, Wei Q, et al. 2013. Genome-wide analysis of histone modifications: H3K4me2, H3K4me3, H3K9ac, and H3K27ac in *Oryza sativa* L. Japonica. Molecular Plant, 6(5):

1463-1472.

Duan H C, Wei L H, Zhang C, et al. 2017. ALKBH10B is an RNA N^6-methyladenosine demethylase affecting *Arabidopsis* floral transition. Plant Cell, 29: 2995-3011.

Duan K, Li L, Hu P, et al. 2006. A brassinolide-suppressed rice MADS-box transcription factor, OsMDP1, has a negative regulatory role in BR signaling. Plant Journal, 47(4): 519-531.

Duan Z, Andronescu M, Schutz K, et al. 2010. A three-dimensional model of the yeast genome. Nature, 465(7296): 363-367.

Dubey A, Jeon J. 2017. Epigenetic regulation of development and pathogenesis in fungal plant pathogens. Molecular Plant Pathology, 18(6): 887-898.

Durand N C, Shamim M S, Machol I, et al. 2016. Juicer provides a one-click system for analyzing loop-resolution Hi-C experiments. Cell Systems, 3(1): 95-98.

Durrant W E, Rowland O, Piedras P, et al. 2000. cDNA-AFLP reveals a striking overlap in race-specific resistance and wound response gene expression profiles. Plant Cell, 12(6): 963-977.

Dutta A, Choudhary P, Caruana J, et al. 2017. JMJ 27, an Arabidopsis H3K9 histone demethylase, modulates defense against *Pseudomonas syringae* and flowering time. Plant Journal, 91(6): 1015-1028.

Ebert M S, Neilson J R, Sharp P A. 2007. MicroRNA sponges: competitive inhibitors of small RNAs in mammalian cells. Nature Methods, 4(9): 721-726.

Ehya F, Monavarfeshani A, Mohseni Fard E, et al. 2013. Phytoplasma-responsive microRNAs modulate hormonal, nutritional, and stress signalling pathways in Mexican Lime trees. PLoS One, 8(6): e66372.

Elhamamsy A R. 2016. DNA methylation dynamics in plants and mammals: overview of regulation and dysregulation. Cell Biochemistry and Function, 34(5): 289-298.

Eser U, Chandler-Brown D, Ay F, et al. 2017. Form and function of topologically associating genomic domains in budding yeast. Proceedings of the National Academy of Sciences, 114(15): E3061-E3070.

Fan C Y, Hao Z Q, Yan J H, et al. 2015a. Genome-wide identification and functional analysis of lincRNAs acting as miRNA targets or decoys in maize[J]. BMC Genomics, 16: 793.

Fan G, Niu S, Xu T, et al. 2015b. Plant-pathogen interaction-related microRNAs and their targets provide indicators of phytoplasma infection in *Paulownia tomentosa* × *Paulownia fortunei*. PLoS One, 10(10): e0140590.

Fan G, Xu E, Deng M, et al. 2015c. Phenylpropanoid metabolism, hormone biosynthesis and signal transduction-related genes play crucial roles in the resistance of *Paulownia fortunei* to paulownia witches' broom phytoplasma infection. Genes Genomic, 37(11): 913-929.

Fan G Q, Cao X B, Niu S Y, et al. 2015d. Transcriptome, microRNA, and degradome analyses of the gene expression of *Paulownia* with phytoplamsa. BMC Genomics, 16(1): 1-15.

Fan G Q, Cao X B, Zhao Z L, et al. 2015e. Transcriptome analysis of the genes related to the morphological changes of *Paulownia tomentosa* plantlets infected with phytoplasma. Acta Physiologiae Plantarum, 37: 202.

Fan G Q, Cao Y B, Deng M J, et al. 2017. Identification and dynamic expression profiling of microRNAs and target genes of *Paulownia tomentosa* in response to paulownia witches' broom disease. Acta Physiologiae Plantarum, 39(1): 1-9.

Fan G Q, Cao Y B, Wang Z. 2018a. Regulation of long noncoding RNAs responsive to phytoplasma infection in *Paulownia tomentosa*. International Journal of Genomics, 2018: 3174352.

Fan G Q, Dong Y P, Deng M J, et al. 2014. Plant-pathogen interaction, circadian rhythm, and hormone-related gene expression provide indicators of phytoplasma infection in *Paulownia fortunei*. International Journal of Molecular Sciences, 15(12): 23141-23162.

Fan G Q, Niu S Y, Zhao Z L, et al. 2016. Identification of microRNAs and their targets in *Paulownia fortunei* plants free from phytoplasma pathogen after methyl methane sulfonate treatment. Biochimie, 127: 271-280.

Fan G Q, Wang Z, Zhai X Q, et al. 2018b. CeRNA cross-talk in paulownia witches' broom disease. International Journal of Mechanical Sciences. 19(8): 2463.

Fan S, Wang J, Lei C, et al. 2018c. Identification and characterization of histone modification gene family reveal their critical responses to flower induction in apple. BMC Plant Biology, 18(1): 173.

Fanayan S, Smith J T, Lee L Y, et al. 2013. Proteogenomic analysis of human colon carcinoma cell lines LIM1215, LIM1899, and LIM2405. Journal of Proteome Research, 12(4): 1732-1742.

Feltrin A S A, Tahira A C, Simões S N, et al. 2019. Assessment of complementarity of WGCNA and NERI results for identification of modules associated to schizophrenia spectrum disorders. PLoS One, 14(1): e0210431.

Feng J, Liu T, Qin B, et al. 2012. Identifying ChIP-seq enrichment using MACS. Nature Protocols, 7(9): 1728-1740.

Feng S, Cokus S, Schubert V, et al. 2014. Genome-wide Hi-C analyses in wild-type and mutants reveal high-resolution chromatin interactions in *Arabidopsis*. Molecular Cell, 55(5): 694-707.

Finkemeier I, Leister D. 2010. Plant chloroplasts and other plastids. In: Encyclopedia of Life Sciences (ELS). John Wiley & Sons, Ltd: Chichester.

Finn R D, Clements J, Eddy S R. 2011. HMMER web server: interactive sequence similarity searching. Nucleic Acids Research, 39: W29-W37.

Firrao G, Garcia-Chopa M, Marzach C. 2007. Phytoplasmas: genetics, diagnosis and relationships with the plant and insect host. Frontiers in Bioscience, 12(4): 1353-1375.

Firrao G, Smart C D, Kirkpatrick B C. 1996. Physical map of the western x-disease phytoplasma chromosome. Journal of Bacteriology, 178 (13): 3985-3988.

Forcato M, Nicoletti C, Pal K, et al. 2017. Comparison of computational methods for Hi-C data analysis. Nature Methods, 14(7): 679-685.

Fornes O, Castro-Mondragon J A, Khan A, et al. 2020. JASPAR 2020: update of the open-access database of transcription factor binding profiles. Nucleic Acids Research, 48(D1): D87-D92.

Fortin J P, Hansen K D. 2015. Reconstructing A/B compartments as revealed by Hi-C using long-range correlations in epigenetic data. Genome Biology, 16(1): 180.

Franco-Zorrilla J M, Valli A, Todesco M, et al. 2007. Target mimicry provides a new mechanism for regulation of microRNA activity. Nature Genetics, 39(8): 1033-1037.

Franklin K A, Lee S H, Patel D, et al. 2011. Phytochrome-interacting factor 4 (PIF4) regulates auxin biosynthesis at high temperature. Proceedings of the National Academy of Sciences, 108(50): 20231-20235.

Fray R G, Simpson G G. 2015. The *Arabidopsis* epitranscriptome. Current Opinion in Plant Biology, 27: 17-21.

Fry S C. 1998. Oxidative scission of plant cell wall polysaccharides by ascorbate-induced hydroxyl radicals. Biochemical Journal, 332(2): 507-515.

Fu C X, Sunkar R, Zhou C E, et al. 2012. Overexpression of miR156 in switchgrass (*Panicum virgatum* L.) results in various morphological alterations and leads to improved biomass production. Plant Biotechnology Journal, 10(4): 443-452.

Fu J Q, Wu M, Liu X Y. 2018. Proteomic approaches beyond expression profiling and PTM analysis. Analytical and Bioanalytical Chemistry, 410(17): 4051-4060.

Fuchs J, Demidov D, Houben A, et al. 2006. Chromosomal histone modification patterns-from conservation to diversity. Trends in Plant Science, 11(4): 199-208.

Fudenberg G, Mirny L A. 2012. Higher-order chromatin structure: bridging physics and biology. Current Opinion in Genetics & Development, 22(2): 115-124.

Fullwood M J, Han Y, Wei C L, et al. 2010. Chromatin interaction analysis using paired-end tag sequencing. Current Protocols in Molecular Biology, 89(1): 151-125.

Fustin, J M, Doi M, Yamaguchi Y, et al. 2013. RNA-methylation-dependent RNA processing controls the speed of the circadian clock. Cell, 155(4): 793-806.

Gai Y P, Li Y Q, Guo F Y, et al. 2014. Analysis of phytoplasma-responsive sRNAs provide insight into the pathogenic mechanisms of mulberry yellow dwarf disease. Scientific Reports, 4(1): 1-17.

Gambino G, Pantaleo V. 2017. Plant Epigenetics. Switzerland: Springer International Publishing: 385-404.

Gandikota M, Birkenbihl R P, Höhmann S, et al. 2007. The miRNA156/157 recognition element in the 3′ UTR of the Arabidopsis SBP box gene *SPL3* prevents early flowering by translational inhibition in seedlings. Plant Journal, 49(4): 683-693.

Gao D, Li Y, Wang J, et al. 2015. GmmiR156b overexpression delays flowering time in soybean. Plant Molecular Biology. 89: 353-363.

Gao L, Tu Z, Millett BP, et al. 2013. Insights into organ-specific pathogen defense responses in plants: RNA-seq analysis of potato tuber-*Phytophthora infestans* interactions. BMC Genomics, 14: 340.

Gao R, Gruber M Y, Amyot L, et al. 2018. SPL13 regulates shoot branching and flowering time in *Medicago sativa*. Plant Molecular Biology, 96(1): 119-133.

Gao X, Hong H, Li W C, et al. 2016. Downregulation of rubisco activity by non-enzymatic acetylation of RbcL. Molecular Plant, 9(7): 1018-1027.

Ghorbani A, Izadpanah K, Peters J R, et al. 2018. Detection and profiling of circular RNAs in uninfected and maize Iranian mosaic virus-infected maize. Plant Science, 274: 402-409.

Gibcus J H, Dekker J. 2013. The hierarchy of the 3D genome. Molecular Cell, 49(5): 773-782.

Giresi P G, Kim J, Mcdaniell R M, et al. 2007. FAIRE (formaldehyde-assisted isolation of regulatory elements) isolates active regulatory elements from human chromatin. Genome Research, 17(6): 877-885.

Goldberg A D, Allis C D, Bernstein E. 2007. Epigenetics: a landscape takes shape. Cell, 128(4): 635-638.

Gomez-Marin C, Tena J J, Acemel R D, et al. 2015. Evolutionary comparison reveals that diverging CTCF sites are signatures of ancestral topological associating domains borders. Proceeding of National Academy of Sciences of the United States of America, 112(24): 7542-7547.

Grant C E, Bailey T L. 2011. Noble WS: FIMO: scanning for occurrences of a given motif. Bioinformatics, 27(7): 1017-1018.

Grini P E, Thorstensen T, Alm V, et al. 2009. The ASH1 homolog 2 (ASHH2) histone H3 methyltransferase is required for ovule and anther development in *Arabidopsis*. PLoS One, 4(11): e7817.

Grob S, Schmid M W, Grossniklaus U, et al. 2014. Hi-C analysis in *Arabidopsis* identifies the *KNOT*, a structure with similarities to the *flamenco* Locus of *Drosophila*. Molecular Cell, 55(5): 678-693.

Grob S, Schmid M W, Luedtke N W, et al. 2013. Characterization of chromosomal architecture in *Arabidopsis* by chromosome conformation capture. Genome Biology, 14(11): R129.

Gu W, Roeder R G. 1997. Activation of p53 sequence-specific DNA binding by acetylation of the p53

C-terminal domain. Cell, 90(4): 595-606.

Guo D, Zhang J, Wang X, et al. 2015. The WRKY transcription factor WRKY71/EXB1 controls shoot branching by transcriptionally regulating *RAX* genes in Arabidopsis. Plant Cell, 27: 3112-3127.

Handoko L, Xu H, Li G, et al. 2011. CTCF-mediated functional chromatin interactome in pluripotent cells. Nature Genet, 43(7): 630-638.

Haniford D B, Ellis M J. 2015. Transposons Tn*10* and Tn*5*. Microbiology Spectrum, 3(1): MDNA3-0002-2014.

Hansen T B, Jensen T I, Clausen B H, et al. 2013. Natural RNA circles function as efficient microRNA sponges. Nature, 495(7441): 384-388.

Hansen T B, Venø M T, Damgaard C K, et al. 2016. Comparison of circular RNA prediction tools. Nucleic Acids Research, 44(6): e58.

Hansson M, Hederstedt L. 1994. Bacillus subtilis HemY is a peripheral membrane protein essential for protoheme IX synthesis which can oxidize coproporphyrinogen III and protoporphyrinogen IX. Journal of Bacteriology, 176(19): 5962-5970.

He G, Zhu X, Elling AA, et al. 2010. Global epigenetic and transcriptional trends among two rice subspecies and their reciprocal hybrids. Plant Cell, 22(1): 17-33.

He M, Li Y, Tang Q, et al. 2018. Genome-wide chromatin structure changes during adipogenesis and myogenesis. International Journal of Biological Sciences, 14(11): 1571-1585.

He Y H, Amasino R M. 2005. Role of chromatin modification in flowering-time control. Trends in Plant Science, 10(1): 30-35.

He Y, Michaels S D, Amasino R M. 2003. Regulation of flowering time by histone acetylation in *Arabidopsis*. Science, 302(5651): 1751-1754.

Heinz S, Benner C, Spann N, et al. 2010. Simple combinations of lineage-determining transcription factors prime *cis*-regulatory elements required for macrophage and B cell identities. Molecular Cell, 38(4): 576-589.

Heo J, Sung S. 2011. Vernalization-mediated epigenetic silencing by a long intronic noncoding RNA. Science, 331(6013): 76-79.

Hepperger C, Mannes A, Merz J., et al. 2008. Three-dimensional positioning of genes in mouse cell nuclei. Chromosoma, 117(6): 535-551.

Himeno M, Kitazawa Y, Yoshida T, et al. 2014. Purple top symptoms are associated with reduction of leaf cell death in phytoplasma-infected plants. Scientific Reports, 4(7): 4111.

Hiruki C. 1997. Paulownia witches' broom disease important in East Asia. Acta Horticulturae, (496): 63-68.

Hogenhout SA, Loria R. 2008. Virulence mechanisms of gram-positive plant pathogenic bacteria. Current Opinion in Plant Biology, 11 (4): 449-456.

Hollender C, Liu Z. 2008. Histone deacetylase genes in *Arabidopsis* development. Journal of Integrative Plant Biology, 50(7): 875-885.

Hoshi A, Oshima K, Kakizawa S, et al. 2009. A unique virulence factor for proliferation and dwarfism in plants identified from a phytopathogenic bacterium. Proceedings of the National Academy of Sciences of the United States of America, 106 (15): 6416-6421.

Hou C, Li L, Qin Z S, et al. 2012. Gene density, transcription, and insulators contribute to the partition of the *Drosophila* genome into physical domains. Molecular Cell, 48(3): 471-484.

Hou H M, Li J, Gao M, et al. 2013. Genomic organization, phylogenetic comparison and differential expression of the SBP-box family genes in grape. PLoS One, 8(3): e59358-59372.

Hou Y, Qiu J, Tong X, 2015a. A comprehensive quantitative phosphoproteome analysis of rice in response to bacterial blight. BMC Plant Biology. 15(1): 163.

Hou Y, Wang L, Wang L, et al. 2015b. JMJ704 positively regulates rice defense response against *Xanthomonas oryzae* pv. *oryzae* infection via reducing H3K4me2/3 associated with negative disease resistance regulators. BMC Plant Biology, 15: 286.

Hu J, Ji Y Y, Hu X T, et al. 2020. BES1 functions as the co-regulator of D53-like SMXLs to inhibit BRC1 expression in strigolactone-regulated shoot branching in *Arabidopsis*. Plant Communications, 1(3): 1-12.

Hu Y, Lu Y, Zhao Y, et al. 2019. Histone acetylation dynamics integrates metabolic activity to regulate plant response to stress. Frontiers in Plant Science, 10: 1236

Huang H, Sabari B R, Garcia B A, et al. 2014. Snapshot: histone modifications. Cell, 159(2): 458-458.

Hubbard M J, Cohen P. 1993. On target with a new mechanism for the regulation of protein phosphorylation. Trends in Biochemical Sciences, 18(5): 172-177.

Hunt A G, Xing D, Li Q Q. 2012. Plant polyadenylation factors: conservation and variety in the polyadenylation complex in plants. Bmc Genomics, 13(1): 641.

Hussey S G, Loots M T, van der Merwe K, et al. 2017. Integrated analysis and transcript abundance modelling of H3K4me3 and H3K27me3 in developing secondary xylem. Scientific Reports, 7(1): 3370.

Ibtisam A H, Rashid A Y, Yaish M W, et al. 2018. Differential DNA methylation and transcription profiles in date palm roots exposed to salinity. PLoS One, 13(1): e0191492.

Ing-Simmons E, Vaid R, Bing X Y, et al. 2021. Independence of chromatin conformation and gene regulation during *Drosophila* dorsoventral patterning. Nature Genetics, 53(4): 487-499.

Jabs T, Tschöpe M, Colling C, et al. 1997. Elicitor-stimulated ion fluxes and O_2- from the oxidative burst are essential components in triggering defense gene activation and phytoalexin synthesis in parsley. Proceedings of the National Academy of Sciences, 94(9): 4800-4805.

Jacob R, Zander S, Gutschner T. 2017. The dark side of the epitranscriptome: chemical modifications in long non-coding RNAs. International Journal of Molecular Sciences, 18(11): 2387.

Jaenisch R, Bird A. 2003. Epigenetic regulation of gene expression: how the genome integrates intrinsic and environmental signals. Nature Genetics, 33(Suppl 3): 245-254.

Jiang N, Meng J, Cui J, et al. 2018. Function identification of miR482b, a negative regulator during tomato resistance to *Phytophthora infestans*. Horticulture Research, 5(1): 9.

Jiang Y, Chen T, Chiykowski L N. 1989. Production of monoclonal antibodies to peach eastern X-disease and use in disease detection. Canadian Journal of Plant Pathology, 11(4): 325-331.

Jiao Y Q, Wang Y H, Xue D W, et al. 2010. Regulation of *OsSPL14* by OsmiR156 defines ideal plant architecture in rice. Nature Genetics, 42(6): 541-544.

Johansson M, Staiger D. 2015. Time to flower: interplay between photoperiod and the circadian clock. Journal of Experimental Botany, 66(3): 719-730.

Johnston J W, Harding K, Bremner D H, et al. 2005. HPLC analysis of plant DNA methylation: a study of critical methodological factors. Plant Physiology and Biochemistry, 43(9): 844-853.

Joly-Lopez Z, Platts A E, Gulko B, et al. 2020. An inferred fitness consequence map of the rice genome. Nature Plants, 6(2): 119-130.

Joshi R K, Megha S, Basu U, et al. 2016. Genome wide identification and functional prediction of long non-coding RNAs responsive to *Sclerotinia sclerotiorum* infection in *Brassica napus*. PLoS One, 11(7): e0158784.

Jung I, Kim D. 2012. Histone modification profiles characterize function-specific gene regulation. Journal of Theoretical Biology, 310: 132-142.

Junqueira A, Bedendo I, Pascholati S. 2004. Biochemical changes in corn plants infected by the maize bushy stunt phytoplasma. Physiological and Molecular Plant Pathology, 65 (4): 181-185.

Kada S, Koike H, Satoh K, et al. 2003. Arrest of chlorophyll synthesis and differential decrease of photosystems I and II in a cyanobacterial mutant lacking light-independent protochlorophyllide reductase. Plant Molecular Biology, 51(2): 225-235.

Kasowitz S D, Ma J, Anderson S J, et al. 2018. Nuclear m^{6}A reader YTHDC1 regulates alternative polyadenylation and splicing during mouse oocyte development. PLoS Genetics, 14(5): e1007412.

Kaufman P B, Jones R A. 1974. Regulation of growth in Avena (oat) stem segments by gibberellic acid and abscisic acid. Physiologia Plantarum, 31(1): 39-43.

Kesumawati E, Kimata T, Uemachi T, et al. 2006. Correlation of phytoplasma concentration in Hydrangea macrophylla with green-flowering stability. Scientia Horticulturae, 108 (1): 74-78.

Khoury G A, Baliban R C, Floudas C A. 2011. Proteome-wide post-translational modification statistics: frequency analysis and curation of the swiss-prot database. Scientific Reports, 1: 90.

Kim D, Pertea G, Trapnell C, et al. 2013a. TopHat2: accurate alignment of transcriptomes in the presence of insertions, deletions and gene fusions. Genome Biology. 14(4): R36.

Kim D, Salzberg S L. 2011. TopHat-fusion: an algorithm for discovery of novel fusion transcripts. Genome Biology, 12(8): R72.

Kim D Y, Scalf M, Smith L M, et al. 2013b. Advanced proteomic analyses yield a deep catalog of ubiquitylation targets in *Arabidopsis*. Plant Cell, 25(5): 1523-1540.

Kim J M, Sasaki T, Ueda M, et al. 2015. Chromatin changes in response to drought, salinity, heat, and cold stresses in plants. Frontiers in Plant Science, 6: 114.

Kim J M, To T K, Nishioka T, et al. 2010. Chromatin regulation functions in plant abiotic stress responses. Plant, Cell & Environment, 33(4): 604-611.

Kim K C, Lai Z B, Fan B F, et al. 2008. Arabidopsis WRKY38 and WRKY62 transcription factors interact with histone deacetylase 19 in basal defense. Plant Cell, 20(9): 2357-2371.

Kirkpatrick B C, Stenger D C, Morris T J, et al. 1987. Cloning and detection of DNA from anonculturable plant pathogenic mycoplasma like organism. Science, 238(4824): 197-200.

Klose R J, Zhang Y. 2007. Regulation of histone methylation by demethylimination and demethylation. Nature Reviews Molecular Cell Biology, 8(4): 307-318.

Ko H, Lin C. 1994. Development an application of cloned DNA probes for a mycoplasma like organism associated with sweet potato witches' broom. Phytopathology, 84(5): 468-473.

Kollar A, Seem Ller E, Binnet F, et al. 1990. Isolation of the DNA of various plant pathogenic mycoplasmalike organisms from infected plants. Phytopayhology, 80(3): 233-237.

Kombrink E. 2012. Chemical and genetic exploration of jasmonate biosynthesis and signaling paths. Planta, 236(5): 1351-1366.

Kouzarides T. 2007. Chromatin modifications and their function. Cell, 128(4): 693-705.

Kramer M C, Anderson S J, Gregory B D. 2018. The nucleotides they are a-changin': function of RNA binding proteins in post-transcriptional messenger RNA editing and modification in *Arabidopsis*. Current Opinion in Plant Biology, 45(Pt A): 88-95.

Krichevsky A, Zaltsman A, Kozlovsky S V, et al. 2009. Regulation of root elongation by histone acetylation in *Arabidopsis*. Journal of Molecular Biology, 385(1): 45-50.

Kristensen L S, Andersen M S, Stagsted L V, et al. 2019. The biogenesis, biology and characterization of circular RNAs. Nature Reviews Genetics, 20: 675-691.

Kube M, Schneider B, Kuhl H, et al. 2008. The linear chromosome of the plant-pathogenic mycoplasma 'Candidatus *Phytoplasma mali*'. BMC Genomics, 9: 306.

Kuske C R, Kirkpatrick B C, Davis M J, et al. 1991. DNA hybridization between western aster yellows mycoplasma like organism plasmids and extrachromosomal DNA from other plant pathogenic mycoplasma like organisms. Molecular Plant-Microbe Interactions, 4(1): 75-80.

Lafon-Placette C, Faivre-Rampant P, Delaunay A, et al. 2013. Methylome of DNase I sensitive chromatin in *Populus trichocarpa* shoot apical meristematic cells: a simplified approach revealing characteristics of gene-body DNA methylation in open chromatin state. New Phytologist, 197(2): 416-430.

Lang Z, Wang Y, Tang K, et al. 2017. Critical roles of DNA demethylation in the activation of ripening-induced genes and inhibition of ripening-repressed genes in tomato fruit. Proceedings of the National Academy of Sciences of the United States of America, 114(22): E4511-E4519.

Langfelder P, Horvath S. 2008. WGCNA: an R package for weighted correlation network analysis. BMC Bioinformatics, 9: 559.

Langmead B, Salzberg S L. 2012. Fast gapped-read alignment with bowtie 2. Nature Methods, 9(4): 357-359.

Lauer U, Seemü ller E. 2000. Physical map of the chromosome of the apple proliferation phytoplasma. Journal of Bacteriology, 182(5): 1415-1418.

Le Dily L F, Bau D, Pohl A, et al. 2014. Distinct structural transitions of chromatin topological domains correlate with coordinated hormone-induced gene regulation. Genes & Development, 28(19): 2151-2162.

Le R C, Huet G, Jauneau A, et al. 2015. A receptor pair with an integrated decoy converts pathogen disabling of transcription factors to immunity. Cell, 161(5): 1074-1088.

Leba L J, Cheval C, Ortiz-Martín I, et al. 2012. CML9, an *Arabidopsis* calmodulin-like protein, contributes to plant innate immunity through a flagellin-dependent signalling pathway. Plant Journal, 71(6): 976-989.

Lee H H, Kim J S, Hoang Q T N, et al. 2018. Root-specific expression of defensin in transgenic tobacco results in enhanced resistance against *Phytophthora parasitica* var. nicotianae. European Journal of Plant Pathology, 151(3): 811-823.

Lee I M, Bottner-Parker K D, Zhao Y, et al. 2011. Candidatus *Phytoplasm costaricanum* a new phytoplasma associated with a newly emerging disease in soybean in *Costa Rica*. International Journal of Systematic and Evolutional Microbiology, 61(Pt 12): 2822-2826

Lee I M, Davis R E, Gundersen-Rindal D E. 2000. Phytoplasma: phytopathogenic mollicutes. Annual Reviews in Microbiology, 54(1): 221-255.

Lee I M, Davis R E. 1983. Phloem-limited prokaryotes in sieve elements isolated by enzyme treatment of diseased plant tissues. Phytopathology, 73(11): 1540-1543.

Lee I M, Gundersen D E, Hammond R W, et al. 1994. Use of mycoplasmalike organism (MLO) group-specific oligonucleotide primers for nested-PCR assays to detect mixed-MLO infections in a single host plant. Phytopathology, 84(6): 559-566.

Lee I M, Gundersen-Rindal D E, Davis R E, et al. 1998. Revised classification scheme of phytoplasmas based on RFLP analyses of 16S rRNA and ribosomal protein gene sequences. International Journal of Systematic and Evolutionary Microbiology, 48(4): 1153-1169.

Lee I M, Gundersen-Rindal D E, Davis R E, et al. 2004. 'Candidatus *Phytoplasma asteris*', a novel phytoplasma taxon associated with aster yellows and related diseases. International Journal of Systematic and Evolutionary Microbiology, 54(4): 1037-1048.

Lee I M, Hammond R W, Davis R E, et al. 1993. Universal amplification and analysis of pathogen 16S rDNA for classification and identification of mycoplasmalike organisms. Phytopathology, 83(8): 834-842.

Lee K J, Kim K. 2015. The rice serine/threonine protein kinase *OsPBL1 (ORYZA SATIVA ARABIDOPSIS PBS1-LIKE 1)* is potentially involved in resistance to rice stripe disease. Plant Growth Regulation, 77(1): 67-75.

Lee S C, Luan S. 2012. ABA signal transduction at the crossroad of biotic and abiotic stress responses. Plant, Cell & Environment, 35(1): 53-60.

Lee S S, Cho H S, Yoon G M, et al. 2003. Interaction of NtCDPK1 calcium-dependent protein kinase with NtRpn3 regulatory subunit of the 26S proteasome in *Nicotiana tabacum*. Plant Journal, 33(5): 825-840.

Lenhard M, Jürgens G, Laux T. 2002. The wuschel and shootmeristemless genes fulfil complementary roles in Arabidopsis shoot meristem regulation. Development. 129(13): 3195-3206.

Lesbirel S, Viphakone N, Parker M, et al. 2018. The m^{6}A-methylase complex recruits TREX and regulates mRNA export. Scientific Reports, 8(1): 13827.

Li E, Beard C, Jaenisch R. 1993. Role for DNA methylation in genomic imprinting. Nature, 366(6453): 362-365.

Li E, Liu H, Huang L L, et al. 2019a. Long-range interactions between proximal and distal regulatory regions in maize. Nature Communication, 10(1): 2633.

Li F D, Zhao D B, Wu J H, et al. 2014a. Structure of the YTH domain of human YTHDF2 in complex with an m^{6}A mononucleotide reveals an aromatic cage for m^{6}A recognition. Cell Research, 24(12): 1490-1492.

Li G L, Ruan X A, Auerbach R K, et al. 2012. Extensive promoter-centered chromatin interactions provide a topological basis for transcription regulation. Cell, 148(1-2): 84-98.

Li H, Durbin R. 2010. Fast and accurate long-read alignment with Burrows–Wheeler transform. Bioinformatics, 26(5): 589-595.

Li J, Wen J Q, Lease K A, et al. 2002. BAK1, an *Arabidopsis* LRR receptor-like protein kinase, interacts with BRI1 and modulates brassinosteroid signaling. Cell, 110(2): 213-222.

Li L, Eichten S R, Shimizu R, et al. 2014b. Genome-wide discovery and characterization of maize long non-coding RNAs. Genome Biology, 15(2): R40.

Li R, Gu J, Chen Y Y, et al. 2010. CobB regulates *Escherichia coli* chemotaxis by deacetylating the response regulator CheY. Molecular Microbiology, 76(5): 1162-1174.

Li S L, Li M M, Li Z G, et al. 2019b. Effects of the silencing of *CmMET1* by RNA interference in chrysanthemum (*Chrysanthemum morifolium*). Plant Biotechnology Reports, 13: 63-72.

Li S L, Pei Y, Wang W, et al. 2019c. Circular RNA 0001785 regulates the pathogenesis of osteosarcoma as a ceRNA by sponging miR-1200 to upregulate HOXB2. Cell Cycle, 18(11): 1281-1291.

Li S X, Yu X, Lei N, et al. 2017a. Genome-wide identification and functional prediction of cold and/or drought-responsive lncRNAs in cassava. Scientific Reports, 7: 46795.

Li T T, Chen X S, Zhong X C, et al. 2013. Jumonji C domain protein JMJ705-mediated removal of histone H3 lysine 27 trimethylation is involved in defense-related gene activation in rice. Plant Cell, 25(11): 4725-4736.

Li W B, Li C Q, Li S X, et al. 2017b. Long noncoding RNAs that respond to Fusarium oxysporum infection in 'Cavendish' banana (*Musa acuminata*). Scientific Reports. 7(1): 16939.

Li Y J, He Y, Liang Z Y, et al. 2018. Alterations of specific chromatin conformation affect ATRA-induced leukemia cell differentiation. Cell Death & Disease, 9(2): 200.

Liang Z, Zhang Q, Ji C M, et al. 2021. Reorganization of the 3D chromatin architecture of rice genomes during heat stress. BMC Biology, 19(1): 1-10.

Liao G J, Xie L X, Li X, et al. 2014. Unexpected extensive lysine acetylation in the trump-card antibiotic producer Streptomyces roseosporus revealed by proteome-wide profiling. Journal of

Proteomics, 106: 260-269.

Lieberman-Aiden E, van Berkum N L, Williams L, et al. 2009. Comprehensive mapping of long-range interactions reveals folding principles of the human genome. Science, 326(5950): 289-293.

Lima B P, Antelmann H, Gronau K, et al. 2011. Involvement of protein acetylation in glucose-induced transcription of a stress-responsive promoter. Molecular Microbiology, 81(5): 1190-1204.

Lin C L, Zhou T, Li H F, et al. 2009. Molecular characterisation of two plasmids from paulownia witches'-broom phytoplasma and detection of a plasmid-encoded protein in infected plants. European Journal of Plant Pathology, 123: 321.

Lin J X, Mou H Q, Liu J M, et al. 2014. First report of lettuce chlorotic leaf rot disease caused by phytoplasma in China. Plant Disease, 98(10): 1425.

Lin W C, Lu C F, Wu J W, et al. 2004. Transgenic tomato plants expressing the *Arabidopsis NPR1* gene display enhanced resistance to a spectrum of fungal and bacterial diseases. Transgenic Research, 13(6): 567-581.

Liu C, Cheng Y J, Wang J W, et al. 2017a. Prominent topologically associated domains differentiate global chromatin packing in rice from *Arabidopsis*. Nature Plants, 3(9): 742-748.

Liu C, Wang C M, Wang G, et al. 2016. Genome-wide analysis of chromatin packing in *Arabidopsis thaliana* at single-gene resolution. Genome Research, 26(8): 1057-1068.

Liu C Y, Lu F L, Cui X, et al. 2010. Histone methylation in higher plants. Annual Review of Plant Biology, 61: 395-420.

Liu J X, Wu X B, Yao X F, et al. 2018a. Mutations in the DNA demethylase *OsROS1* result in a thickened aleurone and improved nutritional value in rice grains. Proceedings of the National Academy of Sciences of the United States of America, 115(44): 11327-11332.

Liu J, Jung C, Xu J, et al. 2012a. Genome-wide analysis uncovers regulation of long intergenic noncoding RNAs in Arabidopsis. Plant Cell, 24(11): 4333-4345.

Liu K D, Yuan C C, Li H L, et al. 2018b. A qualitative proteome-wide lysine crotonylation profiling of papaya (*Carica papaya* L.). Scientific Reports, 8(1): 8230.

Liu N, Dai Q, Zheng G Q, et al. 2015a. N^6-methyladenosine-dependent RNA structural switches regulate RNA–protein interactions. Nature, 518(7540): 560-564.

Liu Q, Shen G, Peng K, et al. 2015b. T-DNA insertion mutant Osmtd1 was altered in architecture by upregulating microRNA156f in rice. Journal Of Integrative Plant Biology. 2015, 57(10): 819-829.

Liu R N, Dong Y P, Fan G Q, et al. 2013. Discovery of genes related to witches broom disease in *Paulownia tomentosa× Paulownia fortunei* by a *de novo* assembled transcriptome. PLoS One, 8(11): e80238.

Liu S, Xue C, Fang Y, et al. 2018c. Global involvement of lysine crotonylation in protein modification and transcription regulation in rice. Molecular & Cellular Proteomics, 17(10): 1922-1936.

Liu T F, Zhang L, Chen G, et al. 2017b. Identifying and characterizing the circular RNAs during the lifespan of Arabidopsis Leaves. Frontiers in Plant Science, 8: 1278.

Liu X, Luo M, Zhang W, et al. 2012b. Histone acetyltransferases in rice (*Oryza sativa* L.): phylogenetic analysis, subcellular localization and expression. BMC Plant Biology, 12: 145.

Livak K J, Schmittgen T D. 2001. Analysis of relative gene expression data using real-time quantitative PCR and the $2^{-\Delta\Delta CT}$ method. Methods, 25(4): 402-408.

López-Galiano M J, González-Hernández A I, Crespo-Salvador O, et al. 2018. Epigenetic regulation of the expression of WRKY75 transcription factor in response to biotic and abiotic stresses in Solanaceae plants. Plant Cell Reports, 37(1): 167-176.

Louloupi A, Ntini E, Conrad T, et al. 2018. Transient N^6-methyladenosine transcriptome sequencing reveals a regulatory role of m^{6}A in splicing efficiency. Cell Reports, 23(12): 3429-3437.

Lowe E D, Hasan N, Trempe J F, et al. 2006. Structures of the Dsk2 UBL and UBA domains and their complex. Acta Crystallographica Section D: Biological Crystallography, 62(Pt 2): 177-188.

Lu F L, Cui X, Zhang S B, et al. 2011. *Arabidopsis* REF6 is a histone H3 lysine 27 demethylase. Nature Genettics, 43: 715-719.

Lu F L, Li G L, Cui X, et al. 2008. Comparative analysis of JmjC domain-containing proteins reveals the potential histone demethylases in *Arabidopsis* and rice. Journal of Integrative Plant Biology, 50(7): 886-896.

Lu X K, Chen X G, Mu M, et al. 2016. Genome-wide analysis of long noncoding RNAs and their responses to drought stress in cotton (*Gossypium hirsutum* L.). PLoS One, 11(6): e0156723.

Lu Y, Xu Q T, Liu Y, et al. 2018. Dynamics and functional interplay of histone lysine butyrylation, crotonylation, and acetylation in rice under starvation and submergence. Genome Biology, 19(1): 144.

Luo G Z, Macqueen A, Zheng G Q, et al. 2013. Unique features of the m^6A methylome in *Arabidopsis thaliana*. Nature Communications. 5: 5630.

Luo M, Tai R, Yu C W, et al. 2015. Regulation of flowering time by the histone deacetylase HDA 5 in Arabidopsis. Plant Journal, 82(6): 925-936.

Luo S K, Tong L. 2014. Molecular basis for the recognition of methylated adenines in RNA by the eukaryotic YTH domain. Proceedings of the National Academy of Sciences of the United States of America, 111(38): 13834-13839.

Lv B N, Yang Q Q, Li D L, et al. 2016. Proteome-wide analysis of lysine acetylation in the plant pathogen *Botrytis cinerea*. Scientific Reports, 6: 29313.

Ma K F, Song Y P, Yang X H, et al. 2013. Variation in genomic methylation in natural populations of Chinese white poplar. PLoS One, 8(5): e63977.

Ma K W, Ma W B. 2016. YopJ family effectors promote bacterial infection through a unique acetyltransferase activity. Microbiology and Molecular Biology Reviews, 80(4): 1011-1027.

Ma W. 2011. Roles of Ca^{2+} and cyclic nucleotide gated channel in plant innate immunity. Plant Science, 181(4): 342-346.

Ma Y Z, Min L, Wang M J, et al. 2018. Disrupted genome methylation in response to high temperature has distinct affects on microspore abortion and anther indehiscence. Plant Cell, 30(7): 1387-1403.

Mackey D, Holt B F III, Wiig A, et al. 2002. RIN4 interacts with *Pseudomonas syringae* type III effector molecules and is required for RPM1-mediated resistance in *Arabidopsis*. Cell, 108(6): 743-754.

MacLean A M, Orlovskis Z, Kowitwanich K, et al. 2014. Phytoplasma effector SAP54 hijacks plant reproduction by degrading MADS-box proteins and promotes insect colonization in a RAD23-dependent manner. PLoS Biology, 12(4): e1001835.

MacLean A M, Sugio A, Makarova O V, et al. 2011. Phytoplasma effector SAP54 induces indeterminate leaf-like flower development in *Arabidopsis* plants. Plant Physiology, 157(2): 831-841.

Maejima K, Iwai R, Himeno M, et al. 2014. Recognition of floral homeotic MADS domain transcription factors by a phytoplasmal effector, phyllogen, induces phyllody. Plant Journal, 78(4): 541-554.

Maher K A, Bajic M, Kajala K, et al. 2018. Profiling of accessible chromatin regions across multiple plant species and cell types reveals common gene regulatory principles and new control modules. Plant Cell, 30(1): 15-36.

Malembic-Maher S, Constable F, Cimerman A, et al. 2008. A chromosome map of the flavescence dorée phytoplasma. Microbiology, 154(Pt 5): 1454-1463.

Marcone C, Seemüller E. 2001. A chromosome map of the European stone fruit yellows phytoplasma. Microbiology, 147(Pt 5): 1213-1221.

Marcucci G, Yan P, Maharry K, et al. 2014. Epigenetics meets genetics in acute myeloid leukemia: clinical impact of a novel seven-gene score. Journal of Clinical Oncology, 32(6): 548-566.

Mardi M, Karimi Farsad L, Gharechahi J, et al. 2015. In-depth transcriptome sequencing of Mexican lime trees infected with Candidatus *Phytoplasma aurantifolia*. PLoS One, 10(7): e0130425.

Margaria P, Palmano S. 2011. Response of the *Vitis vinifera* L. cv. 'Nebbiolo'proteome to flavescence dorée phytoplasma infection. Proteomics, 11(2): 212-224.

Marie-Nelly H, Marbouty M, Cournac A, et al. 2014. High-quality genome (re) assembly using chromosomal contact data. Nature Communications, 5: 5695.

Marks P A, Xu W S. 2009. Histone deacetylase inhibitors: potential in cancer therapy. Journal of Cellular Biochemistry, 107(4): 600-608.

Marondedze C, Thomas L, Serrano N L, et al. 2016. The RNA-binding protein repertoire of *Arabidopsis thaliana*. Scientific Reports, 6: 29766.

Marques A C, Ponting C P. 2009. Catalogues of mammalian long noncoding RNAs: modest conservation and incompleteness. Genome Biology, 10(11): R124.

Martin M. 2011. Cutadapt removes adapter sequences from high-throughput sequencing reads. EMBnet. Journal, 17(1): 10-12.

Martinelli F, Uratsu S L, Albrecht U, et al. 2012. Transcriptome profiling of citrus fruit response to huanglongbing disease. PLoS One, 7(5): e38039.

Martínez-Pérez M, Aparicio F, López-Gresa M P, et al. 2017. *Arabidopsis* m^6A demethylase activity modulates viral infection of a plant virus and the m^6A abundance in its genomic RNAs. Proceedings of the National Academy of Sciences of the United States of America, 114(40): 10755-10760.

Martín-Trillo M, Cubas P. 2010. TCP genes: a family snapshot ten years later. Trends in Plant Science, 15(1): 31-39.

Mateos-Langerak J, Bohn M, de Leeuw W, et al. 2009. Spatially confined folding of chromatin in the interphase nucleus. Proceedings of the National Academy of Sciences of the United States of America, 106(10): 3812-3817.

Mayerhofer H, Panneerselvam S, Mueller-Dieckmann J. 2012. Protein kinase domain of CTR1 from *Arabidopsis thaliana* promotes ethylene receptor cross talk. Journal of Molecular Biology, 415(4): 768-779.

Meissner A, Gnirke A, Bell G W, et al. 2005. Reduced representation bisulfite sequencing for comparative high-resolution DNA methylation analysis. Nucleic Acids Research, 33(18): 5868-5877.

Mellway R D, Tran L T, Prouse M B, et al. 2009. The wound-, pathogen-, and ultraviolet B-responsive MYB134 gene encodes an R2R3 MYB transcription factor that regulates proanthocyanidin synthesis in poplar. Plant Physiology, 150(2): 924-941.

Melo-Braga M N, Verano-Braga T, León I R, et al. 2012. Modulation of protein phosphorylation, N-glycosylation and lys-acetylation in grape (*Vitis vinifera*) mesocarp and exocarp owing to *Lobesia botrana* infection. Molecular & Cellular Proteomics, 11(10): 945-956.

Meng X Z, Zhang S Q. 2013. MAPK cascades in plant disease resistance signaling. Annual Review of Phytopathology, 51: 245-266.

Meng Y J, Shao C G, Wang H Z, et al. 2012. Target mimics: an embedded layer of microRNA-involved gene regulatory networks in plants. BMC Genomics, 13: 197.

Meyer C A, Liu X S. 2014. Identifying and mitigating bias in next-generation sequencing methods for chromatin biology. Nature Reviews Genetics, 15(11): 709-721.

Meyer K D, Patil D P, Zhou J, et al. 2015. 5′ UTR m6A promotes cap-independent translation. Cell, 163(4): 999-1010.

Minato N, Himeno M, Hoshi A, et al. 2014. The phytoplasmal virulence factor TENGU causes plant sterility by downregulating of the jasmonic acid and auxin pathways. Scientific Reports, 4(1): 7399.

Miura K, Ikeda M, Matsubara A, et al. 2010. *OsSPL14* promotes panicle branching and higher grain productivity in rice. Nature Genetics, 42(6): 545-549.

Mohammadi P, Bahramnejad B, Badakhshan H, et al. 2015. DNA methylation changes in fusarium wilt resistant and sensitive chickpea genotypes (*Cicer arietinum* L.). Physiological and Molecular Plant Pathology, 91: 72-80.

Monavarfeshani A, Mirzaei M, Sarhadi E, et al. 2013. Shotgun proteomic analysis of the Mexican lime tree infected with "Candidatus *Phytoplasma aurantifolia*". Journal of Proteome Research, 12(2): 785-795.

Morant M, Bak S, Møller B L, et al. 2003. Plant cytochromes P450: tools for pharmacology, plant protection and phytoremediation. Current Opinion in Biotechnology, 14(2): 151-162.

Mothes W, Prehn S, Rapoport T A, et al. 1994. Systematic probing of the environment of a translocating secretory protein during translocation through the ER membrane. The EMBO Journal, 13(17): 3973-3982.

Mou H Q, Lu J, Zhu S F, et al. 2013. Transcriptomic analysis of *Paulownia* infected by paulownia witches' broom phytoplasma. PLoS One, 8(10): e77217.

Mumbach M R, Rubin A J, Flynn R A, et al. 2016. HiChIP: efficient and sensitive analysis of protein-directed genome architecture. Nature Methods, 13(11): 919-922.

Musetti R, Favali M A, Pressacco L. 2000. Histopathology and polyphenol content in plants infected by phytoplasmas. Cytobios, 102(401): 133-147.

Muthusamy M, Uma S, Suthanthiram B, et al. 2019. Genome-wide identification of novel, long non-coding RNAs responsive to *Mycosphaerella eumusae* and *Pratylenchus coffeae* infections and their differential expression patterns in disease-resistant and sensitive banana cultivars. Plant Biotechnology Reports, 13(1): 73-83.

Nagaraj N, Wisniewski J R, Geiger T, et al. 2011. Deep proteome and transcriptome mapping of a human cancer cell line. Molecular Systems Biology, 7(1): 548.

Nallamilli B R, Edelmann M J, Zhong X, et al. 2014. Global analysis of lysine acetylation suggests the involvement of protein acetylation in diverse biological processes in rice (*Oryza sativa*). PLoS One, 9(2): e89283.

Necsulea A, Soumillon M, Warnefors M, et al. 2014. The evolution of lncRNA repertoires and expression patterns in tetrapods. Nature, 505(7485): 635-640.

Neimark H, Kirkpatrick B C. 1993. Isolation and characterization of full-length chromosomes from non-culturable plant-pathogenic Mycoplasma-like organisms. Molecular Microbiology, 7(1): 21-28.

Nikolaev S V, Penenko A V, Lavreha V V, et al. 2007. A model study of the role of proteins CLV1, CLV2, CLV3, and WUS in regulation of the structure of the shoot apical meristem. Russian Journal of Developmental Biology. 38(6): 383-388.

Niu S Y, Fan G Q, Deng M J, et al. 2016. Discovery of microRNAs and transcript targets related to witches' broom disease in *Paulownia fortunei* by high-throughput sequencing and degradome approach. Molecular Genetics and Genomics, 291(1): 181-191.

Niyogi K K. 2000. Safety valves for photosynthesis. Current Opinion in Plant Biology, 3(6): 455-460.

Nolan T M, Brennan B, Yang M, et al. 2017. Selective autophagy of BES1 mediated by DSK2 balances plant growth and survival. Developmental Cell, 41(1): 33-46.

Nora E P, Goloborodko A, Valton A L et al. 2017. Targeted degradation of CTCF decouples local insulation of chromosome domains from genomic compartmentalization. Cell, 169(5): 930-944.

Nora E P, Lajoie B R, Schulz E G. et al. 2012. Spatial partitioning of the regulatory landscape of the *X-inactivation* centre. Nature, 485(7398): 381-385.

Oh C S, Pedley K F, Martin G B. 2010. Tomato 14-3-3 protein 7 positively regulates immunity-associated programmed cell death by enhancing protein abundance and signaling ability of MAPKKK α. The Plant Cell, 22(1): 260-272.

Orlovskis Z, Canale M C, Haryono M, et al. . 2016. Maize bushy stunt phytoplasma. https: //www. ncbi. nlm. nih. gov/genome/ 11081(NCBI).

Oshima K, Ishii Y, Kakizawa S, et al. 2011. Dramatic transcriptional changes in an intracellular parasite enable host switching between plant and insect. PLoS One, 6(8): e23242.

Oshima K, Kakizawa S, Nishigawa H, et al. 2004. Reductive evolution suggested from the complete genome sequence of a plant-pathogenic phytoplasma. Nature Genetics, 36(1): 27-29.

Oster U, Tanaka R, Tanaka A, et al. 2000. Cloning and functional expression of the gene encoding the key enzyme for chlorophyll b biosynthesis (CAO) from *Arabidopsis thaliana*. Plant Journal, 21(3): 305-310.

Ouimette J F, Rougeulle C, Veitia R A, et al. 2019. Three-dimensional genome architecture in health and disease. Clinical Genetics, 95(2): 189-198.

Padovan A C, Firrao G, Schneider B, et al. 2000. Chromosome mapping of the sweet potato little leaf phytoplasma reveals genome heterogeneity within the phytoplasmas. Microbiology, 146 (Pt4): 893-902.

Pan T, Sun X Q, Liu Y X, et al. 2018. Heat stress alters genome-wide profiles of circular RNAs in *Arabidopsis*. Plant Molecular Biology, 96(3): 217-229.

Pandey R, MuÈller A, Napoli C A, et al. 2002. Analysis of histone acetyltransferase and histone deacetylase families of *Arabidopsis thaliana* suggests functional diversification of chromatin modification among multicellular eukaryotes. Nucleic Acids Research, 30(23): 5036-5055.

Parada L A, Sotiriou S, Misteli T. 2004. Spatial genome organization. Experimental Cell Research, 296(1): 64-70.

Park C J, Caddell D F, Ronald P C. 2012. Protein phosphorylation in plant immunity: insights into the regulation of pattern recognition receptor-mediated signaling. Frontiers in Plant Science, 3: 177.

Pendleton K E, Chen B B, Liu K Q, et al. 2017. The U6 snRNA m^6 A methyltransferase METTL16 regulates SAM synthetase intron retention. Cell, 169(5): 824-835. e14.

Peng M J, Ying P Y, Liu X C, et al. 2017. Genome-wide identification of histone modifiers and their expression patterns during fruit abscission in litchi. Frontiers in Plant Science, 8: 639.

Penninckx I A, Thomma B P, Buchala A, et al. 1998. Concomitant activation of jasmonate and ethylene response pathways is required for induction of a plant defensin gene in *Arabidopsis*. Plant Cell, 10(12): 2103-2113.

Perazzolli M, Palmieri M C, Matafora V, et al. 2016. Phosphoproteomic analysis of induced resistance reveals activation of signal transduction processes by beneficial and pathogenic interaction in grapevine. Journal of Plant Physiology, 195: 59-72.

Pertea M, Pertea G M, Antonescu C M, et al. 2015. StringTie enables improved reconstruction of a transcriptome from RNA-seq reads. Nature Biotechnology, 33(3): 290-295.

Phillips D M. 1963. The presence of acetyl groups in histones. Biochemical Journal, 87(2): 258-263.

Phillips-Cremins J E, Sauria M E G, Sanyal A, et al. 2013. Architectural protein subclasses shape 3D organization of genomes during lineage commitment. Cell, 153(6): 1281-1295.

Pieterse C M, Leon-Reyes A, Van der Ent S, et al. 2009. Networking by small-molecule hormones in plant immunity. Nature Chemical Biology, 5(5): 308-316.

Pinkel D, Landegent J, Collins C, et al. 1988. Fluorescence in situ hybridization with human chromosome-specific libraries: detection of trisomy 21 and translocations of chromosome 4. Proceedings of the National Academy of Sciences of the United States of America, 85(23): 9138-9142.

Prakash A P, Kumar P P. 2002. *PkMADS1* is a novel MADS box gene regulating adventitious shoot induction and vegetative shoot development in *Paulownia kawakamii*. Plant Journal, 29(2): 141-151.

Prete D S, Luca V D, Capasso C, et al. 2011. Preliminary proteomic analysis of pear leaves in response to pear decline phytoplasma infection. Bulletin of Insectology. 64: S187-S188.

Quinlan A R, Hall I M. 2010. BEDTools: a flexible suite of utilities for comparing genomic features. Bioinformatics, 26(6): 841-842.

Raffaele S, Rivas S, Roby D. 2006. An essential role for salicylic acid in AtMYB30-mediated control of the hypersensitive cell death program in *Arabidopsis*. FEBS Letters, 580(14): 3498-3504.

Rajan J, Clark M F. 1994. Detection of apple proliferation and other MLOs by immuno-capture PCR (IC-PCR). XVI International Symposium on Fruit Tree Virus diseases, 386: 511-514.

Rajesh M K, Rachana K E, Kulkarni K, et al. 2018. Comparative transcriptome profiling of healthy and diseased chowghat green dwarf coconut palms from root (wilt) disease hot spots. European Journal of Plant Pathology, 151(1): 173-193.

Ramírez F, Dündar F, Diehl S, et al. 2014. DeepTools: a flexible platform for exploring deep-sequencing data. Nucleic Acids Research, 42: W187-W191.

Rao S S, Huntley M H, Durand N C, et al. 2014. A 3D map of the human genome at kilobase resolution reveals principles of chromatin looping. Cell, 159(7): 1665-1680.

Ray J, Munn P R, Vihervaara A, et al. 2019. Chromatin conformation remains stable upon extensive transcriptional changes driven by heat shock. Proceedings of the National Academy of Sciences, 116(39): 19431-19439.

Reichel M, Liao Y, Rettel M, et al. 2016. In planta determination of the mRNA-binding proteome of Arabidopsis etiolated seedlings. Plant Cell, 28(10): 2435-2452.

Reznikoff W S. 2008. Transposon Tn5. Annual Review of Genetics, 42(1): 269-286.

Robinson M D, Mccarthy D J, Smyth G K. 2010. EdgeR: a Bioconductor package for differential expression analysis of digital gene expression data. Bioinformatics. 26(1): 139-140.

Roix J J, McQueen P G, Munson P J, et al. 2003. Spatial proximity of translocation-prone gene loci in human lymphomas. Nature Genetics, 34(3): 287-291.

Rosa-Garrido M, Chapski D J, Schmitt A D, et al. 2017. High resolution mapping of chromatin conformation in cardiac myocytes reveals structural remodeling of the epigenome in heart failure. Circulation, 136(17): 1613-1625.

Rosin F M, Hart J K, Van Onckelen H, et al. 2003. Suppression of a vegetative MADS box gene of potato activates axillary meristem development. Plant Physiology, 131(4): 1613-1622.

Roundtree I A, Evans M E, Pan T, et al. 2017. Dynamic RNA modifications in gene expression regulation. Cell, 169(7): 1187-1200.

Růžička K, Zhang M, Campilho A, et al. 2017. Identification of factors required for m^6A mRNA methylation in *Arabidopsis* reveals a role for the conserved E3 ubiquitin ligase HAKAI. New Phytologist, 215(1): 157-172.

Ryan L, O'Malley R C, Julian TF, et al. 2008. Highly integrated single-base resolution maps of the epigenome in *Arabidopsis*. Cell, 133: 523-536.

Saad L, Sartori M, Pol B S, et al. 2019. Regulation of brain DNA methylation factors and of the orexinergic system by cocaine and food self-administration. Molecular Neurobiology, 56(8): 5315-5331.

Sahashi N, Nakamura H, Yoshikawa N, et al. 1995. Distribution and seasonal variation in detection of phytoplasma in bark phloem tissues of single *Paulownia* trees infected with witches' broom. Japanese Journal of Phytopathology, 61(5): 481-484.

Saletore Y, Meyer K, Korlach J, et al. 2012. The birth of the epitranscriptome: deciphering the function of RNA modifications. Genome Biology, 13(10): 175.

Salinas M, Xing S, Höhmann S, et al. 2012. Genomic organization, phylogenetic comparison and differential expression of the SBP-box family of transcription factors in tomato. Planta, 235(6): 1171-1184.

Salmon-Divon M, Dvinge H, Tammoja K, et al. 2010. Peak analyzer: genome-wide annotation of chromatin binding and modification loci. BMC Bioinformatics, 11: 415.

Sarris P F, Duxbury Z, Huh S U, et al. 2015. A plant immune receptor detects pathogen effectors that target WRKY transcription factors. Cell, 161(5): 1089-1100.

Sati S, Cavalli G. 2017. Chromosome conformation capture technologies and their impact in understanding genome function. Chromosoma, 126(1): 33-44.

Schep A N, Wu B, Buenrostro J D, et al. 2017. ChromVAR: inferring transcription-factor-associated accessibility from single-cell epigenomic data. Nature Methods, 14(10): 975-978.

Schneider B, Ahrens U, Kirkpatrick B C, et al. 1993. Classification of plant-pathogenic mycoplasma-like organisms using restriction-site analysis of PCR-amplified 16S rDNA. Microbiology, 139(3): 519-527.

Schöller E, Weichmann F, Treiber T, et al. 2018. Interactions, localization and phosphorylation of the m^6A generating METTL3-METTL14-WTAP complex. RNA, 24(4): 499-512.

Schultz M D, Schmitz R J, Ecker J R. 2012. 'Leveling' the playing field for analyses of single-base resolution DNA methylomes. Trends in Genetics. 28(12): 583-585.

Schulze W X. 2010. Proteomics approaches to understand protein phosphorylation in pathway modulation. Current Opinion in Plant Biology, 13(3): 280-287.

Schwartz D C, Saffran W, Welsh J, et al. 1983. New techniques for purifying large DNAs and studying their properties and packaging. Cold Spring Harbor Symposia on Quantitative Biology, 47(1): 189-195.

Schwarz S, Grande A V, Bujdoso N, et al. 2008. The microRNA regulated SBP-box genes *SPL9* and *SPL15* control shoot maturation in *Arabidopsis*. Plant Molecular Biology, 67(1-2): 183-195.

Scutenaire J, Deragon J M, Jean V, et al. 2018. The YTH Domain Protein ECT2 is an m^6A Reader Required for Normal Trichome Branching in *Arabidopsis*. Plant Cell, 30(5): 986-1005.

Seemüller E, Marcone C, Lauer U, et al. 1998. Current status of molecular classification of the phytoplasmas. Journal of Plant Pathology, 80(1): 3-26.

Seo J S, Sun H X, Park B S, et al. 2017. ELF18-induced long-noncoding RNA associates with mediator to enhance expression of innate immune response genes in *Arabidopsis*. Plant Cell, 29(5): 1024-1038.

Serra T S, Figueiredo D D, Cordeiro A M, et al. 2013. *OsRMC*, a negative regulator of salt stress response in rice, is regulated by two AP2/ERF transcription factors. Plant Molecular Biology, 82: 439-455.

Sexton T, Yaffe E, Kenigsberg E, et al. 2012. Three-dimensional folding and functional organization principles of the *Drosophila* genome. Cell, 148(3): 458-472.

Sha A H, Lin X H, Huang J B, et al. 2005. Analysis of DNA methylation related to rice adult plant resistance to bacterial blight based on methylation-sensitive AFLP (MSAP) analysis. Molecular Genetics and Genomics, 273(6): 484-490.

Shen L, Liang Z, Gu X, et al. 2016. N⁶-methyladenosine RNA modification regulates shoot stem cell fate in *Arabidopsis*. Developmental Cell, 38(2): 186-200.

Shen W C, Lin C P. 1993. Production of monoclonal antibodies against a mycoplasmalike organism associated with sweetpotato witches' broom. Phytopathology, 83(6): 671-675.

Shi H L, Wang X, Lu Z K, et al. 2017. YTHDF3 facilitates translation and decay of N⁶-methyladenosine-modified RNA. Cell Research, 27(3): 315-328.

Shi Y J, Lan F, Matson C, et al. 2004. Histone demethylation mediated by the nuclear amine oxidase homolog LSD1. Cell, 119(7): 941-953.

Shimada Y, Goda H, Nakamura A, et al. 2003. Organ-specific expression of brassinosteroid-biosynthetic genes and distribution of endogenous brassinosteroids in *Arabidopsis*. Plant Physiology, 131(1): 287-297.

Shiomi T, Sugiura M. 1984. Grouping of mycoplasma-like organisms transmitted by the leafhopper vector, *Macrosteles orientalis* Virvaste, based on host range. Japanese Journal of Phytopathology, 50(2): 149-157.

Simonis M, Klous P, Splinter E, et al. 2006. Nuclear organization of active and inactive chromatin domains uncovered by chromosome conformation capture-on-chip (4C). Nature Genetics, 38(11): 1348-1354.

Singal R, Ginder G D. 1999. DNA methylation. Blood, The Journal of the American Society of Hematology, 93(12): 4059-4070.

Snedden W A, Fromm H. 2001. Calmodulin as a versatile calcium signal transducer in plants. New Phytologist, 151(1): 35-66.

Sollars E S A, Buggs R J A. 2018. Genome-wide epigenetic variation among ash trees differing in susceptibility to a fungal disease. BMC Genomics, 19: 502.

Somssich I E, Hahlbrock K. 1998. Pathogen defence in plants-a paradigm of biological complexity. Trends in Plant Science, 3(3): 86-90.

Song G Y, Walley J W. 2016. Dynamic protein acetylation in plant: pathogen interactions. Frontiers in Plant Science, 7: 421.

Song L Y, Crawford G E. 2010. DNase-seq: a high-resolution technique for mapping active gene regulatory elements across the genome from mammalian cells. Cold Spring Harbor Protocols, 2010(2): pdb. prot5384.

Song Q, Decato B, Hong E E, et al. 2013a. A reference methylome database and analysis pipeline to facilitate integrative and comparative epigenomics. PLoS One, 8(12): e81148.

Song Y P, Ma K F, Ci D, et al. 2013b. Sexual dimorphic floral development in dioecious plants revealed by transcriptome, phytohormone, and DNA methylation analysis in *Populus tomentosa*. Plant Molecular Biology, 83(6): 559-576.

Sow M D, Segura V, Chamaillard S, et al. 2018. Narrow-sense heritability and PST estimates of DNA methylation in three *Populus nigra* L. populations under contrasting water availability. Tree Genetics & Genomes, 14: 78.

Springer N M, Napoli C A, Selinger D A, et al. 2003. Comparative analysis of SET domain proteins in maize and Arabidopsis reveals multiple duplications preceding the divergence of monocots and dicots. Plant Physiology, 132(2): 907-925.

Squires J E, Patel H R, Nousch M, et al. 2012. Widespread occurrence of 5-methylcytosine in human coding and non-coding RNA. Nucleic Acids Research, 40(11): 5023-5033.

Staiger C J. 2016. Mapping the function of phytopathogen effectors. Cell Host & Microbe, 19(1): 7-9.

Stark R, Brown G. 2011. DiffBind: differential binding analysis of ChIP-Seq peak data. R package version. 100(4. 3).

Su Y T, Bai X T, Yang W L, et al. 2018. Single-base-resolution methylomes of *Populus euphratica* reveal the association between DNA methylation and salt stress. Tree Genetics & Genomes, 14: 86.

Sugio A, MacLean A M, Hogenhout S A. 2014. The small phytoplasma virulence effector SAP 11 contains distinct domains required for nuclear targeting and CIN-TCP binding and destabilization. New Phytologist, 202(3): 838-848.

Sugiyama N, Nakagami H, Mochida K, et al. 2008. Large-scale phosphorylation mapping reveals the extent of tyrosine phosphorylation in *Arabidopsis*. Molecular Systems Biology, 4: 193.

Sun H J, Liu X W, Li F F, et al. 2017a. First comprehensive proteome analysis of lysine crotonylation in seedling leaves of *Nicotiana tabacum*. Scientific Reports, 7(1): 3013.

Sun J H, Qiu C, Qian W J, et al. 2019a. Ammonium triggered the response mechanism of lysine crotonylome in tea plants. BMC Genomics, 20: 340.

Sun J Q, Qi L L, Li Y N, et al. 2012. PIF4-mediated activation of YUCCA8 expression integrates temperature into the auxin pathway in regulating *Arabidopsis* hypocotyl growth. PLoS Genetics, 8(3): e1002594.

Sun X M, Li Z G, Liu H, et al. 2017b. Large-scale identification of lysine acetylated proteins in vegetative hyphae of the rice blast fungus. Scientific Reports, 7(1): 15316.

Sun X Y, Wang L, Ding J C, et al. 2016. Integrative analysis of *Arabidopsis thaliana* transcriptomics reveals intuitive splicing mechanism for circular RNA. FEBS Letters, 590(20): 3510-3516.

Sun X, Wang Y, Sui N, et al. 2018. Transcriptional regulation of bHLH during plant response to stress. Biochemical and Biophysical Research Communications, 503(2): 397-401.

Sun Y, Dong L, Zhang Y, et al. 2020. 3D genome architecture coordinates trans and cis regulation of differentially expressed ear and tassel genes in maize. Genome Biology, 21(1): 143.

Sun Z X, Su C, Yun J X, et al. 2019b. Genetic improvement of the shoot architecture and yield in soya bean plants via the manipulation of GmmiR156b. Plant Biotechnology Journal. 17(1): 50-62.

Szabo L, Salzman J. 2016. Detecting circular RNAs: bioinformatic and experimental challenges. Nature Reviews Genetics, 17(11): 679-692.

Tajaddod M, Jantsch M F, Licht K. 2016. The dynamic epitranscriptome: A to I editing modulates genetic information. Chromosoma, 125(1): 51-63.

Takabatake R, Karita E, Seo S, et al. 2007. Pathogen-induced calmodulin isoforms in basal resistance against bacterial and fungal pathogens in tobacco. Plant and Cell Physiology, 48(3): 414-423.

Tan M J, Luo H, Lee S, et al. 2011. Identification of 67 histone marks and histone lysine crotonylation as a new type of histone modification. Cell, 146(6): 1016-1028.

Tang Y H, Wang J, Bao X X, et al. 2020. Genome-wide analysis of *Jatropha curcas* MADS-box gene family and functional characterization of the *JcMADS40* gene in transgenic rice. BMC Genomics, 21: 325.

Tannenbaum M, Sarusi-Portuguez A, Krispil R, et al. 2018. Regulatory chromatin landscape in *Arabidopsis thaliana* roots uncovered by coupling INTACT and ATAC-seq. Plant Methods, 14: 113.

Tena G, Boudsocq M, Sheen J. 2011. Protein kinase signaling networks in plant innate immunity. Current Opinion in Plant Biology, 14(5): 519-529.

Teper D, Salomon D, Sunitha S, et al. 2014. *Xanthomonas euvesicatoria* type III effector X op Q interacts with tomato and pepper 14-3-3 isoforms to suppress effector-triggered immunity. Plant

Journal, 77(2): 297-309.

Thao S, Chen C S, Zhu H, et al. 2010. N ε-Lysine acetylation of a bacterial transcription factor inhibits its DNA-binding activity. PLoS One, 5(12): e15123.

Therizols P, Illingworth R S, Courilleau C, et al. 2014. Chromatin decondensation is sufficient to alter nuclear organization in embryonic stem cells. Science, 346(6214): 1238-1242.

Thomas E. 2005. Regulation of the Arabidopsis defense transcriptome. Trends in Plant Science. 10(2): 71-78.

Tian J X, Song Y P, Du Q Z, et al. 2016. Population genomic analysis of gibberellin-responsive long non-coding RNAs in *Populus*. Journal of Experimental Botany, 67(8): 2467-2482.

Ton J, Mauch-Mani B. 2004. β-amino-butyric acid-induced resistance against necrotrophic pathogens is based on ABA-dependent priming for callose. Plant Journal, 38(1): 119-130.

Tran-Nguyen L T T, Kube M, Schneider B, et al. 2008. Comparative genome analysis of "Candidatus *Phytoplasma australiense*" (subgroup *tuf*-Australia I; *rp*-A) and "Ca. *Phytoplasma asteris*" strains OY-M and AY-WB. Journal of Bacteriology, 190(11): 3979-3991.

Tripathi R K, Goel R, Kumari S, et al. 2017. Genomic organization, phylogenetic comparison, and expression profiles of the *SPL* family genes and their regulation in soybean. Development Genes and Evolution, 227(2): 101-119.

Tsukada Y, Fang J, Erdjument-Bromage H, et al. 2006. Histone demethylation by a family of JmjC domain-containing proteins. Nature, 439(7078): 811-816.

Unver T, Turktas M, Budak H. 2013. In planta evidence for the involvement of a ubiquitin conjugating enzyme (UBC E2 clade) in negative regulation of disease resistance. Plant Molecular Biology Reporter, 31: 323-334.

Uranishi H, Zolotukhin A S, Lindtner S, et al. 2009. The RNA-binding motif protein 15B (RBM15B/OTT3) acts as cofactor of the nuclear export receptor NXF1. Journal of Biological Chemistry, 284(38): 26106-26116.

Usami T, Horiguchi G, Yano S, et al. 2009. The more and smaller cells mutants of *Arabidopsis thaliana* identify novel roles for *squamosa promoter binding protein-like* genes in the control of heteroblasty. Development, 136(6): 955-964.

van Dijk K, Ding Y, Malkaram S, et al. 2010. Dynamic changes in genome-wide histone H3 lysine 4 methylation patterns in response to dehydration stress in *Arabidopsis thaliana*. BMC Plant Biology, 10: 238.

van Wijk K J, Friso G, Walther D, et al. 2014. Meta-analysis of *Arabidopsis thaliana* phospho-proteomics data reveals compartmentalization of phosphorylation motifs. The Plant Cell, 26(6): 2367-2389.

Varoquaux N, Ay F, Noble W S, Vert J P. 2014. A statistical approach for inferring the 3D structure of the genome. Bioinformatics, 30(12): 26-33.

Verdaasdonk J S, Vasquez P A, Barry R M, et al. 2013. Centromere tethering confines chromosome domains. Molecular Cell, 52(6): 819-831.

Verdin E, Ott M. 2015. 50 years of protein acetylation: from gene regulation to epigenetics, metabolism and beyond. Nature Reviews Molecular Cell Biology, 16(4): 258-264.

Vermaak D, Ahmad K, Henikoff S. 2003. Maintenance of chromatin states: an open-and-shut case. Current Opinion in Cell Biology. 15(3): 266-274.

Vespa L, Vachon G, Berger F, et al. 2004. The immunophilin-interacting protein AtFIP37 from Arabidopsis is essential for plant development and is involved in trichome endoreduplication. Plant Physiology, 134(4): 1283-1292.

Vietri R M, Barrington C, Henderson S, et al. 2015. Comparative Hi-C reveals that CTCF underlies evolution of chromosomal domain architecture. Cell Reports, 10(8): 1297-1309.

Vietri Rudan M, Barrington C, Henderson S, et al. 2015. Comparative Hi-C reveals that CTCF underlies evolution of chromosomal domain architecture. Cell Reports, 10(8): 1297-1309.

Vining K J, Pomraning K R, Wilhelm L J, et al. 2012. Dynamic DNA cytosine methylation in the *Populus trichocarpa* genome: tissue-level variation and relationship to gene expression. BMC Genomics, 13: 27.

Vu L P, Pickering B F, Cheng Y M, et al. 2017. The N^6-methyladenosine (m^6A)-forming enzyme METTL3 controls myeloid differentiation of normal hematopoietic and leukemia cells. Nature Medicine, 23(11): 1369-1376.

Walker J, Gao H B, Zhang J Y, et al. 2018. Sexual-lineage-specific DNA methylation regulates meiosis in Arabidopsis. Nature Genetics, 50(1): 130-137.

Walley J W, Shen Z X, McReynolds M R, et al. 2018. Fungal-induced protein hyperacetylation in maize identified by acetylome profiling. Proceedings of the National Academy of Sciences, 115(1): 210-215.

Wallis C J D, Klaassen Z, Bhindi B, et al. 2018. Comparison of abiraterone acetate and docetaxel with androgen deprivation therapy in high-risk and metastatic hormone-naive prostate cancer: a systematic review and network meta-analysis. European Urology, 73(6): 834-844.

Wan J H, Liu H Y, Chu J, et al. 2019. Functions and mechanisms of lysine crotonylation. Journal of Cellular and Molecular Medicine, 23(11): 7163-7169.

Wan Y Z, Tang K, Zhang D Y, et al. 2015. Transcriptome-wide high-throughput deep m^6A-seq reveals unique differential m^6A methylation patterns between three organs in *Arabidopsis thaliana*. Genome Biology, 16, 272.

Wang C, Wang Q, Zhu X, et al. 2019a. Characterization on the conservation and diversification of miRNA156 gene family from lower to higher plant species based on phylogenetic analysis at the whole genomic level. Functional & Integrative Genomics. 19(6), 933-952.

Wang C M, Liu C, Roqueiro D, et al. 2015a. Genome-wide analysis of local chromatin packing in *Arabidopsis thaliana*. Genome Research, 25(2): 246-256.

Wang C Z, Gao F, Wu J G, et al. 2010a. Arabidopsis putative deacetylase AtSRT2 regulates basal defense by suppressing *PAD4*, *EDS5* and *SID2* expression. Plant and Cell Physiology, 51(8): 1291-1299.

Wang D, Weaver N D, Kesarwani M, et al. 2005. Induction of protein secretory pathway is required for systemic acquired resistance. Science, 308(5724): 1036-1040.

Wang H, Chung P J, Liu J, et al. 2014a. Genome-wide identification of long noncoding natural antisense transcripts and their responses to light in Arabidopsis. Genome Research, 24(3): 444-453.

Wang J, Czech B, Weigel D. 2009a. miR156-regulated SPL transcription factors define an endogenous flowering pathway in *Arabidopsis thaliana*. Cell, 138: 738-749.

Wang J, Song L Q, Jiao Q Q, et al. 2018a. Comparative genome analysis of jujube witches' broom phytoplasma, an obligate pathogen that causes jujube witches' broom disease. BMC Genomics, 19: 689.

Wang J, Yu W, Yang Y, et al. 2015b. Genome-wide analysis of tomato long non-coding RNAs and identification as endogenous target mimic for microRNA in response to TYLCV infection. Scientific Reports. 5: 16946.

Wang J, Zhou L, Shi H, et al. 2018b. A single transcription factor promotes both yield and immunity in rice. Science, 361(6406): 1026-1028.

Wang J W, Schwab R, Czech B, et al. 2008. Dual effects of miR156-targeted *SPL* genes and

CYP78A5/KLUH on plastochron length and organ size in *Arabidopsis thaliana*. The Plant Cell, 20(5): 1231-1243.

Wang J Y, Yang Y W, Jin L M, et al. 2018c. Re-analysis of long non-coding RNAs and prediction of circRNAs reveal their novel roles in susceptible tomato following TYLCV infection. BMC Plant Biology, 18: 104.

Wang K, Zhao Y, Li M, et al. 2014b. Analysis of phosphoproteome in rice pistil. Proteomics, 14(20): 2319-2334.

Wang L, Sun S Y, Jin J Y, et al. 2015c. Coordinated regulation of vegetative and reproductive branching in rice. Proceedings of the National Academy of Sciences, 112(50): 15504-15509.

Wang L Z, Xiang L J, Hong J, et al. 2019b. Genome-wide analysis of bHLH transcription factor family reveals their involvement in biotic and abiotic stress responses in wheat (*Triticum aestivum* L.). 3 Biotech, 9(6): 236.

Wang M J, Wang P C, Lin M, et al. 2018d. Evolutionary dynamics of 3D genome architecture following polyploidization in cotton. Nature Plants, 4(2): 90-97.

Wang M J, Yuan D J, Tu L L, et al. 2015d. Long noncoding RNAs and their proposed functions in fibre development of cotton (*Gossypium* spp.). New Phytologist, 207(4): 1181-1197.

Wang N, Yang H, Yin Z, et al. 2018e. Phytoplasma effector SWP1 induces witches' broom symptom by destabilizing the TCP transcription factor BRANCHED1. Molecular Plant Pathology. 19(12): 2623-2634.

Wang Q J, Zhang Y K, Yang C, et al. 2010b. Acetylation of metabolic enzymes coordinates carbon source utilization and metabolic flux. Science, 327(5968): 1004-1007.

Wang Q, Sun A, Chen S, et al. 2018f. SPL6 represses signaling outputs of ER stress in control of panicle cell death in rice. Nature Plant. 4: 280-288.

Wang T Z, Liu M, Zhao M G, et al. 2015e. Identification and characterization of long non-coding RNAs involved in osmotic and salt stress in *Medicago truncatula* using genome-wide high-throughput sequencing. BMC Plant Biology, 15: 131.

Wang T, Liu Q, Li X F, et al. 2013a. RRBS-analyser: a comprehensive web server for reduced representation bisulfite sequencing data analysis. Human Mutation, 34(12): 1606-1610.

Wang W S, Pan Y J, Zhao X Q, et al. 2011. Drought-induced site-specific DNA methylation and its association with drought tolerance in rice (*Oryza sativa* L.). Journal of Experimental Botany, 62(6): 1951-1960.

Wang X, Feng J, Xue Y, et al. 2016. Structural basis of N^6-adenosine methylation by the METTL3-METTL14 complex. Nature, 534: 575-578.

Wang X, Lu Z K, Gomez A, et al. 2014c. N^6-methyladenosine-dependent regulation of messenger RNA stability. Nature, 505(7481): 117-120.

Wang X, Zhao B S, Roundtree I A, et al. 2015f. N^6-methyladenosine modulates messenger RNA translation efficiency. Cell, 161(6): 1388-1399.

Wang Y, Sun S, Zhu W, et al. 2013b. Strigolactone/MAX2-induced degradation of brassinosteroid transcriptional effector BES1 regulates shoot branching. Developmental Cell, 27(6): 681-688.

Wang Y X, Shang L G, Yu H, et al. 2020. A strigolactone biosynthesis gene contributed to the green revolution in rice. Molecular Plant, 13(6): 923-932.

Wang Y, Li Y, Toth J I, et al. 2014c. N^6-methyladenosine modification destabilizes developmental regulators in embryonic stem cells. Nature Cell Biology, 16(2): 191-198.

Wang Z, Li B B, Li Y S, et al. 2018g. Identification and characterization of long noncoding RNA in *Paulownia tomentosa* treated with methyl methane sulfonate. Physiology and Molecular Biology of Plants, 24(2): 325-334.

Wang Z, Li X F, Wang X T, et al. 2019c. Arabidopsis endoplasmic reticulum-localized UBAC2 proteins interact with PAMP-induced coiled-coil to regulate pathogen-induced callose deposition and plant immunity. Plant Cell, 31(1): 153-171.

Wang Z, Liu W S, Fan G Q, et al. 2017a. Quantitative proteome-level analysis of paulownia witches' broom disease with methyl methane sulfonate assistance reveals diverse metabolic changes during the infection and recovery processes. Peer Journal, 5: e3495.

Wang Z, Liu Y, Li D, et al. 2017b. Identification of circular RNAS in kiwifruit and their species-specific response to bacterial canker pathogen invasion. Frontiers in Plant Science, 8: 413.

Wang Z, Zhai X Q, Cao Y B, et al. 2017c. Long non-coding RNAs responsive to witches' broom disease in *Paulownia tomentosa*. Forests, 8(9): 348.

Wang Z B, Schones D E, Zhao K J. 2009b. Characterization of human epigenomes. Current Opinion in Genetics & Development, 19(2): 127-134.

Wang Z G, Tang K, Zhang D Y, et al. 2017d. High-throughput m^{6}A-seq reveals RNA m^{6}A methylation patterns in the chloroplast and mitochondria transcriptomes of *Arabidopsis thaliana*. PLoS One, 12(11), e185612.

Wang Z P, Liu Y F, Li L, et al. 2017e. Whole transcriptome sequencing of Pseudomonas syringae pv. actinidiae-infected kiwifruit plants reveals species-specific interaction between long non-coding RNA and coding genes. Scientific Report, 7(1): 4910.

Weber B, Zicola J, Oka R, et al. 2016. Plant enhancers: a call for discovery. Trends in Plant Science, 21(11): 974-987.

Wei L H, Song P, Wang Y, et al. 2018. The m^{6}A reader ECT2 controls trichome morphology by affecting mRNA stability in *Arabidopsis*. Plant Cell, 30(5): 968-985.

Wei T, Ou B, Li J B, et al. 2013. Transcriptional profiling of rice early response to *Magnaporthe oryzae* identified OsWRKYs as important regulators in rice blast resistance. PLoS One, 8(3): e59720.

Wei W, Davis R E, Lee M, et al. 2007. Computer-simulated RFLP analysis of 16S rRNA genes: identification of ten new phytoplasma groups. International Journal of Systematic and Evolutionary Microbiology, 57(8): 1855-1867.

Wei W, Mao A Q, Tang B, et al. 2017. Large-scale identification of protein crotonylation reveals its role in multiple cellular functions. Journal of Proteome Research, 16(4): 1743-1752.

Weng H, Huang H, Wu H, et al. 2018. METTL14 inhibits hematopoietic stem/progenitor differentiation and promotes leukemogenesis via mRNA m^{6}A modification. Cell Stem Cell, 22(2): 191-205.

Wickham H. 2016. Ggplot2: Elegant Graphics for Data Analysis. New York. Springer-Verlag.

Wilkins O, Hafemeister C, Plessis A, et al. 2016. EGRINs (Environmental Gene Regulatory Influence Networks) in rice that function in the response to water deficit, high temperature, and agricultural environments. Plant Cell, 28(10): 2365-2384.

Win N K K, Jung H Y. 2012. Molecular analysis of 'Candidatus *Phytoplasma aurantifolia*' associated with phytoplasma diseases in Myanmar. Journal of General Plant Pathology, 78(4): 260-263.

Witkin K L, Hanlon S E, Strasburger J A, et al. 2015. RNA editing, epitranscriptomics, and processing in cancer progression. Cancer Biology & Therapy, 16(1): 21-27.

Wolffe A P, Matzke M A. 1999. Epigenetics: regulation through repression. Science, 286(5439): 481-486.

Wu H J, Wang Z M, Wang M, et al. 2013. Widespread long noncoding RNAs as endogenous target mimics for microRNAs in plants. Plant Physiology, 161(4): 1875-1884.

Xiang L, Cai C, Cheng J, et al. 2018. Identification of circular RNAs and their targets in *Gossypium* under Verticillium wilt stress based on RNA-seq. Peer J, 6: e4500.

Xiao W, Adhikari S, Dahal U, et al. 2016. Nuclear m⁶A reader YTHDC1 regulates mRNA splicing. Molecular Cell, 61(4): 507-519.

Xie K B, Wu C Q, Xiong L Z. 2006. Genomic organization, differential expression, and interaction of squamosa promoter-binding-like transcription factors and microRNA156 in rice. Plant Physiology, 142(1): 280-293.

Xie T, Zheng J F, Liu S, et al. 2015. *De novo* plant genome assembly based on chromatin interactions: a case study of *Arabidopsis thaliana*. Molecular Plant, 8(3): 489-492.

Xin M M, Wang Y, Yao Y Y, et al. 2011. Identification and characterization of wheat long non-protein coding RNAs responsive to powdery mildew infection and heat stress by using microarray analysis and SBS sequencing. BMC Plant Biology, 11(1): 1-13.

Xu B, Cheval C, Laohavisit A, et al. 2017. A calmodulin-like protein regulates plasmodesmal closure during bacterial immune responses. New Phytologist, 215(1): 77-84.

Xu C, Wang X, Liu K, et al. 2014. Structural basis for selective binding of m6A RNA by the YTHDC1 YTH domain. Nature Chemical Biology, 10(11): 927-929.

Xu J D, Xu H D, Liu Y L, et al. 2015. Genome-wide identification of sweet orange (*Citrus sinensis*) histone modification gene families and their expression analysis during the fruit development and fruit-blue mold infection process. Frontiers in Plant Science, 6: 607.

Xu L, Zhu L F, Tu L L, et al. 2011. Lignin metabolism has a central role in the resistance of cotton to the wilt fungus *Verticillium dahliae* as revealed by RNA-Seq-dependent transcriptional analysis and histochemistry. Journal of Experimental Botany, 62(15): 5607-5621.

Yaffe E, Tanay A. 2011. Probabilistic modeling of Hi-C contact maps eliminates systematic biases to characterize global chromosomal architecture. Nature Genetics, 43(11): 1059-1065.

Yaish M W, Al-Lawati A, Al-Harrasi I, et al. 2018. Genome-wide DNA Methylation analysis in response to salinity in the model plant caliph medic (*Medicago truncatula*). BMC Genomics, 19(1): 1-17.

Yan L J, Fan G Q, Li X Y. 2019. Genome-wide analysis of three histone marks and gene expression in *Paulownia fortunei* with phytoplasma infection. BMC Genomics, 20(1): 1-14.

Yan Y, Wang P, He C Z, et al. 2017. MeWRKY20 and its interacting and activating autophagy-related protein 8 (MeATG8) regulate plant disease resistance in cassava. Biochemical and Biophysical Research Communications, 494(1-2): 20-26.

Yang F, Melo-Braga M N, Larsen M R, et al. 2013. Battle through signaling between wheat and the fungal pathogen *Septoria tritici* revealed by proteomics and phosphoproteomics. Molecular & Cellular Proteomics, 12(9): 2497-2508.

Yang M K, Yang Y H, Chen Z, et al. 2014. Proteogenomic analysis and global discovery of posttranslational modifications in prokaryotes. Proceedings of the National Academy of Sciences, 111(52): E5633-E5642.

Years I R. 2017. Rethinking m⁶A Readers, Writers, and Erasers. Annual Review of Cell & Developmental Biology, 33(1): 319.

Yoshida H, Kitamura K, Tanaka K, et al. 1996. Accelerated degradation of PML-retinoic acid receptor alpha (PML-RARA) oncoprotein by all-trans-retinoic acid in acute promyelocytic leukemia: possible role of the proteasome pathway. Cancer Research, 56(13): 2945-2948.

You Q, Yi X, Zhang K, et al. 2017. Genome-wide comparative analysis of H3K4me3 profiles between diploid and allotetraploid cotton to refine genome annotation. Scientific Reports, 7(1): 1-14.

Yu S, Galvão V C, Zhang Y C, et al. 2012. Gibberellin regulates the *Arabidopsis* floral transition through miR156-targeted squamosa promoter binding-like transcription factors. Plant Cell, 24(8):

3320-3332.

Yuan J P, Li J R, Yang Y, et al. 2017. Stress-responsive regulation of long non-coding RNA polyadenylation in Oryza sativa. Plant Journal, 93(5): 814-827.

Yue H N, Wu Y F, Shi Y Z, et al. 2008. First report of paulownia witches' broom phytoplasma in China. Plant Disease, 92(7): 1134.

Zhang F, Wang L K, Ko E E, et al. 2018. Histone deacetylases SRT1 and SRT2 interact with ENAP1 to mediate ethylene-induced transcriptional repression. Plant Cell, 30(1): 153-166.

Zhang G Y, Diao S F, Zhang T, et al. 2019a. Identification and characterization of circular RNAs during the sea buckthorn fruit development. RNA Biology, 16(3): 354-361.

Zhang G, Lv Z, Diao S, et al. 2021. Unique features of the m^{6}A methylome and its response to drought stress in sea buckthorn (*Hippophae rhamnoides* Linn.). RNA Biology, 18: 794-803.

Zhang H, Chen X, Wang C, et al. 2013a. Long non-coding genes implicated in response to stripe rust pathogen stress in wheat (*Triticum aestivum* L.). Molecular Biology Reports, 40(11): 6245-6253.

Zhang H, Guo H, Hu W G, et al. 2020. The emerging role of long non-coding RNAs in plant defense against fungal stress. International Journal of Molecular Sciences, 21(8): 1-15.

Zhang H, Meltzer P, Davis S. 2013b. RCircos: an R package for Circos 2D track plots. BMC Bioinformatics, 14: 244.

Zhang J, Addepalli B, Yun K Y, et al. 2008a. A polyadenylation factor subunit implicated in regulating oxidative signaling in *Arabidopsis thaliana*. PLoS One, 3(6): e2410.

Zhang L, Du L, Poovaiah B W. 2014a. Calcium signaling and biotic defense responses in plants. Plant Signaling & Behavior, 9(11): e973818.

Zhang M, Leng P, Zhang G, et al. 2009. Cloning and functional analysis of 9-cis-epoxycarotenoid dioxygenase (NCED) genes encoding a key enzyme during abscisic acid biosynthesis from peach and grape fruits. Journal of Plant Physiology, 166(12): 1241-1252.

Zhang M, Lv D, Ge P, et al. 2014b. Phosphoproteome analysis reveals new drought response and defense mechanisms of seedling leaves in bread wheat (*Triticum aestivum* L.). Journal of Proteomics, 109: 290-308.

Zhang T, Zhang B, Hua C, et al. 2017. VdPKS1 is required for melanin formation and virulence in a cotton wilt pathogen *Verticillium dahliae*. Science China Life Sciences, 60(8): 868-879.

Zhang W, Gao S, Zhou X, et al. 2011. Bacteria-responsive microRNAs regulate plant innate immunity by modulating plant hormone networks. Plant Molecular Biology, 75(1-2): 93-105.

Zhang W J, Hanisch S, Kwaaitaal M, et al. 2013c. A component of the Sec61 ER protein transporting pore is required for plant susceptibility to powdery mildew. Frontiers in Plant Science, 4: 127.

Zhang Y C, Liao J Y, Li Z Y, et al. 2014c. Genome-wide screening and functional analysis identify a large number of long noncoding RNAs involved in the sexual reproduction of rice. Genome Biology, 15(12): 512.

Zhang Y, Liu T, Meyer CA, et al. 2008b. Model-based analysis of ChIP-Seq (MACS). Genome Biology, 9(9): R137.

Zhang Y, Yin B, Zhang J, et al. 2019b. Histone deacetylase HDT1 is involved in stem vascular development in *Arabidopsis*. International Journal of Molecular Sciences, 20(14): 3452.

Zhao B S, Wang X, Beadell A V, et al. 2017. m^{6}A-dependent maternal mRNA clearance facilitates zebrafish maternal-to-zygotic transition. Nature, 542(7642): 475-478.

Zhao S, Xu W, Jiang W, et al. 2010. Regulation of cellular metabolism by protein lysine acetylation. Science, 327(5968): 1000-1004.

Zhao W, Cheng Y, Zhang C, et al. 2017. Genome-wide identification and characterization of circular RNAs by high throughput sequencing in soybean. Scientific Reports, 7(1): 5636.

Zhao X, Yang Y, Sun B F, et al. 2014. FTO-dependent demethylation of N^6-methyladenosine regulates mRNA splicing and is required for adipogenesis. Cell Research, 24(12): 1403-1419.

Zhao Y, Wei W, Lee M, et al. 2009. Construction of an interactive online phytoplasma classification tool, iPhyClassifier, and its application in analysis of the peach X-disease phytoplasma group (16SrIII). International Journal of Systematic and Evolutionary Microbiology, 59(10): 2582-2593.

Zhao Z H, Tavoosidana G, Sjölinder M, et al. 2006. Circular chromosome conformation capture (4C) uncovers extensive networks of epigenetically regulated intra-and interchromosomal interactions. Nature Genetics, 38(11): 1341-1347.

Zhen S M, Deng X, Wang J, et al. 2016. First comprehensive proteome analyses of lysine acetylation and succinylation in seedling leaves of *Brachypodium distachyon* L. Scientific Reports, 6(1): 1-15.

Zheng G, Dahl J A, Niu Y, et al. 2013. ALKBH5 is a mammalian RNA demethylase that impacts RNA metabolism and mouse fertility. Molecular Cell, 49(1): 18-29.

Zhong B X, Shen Y W. 2004. Accumulation of pathogenesis-related type-5 like proteins in phytoplasma infected garland chrysanthemum *Chrysanthemum coronarium*. Acta Biochimica et Biophysica Sinica, 36(11): 773-779.

Zhong S, Fei Z, Chen Y R, et al. 2013. Single-base resolution methylomes of tomato fruit development reveal epigenome modifications associated with ripening. Nature Biotechnology, 31(2): 154-159.

Zhong S, Li H, Bodi Z, et al. 2008. MTA is an Arabidopsis messenger RNA adenosine methylase and interacts with a homolog of a sex-specific splicing factor. Plant Cell, 20(5): 1278-1288.

Zhou C H, Zhang L, Duan J, et al. 2005. *HISTONE DEACETYLASE19* is involved in jasmonic acid and ethylene signaling of pathogen response in Arabidopsis. Plant Cell, 17(4): 1196-1204.

Zhou H, Finkemeier I, Guan W, et al. 2018a. Oxidative stress-triggered interactions between the succinyl-and acetyl-proteomes of rice leaves. Plant, Cell & Environment, 41(5): 1139-1153.

Zhou R, Zhu Y, Zhao J, et al. 2018b. Transcriptome-wide identification and characterization of potato circular RNAs in response to *Pectobacterium carotovorum* subspecies *brasiliense* infection. International Journal of Mechanical Sciences, 19: 71.

Zhou S, Wu C. 2019. Comparative acetylome analysis reveals the potential roles of lysine acetylation for DON biosynthesis in *Fusarium graminearum*. BMC Genomics, 20(1): 841.

Zhou Z K, Li M, Cheng H, et al. 2018c. An intercross population study reveals genes associated with body size and plumage color in ducks. Nature Communications, 9(1): 1-10.

Zhu A Y, Greaves I K, Dennis E S, et al. 2017. Genome-wide analyses of four major histone modifications in Arabidopsis hybrids at the germinating seed stage. BMC Genomics, 18(1): 137.

Zhu Q H, Stephen S, Taylor J, et al. 2014a. Long noncoding RNAs responsive to Fusarium oxysporum infection in Arabidopsis thaliana. New Phytologist, 201(2): 574-584.

Zhu T T, Roundtree I A, Wang P, et al. 2014b. Crystal structure of the YTH domain of YTHDF2 reveals mechanism for recognition of N^6-methyladenosine. Cell Research, 24(12): 1493-1496.

Zolotukhin A S, Uranishi H, Lindtner S, et al. 2009. Nuclear export factor RBM15 facilitates the access of DBP5 to mRNA. Nucleic Acids Research, 37(21): 7151-7162.

Zuin J, Dixon JR, van der Reijden MI, et al. 2014. Cohesin and CTCF differentially affect chromatin architecture and gene expression in human cells. Proceedings of the National Academy of Sciences, 111(3): 996-1001.